面向"十二五"计算机辅助设计规划教材

Pro/ENGINEER Wildfire 5.0 辅助设计与制作标准实训教程

◎ 二代龙震工作室 编著

印刷工业出版社

内容提要

本书采用Pro/ENGINEER Wildfire 5.0中文版作为软件操作蓝本，有针对性地结合理论知识和典型操作实例来进行讲解。全书共分为9章，分别介绍了Pro/ENGINEER Wildfire 5.0的系统环境与基本操作、基础建模理论、拉伸建模、旋转建模、扫描建模、编辑建模、装配基础、渲染基础和工程图基础。本书内容由浅入深，循序渐进，语言活泼轻松，几乎每章都分为任务+知识点拓展+有提示的习题三大部分，以图解形式介绍具体操作步骤，清晰醒目，使读者一目了然。本书还提供了大量典型习题，供读者练习。

本书可作为高等院校、高职高专院校Pro/ENGINEER计算机辅助设计课程的配套教材，也可作为工业设计和机械设计等相关行业的设计人员的自学教材和参考资料，还可作为相关培训班的培训教材。

图书在版编目（CIP）数据

Pro/ENGINEER Wildfire 5.0辅助设计与制作标准实训教程/二代龙震工作室编著．
—北京：印刷工业出版社，2011.11
（职业技能竞争力课程解决方案）
ISBN 978-7-5142-0297-7

Ⅰ.P… Ⅱ.二… Ⅲ.机械设计：计算机辅助设计－应用软件，Pro/ENGINEER Wildfire 5.0－教材 Ⅳ.TP391.72

中国版本图书馆CIP数据核字(2011)第206354号

Pro/ENGINEER Wildfire 5.0辅助设计与制作标准实训教程

编　　著：二代龙震工作室

责任编辑：张　鑫	
执行编辑：李　毅	责任校对：岳智勇
责任印制：张利君	责任设计：张　羽

出版发行：印刷工业出版社（北京市翠微路2号 邮编：100036）
网　　址：www.keyin.cn　　www.pprint.cn
网　　店：//shop36885379.taobao.com
经　　销：各地新华书店
印　　刷：北京佳艺恒彩印刷有限公司
开　　本：787mm×1092mm　　1/16
字　　数：475千字
印　　张：17
印　　数：1～3000
印　　次：2011年11月第1版　2011年11月第1次印刷
定　　价：42.00元（含1DVD）
ＩＳＢＮ：978-7-5142-0297-7

如发现印装质量问题请与我社发行部联系　发行部电话：010-88275602

过去,设计师和制图员是两个职位,但是,在三维CAD软件发达的今天,制图员已经升级为"建模师"了!而设计师本身更要学会建模。因此,不论是设计师还是建模师,三维模型的创建,已经成为想投身工业设计业学子们必备的基本功了!

随着我国对工业设计人才培养的日益重视,与工业设计相关的CAD基础课程,将是欲踏入这个领域的初学者和学子们急需学习的。当前,本工作室已在AutoCAD、SolidWorks、Pro/ENGINEER等各级CAD领域中有较好的著作基础。所以,我们特别将当前产业中一定会用到的,也是工程师使用率较高的知名CAD软件编写成书,目的是让初学者能够以最高的效率熟练掌握这些软件的应用方法,让上岗后的设计工作,能因为对软件的熟悉而更得心应手!

本工作室所编著的两本书内容简述如下。

系列号	书名和简述
1	Pro/ENGINEER Wildfire 5.0 辅助设计与制作标准实训教程
	属高阶三维CAD/CAM/CAE/PDM软件。到目前为止,Pro/ENGINEER一直都是造型设计业界应用最广泛的软件。Pro/ENGINEER的内容较为深奥,学起来需要耐心,但是售价较为公道,所以很多需要使用合法软件的企业都会用它。Pro/ENGINEER Wildfire5.0 M060版在2011年更名为Creo Element/Pro 5.0 M070版。所以,对旧版读者来说,只是换招牌而已,内容都没变。
2	AutoCAD 2012辅助设计与制作标准实训教程
	虽然AutoCAD也有三维模块,但是很少有人使用!因此,我们仍将这个过去知名的CAD软件定位为二维CAD软件。大家都知道,AutoCAD经常是学子们的启蒙CAD软件。在三维CAD未成熟前,AutoCAD一直是CAD的代表。至今,在下游的加工厂中,AutoCAD仍然是工程师们最熟悉的软件。尽管前述的三维CAD软件都有自己的二维工程图模块,我们也鼓励大家使用"自家"的工程图模块来画工程图,但是仍有很多人喜欢用从三维转过来的二维工程图,再转到AutoCAD里修改。当然,很多加工厂也会要求设计者给他们AutoCAD格式的二维工程图。所以,大家还是要熟悉AutoCAD!

● 建议培训班或学校使用

这两本书可以单独使用,也可以串联在一学年内使用;如果要串联在一起使用,那么建议先教Pro/ENGINEER,再教 AutoCAD。而单独使用则无顺序问题!

● 内容方向说明

1.《Pro/ENGINEER Wildfire 5.0 辅助设计与制作标准实训教程》

下表将介绍本书的内容章节,并建议用书老师的授课时数,或自学者的自修时数。

章	内容	建议授课（自学）时数每周2课时，至少46课时
一	系统环境与基本操作	6课时
二	基础建模概论 —基准　　—草绘 —长肉槽	2课时
三	拉伸建模	4课时
四	旋转建模	4课时
五	扫描建模	8课时
六	编辑建模 —倾斜　　—倒圆角、倒角 —加强筋　—阵列 —简易关系参数设计	4课时
七	装配基础	6课时
八	渲染基础	4课时
九	工程图基础	8课时

2.《AutoCAD 2012辅助设计与制作标准实训教程》

本书并不是将AutoCAD当做启蒙的CAD软件来教。我们是站在SolidWorks、Creo(Pro/ENGINEER)和CATIA的基础上，看要如何来应用AutoCAD。因为现在已经是三维CAD软件的时代，很多应用概念不能再墨守成规。AutoCAD的优势在于它学起来很快，修改图很方便，对那些已习惯二维制图的人来说效率很高，企业要找这样的人也不难，也不用特别训练。所以，对于要专学AutoCAD的读者来说，本书一样可以满足他们的需求！

下表将介绍本书的内容章节(暂定)，并建议用书老师的授课时数，或自学者的自修时数。

章	内容	建议授课（自学）时数每周2课时，至少60课时
一	AutoCAD的操作界面与系统环境	2课时
二	AutoCAD的基本操作	4课时
三	AutoCAD的图层、字型与线型 —画表格　—写字	4课时
四	平面绘图命令基础	8课时
五	平面编辑命令基础	8课时
六	尺寸标注	8课时
七	块应用基础	4课时
八	打印和输出格式操作	2课时
九	综合练习 —螺纹紧固件　—垫圈　　—挡圈 —键和键槽　　—销　　　—铆钉 —弹簧　　　　—齿轮　　—轴承 —凸轮	20课时

注：前示两表中的授课(自学)时数不含实习时数，且仅供参考，用书老师可以视课程实际的学分时数调整。而个人则可以视本身的学习情况调整。

二代龙震工作室
2011年9月

前言

本书是本工作室针对培训班、自学的初学者，所出版的新风格基础书。

本书的特色是内容没有太多有关命令工具的文字陈述，完全用范例实际操作来指导学习，然后再辅之以视频文件。最后，我们会让读者实际操作大量的习题，并在本工作室网站上提供习题解答。所以，这是一本很务实的书，也是本工作室第一次尝试这种风格。

通过本书，不论您有没有经验，都会很快地熟悉立体建模的方法，具有这样的基础后，不论是要转往造型设计、结构设计，或是更深入的专业设计，都是没问题的。

不论是龙震工作室，还是二代龙震工作室，我们开发的 CAD 计算机书籍共同的特性如下：

- 个性化的服务，理论与专业的完美组合。书中摒弃一般图书只注重理论功能介绍，而忽视读者本身专业需要的缺点，既介绍了软件功能的使用技巧，又结合了读者专业特点。

- 以图例形式来完成对操作过程的解说，避免使用冗长文字来破坏思考。

- 所授范例个个经典，并应读者要求将所需实例在书中完整展示制作步骤与视频文件。

- 网站技术支持。凡是购买龙震工作室开发的图书的读者，都可以通过"龙震在线"来获得最快捷的支持。同时，网站的内容和服务方式还会不断扩充。

龙震工作室开发的系列丛书均是有售后服务的，对您的问题我们都会尽快答复。您可以通过以下工作室专属网站或电子邮箱来咨询。

龙震在线：http://www.dragon-2g.com

E-mail：dragon.dragon2@msa.hinet.net

请注意：您的 E-mail 咨询邮件我们一定会回信，但是有时候会因为网络的问题致使我们无法收到您的来信或您无法收到我们的回信；当您发送邮件后无回音时，请再次发送邮件。

本书在出版过程中，得到了多方朋友的大力协助，在此深表感谢。同时，我们还要对广大支持我们的读者，致以十二万分的敬意和谢意，在本工作室出版图书的过程中，您的支持是我们再度著书的持续动力，也让我们提供的长期免费服务得以坚持！再次感谢各位！

二代龙震工作室

2011 年 9 月

目录 CONTENTS

第1章
系统环境与基本操作

1.1 Creo（Pro/ENGINEER）的版本变化 …… 2

1.2 为什么要学Creo（Pro/ENGINEER）？ …… 2

1.3 本书的结构 …… 3

1.4 Creo（Pro/ENGINEER）的主操作窗口 …… 3

1.5 Creo的系统设置 …… 8
- 1.5.1 设置双语版显示 …… 8
- 1.5.2 设置系统颜色 …… 9
- 1.5.3 设置默认的工作目录（桌面图标法） …… 9
- 1.5.4 三维性能的设置 …… 10
- 1.5.5 Creo的环境设置 …… 11
- 1.5.6 备份文件 …… 11
- 1.5.7 文件的拭除和删除 …… 11

1.6 Creo的文件类型和操作 …… 12

1.7 Creo的基本操作 …… 15
- 1.7.1 鼠标和按键操作 …… 16
- 1.7.2 Creo的选取模式 …… 16
- 1.7.3 快捷键设置 …… 18
- 1.7.4 模型显示 …… 20
- 1.7.5 基本视图控制 …… 21
- 1.7.6 提高级视图控制 …… 22

1.8 知识点拓展 …… 25

1.9 习题 …… 26

第2章
基础建模概论

2.1 建模三宝 …… 28

2.2 基准 …… 28
- 2.2.1 定义 …… 28
- 2.2.2 自定义基准面 …… 31

2.3 草绘 …… 32

2.4 长肉槽 …… 34

2.5 习题 …… 34

第3章
拉伸建模

3.1 前言 …… 36

3.2 任务一 拉伸的凸与凹（叠与切） …… 36

3.3 任务二 薄面建模法 …… 41
- 3.3.1 实体和框线混合法 …… 42
- 3.3.2 框线法 …… 48

3.4 任务三 几何延伸建模法 ……… 52
3.5 知识点拓展 ……………… 55
3.6 习题 ……………………… 57

第4章
旋转建模

4.1 前言 ……………………… 66
4.2 任务一 旋转的凸与凹（叠与切）的基本手法 …… 66
    4.2.1 基本旋转（凸）……… 66
    4.2.2 基本旋转（凹）……… 71
4.3 任务二 螺丝刀的建模 …… 72
4.4 任务三 运动球体的建模 … 75
4.5 知识点拓展 ……………… 80
4.6 习题 ……………………… 83

第5章
扫描建模

5.1 前言 ……………………… 86
5.2 任务一 扫描的基本手法 … 86
5.3 任务二 扫描混合的基本手法 … 88
    5.3.1 基本扫描混合 ……… 89
    5.3.2 多截面的"扫描混合"与"扫描"的比较 …… 91
5.4 任务三 螺旋扫描的基本手法 … 92
    5.4.1 基本螺旋扫描 ……… 93
    5.4.2 螺旋扫描的收尾 …… 95
    5.4.3 造型螺旋 …………… 97

5.5 任务四 混合的基本手法 … 100
    5.5.1 平行混合 …………… 100
    5.5.2 旋转混合 …………… 102
    5.5.3 一般混合 …………… 105
5.6 任务五 可变截面扫描的基本手法 … 107
5.7 知识点拓展 ……………… 108
5.8 习题 ……………………… 112

第6章
编辑建模

6.1 任务一 倾斜编辑 ……… 116
    6.1.1 一般倾斜 …………… 116
    6.1.2 可变倾斜 …………… 117
    6.1.3 分割倾斜 …………… 119
    6.1.4 延伸相交曲面倾斜 … 120
6.2 任务二 倒圆角、倒角编辑 … 121
    6.2.1 多半径圆角 ………… 121
    6.2.2 过渡圆角(倒角) …… 123
    6.2.3 垂直于骨架圆角 …… 125
    6.2.4 完全倒圆角与局部倒圆角 … 126
    6.2.5 倾斜面上的拉伸和倒圆角 … 127
6.3 任务三 加强筋编辑 …… 129
    6.3.1 轨迹筋 ……………… 129
    6.3.2 轮廓筋 ……………… 131
6.4 任务四 阵列编辑 ……… 133
    6.4.1 尺寸阵列 …………… 133
    6.4.2 方向阵列 …………… 135
    6.4.3 填充阵列 …………… 136
    6.4.4 表阵列 ……………… 137
    6.4.5 曲线阵列 …………… 138

6.4.6 点阵列 ………………… 139	7.5 知识点拓展 ………………… 178
6.4.7 参照阵列 ………………… 140	7.6 习题 ………………………… 179
6.4.8 螺旋轴阵列 ……………… 140	
6.5 任务五 简易关系参数设计 … 141	
6.6 知识点拓展 ………………… 144	

第8章
渲染基础

6.7 习题 ………………………… 145

	8.1 前言 ………………………… 182
	8.2 材料贴附（着色） ………… 183

第7章
装配基础

	8.3 渲染 ………………………… 189
	8.4 再谈渲染 …………………… 200
7.1 装配的操作界面 …………… 152	8.5 和渲染有关的名词说明 …… 201
7.1.1 装配选项板 ……………… 152	8.6 知识点拓展 ………………… 202
7.1.2 零件装配的	8.7 习题 ………………………… 205
基本方法——约束关系 … 155	
7.1.3 使用约束条件的原则 …… 155	

第9章
工程图基础

7.2 基础装配实际操作 ………… 156	
7.2.1 基本装配 ………………… 156	
7.2.2 插入装配 ………………… 159	9.1 前言 ………………………… 208
7.2.3 坐标系装配 ……………… 163	9.2 转二维工程图的实际操作 … 208
7.2.4 相切装配 ………………… 165	9.2.1 零件转二维工程图 ……… 208
7.2.5 直线上的点装配 ………… 166	9.2.2 组件文件转二维工程图 … 215
7.2.6 曲面上的点装配 ………… 166	9.3 其他视图的转换操作 ……… 218
7.2.7 曲面上的边装配 ………… 168	9.3.1 辅助视图 ………………… 218
7.2.8 弹性装配 ………………… 169	9.3.2 详图视图 ………………… 219
7.2.9 在组件文件中	9.3.3 旋转视图 ………………… 220
新建零件并装配 ………… 170	9.3.4 对齐视图 ………………… 220
7.3 分解图(爆炸图)的制作 …… 172	9.3.5 全视图 …………………… 221
7.3.1 分解图的实际操作 ……… 173	9.3.6 半视图 …………………… 222
7.3.2 分解图的编辑 …………… 175	9.3.7 破断视图 ………………… 223
7.4 特征出现错误的修复与处理 … 175	9.3.8 局部视图 ………………… 223
7.4.1 零件的特征错误处理 …… 176	9.3.9 创建剖面视图 …………… 224
7.4.2 组件的特征错误处理 …… 178	

9.4 其他手动标注的操作 …………… 229
9.5 公差标注实际操作 ……………… 236
9.6 Creo的立体标注 ………………… 239
  9.6.1 基本立体尺寸标注 ………… 239
  9.6.2 纵坐标从动尺寸 …………… 243
9.7 二维工程图转AutoCAD的
  实际操作 ………………………… 245
9.8 打印出图 ………………………… 248
  9.8.1 软件可识别的标准打印机 … 248
  9.8.2 转换格式法 ………………… 249
9.9 知识点拓展 ……………………… 252
9.10 习题 …………………………… 256

附录A
Creo选项变量的查询法
A.1 前言 …………………………… 258
A.2 关键词查询法 ………………… 258
A.3 在线帮助文件查询法 ………… 259

附录B
如何使用本书范例光盘和服务
B.1 本书范例光盘的使用方式 …… 262
B.2 本书习题解答下载方式 ……… 262

第 1 章

系统环境与基本操作

要学好任何一门软件,首先要认识的,不是一开始就学命令,而是要了解有哪些系统环境是我们可以在建模前先设置好的,以及相关的基本操作有哪些?这部分牵涉到后续的建模效率。

1.1 Creo（Pro/ENGINEER）的版本变化

本书要讲述的Creo（Pro/ENGINEER）软件，它是美国参数科技公司（Parameter Technology Corporation, PTC）所出品的大型三维CAD/CAM/CAE软件产品。

闻名的Pro/ENGINEER Wildfire5.0 M060版在2011年更名为Creo Element/Pro 5.0 M070版。PTC公司说，这是一个过渡版。

随后，Creo就出了1.0正式版，包含内容如下。

1. Creo Parametric 1.0。就是原来的Pro/ENGINEER基本建模模块。但是Creo Parametric是更加纯粹的建模，它以参数建模为主，同时还加入了直接建模与自由建模的一些功能。新版中加入下述三个新功能。

（1）弹性建模扩展功能（Flexible Modeling eXtension, FMX）。这个工具是一个插件，它在Creo Parametric 里，就是一个按钮，它可以在同一环境下，快速调用建模功能去修改基于历史参数创建出来的模型。

（2）历史数据迁移扩展功能（Legacy Migration eXtension, LMX）。这个功能可以理解成，通过使用LMX这个工具，就可以将一些历史数据（如二维或三维数据、尺寸、注解等）关联继承过来；同时，LMX可以帮助这个历史数据创建它原来的关联关系。

（3）自由造型功能（Creo Freestyle, CF）。就是Pro/ENGINEER的STYLE模块。

2. Creo Direct 1.0。Creo Direct是一个参照Creo Element/Pro 5.0（Pro/ENGINEER Wildfire5）来开发的简化建模版本，就像AutoCAD也有AutoCAD Lite一样。一般教学时不会采用这个版本。

3. Creo Simulate 1.0。就是原来的Pro/MECHANICA模块。

经测试和评估后，本书将采用Creo Element/Pro 5.0 M070版（Pro/ENGINEER Wildfire5.0）版。理由如下。

1. 从上述版本变化说明中可以看出，Creo Parametric 1.0应该是新版的主要对象！但是，该软件虽然有新增功能，但是都属提高级功能，对本书主要讲述的基础功能来说，使用Creo Parametric 1.0和原Creo Element/Pro 5.0（Pro/ENGINEERWildfire5）都一样。

2. Creo Parametric 1.0的界面有类似AutoCAD的"分类快速工具栏"改变，对已习惯Pro/ENGINEER界面的用户来说，可能会不适应。

因此，我们决定本书仍采用Creo Element/Pro 5.0 M070版或Pro/ENGINEER Wildfire 5.0版来做；然后，下一新版再采用Creo Parametric 来做。这样，本书的用户就可以按自己的需要来选用了。

1.2 为什么要学Creo（Pro/ENGINEER）？

因为以下的理由，有必要在刚出校门或想进入工业设计领域前先学会Creo（Pro/ENGINEER），这也是它的优势。

1. 它是当前工业设计领域中，最上游的造型设计业使用最广泛的三维建模软件。

2. 在高阶CAD软件中，它的使用群最广，教育资源最多。

3. 它已成为机械相关专业学子们出校门前一定要学会的基本建模软件之一。不会使用此软件，在与工业设计相关的谋职路上，会失去一定程度的竞争力！

1.3 本书的结构

按我们在CAD领域丰富的教学和写作经验，本系列基础书的风格将和以往本工作室传统的风格不同！过去，我们的教学着重于理论先行，实务在后；而这次，本系列书的结构将按以下原则来创建。

1. 直接以实务范例来诠释操作（以实例为教学导向）。这样的好处是，可以缩短学习的时间。

2. 本书范例结构如下。

（1）任务说明。本书是以直接做实例的方式来教学，所以在每一个范例开始前，都会说明范例制作的目的。

（2）重点、难点。列出该范例的重点和难点。

（3）新学的草绘工具。由于本书不专门来逐一地说明各草绘工具，所以会在每一个范例开始前，说明所用的新草绘工具。注意：如果没有新学的草绘工具，就不会有本项。

（4）新学的建模或编辑工具。既然采用以实例为导向的教学风格，要完成一个模型，难免会用到很多来不及正式讲，但是却又要马上用到的建模或编辑工具，我们会在范例的开始时就说明这个范例会用到的新工具。注意：如果没有新学的建模或编辑工具，就不会有本项。

（5）相关文件。列出该范例所提供的各种教学文件所在目录。

（6）任务实践。即实际操作的过程。书籍正文将含操作步骤式的图例，而且多数会配有有声的视频教学文件。从视频教学文件的文件名中，就可以知道该视频文件所使用的Creo（Pro/ENGINEER）版本，以及是有声还是无声。少数过于简单（因为按图例操作已足够），或已重复的操作则不提供视频文件。

（7）本范例讨论（需要的时候才有）。针对某些有需要做进一步心得讨论的范例，就会出现这个项目，来讨论更深入的技巧主题。

3. 知识点扩展。在每章的最后一节中，会详细说明在某范例操作中所需的知识点。

4. 包含软件所有应该会的基础级命令或功能。

1.4 Creo（Pro/ENGINEER）的主操作窗口

基本上，Creo 5.0版的安装和Pro/ENGINEER完全一样，只是标识（Logo）改了。当安装好Creo 5.0版，运行后，将出现如图1-1所示的主操作窗口。

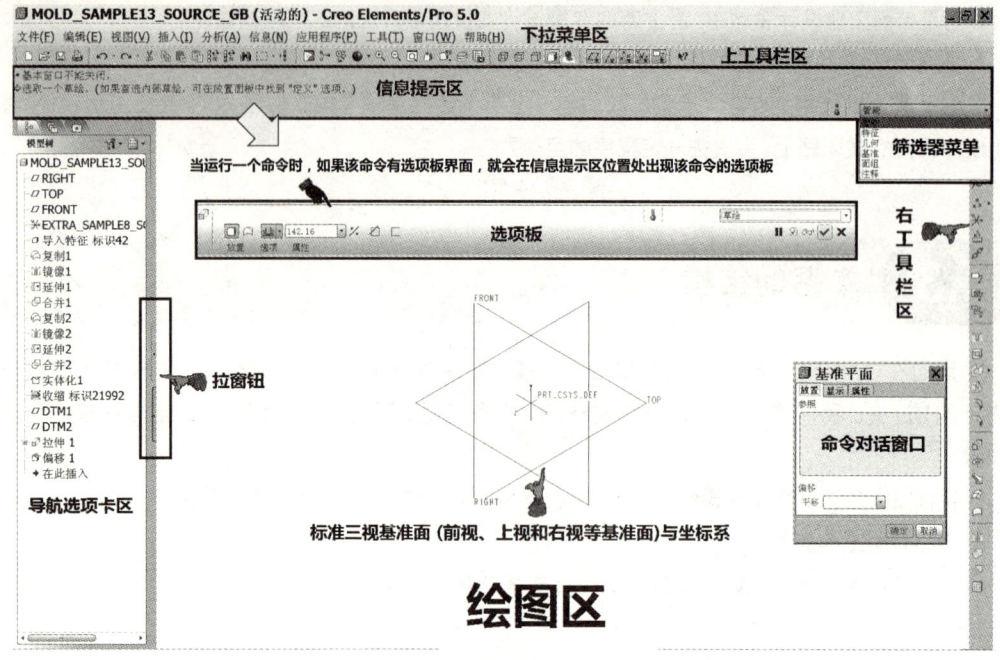

图1-1 Creo（Pro/ENGINEER）的主操作窗口

在如图1-1所示的主操作窗口中，一般仅有一个主窗口。若要开始工作，需新建或打开一个文件并运行命令后，其余的窗口（包括命令选项对话窗口、子窗口等）才会出现。现在，我们就来说明图1-1的各区功能。

1. 下拉菜单区。用来控制全局环境的所有命令功能聚集处。系统将依据各个控制命令的性质分类，将其置于各个菜单中，且各菜单均以下拉式的形式出现。通过对菜单中各个命令的选取和运用，就可以实现模型建构的大部分功能。

2. 上工具栏区或右工具栏区。大部分常用控制功能的工具图标都放置于此，其中右工具栏区中的图形按钮主要为特征操作工具。点取其中的选项，就可以快速激活相应的功能。工具栏可依照个人的需要定制，对其中的选项可进行变更。使用工具栏时，请将鼠标指针停留在图标的上方，系统将在主操作窗口下方的"命令说明区"中显现该命令简短的功能说明，如图1-1所示。在各自的区域中按下鼠标右键，将弹出相应的快捷菜单。

3. 信息提示区。信息提示区是实现人机交互的重要输入/输出（Input & Output）界面。在特征建构过程中，系统会在信息提示区提示下一步该怎么做，或是提示输入相应的数值，或是显示警告信息。要查看在该窗口内出现过的信息，可移动右侧的滚动条来查阅。在信息提示区中，由于信息种类不同，其在信息前的图标提示也有所不同，请参照表1-1。

表1-1 操作引导信息区中的图标意义

图标	意义
⚠	警告（Warning），操作可能可以继续，但可能结果不是所需要的。
✱	信息（Information），显示一些信息。
⇨	提示（Prompts），提示一些操作的信息。
✖	错误（Error），操作不能继续，显示错误的可能原因。
▨	严重错误（Critical），发生严重错误，可能丢失数据。

4. 绘图区。在建构模型的过程中，实时地显示所生成图形的形状，是Creo系统中主要的图形操作位置。如图1-1所示，默认状态含标准三视基准面（前视、上视和右视基准面）与坐标系。

5. 导航选项卡区。此区用来显示所有零部件的特征模块名称、组织架构、组合顺序，以及基准面的组成结构，以方便在编辑时的选取和辨识。Creo导航选项卡将包含以下成员。

（1）模型树和层树。"模型树"是 Creo 导航选项卡上的选项特征，包括当前零件、绘图或组件中每个特征或零件的列表。模型结构以分层（树状）形式显示，根对象（当前零件或组件）位于树的顶部，附属对象（零件或特征）位于下部。如果打开了多个 Creo 窗口，则"模型树"内容将反映当前窗口中的文件。而"层树"则是该模型的所有图层显示。当在 Creo 中建模时，每完成一个特征，Creo 都会自动按该特征的性质，将其分门别类地放到合适的图层上。因此，初学者不易感觉到图层的存在。利用图层，可以方便我们关闭或打开显示单个或一群同性质的特征。

模型树和层树区是在同一区，可按图1-2所示的来切换。

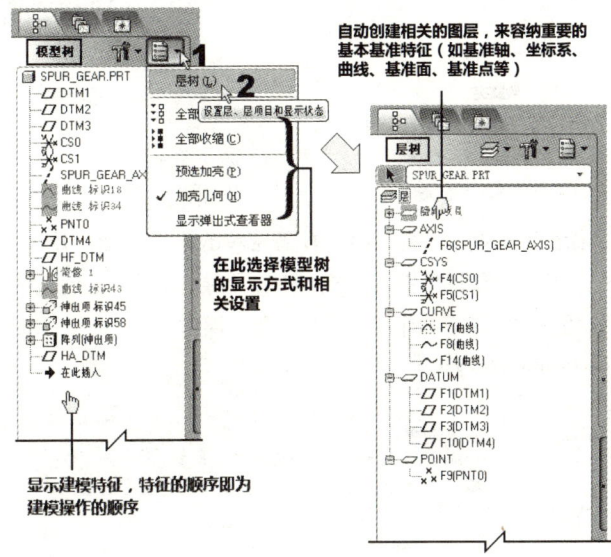

图1-2 导航选项卡里的模型树和层树

（2）模型树和层树里的"设置"。如图1-3所示，可以在此设置导航选项卡里要显示哪些对象，以及保存所做的设置。

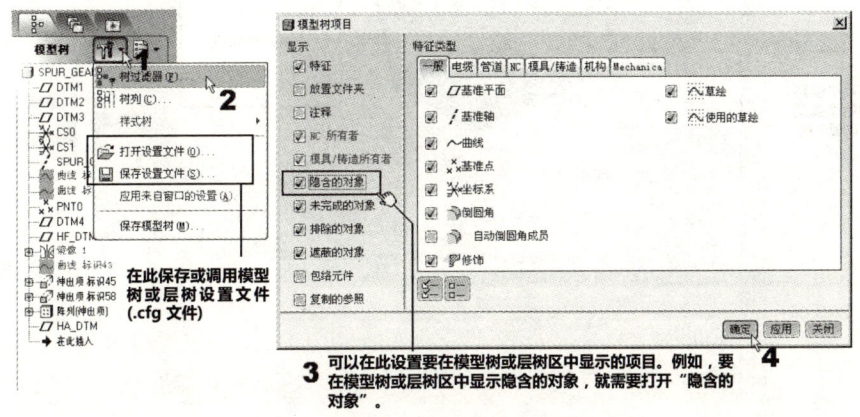

图1-3 模型树和层树里的设置

（3）文件夹和收藏夹。"文件夹"用于浏览本机文件系统、局域网络与Internet数据。如图1-4（左）所示。而"收藏夹"则包含用户选择的Web网站位置（书签），以及Creo默认的网站路径、数据库或其他对用户可能有帮助的链接。如图1-4（右）所示。

可以如图1-5所示来控制导航选项卡的位置。

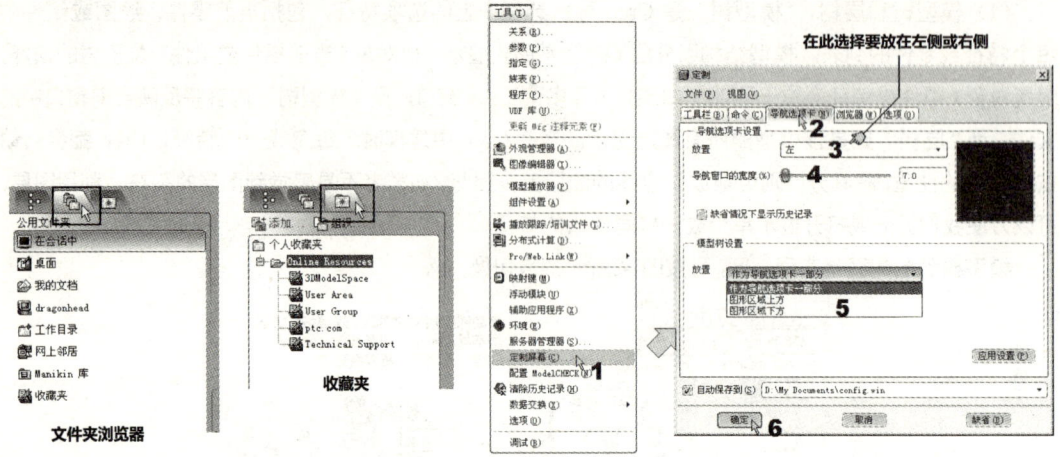

图1-4 导航选项卡里的文件夹和收藏夹　　　　图1-5 导航选项卡的位置设置

6. 拉窗钮。用来控制绘图区的显示内容。操作时，直接单击即可。如图1-1所示，它有图1-6所示的"导航选项卡控制钮"和"浏览器窗口控制钮"两种模式。其中，"导航选项卡控制钮"是导航选项卡开关钮；而"浏览器窗口控制钮"则是在浏览器窗口中取得网络资源的操作。

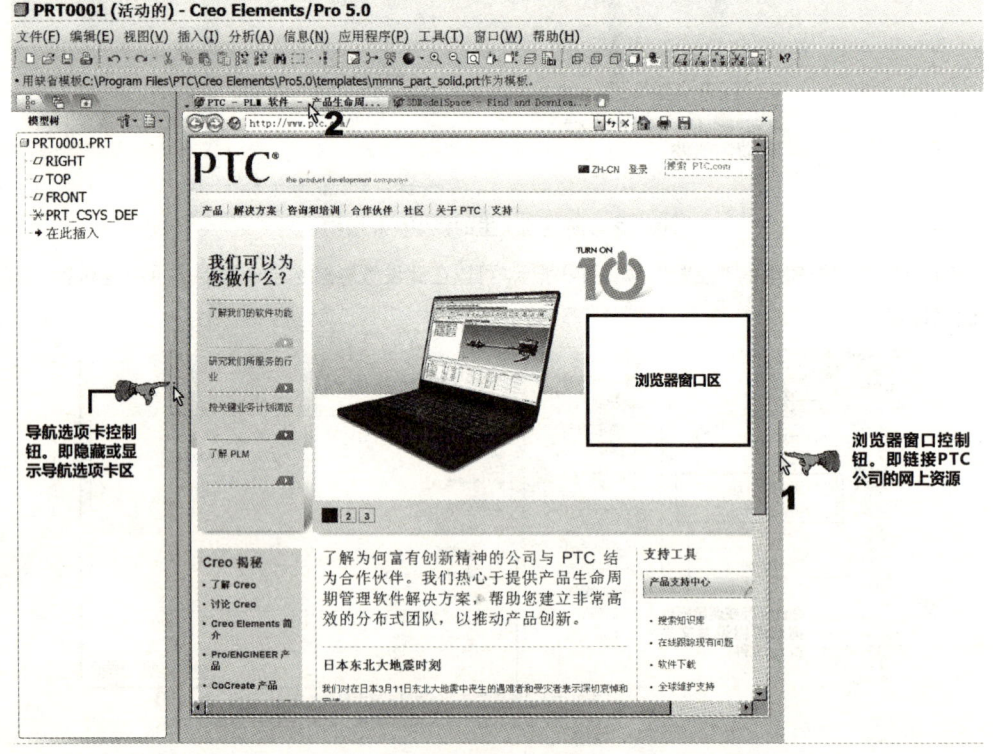

图1-6 拉窗钮的功能

7. 命令对话窗口。Creo的某些命令是以命令窗口的方式呈现的（通常属于设置型的命令）。当运行这类命令时，就会出现相应的选项对话框。

8. 筛选器菜单。筛选器用于在图中许多对象重叠时（如特征、基准、几何体等），通过筛选，可以让用户只选取想要的对象类型。例如想选取特征，就在筛选器中选择"特征"选项，这样用户就可进行快速选择。初始的筛选器菜单如图1-7所示。

> **注意**
> 要取消所选取对象，只需在绘图区的空白处单击一下鼠标左键即可。

9. 选项操控板区。简称"选项板"。如图1-1所示，这个区在默认状态下是没有的，但是当选取了建模所需的特征命令后，就会在"信息提示区"内出现此区。这个区是运行命令的一种界面，对应所运行的命令，来输入操作条件。在Creo里，当前还不是所有的命令都已改为此界面，旧版的界面就是下面要谈到的"菜单管理器"。

接下来，我们要介绍的是所谓的"菜单管理器"（Menu Manager）。这是当选择某个菜单选项时，会出现在屏幕的右上方，并以一连串的菜单选项，来让操作者完成命令的设置和运行。例如，如图1-8所示，选择"编辑"下拉菜单下的"特征操作"选项，弹出"菜单管理器"。

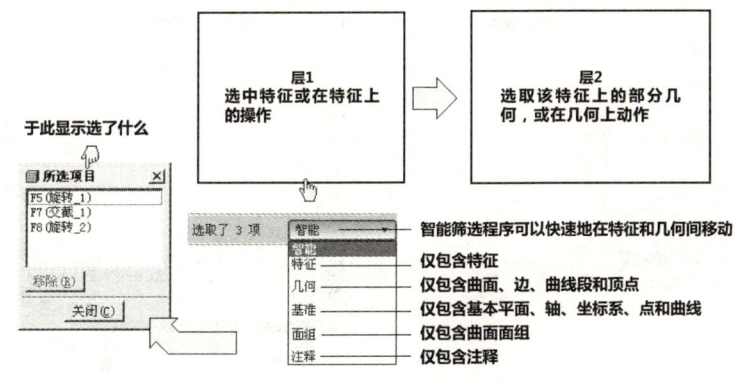

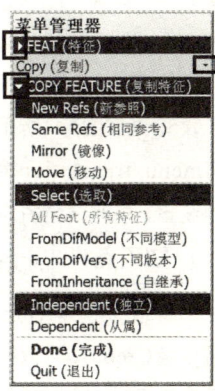

图1-7 筛选器菜单的功能　　　　　　图1-8 菜单管理器

对菜单管理器中的几种箭头符号表示（图1-8的黑框处）的意义，现说明如下。

（1）位于菜单管理器左侧的▶：表示当前菜单选项处于压缩状态，单击该符号可弹开此压缩菜单。

（2）位于菜单管理器左侧的▼：表示当前菜单选项处于完全显示状态，单击该符号可压缩此菜单。

（3）位于菜单管理器右侧的▶：表示处于压缩状态的菜单，其下选项弹出的方向。单击该箭头，菜单将沿着该方向弹出。

还有一种被称为"子窗口"的组件，如图1-9所示。它是一种只有绘图区的小窗口，通常用于交互的选择操作中。例如，在装配的操作中，它可以用来方便选择对齐基准的操作。

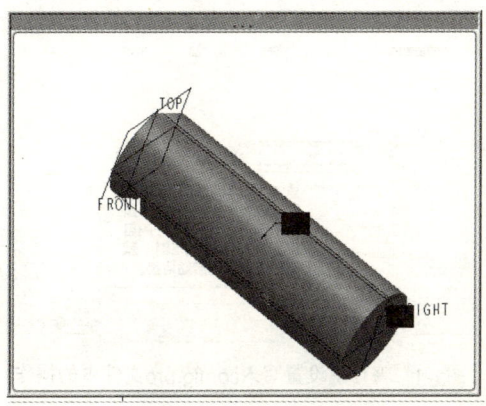

图1-9 典型的子窗口

1.5 Creo的系统设置

就像其他的大型应用软件一样，Creo也有它自己的系统或操作的基本设置选项，这些选项对初学者的意义可能就是依默认值即可，但是要达到有效率地操作，就要知道它的应用点，以及在哪里找到它们来设置。本节将根据读者提问次数的多寡，来列出重要的系统环境设置。

1.5.1 设置双语版显示

在进入Creo后，很多人希望能设置中英文双语的界面。但请注意，所谓"中英文双语"，也就是仅在部分菜单具有双语界面，而不是所有菜单都会有中英文对照。请按以下步骤来设置。

01 要设置中英文双语界面，一定要安装中文版。请于增设Windows环境变量lang=chs后，再安装Creo中文版。

02 按图1-10所示的操作，将Creo的选项变量menu_translation设为both。

03 通过图1-10所示操作设置的中英文双语界面是暂时的，如果希望每次进入Creo后，都能保有中英文双语界面的环境，则接续图1-10的步骤5，再按图1-11所示操作，将menu_translation设为both的设置，写到一个名为config.pro 知识点1 的文件中。

有很多初学者还是不了解安装Creo时，可以在何处设置启动目录，我们特别说明于图1-12中。不过，一般我们仍建议使用默认的启动目录，以免徒增设置无效，要追查问题原因时的困扰。

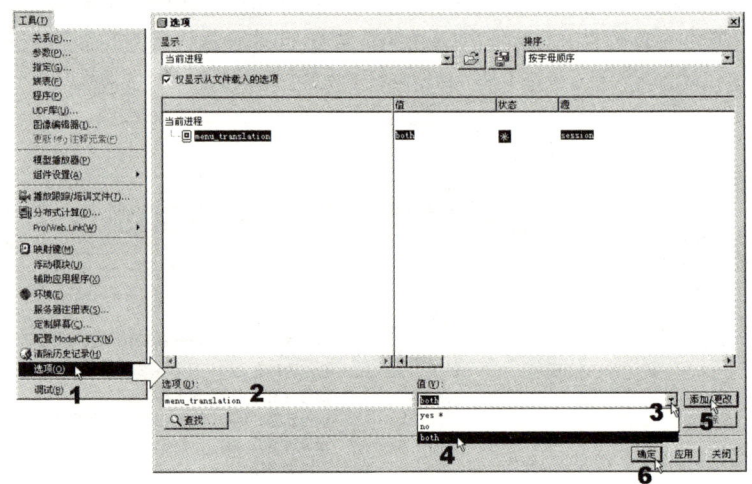

图1-10 设置Creo的选项变量menu_translation的操作

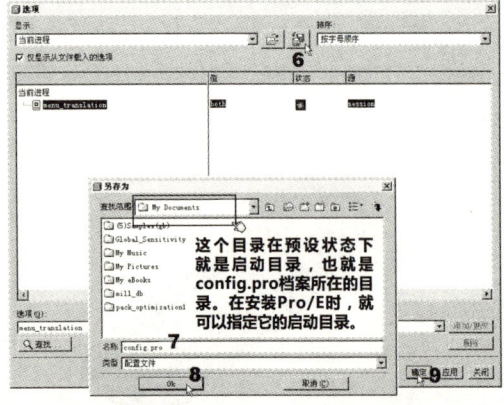

图1-11 将环境设置写入config.pro文件中的操作

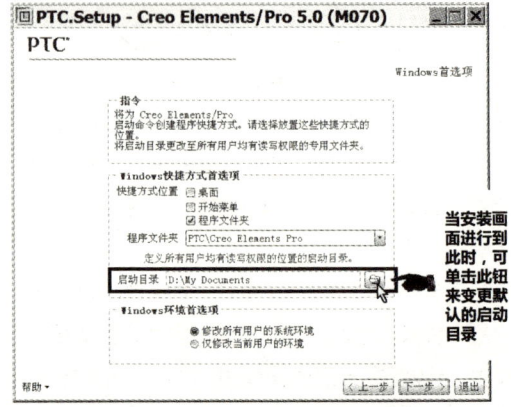

图1-12 安装时指定启动目录设置处

04 完成后，我们选择一个含有菜单的选项，就可以发现差别了。如图1-13所示。

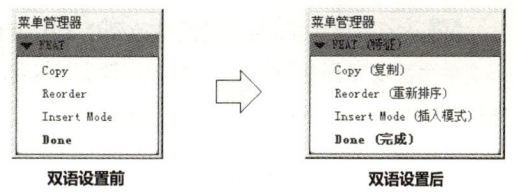

图1-13 中英文双语界面设置前后的比对

1.5.2 设置系统颜色

系统颜色的更改是读者询问第二多的问题。请按下述图例步骤操作。

01 按图1-14先设置所要的系统颜色。

02 同理，通过图1-14的设置后，其效果只是暂时的，下次再进入Creo后，就会还原回系统的默认颜色。如果希望每次进入Creo后，都能运行所设置的系统颜色，那么请仍按图1-10、图1-11的操作方式来操作，但是选项变量的名称是system_colors_file，而其值则是syscol.scl文件的完整路径。完成后，我们再使用"记事本"来查看config.pro的内容，如图1-15所示。

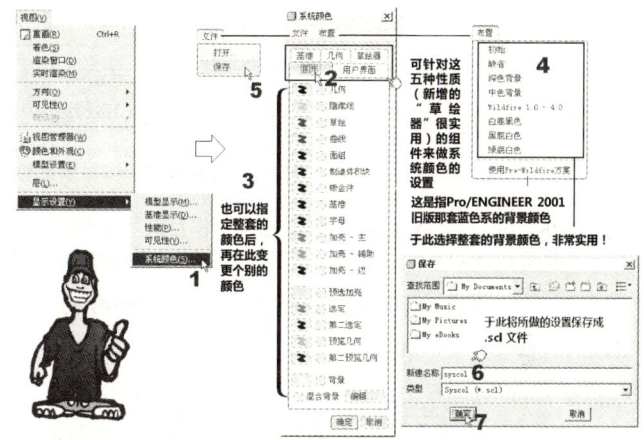

图1-14 系统颜色的设置

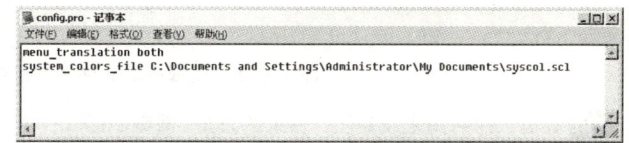

图1-15 再次使用"记事本"来查看config.pro的内容

1.5.3 设置默认的工作目录（桌面图标法）

读者第三大的困扰就是，每次进入Creo时，都还要重新设置工作目录，很讨厌！这对专业工作者来说很不方便。请按下述步骤图例操作。

01 在桌面上的Creo激活图标属性里，指定工作目录的起始位置路径。如图1-16所示，本例将工作目录的起始位置路径设到D:\CASE\CASE01。

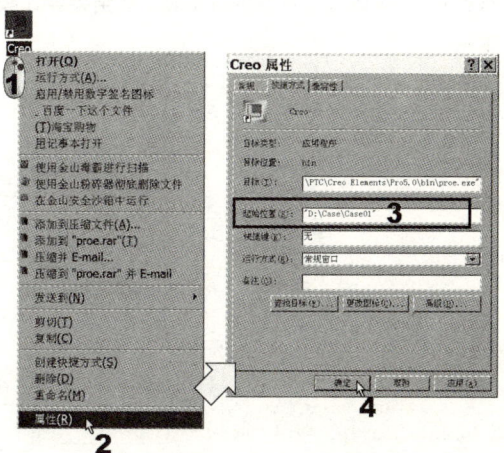

图1-16 指定工作目录的起始位置路径

02 这么一来,启动目录已经被改到D:\CASE\CASE01中,而我们上述创建的config.pro文件和syscol.scl文件也都要移到这个目录来,才可以读到。然后,按图1-17所示的操作,就可以在一进入Creo时,直接单击位于D:\CASE\CASE01目录中的工作文件了。

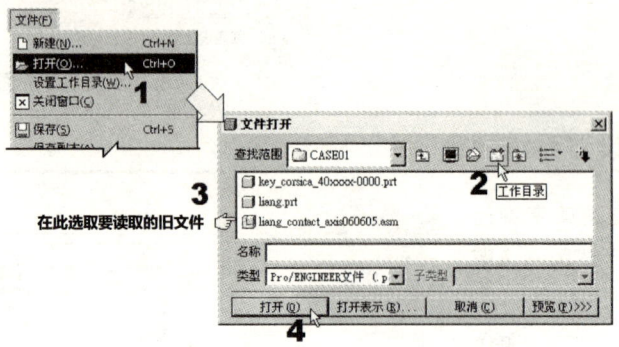

图1-17 直接选取工作目录文件的操作

03 OK!每次激活Creo后,就直接到工作目录的动作是设好了,但是跟踪文件还是会如影随形地跟到D:\CASE\CASE01目录中!我们不喜欢这样,于是就会如图1-18所示,在config.pro文件中加入以下语句:"trail_dir 跟踪文件路径"。这样,Creo所生成的跟踪文件,就会存在所指定的目录中,而不会放到D:\CASE\CASE01目录里了!

知识点2

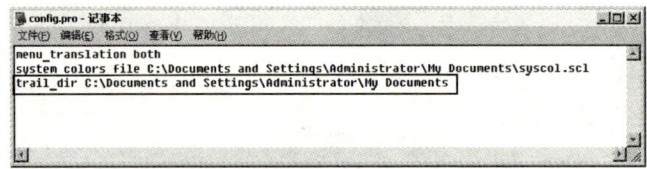

图1-18 指定生成跟踪文件所在目录的设置

04 还有一个可用来设置工作目录的方法,请参照1.7.3节所示内容。

1.5.4 三维性能的设置

"性能"选项是用来增强视图三维显示的效率控制。它可以控制曲面显示细节的等级,在着色模型动态定向时,可以减少系统的计算量。其结果会让模型运动显得更加平滑,驱动力的同步性更好。如图1-19所示。

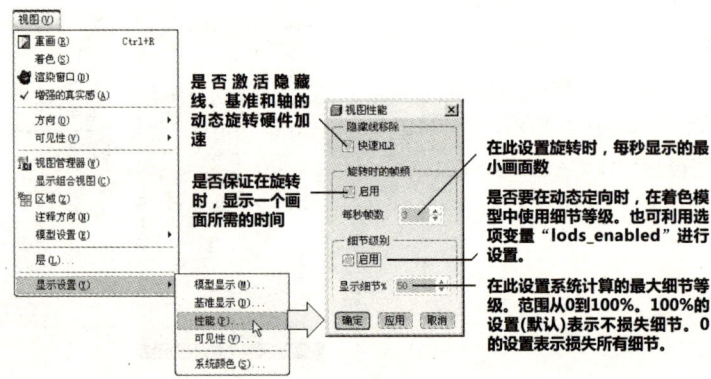

图1-19 三维性能的设置

1.5.5　Creo 的环境设置

要改变Creo全局的环境设置,还有一个方法。请选择"工具(T)"下拉菜单下的"环境(E)"选项,将出现如图1-20所示的画面(仅说明从字面看不出其意义的选项)。

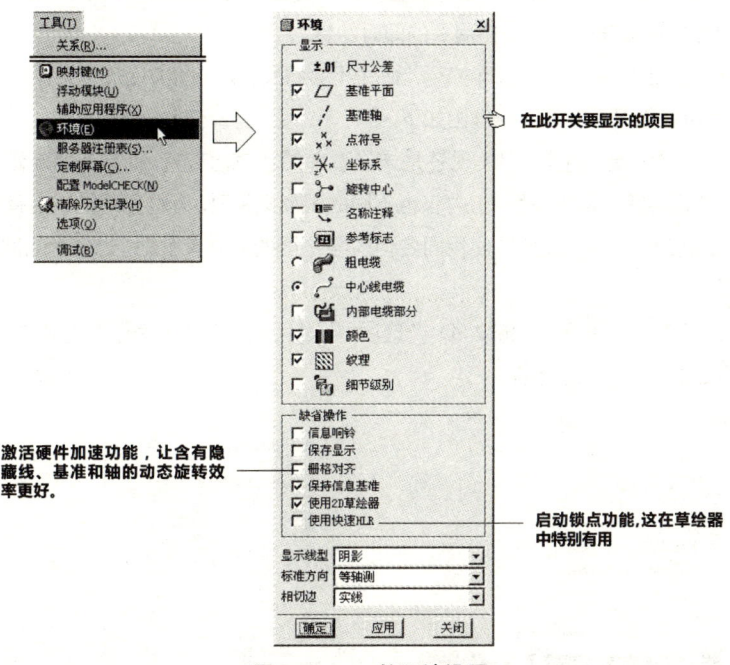

图1-20　Creo的环境设置

1.5.6　备份文件

在"文件(F)"下拉菜单下,有一个"备份(B)..."选项,它可以将当前的图形文件以同一文件名,或不同文件名复制到同一目录或不同目录。它有以下两种做法。

1. 以同文件名复制到同一目录。欲达此目的时,不管该图形文件是否已进行设计变更,都可以将其保存成新版本编号的图形文件,若该图形文件为当前的图形文件,那么于运行备份功能后,该窗口会显示新版本编号的复制图形文件,这是"保存"选项所办不到的。

2. 以同文件名或不同文件名复制到不同目录。欲达此目的时,新生成的图形文件就会成为当前使用的图形文件,将在此目录下继续工作,但当前工作目录还是没改变。如果希望回到备份的原始图形文件工作时,可使用"删除"选项将新复制图形文件从内存中清除,并再重新打开原始图形文件。

1.5.7　文件的拭除和删除

"文件(F)"下拉菜单下的"拭除(E)"选项是用来拭除Creo的工作文件。因为在一个工作区间中,所有新建和打开过的文件均会暂时保存于系统内存中,甚至已经关闭了的文件,也将暂时保存在其中,直到程序关闭为止。然而,若打开较多的文件,势必占据较多的内存空间,并影响计算机的运行速度。此时,应使用拭除功能来将不需要的文件从内存中删除,以加快计算机的运行速度。选择"拭除(E)"选项后,将出现如图1-21所示的选项。

其中,

1. "当前（C）"选项。用来将当前工作窗口中的文件,从内存中暂时删除掉。

2. "不显示（D）…"选项。则是用来将存在于幕后的所有文件,从内存中暂时删除掉。

3. "元件表示"选项。在某些情况下,被即时检索的一些组件会保留在内存中。当这个选项可用时,就可以用来拭除当前在任何简化表示中未使用到的即时组件。

与"删除（D）"选项不同的是:"拭除（E）"命令不会将文件从硬盘中删除,文件仍然完好地保存于硬盘中。事实上,使用拭除最现实的两个理由如下。

1. 已修改了当前文件,尚未存盘,但发现还是未修改前的状态比较好,而想回到未修改前的状态时。

2. 要前后打开相同名称,但不同目录,内容也不同的图形文件时,为避免系统将内存里的同名文件打开,就要使用拭除。此外,在组件文件中使用同名但内容不同的零件文件时,也会有此问题。也都是用拭除的方法来解决的。

而在"文件（F）"下拉菜单下的"删除（D）"选项,则是用来完全删除存于硬盘中的文件。选择"删除（D）"选项后,将出现如图1-22的选项。

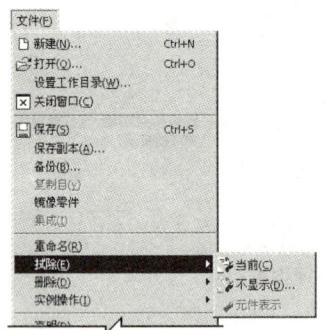 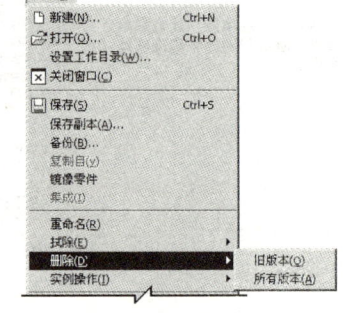

图1-21 选择"拭除（E）"后的选项　　图1-22 选择"删除（D）"后的选项

基于安全的理由,在Creo中,每一次保存的文件均以"文件名＋流水编号"的新版本形式出现,导致每保存一次文件,就多一个同名但流水编号不同的文件。如果不喜欢这样,为解决此问题,只要在运行删除命令时,选取"旧版本（O）"选项,系统将删除所有旧的版本,仅留下一个最新的版本;若选取"所有版本（A）"选项,将永久删除该文件。

那么已运行旧版文件的删除后,为何还留有旧版的图形文件?这是因为该文件若是在工作目录以外的目录打开,那么用户就无法利用"文件（F）"→"删除（D）"→"旧版本（O）"来删除它的旧版本图形文件。只要将工作目录切换到该图形文件的存盘目录,就可将其删除。

1.6　Creo的文件类型和操作

接下来,要急迫认识的应该是Creo的文件类型。由于Creo的模块众多,所以它的工作文件类型也很多。文件类型也就是文件格式,了解文件类型有助于文件间的转换交流。就不会在需要转换或存盘的情况下,使用不合适的格式。

要了解一个软件的"肚量"到什么程度,就要知道它所能接受或输出的文件类型。而文件类型的内容,从它"文件"下拉菜单里的"存盘"和"打开文件"的选项来下手最快了。选取此菜单后,将出现如图

1-23所示的选项。这些选项都是我们在很多应用软件中常见的，操作不须详述。但是我们却要注意Creo可以接受的输出和输入格式。这样，才能够很清楚地知道，除了Creo自己的工作文件外，在Creo里还可以读取哪些其他格式的图形文件，以及可以将在Creo里画的图形文件转成哪些格式的图形文件，以和其他CAD/CAM/CAE进行图形文件交换。

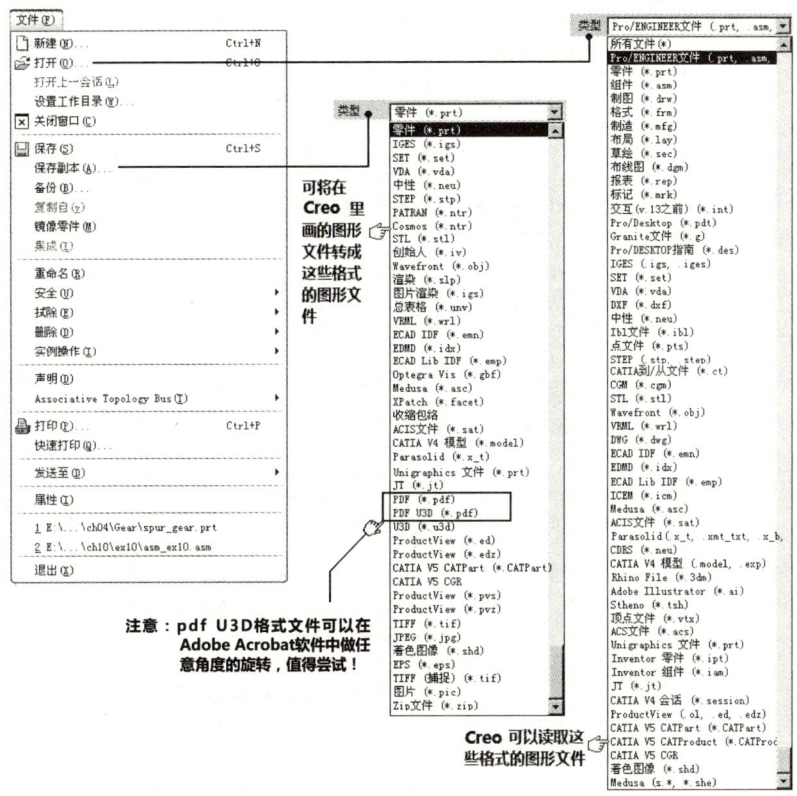

图1-23 "文件（F）"菜单中和文件类型有关的选项

说明：我们一般需要的常用输出场合有以下3种格式。

1. Creo本身的格式。如下面表1-2所述的格式，用于需要模型的其他模块时，如工程图模块、机构分析模块、结构分析模块或制造模块等。

2. 国际图形交换格式。用于Creo的模型文件格式需要被其他的三维CAD软件（如SolidWorks、Catia等）读取时。常用的有IGES和STEP等格式。

3. 图像格式。用于将Creo的模型着色或渲染状态转换为图像格式时。常用的有JPEG和TIFF等格式。

另外，我们还有必要知道Creo自己生成的文件格式，请参照表1-2。

表1-2 Creo的工作模式及其文件格式列表

工作模式	子模式	功能说明	默认文件格式名
草绘模式（Sketch）	无	创建二维的参数化草绘剖面	s2d####.sec
零件模式（Part）	实体（Solid）	创建三维的实体零件	prt####.prt
	复合（Composite）	创建三维的复合零件	
	钣金件（Sheet Metal）	创建钣金件	
	主体（Bulk）	创建主体，主体是组件中成员的非实体表示	

续表

工作模式	子模式	功能说明	默认文件格式名
组件模式（Assembly）	设计（Design）	创建设计文件	asm####.asm
	互换（Interchange）	创建交换文件	
	校验（Verify）	创建核对组件	
	处理计划（Process Plan）	为组件模型创建处理计划	
	NC模型（NC Model）	创建NC模型	
	模具布局（Mold Layout）	创建模具配置图	
	Ext.简化表示（Ext. Simple Rep）	创建简化表示，简化表示是一个模型的变体，可用此模型来改变某一特定设计的视图效果，从而可以控制Creo加载进程并显示的组件成员	
制造模式（Manufacturing）	NC组件（NC Assembly）	为制造模型创建组件	mfg####.mfg
	Expert Machinist	使用Expert Machinist（机械专家）为制造模型创建新组件	
	CMM	生成坐标测量仪（Coordinate Measuring Machines）的监控程序	
	钣金件（Sheet Metal）	创建钣金件模型	
	铸造型腔（Cast Cavity）	创建铸件模型	
	模具型腔（Mold Cavity）	创建模具模型	
	模面（Die Face）	创建压模面模型	
	硬度（Harness）	创建如电线这类的线路图时使用	
	处理计划（Process Plan）	创建制造处理计划	
绘图模式（Drawing）	无	创建工程图	drw####.drw
格式模式（Format）	无	创建工程图和配置的图纸模板文件	frm####.frm
报表模式（Report）	无	创建具有绘图视图及图形的动态的、自定义的报表	rep####.rep
图表模式（Diagram）	无	创建电路，管路流程图	dgm####.dgm
布局模式（Layout）	无	用于产品的设计与规划	lay####.lay
标记模式（Markup）	无	创建零件、组件、工程图、加工等图的注释文件	mrk####.mrk

第1章 系统环境与基本操作

在选择"文件（F）"下拉菜单里的"打开（O）…"选项后所出现的窗口中，还有一些操作是值得讲述的，如图1-24所示。

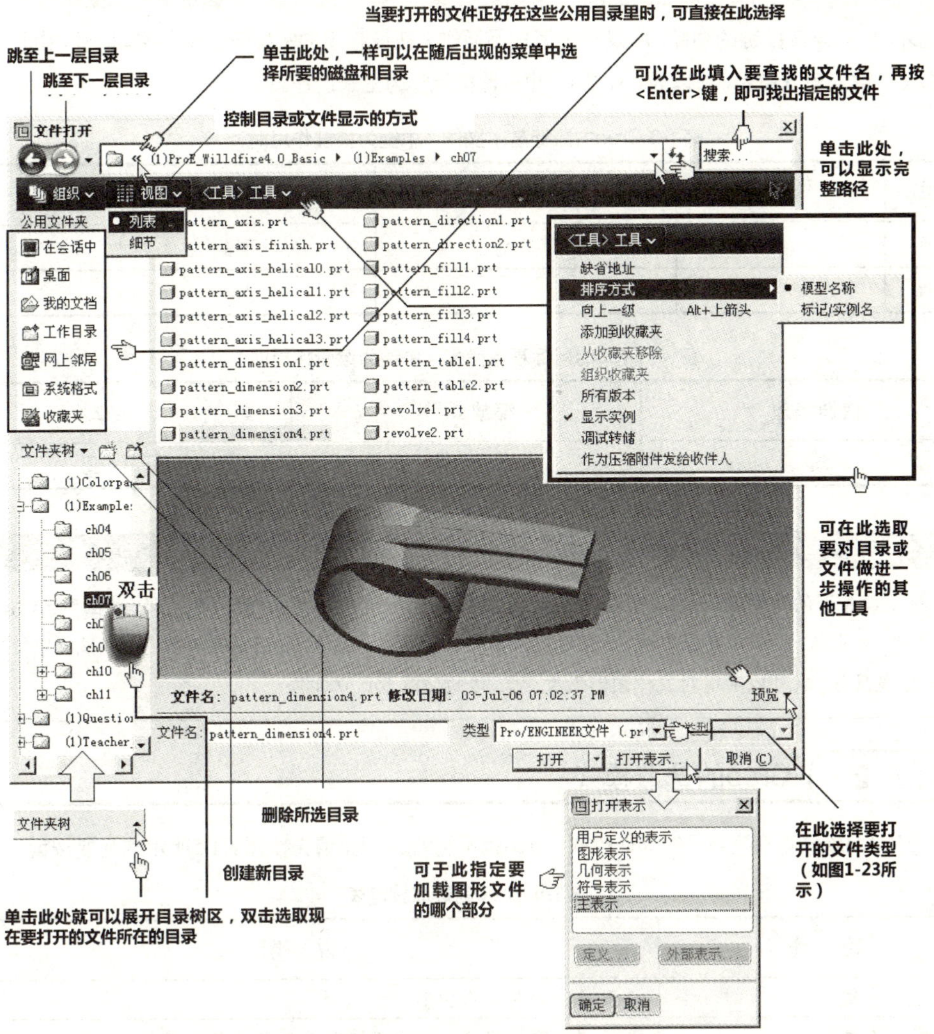

图1-24 "打开（O）..."选项的操作说明

要特别说明的是，在图1-24左侧的"公用文件夹"中，所谓的"在会话中"图标，应译为"工作区间（In Session）"。它是指从Creo系统启动到关闭的过程，称为"一个工作区间"。单击此图标，可将在这个工作区间内创建或打开过的文件显示于文件列表框内。这些文件将暂时存于系统内存中，直到系统关闭为止，即使该文件已经关闭，仍可从内存中将其重新打开。

1.7 Creo的基本操作

本节学习鼠标、按键、快捷键、模型显示与视图控制等相关的基本操作。要先充分了解这些基本操作，才能在后续章节的实际操作中，不会因为不熟悉它们，而在建模的操作中显得缚手缚脚。

1.7.1 鼠标和按键操作

我们用表1-3、表1-4来说明Creo的鼠标基本操作。请注意，一般所谓"中键带滚轮的鼠标"，除了滚动的功能外，也应兼具按键的功能，所以那种滚轮不能作为按键按下的鼠标千万不要买。此外，由于当前市场上都是中键滚轮式鼠标，所以表1-3、表1-4也以此类鼠标为主来制作。

表1-3 Creo的鼠标基本操作（中键为按键作用时）

模式	环转	平移	缩放	旋转
三维	🖱	Shift + 🖱	Ctrl + 🖱	Ctrl + 🖱
二维		🖱	Ctrl + 🖱	

表1-4 Creo的鼠标基本操作（中键为滚轮作用时）

快速缩放	缩放 0.5X	缩放 2X
🖱	Shift + 🖱	Ctrl + 🖱

注意

对于最普遍的三键转轮鼠标来说，最常用的操作是，旋转中键滚轮，就可以直接缩放画面上的图形，然后使用 <Shift> + <鼠标中键> 来运行画面平移 (Pan) 的功能。接着如果再按住 <鼠标中键> 不放，并拖曳鼠标，就可以实现对立体图形做立体环转的功能 (3D Orbit)。

1.7.2 Creo的选取模式

任何CAD软件都有它自己的选取模式，Creo也不例外。首先，请先参照表1-5所示的选取按键方式。

表1-5 Creo的选取按键表

动　作	说　明
单击鼠标左键	选取单一的对象或图形。
双击鼠标左键	激活"编辑"模式，变更选取对象的尺寸值或属性。
按住<Ctrl>键+单击鼠标左键	可一次选取多个项目。或用来单击已选取的对象或图形，取消该对象或图形的选取。
按住<Ctrl>键+双击鼠标左键	可以一次单击并选中模型的多个图素（一般单击只能令其变为红色，并不能选中）。
按住<Shift>键+单击鼠标左键	选取边或曲线之后，激活链建构模式。或选取实体曲面或面组之后，激活曲面集建构模式。
单击鼠标右键	激活快捷菜单。
按住<Shift>键+双击鼠标左键	根据所选取的锚点来查询所有可能的链。

当使用表1-5的方法来选取一个或多个图素项目后，Creo就会创建一份已选项目的清单或"选项集"，并在状态栏上指明选项集中的项目数量。如图1-25所示。

如果要在使用特征工具的同时进行选取，每个工具都有特定的选取项需求，必须符合该需求才行。这些需求是由筛选器和收集器所控制的。为了让查询和选取变得更容易，Creo 提供了筛选器来缩小可选项目的范围。这些筛选器位于状态栏上的"筛选器"（Filter）框中，如图1-25所示。选取项目并打开特征工具之后，Creo就会将选取的项目置于收集器中。

当要选取的图素复杂，或堆叠在一起时，可以使用图1-26的方式来选取。

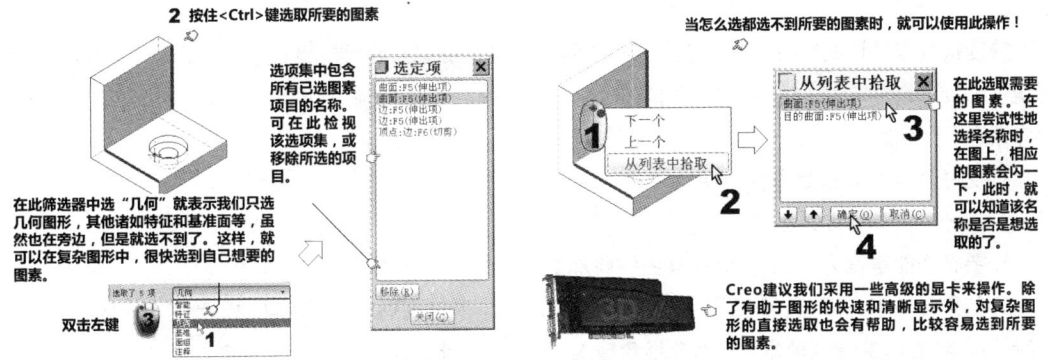

图1-25 状态栏上的已选项目指示和选项集　　　　　图1-26 复杂图案的选取

当已选取一些图素项目时，可使用下述几种方式来清除选项集、链或曲面集中的已选项目。

1．按住 <Ctrl> 键，并选择个别的已选项目，即可清除个别项目。

2．在"所选项目"（Selected Items） 窗口中移除指定项目，如图1-25所示。

3．单击图形窗口中的空白处来清除整个已选取的选项集、链或曲面集。

4．单击收集器本身的"移除"（Remove）按钮或选择"编辑"下拉菜单下，"选取"后的"取消选取全部"（Remove All） 选项，即可在活动的收集器中，清除已选项目或所有项目。

5．按住<Ctrl>键并选择个别项目，可将个别项目从收集器中清除。例如，链或曲面集中的个别已选项目，或是整个链或曲面集。

预选加亮功能提供了设计元素的可视确认方式，可以精确地锁定想要选取的元素。按照默认，Creo会激活预选加亮功能。不过，可在必要时将其关闭，如图1-27所示。

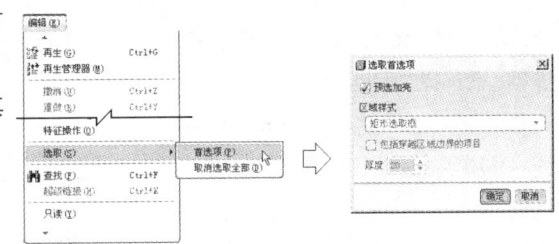

图1-27 关闭预选加亮的设置处

要取消预选加亮功能，也可以将prehighlight选项变量设为no（默认为 yes）。 如果取消勾选"预选加亮"选项，Creo的选取行为就会改变。此时，若要选取项目，就必须使用下列选取方式。

1．择取模式。直接从模型中选取项目。选择"编辑"→"选取"→"拾取"选项，或是从图形窗口快捷菜单中均可激活"择取"模式。如果取消预选加亮功能，则按照默认，Creo 会选取这种方式。

2．查询模式。选取列在"从列表中拾取"（Pick From List） 对话框中的项目，选择"编辑"→"选取"→"查询"选项，或是从图形窗口快捷菜单中均可激活"查询"模式。但请注意，使用"查询"完成选取之后，Creo 就会回到"拾取"模式下。

如果取消勾选"预选加亮"选项，则无法使用智能筛选器。

1.7.3 快捷键设置

上一节的方法是网络上常见的方法,而本节使用"快捷键"的方法也不错,本节将提供这方面的方法参照。

快捷键就是可让我们将常用命令序列映像到特定键盘键或组合键的键盘宏。在 Creo 里,可以在"映射键"(Map keys)对话框里定义快捷键,或是在 config.pro 文件中输入快捷键定义。不论是哪一种模式都应遵守下列规则。

1. 在每个命令前加上井字符(#)。
2. 用分号分隔命令或区域。
3. 要将功能键设为快捷键,请在其名称前加上钱符号($)。如$F2。
4. 如果区域中的第一个非空格字符不是井字符(#),系统则确定区域的其他部分是不是响应提示而进行的键盘输入。如果当前命令不需要键盘输入,则将略过此定义。
5. 如果区域中没有文字,系统则确定此区域为<CR>。
6. 系统略过最前面的空格。
7. 除非将区域作为输入区域,否则系统将一系列不在最前面的空格作为单一空格处理。
8. 项目不区分大小写,但是键盘输入要区分大小写。
9. 快捷键的长度没有实际约束。使用反斜线符号(\)作为续行符号。例如,可将宏"TEST"定义如下。

```
mapkey TEST #feature;#create;#protrusion;\
#revolve; #done;
```

● 快捷键应用一(快速运行指定的一段操作)

使用"映射键"对话框,可用于生成新的快捷键或修改、运行、删除选取的快捷键。请选择"工具(T)"下拉菜单下的"映射键(M)"选项来设置快捷键。如图1-28所示,假设我们希望按下<F12>功能键,就可以自动操作将等轴测状态转到斜轴测状态。

本操作视频文件:(02)avi(GB)\ch01目录下的Mapping_Key.avi

> **注意**
>
> 要使用功能键(图1-28步骤3处),请在其名称前加上钱符号($)。例如,要对应至<H>键,键入$H。当前它只能用单一键,还不能设置组合键。在本例中,输入的是$F12,即当以后按下<F12>键后,就能自动运行所录制的这段操作!

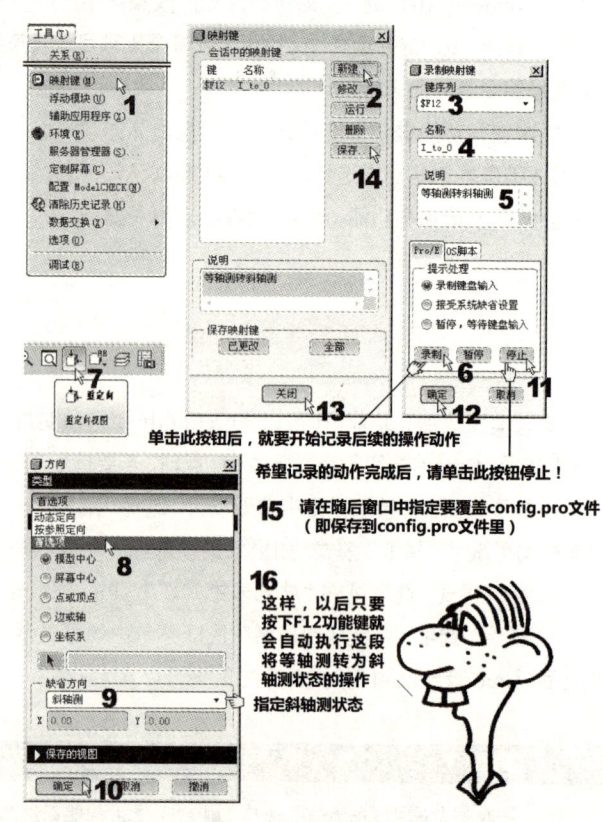

图1-28 快捷键的设置

当保存到config.pro文件中以后,再打开config.pro文件,将出现如图1-29所示的新命令行(黑框中),这就是刚才操作录制后的程序化语句,供有兴趣者参考。

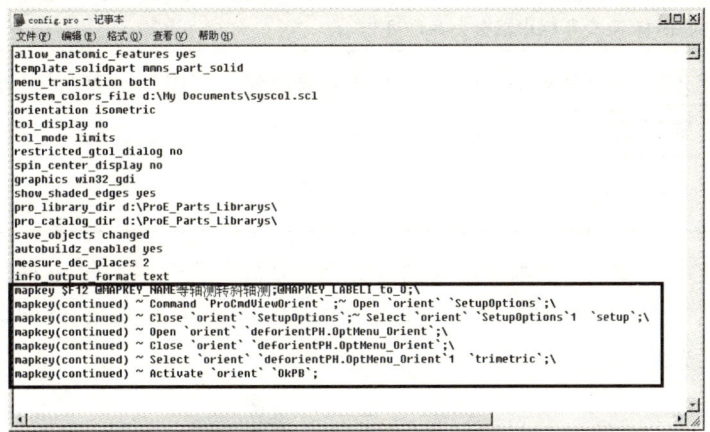

图1-29 config.pro文件中的快捷键语句

● 快捷键应用二(设置默认的工作目录)

在上一节中,我们学习了创建默认工作目录的方法。但是如果一次要在数个项目间工作,有必要经常变换工作目录,那么如果按上一节的方法操作,那麻烦啦!即使在桌面做多个运行图标,那config.pro文件和syscol.scl文件也要复制好几份到各个工作目录中才行!这是不切实际的。

从图1-28的练习中,应该发现,使用同样的操作,其实我们也可以将设置工作目录的操作变成一个快捷键!这样,就可以很快地变换到所要的目录中。整个操作和图1-28一样,只是快捷键要设另一个(本例设F2),且步骤7~10是选择"文件(F)"下拉菜单→"设置工作目录(W)"→指定工作目录的动作罢了。请自行做做看。

● 快捷键应用三(将快捷键增加到菜单或工具栏中)

如果快捷键可以增加到工具栏或菜单区中,就会让操作更为直观、有效率。新增的按钮可以是Creo现有的命令或用户定义的快捷键。此程序将指示如何增加快捷键到菜单或工具栏中。例如,我们要将刚才在"快捷键应用二"新增的<F2>快捷键新增到工具栏中。设置过程如图1-30所示。

本操作视频文件:(02)avi(GB)\ch01目录下的Add_Mapping_Key_to_Toolbar.avi

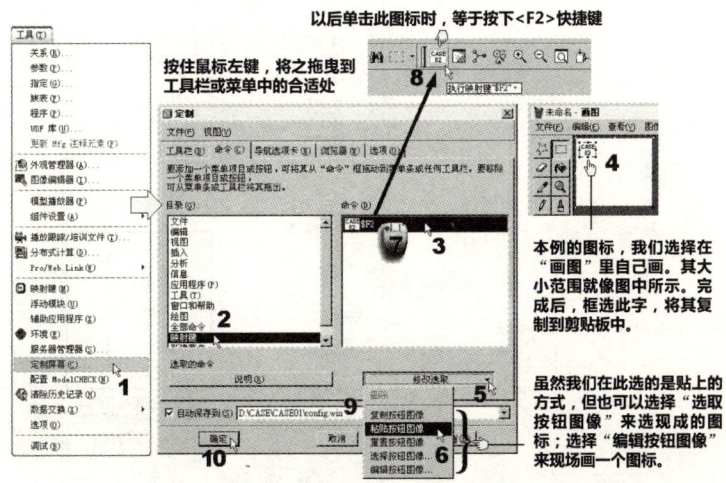

图1-30 将快捷键增加到菜单或工具栏中的操作

注意

如果要将已加入的快捷键图标再从工具栏中取下的话,那么必须回到"定制"窗口打开的状态下,如图1-30所示,直接将图标从工具栏中拉出丢弃即可!

此外,图1-30的步骤9是很重要的一步。在那里,要指定将整个"自定义屏幕"的设置内容保存到启动目录的config.win 知识点3 文件中。否则,图1-30所设置的通通不会被保存下来。

1.7.4 模型显示

在操作的时候,为了看清楚所画物体,我们必须随时视需要来开关模型的各种显示方式。控制模型显示的开关项就位于顶工具栏的右侧。如图1-31所示,共有:线框、隐藏线、着色、消隐和实时渲染 知识点4 五种模式。

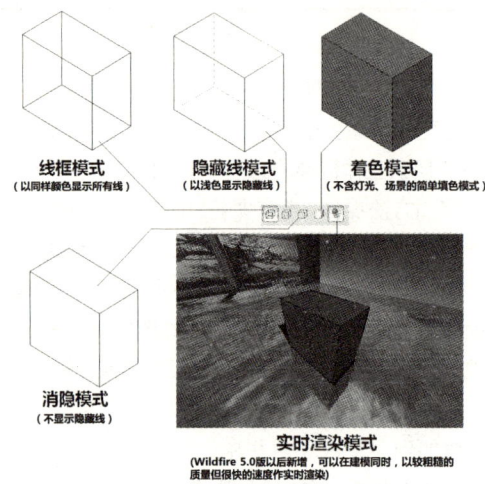

图1-31 模型显示的基本操作

搭配模型显示的系统设置,如图1-32所示。

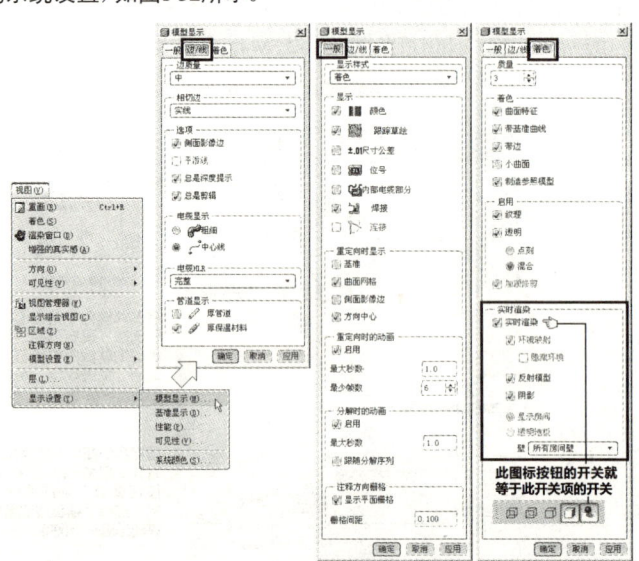

图1-32 模型显示的系统设置

在图1-32的三个选项卡中，分别用来做如下的操作。

1. "一般"（General） 选项卡

（1）"显示样式"框。在此指定着色、消隐、隐藏线与线框等四种显示模式的显示特性。默认为"着色"（Shading）模式。

（2）"显示"框。在此开关模型各种特性（如颜色、跟踪草绘、尺寸公差等）的显示。

（3）"重定向时显示"框。在此指定在模型重定向或制成动画的时候，要显示或隐藏基准、曲面网格、侧面影像边，还是方向中心（可复选）。

（4）"重定向时的动画"框。在重定向的同时，按在此指定的时间和帧数来激活动画。

（5）"分解时的动画"框。在分解的同时，按在此指定的时间和帧数来激活动画。

（6）"注释方向栅格"框。在此指定用来控制注释平面栅格的显示与否，以及栅格间距（如果指定要显示时）。

2. "边/线"（Edge/Line） 选项卡

（1）"边质量"框。在此指定边线的质量。

（2）"相切边"框。在此指定相切边的显示线型。

（3）"选项"框。在此指定有关边和线的细节。

（4）"电缆显示"框。在此指定电缆的显示造型设为"粗细"或是"中心线"。

（5）"管道显示"框。在此指定要显示的管道形式。

3. "着色"（Shade） 选项卡

（1）"质量"框。变更着色区的质量和细节。

（2）"启用"框。设置激活的着色特性（如纹理、透明度状态）。

（3）"实时渲染"框。在此设置实时渲染的反射与阴影特性。

1.7.5 基本视图控制

本操作视频文件：(02) avi (GB) \ch01目录下的Zoom.avi

视图控制就是"ZOOM"的意思，用来随着操作或示范需要，将物体转到合适的面。其控制开关项工具图标如图1-33所示。

其中，最常用的就是直接选取视图的默认视点方向、在屏幕中显示整个图形、单击两对角点开窗放大图形，以及定比例缩小当前图形等图标按钮。它们都是方便实用，且一个按钮就可以达到目的的选项。请试试看！

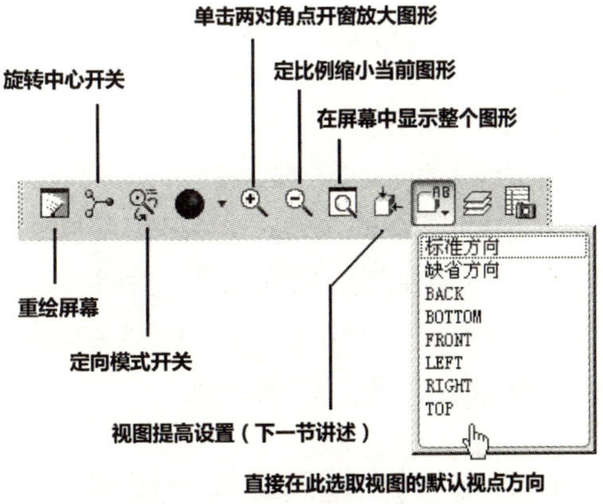

另外还有两个开关图标说明如下。

1. 定向模式开关

打开定向模式后，"视图（V）"下拉菜单→"方向"→"视图类型"后的五个选项即可用，且如图1-34所示，定向中心 知识点5 与模型中心会显示在图形窗口中。

图1-33 视图控制的基本操作

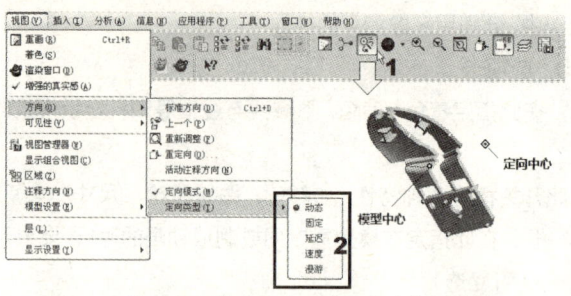

图1-34 激活定向模式后出现定向中心与模型中心

如图1-34所示,激活定向模式后,五种可选的定向类型意义,如表1-6所述。

表1-6 定向模式的五种类型

类型名称	图标	说 明
动态 (Dynamic)	◆	默认值。用以显示"定向中心"。其方位会随着鼠标指针的移动而更新。模型将绕着定向中心周围自由地旋转。
固定 (Anchored)	▲	其方位将随着鼠标指针的移动而更新。模型的旋转是由其初始位置开始移动的方位与距离所控制的。定向中心每隔90°即变更一次颜色。当指针回到原始的向下方位时,视图即重设为开始时的样子。
延迟 (Delayed)	▢	其方位不随着鼠标指针的移动而更新。但是当放开鼠标中键时,指针模型定向随即更新。
速度 (Velocity)	◉	其方位会随着鼠标指针的移动而更新。速度(速度与方向)是操控的速率,受到鼠标指针从其初始方偏移的距离所影响。
漫游 (Fly Through)	⟡	表示模型的定向及方位是由于与飞行仿真器类似的互动所控制。但必须使用透视显示才能使用此选项(即选择"视图"→"模型设置"→"透视图"选项)。

注意

(1) 使用 orientation_style 选项变量时,可将检视样式设为动态或已锚定,不管是否打开或关闭"定向模式"。当打开定向模式时,可以按需求变更检视样式。

(2) 打开定向模式后,将无法选取项目。

2. 旋转中心开关

模型默认的旋转中心就是模型中心。可以修改此中心(下一节讲述),使其可位于屏幕上的任意点。

当旋转中心(Spin Center)关闭时,可以根据得出的矢量,约束旋转和平移的动作。矢量是将"定向中心"置于边或曲面上时所得出的,与拖曳动作结合使用;或者,它也有可能因为在定向中心上初始化一个拖曳动作,而已经存在边或曲面上。约束矢量来自于对象或定向中心之下的几何,且其为线性的边或曲线,或法向(垂直)于实体面或曲面。

1.7.6 提高级视图控制

本操作视频文件:(02) avi (GB) \ch01目录下的View_Control.avi

选择"视图(V)"→"方向"→"重定向"选项或单击工具栏 按钮,都可以运行重定向命令。使用重定向命令,可以指定某一个视点下的视图。通常,我们会有以下三种不同的目标。

1. 定义偏好

首先是偏好类型。通常用来决定是等轴测或斜轴测（即等斜图），如图1-35所示。

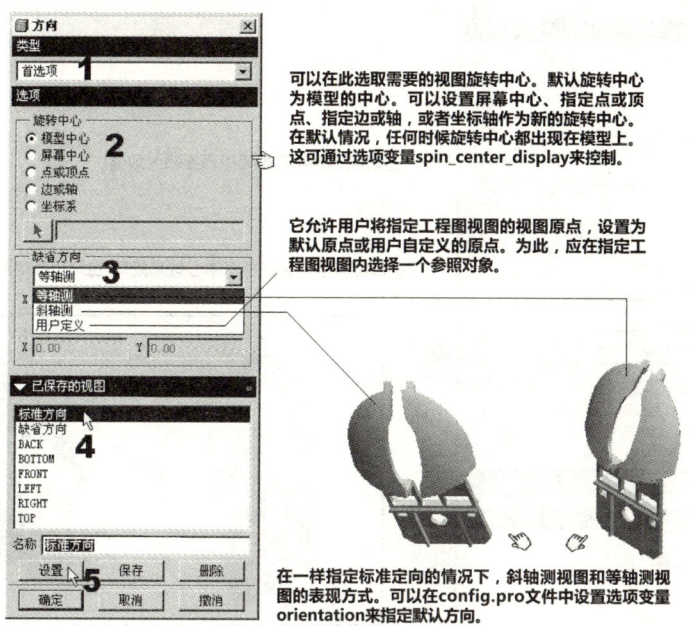

图1-35 定义偏好

图1-36就是希望以标准的斜轴视图搭配指定"点或顶点"的旋转中心来观看物体。最后，还要将该视图状态保存下来，以方便随时调用。

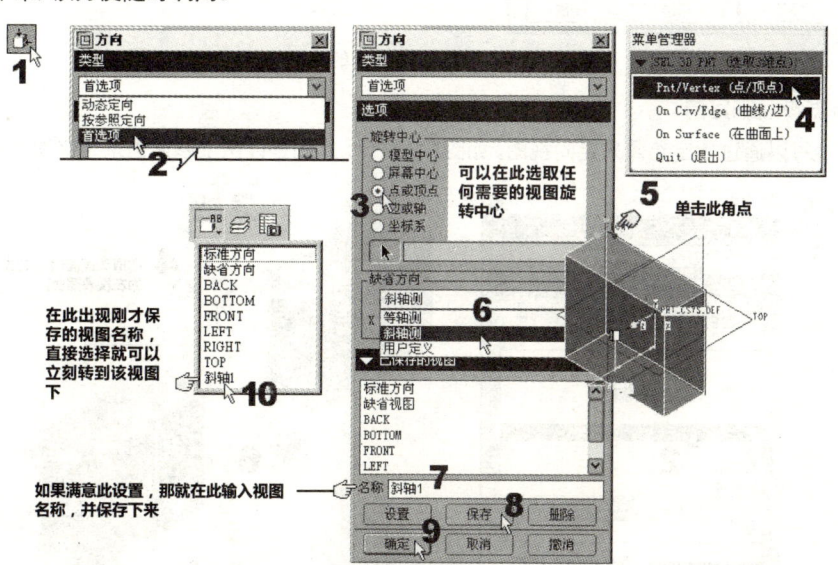

图1-36 创建并保存视图

2. 定义动态定向

动态定向就是用旋转中心轴或屏幕中心轴，使用滑杆的方式，来随意地旋转、平移、缩放与翻转模型。如图1-37所示。

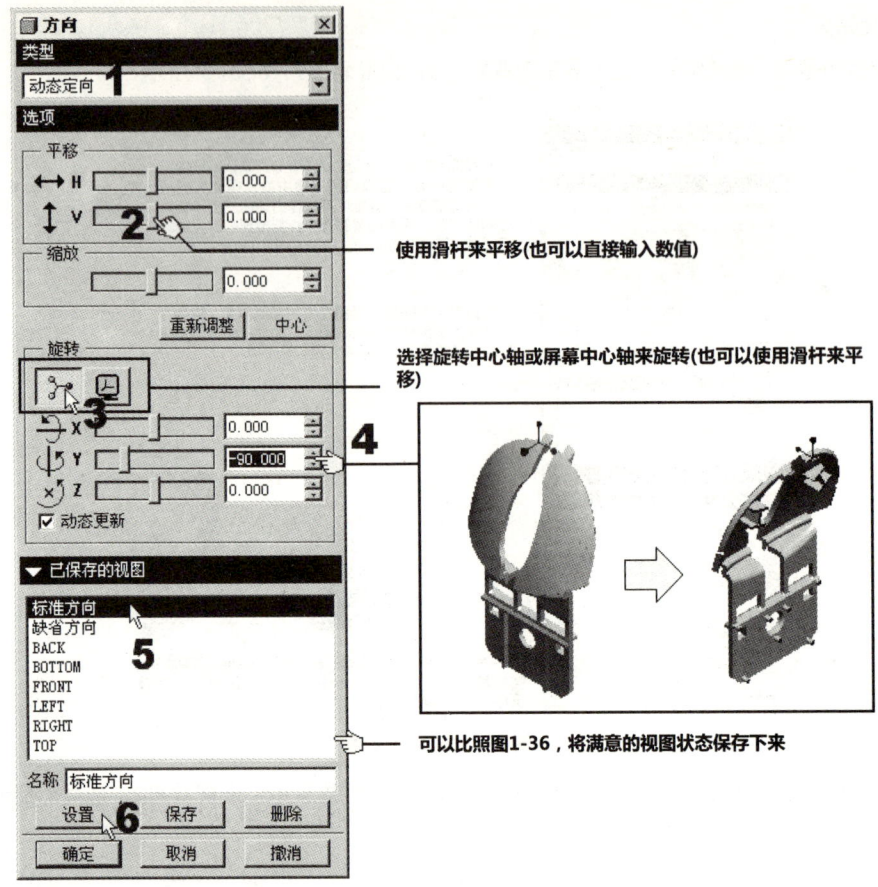

图1-37 动态定向的操作

3. 根据参照来定向

我们也可以通过指定参照来定向视图。如图1-38所示,此图是以两个参照面来定义物体的视图。

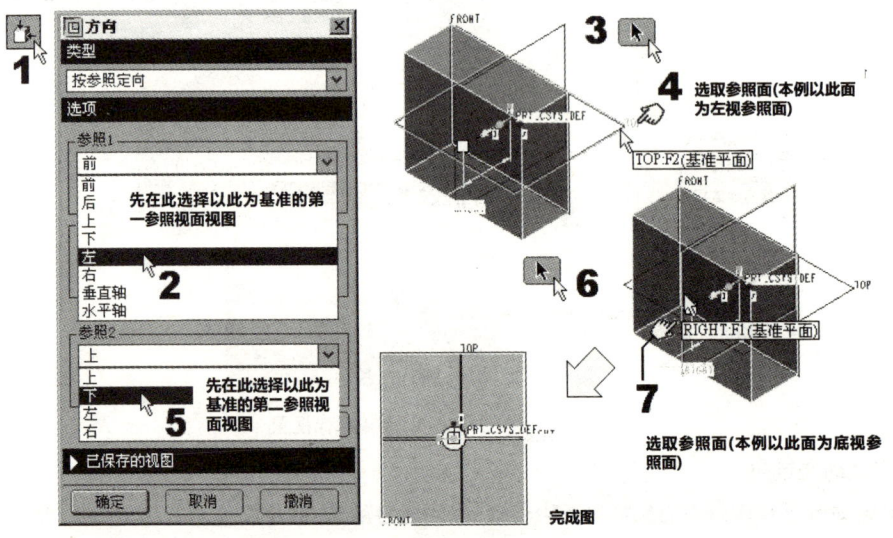

图1-38 以两个参照面来定义物体的视图

1.8 知识点拓展

知识点1 Config.pro文件是什么？

在本章中，为了设置选项变量，我们用到了config.pro文件。实际上，它就是一个选项变量的自动运行批次文件。它一定要放在Creo的启动目录里，同时文件名也一定要是"config.pro"。只要是可以影响系统运行环境的设置，都可以通过这样的方法来设置相应的选项变量，并将其存到config.pro文件中。因此，Creo的各模块也提供了很多的选项变量，来供用户选择。用于基础模块中的选项变量查询法，请参照本书附录A。

config.pro也是一个文字文件，可以使用图1-12的方式来逐一加入需要的选项变量；如果参照本书附录A的选项变量查询法，并逐渐熟悉它的语句后，也可以直接使用文字处理软件来撰写或编辑它。如图1-39所示，如果我们设置第一个选项变量，那么存盘后的config.pro文件内容就只有一行。

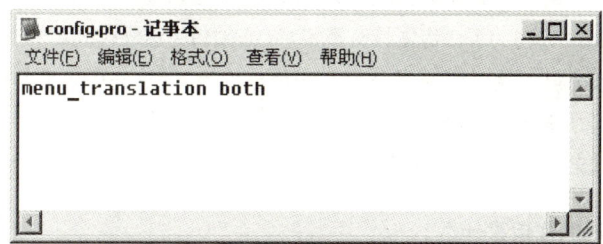

图1-39 使用"记事本"来查看config.pro的内容

知识点2 跟踪文件（Trail File）是什么？

Creo跟踪文件（trail.txt.nnn）是对于某个特定工作阶段的记录，记录内容包括所有菜单选择、对话框选择、选取和键盘输入。跟踪文件可以检索活动记录，以便重建先前使用的作业阶段或者从突然终止的作业阶段中恢复。此文件是一个可编辑的文本文件（.txt），它一定会在启动目录中以流水编号方式生成并累积，所以必须定期删除。我们在第9章还会再详细讲述它的操作。

知识点3 config.win文件是什么？

Creo包含两个重要的系统设置文件，config.pro和 config.win。前面谈过的config.pro文件是文本文件，保存定义Creo对操作的处理方式的所有设置。而config.win文件则是数据库文件，用来保存窗口方面的设置，如工具栏可视性设置和"模型树"的位置设置。所以，两者都要放在启动目录中，才能在进入Creo时，被系统自动读取。

知识点4 什么是实时渲染？

在图1-31中，已经看到了实时渲染的效果。一般说来，如果定义了模型投射到壁上的反射和阴影，以及模型的外观反射，那么就可以使用Creo的"实时渲染"（Realtime Rendering）来实时快速地显示模型的外观。

换句话说，比起一般的着色，实时渲染只多了反射和阴影，也就是多了灯光效果。但是比起正式但较耗时的真实渲染来说，实时渲染的质量要粗糙许多，但是速度也快很多。所以，实时渲染会比着色直观一些，但比真实渲染粗糙一些。适合用于设计中的预览。

如果相对于CAD来讲，Creo的实时渲染器有以下的约束。

1. 仅在平面曲面上支持阴影和反射。

2. 对于圆柱形房间，仅在地板和天花板等平面曲面上显示环境中的阴影和反射。

3. 支持在模型上反射房间。

4. 只能对着色曲面投射阴影。

5. 不支持自身阴影。

请观看以下的视频文件来了解如何做出实时渲染的效果。

本操作视频文件：（02）avi（GB）\ch01目录下的Realtime_Rendering.avi

在Realtime_Rendering.avi这个视频文件中，我们示范了以下几个尚未详细讲的重点。

1. 自定义工具栏。由于本操作需要配合Creo的渲染功能（本书第8章详述），为了提高操作效率，需要临时调用"渲染"工具栏，同时再往该工具栏中添加需要的命令图标。类似的操作将不再细述，请注意这部分的操作。

2. 简单的材料贴附操作。为了让物体美观和具有真实感，必须先贴附材料。

3. 透视模式的设置和切换。为了让物体具有真实感，必须转为透视模式。

4. 场景的选择。Creo提供了包含灯光和房间整套现成的场景，这些场景都是理论上最典型的场景布置范例，操作者只要选择所需要的场景图片即可。

除了第一项以外，其余将在本书第8章说明。

知识点5　定向中心的作用是什么？

定向中心◇是可以用多种方式来定向模型的符号（按鼠标中键弹出）。当我们操作物体的旋转、平移或缩放时，定向中心就会显示其当时的中心位置。这样，旋转、平移或缩放等操作，就不会太离谱。定向中心一定锁定在旋转中心上，但当旋转中心关闭时，定向中心可设置在图形窗口中的任意处。若要在旋转、平移、缩放期间关闭定向中心，可以将 spin_with_orientation_center 选项变量设为no（默认为yes）。

1.9　习题

1. 试述模型树和层树的作用。

2. 说明如何设置双语版显示。

3. 试述config.pro与config.win两种文件的作用，以及各自的应用场合。

4. 如何设置操作环境界面的颜色？

5. 试述Creo零件、组件、工程图等模组所生成的文件，其代表格式的文件扩展名是什么？

6. 试述在Creo中，常用的鼠标按键定义（含配合键盘按键的）。

7. 请试设计二个快捷键，一个用来一键弹出需要的工具栏，另一个则一键回复基本的工具栏状态。然后分别制作成两个工具栏图标，将其放在上工具栏里的任意位置上。

8. 请使用"动态定向"工具来创建一个任意方向的视图。

第 2 章
基础建模概论

大家都知道东北有三宝，人参、貂皮、乌拉草；那建模也有三宝，我们说，基准、草绘、长肉槽。其中，基准就是设置好草绘的基地，草绘就是在基准上画出模型的平面图，长肉槽就是所有的建模命令，这些建模命令可以将草绘转变成实体或曲面。就如同马吃饲料以后，就可以在骨架上长出肉来！

建模师的第一步，就是学好这三宝，任何知名的三维 CAD 软件都有这三宝。

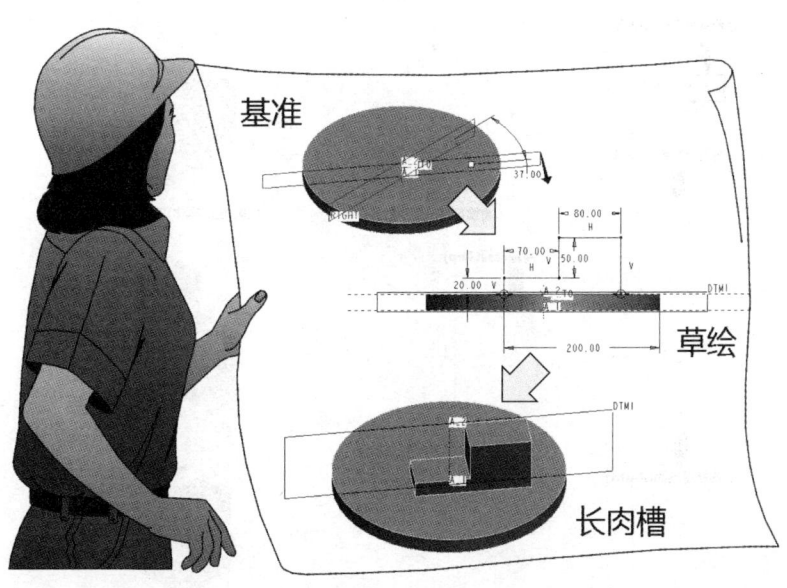

2.1 建模三宝

在三维 CAD 软件已臻成熟的现代，我们所熟知的"制图员"职位，早已悄悄地转变为高一等级的"建模师"了。"建模师"三个字除了好听之外（总算进入"师"字辈的领域），还要比制图员更具三维与专业设计概念，同时有升级到"设计师"的机会。所以，已成为很多工科学生出校门前必先学会的技术之一。

常言道，"东北有三宝，人参、貂皮、乌拉草"；而我们要学建模也有这样的口诀："建模有三宝，基准、草绘、长肉槽"。简单的一句口诀，却道尽了建模的关键。所以，本章要讲述入门级的"建模三宝"的建模技术。

2.2 基准

本节要为您详细说明建模中，各类重要的基准定义，以及其正确的应用概念。

2.2.1 定义

所谓"基准"，就是指在建模的过程中，所有可以作为根据、参照的特征。对 Creo 来说，它包含下述四种。

1. 基准面。在开始建模时，一定要有一个"基地"，这个基地就称为"基准面"，模型的所有根据均由此而起。如图2-1（左）所示，Creo 提供相互垂直的三视标准基准面，一般指的基准面，通常也是草绘所在面。在图2-1（右）中可看出，在不同方向的基准面上绘出相同的草绘轮廓，将导致长肉（生成实体）后的实体方向不同。

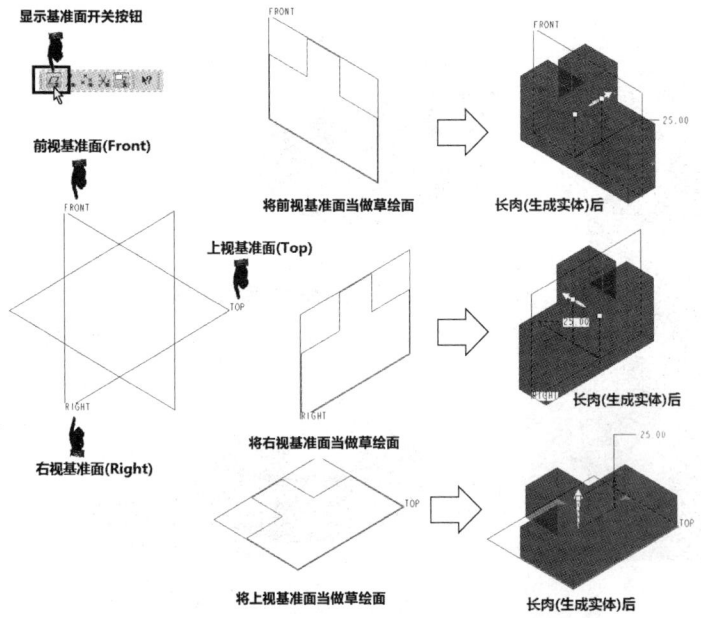

图2-1　Creo 提供的三视基准面与建模关系示意图

2. 基准轴。当要建模的物体属对称的瓶体或球体时，除了基准面以外，就会需要一个旋转基准轴，让系统可以旋转出实体来。如图2-2所示就是基准轴和建模关系的示意图。它有两种用法。

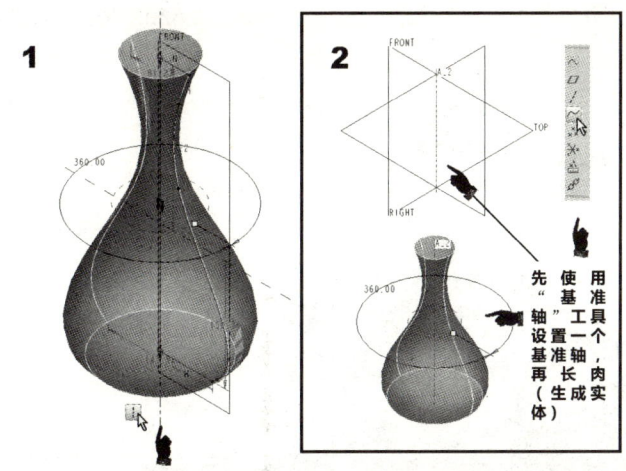

在草绘中使用"几何中心线"画基准轴，长肉（生成实体）后，该中心线会转化为基准轴

图2-2 基准轴和建模关系示意图

3. 基准点。基准点主要用于辅助参照。它既可用于辅助创建其他基准特征，也可辅助定位，Creo提供以下四种类型的基准点。

（1）一般基准点：直接在模型任意处创建的基准点。

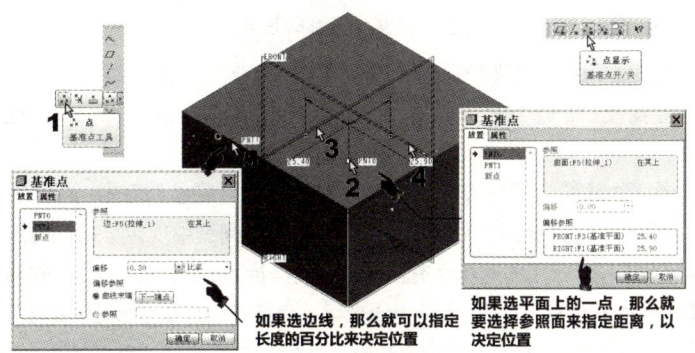

图2-3 一般基准点

（2）草绘基准点：通过草绘器所创建的基准点。此处的基准点，主要用来当做可准确画出其他图形的参照点。

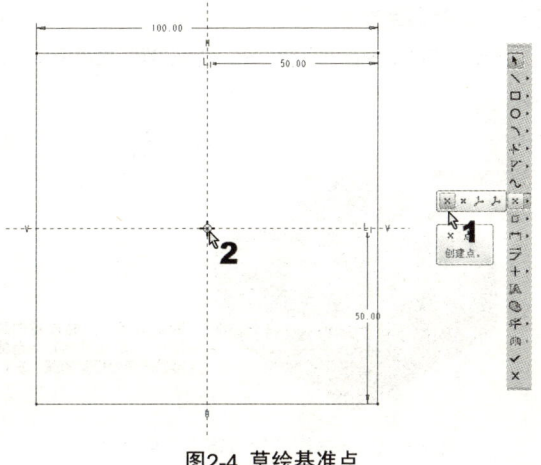

图2-4 草绘基准点

(3) 偏移坐标系创建的基准点：以指定的坐标系为参照，输入相对坐标系X、Y、Z方向的偏移值来生成基准点。

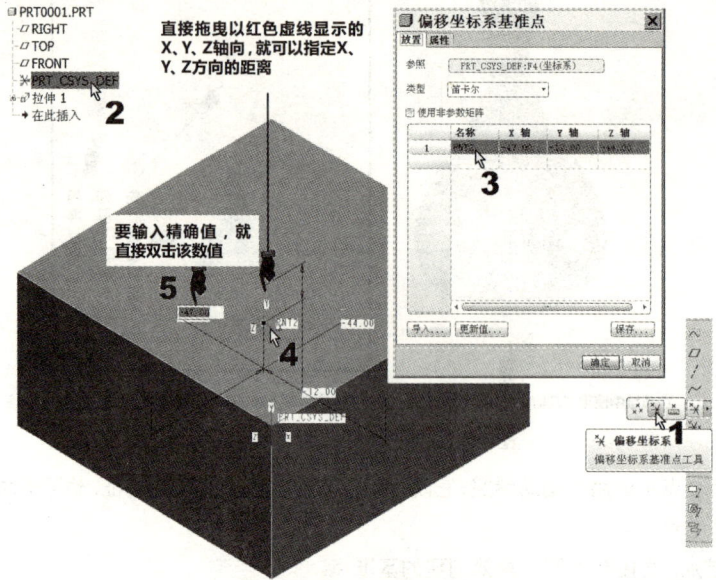

图2-5 偏移坐标系的基准点

(4) 域基准点：仅用于与用户定义分析（UDA）连接的一类基准点，属于Creo自己特有的功能，是提高级应用，本书不会提及。所谓"域"就是指曲线、曲面或面组。所以，"域点"就是指落于曲线、曲面或面组上的点。

4. 坐标系。为了说明物体的位置与方向，必须选取其坐标系。在参照系中，为确定空间一点的位置，按规定方法选取有次序的一组数据，这就叫做"坐标"。在某一问题中规定坐标的方法，就是该问题所用的坐标系。坐标系的种类很多，常用的坐标系有笛卡尔直角坐标系、平面极坐标系、柱面坐标系（或称柱坐标系）和球面坐标系（或称球坐标系）等。最常用的坐标系为笛卡尔直角坐标系，或称为正交坐标系。对工科学生来说，这是最基本的常识。所以，在三维CAD软件中，都有系统提供的默认三视正交基准面和坐标系。对Creo来说，模型具有下列坐标系。

(1) WCS（全局坐标系）。缺省坐标系，即原点为0,0,0的笛卡尔坐标系。如图2-6所示。

(2) UCS（用户坐标系）。用户自定义的坐标系。UCS可以是笛卡尔坐标系、柱坐标系或球坐标系。也可以让一个UCS来代替WCS成为当前坐标系。

(3) 节点坐标系。用于定向组件或组件的节点坐标系。选定节点后会针对节点位移进行定向。

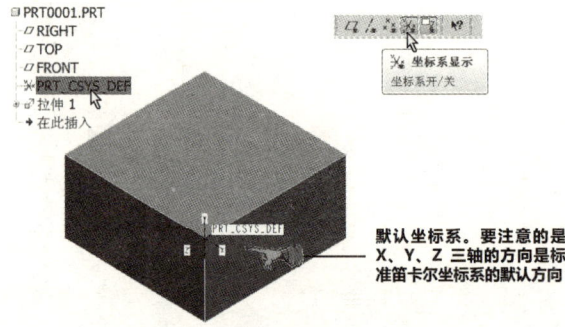

图2-6 Creo提供的标准笛卡尔坐标系

> **注意**
>
> 坐标系在单个零件中的设置，只会影响它的图标，并不会实际去翻转实体（因为在单个零件文件中自我翻转并无意义），所以在单个零件文件中没有太大的效果。它主要是用来在组件文件（.asm）中更改零件的方向。换句话说，在一个组件文件中装配零件时，只要去更改其中某一已装配零件文件的坐标系设置，效果就会立刻反映在组件文件中。如图2-7所示，就是自定义坐标系后对组件文件的影响（本范例会在本书第8章中进行实际操作）。

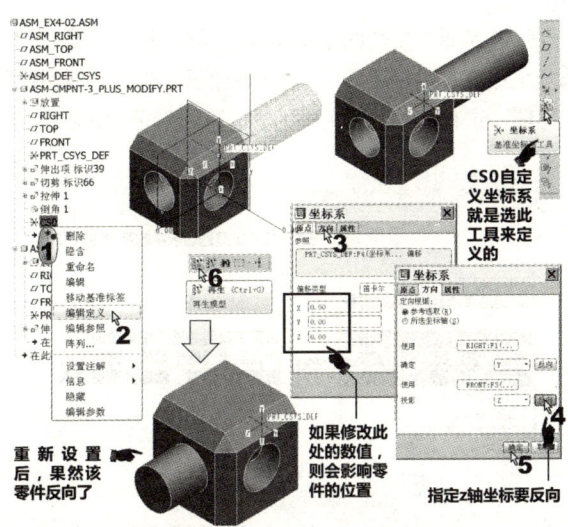

图2-7 在组件文件中的自定义坐标系影响示意

2.2.2 自定义基准面

虽然已有标准的三视基准面，但是这还是不够的，我们需要在空间中自定义任意角度的基准面，来应付各种建模的需要。在这样的情况下，通过"基准轴"、"基准点"的辅助参照，就可以生成空间中任意角度的基准面。如图2-8所示。

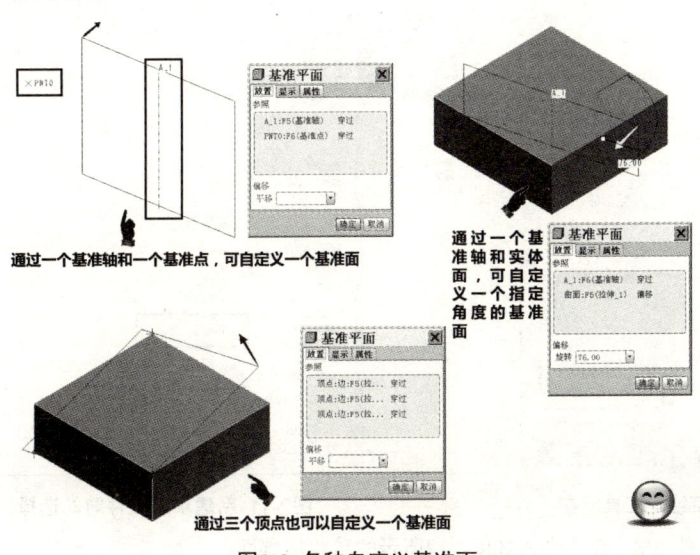

图2-8 各种自定义基准面

2.3 草绘

"草绘"就是在三维建模中,用来表现其二维轮廓的所在。所以,草绘图一定是二维(平面)的。然后,长肉工具(即建模工具)再根据二维草绘图来"长"出实体。

所有的三维 CAD 软件都有一个称为"草绘器"的模式,用来专门处理绘制模型的二维轮廓。要进入 Creo 的草绘器,有以下三种方式。

1. 各建模工具内,在"插入"菜单下多数的基本建模工具中,以及少数的编辑工具(如"填充"编辑工具)中,或在该工具的选项板或菜单中,都有可以进入草绘器(或称"草绘模式")的图标。以方便用户随时草绘需要的轮廓图形。但是,这种方式不会生成独立的草绘特征。如图2-9所示。

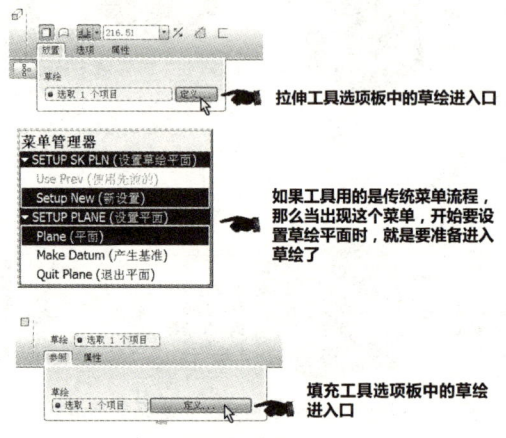

图2-9 建模工具中的草绘界面

2. 使用"草绘"工具。如图2-10所示,直接选择"草绘"工具。

3. 独立的草绘器。如图2-11所示,"新建"一个Creo文件时,如果选中"草绘",就可以进入独立的草绘模式下绘图。完成存盘后,将生成一个独立的草绘文件,扩展名为 .sec。

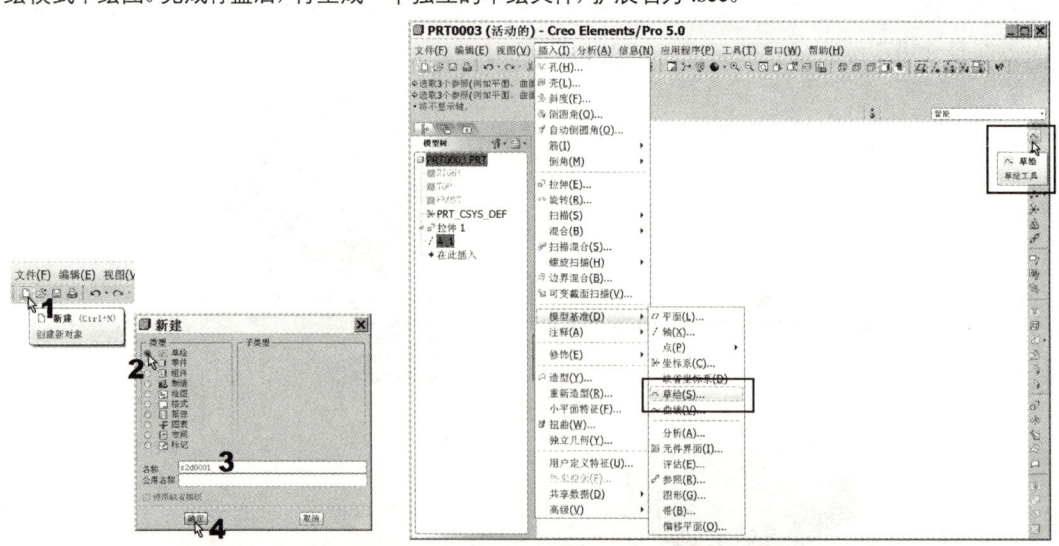

图2-10 "草绘"工具所在   图2-11 新建草绘文件时的选择

不论使用哪一种方式,都会进入如图2-12所示的草绘器界面。

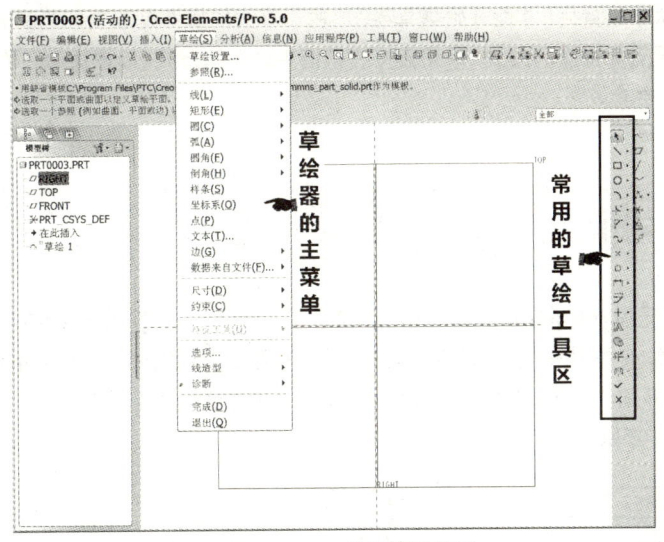

图2-12 Creo的草绘器界面

多数的初学者一进入草绘器就急着画图,这是不对的! 这时要先了解以下两个重点。

1. 草绘面的指定。这是草绘操作首先要定义好的操作。就是要指定草绘要画在哪一个面上。如图2-13(左)所示,这个面可以是标准基准面、自定义基准面,或是一个现有实体的面。因为这个面在空间中,会有八个方向,所以,还要指定参照方向。过去,为了这个参照方向,我们要耗费很多的口舌来解释如何选择,在Creo这样的新版本中,我们通常采用默认值即可! 不论是草绘面还是其参照方向,如果需要改变,都可以在进入草绘器后,按图2-13(右)所示的方式来修改。

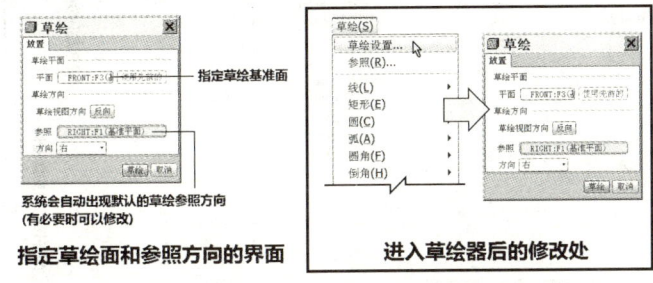

图2-13 指定草绘面和参照方向的界面

2. 草绘参照的指定。这是草绘前第二个要先做好的操作。因为所有的草绘线条都可以根据指定的参照来锁点画出,这样,可以让草绘图更精确。其操作界面如图2-14所示。

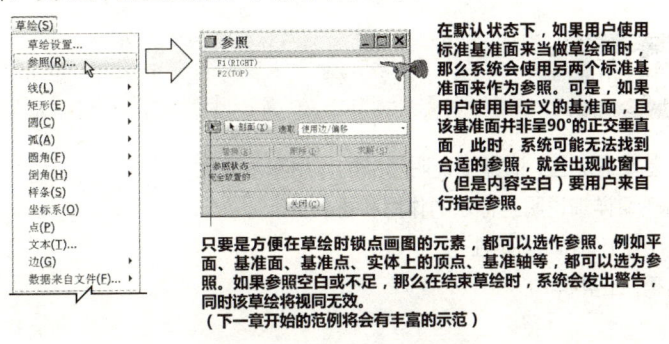

图2-14 设置草绘参照的界面

正确指定以上两个设置后，才能开始画草绘图。由于草绘的操作是本书各范例的重头戏，我们将抛开传统先专门讲述再实际操作的方式，采用直接在范例中讲述的方式，以快速学习草绘的操作和技巧，相信这样的学习法会更有效率。

2.4 长肉槽

"长肉槽"就是泛指所有的实体建模工具群。在这些工具中，用来表现设置的方式则有所不同，有些用最新的选项板方式，有些则采用旧式的菜单方式。这些在稍后的范例制作中都会示范。

还要注意的是，伴随"长肉槽"工具的，就是"编辑"工具。这两大类群工具就是我们建模时，操作最频繁的工具群。如图2-15所示。

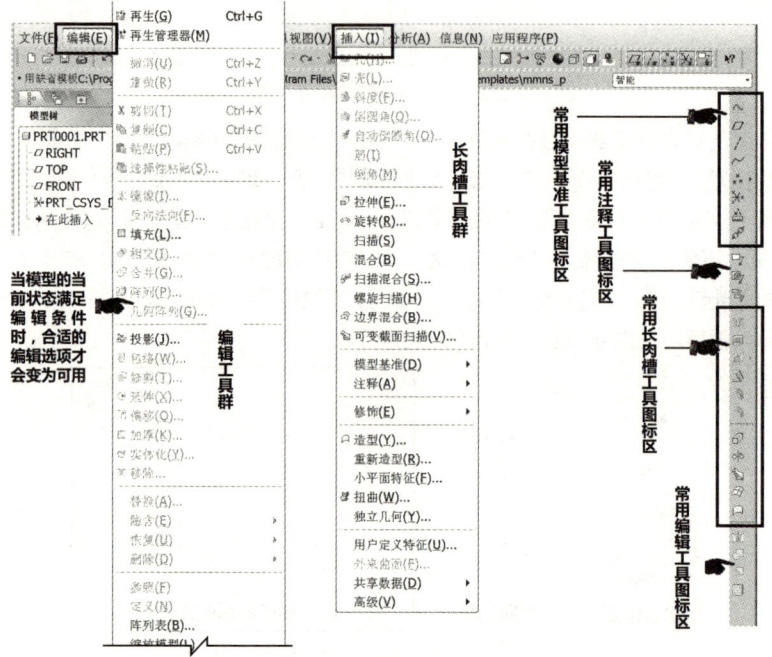

图2-15 "长肉槽"工具和"编辑"工具的选取界面

2.5 习题

1. 什么是基准？基准有哪些？请详细说明基准的作用和重要性。
2. 什么是坐标系？请详细说明坐标系的作用和重要性。
3. 请详细说明草绘的作用和重要性。
4. 什么是"长肉槽"工具群？

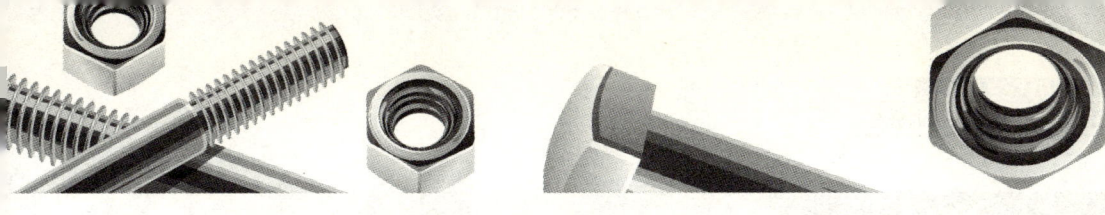

第3章

拉伸建模

"拉伸"(Extrude)是所有建模工具中的首席建模命令,所有的概念与操作都因其而起。

初学者只要学会"拉伸"工具,就可以绘出高达90%的有棱线的几何体。这从本章的习题就可以证明!请大家仔细练习本章的正文范例。

3.1 前言

本章将以"长肉槽"里的"拉伸"建模工具为主轴,以基准和草绘为手段,带领用户进入初级建模的领域中。要注意的是,在制作过程中,用户可以在分散于各步骤中的"知识点"里得到许多重要且基本的扩展概念。所以,本节的范例虽然简单,但是讲得很仔细。讲过的概念或知识点后面不会再重复,所以用户要仔细地一个一个地按照我们的步骤去做,同时还要跟着我们的逻辑思考,不要以为已经懂了,就跳着做!更不可以只看视频学操作,否则未来遇到难度高的模型,会建不出来!

通过第1章的基本操作和界面介绍,以及第2章的概念启发后,从本章起,我们就要开始建模的实际操作了。所有建模实际操作的主要目的,都能彰显"建模三宝"的手法和技巧。

3.2 任务一 拉伸的凸与凹(叠与切)

任务说明

通过一个如图3-1所示的简单范例,来说明建模首先要了解的凸与凹(叠与切)概念。因为一样的草绘图可以在"长肉"的时候,在不同的部位应用凸与凹概念,从而创建出不同的造型来。同时,在"长肉槽"中的建模工具都可以应用这个概念。

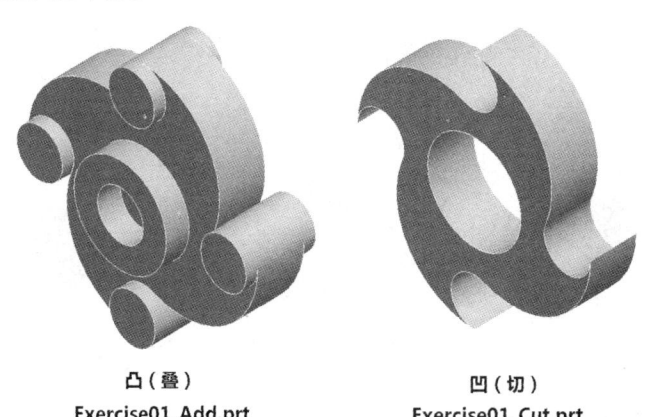

凸(叠)　　　　　　　　　凹(切)
Exercise01_Add.prt　　　Exercise01_Cut.prt

图3-1 本范例的完成图

重点、难点

本例属基础范例,没有难点,但是重点如下。
1. 草绘基准的确定。
2. 脑中的草绘图想象与实践。
3. 长肉(拉伸实体)的操作。

新学的草绘工具

1. "画圆"工具(○)。以中心点、半径画圆。
2. "画弧"工具(⌒)。给予三点画弧。
3. "相切"约束工具(⊙)。选择后再选要相切的圆和弧边。

4. "删除段"工具（ ）。直接让鼠标指针划过要删除的图线即可。

5. 将图线转变为结构线。当我们希望将实线显示的图线转换为辅助用的参照线时，只要选中该图线，待其变为红色后，再单击鼠标右键，选择"构造"，就会变成以虚线显示的构造线（辅助参照线）。

已经讲过的草绘工具将不再重复说明。

新学的建模或编辑工具

"拉伸"工具（ ），属建模工具，将草绘图以指定方向，直向拉伸长出实体或薄面。

已经讲过的建模或编辑工具将不再重复说明。建模工具可在"插入"菜单中找到。

相关文件

本范例视频文件：(02)avi(GB)\ch03\03-Exercise01.avi
本范例完成文件1：(02)Exercise\ch03\03-Exercise01_Add.prt
本范例完成文件2：(02)Exercise\ch03\03-Exercise01_Cut.prt

任务实践

01 先按图3-2的操作设置工作目录。如果在后续一段时间都要在此目录工作，那么请按第1章教过的方法设置快捷键。

02 第一次在Creo中新建零件图，请按图3-3所示操作。

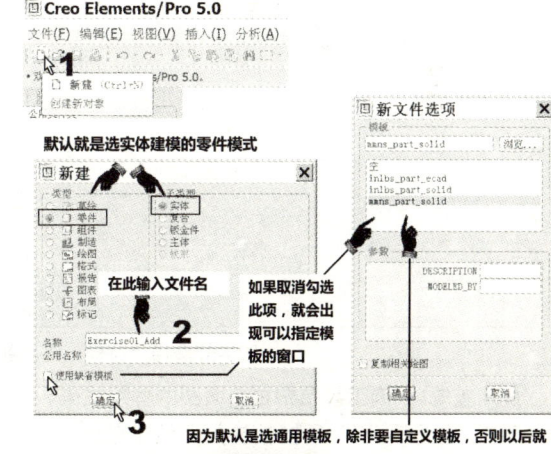

图3-2 设置工作目录的操作　　　　　图3-3 在Creo中建零件新图的操作

03 新建后，根据图3-1的完成图，在脑海中将模型拆分为三组平面图（这时，就需要一定的制图基础）（见图3-4）。然后，我们设定第一组平面图的基准平面是前视基准面(Front)，这个基准平面就是稍后草绘要画在其上的平面。在多数情况下，第一组平面图都在标准的三视基准平面上；如果有特殊情况，那就需要自定义基准平面。

图3-4 在脑海中拆分的平面轮廓图

对Creo来说,以上要决定的是事先在脑海里想好的,但是手上的动作却要先决定要在"长肉槽"里选哪一个长肉工具。本例我们选的是"拉伸"工具。如图3-5来选择命令并打开"拉伸"工具选项板。

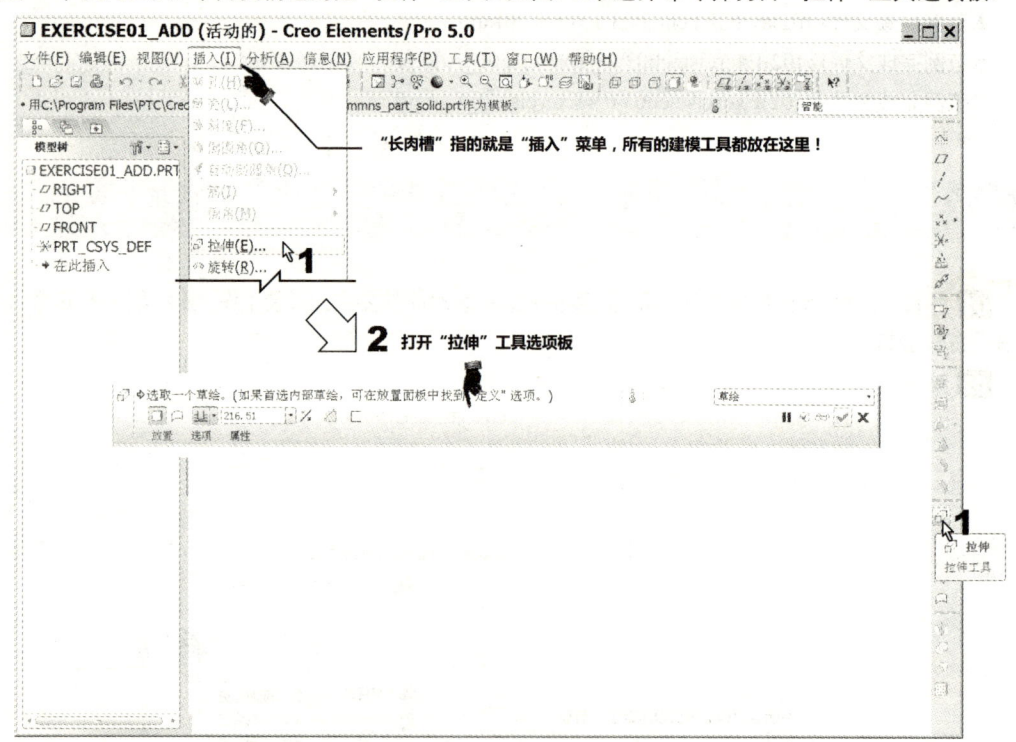

图3-5 选择"拉伸"工具并打开选项板的操作

04 首先,长肉工具要根据平面图的骨架线来长。现在,连图都没有,所以就要先草绘出它的平面图来,如图3-6所示,就是在"拉伸"工具里,单击进入草绘模式的选取按钮。

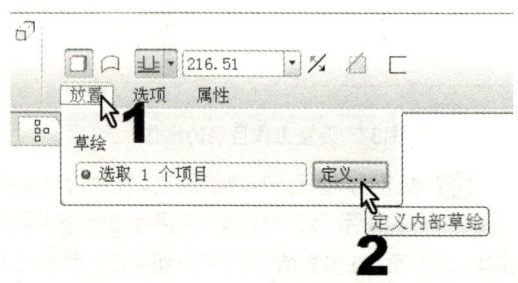

图3-6 选取草绘的操作

05 接着,系统就会出现一个"草绘"窗口来询问用户,这个草绘要画在哪一个基准平面上。要注意的是,在此,我们讲"基准面",指的一定是平面,为避免产生误解,在这里会讲"基准平面"。其实我们是无法在曲面上创建一个草绘基准面的!图3-7就是指定Front为基准面来作为草绘所在平面的操作的。

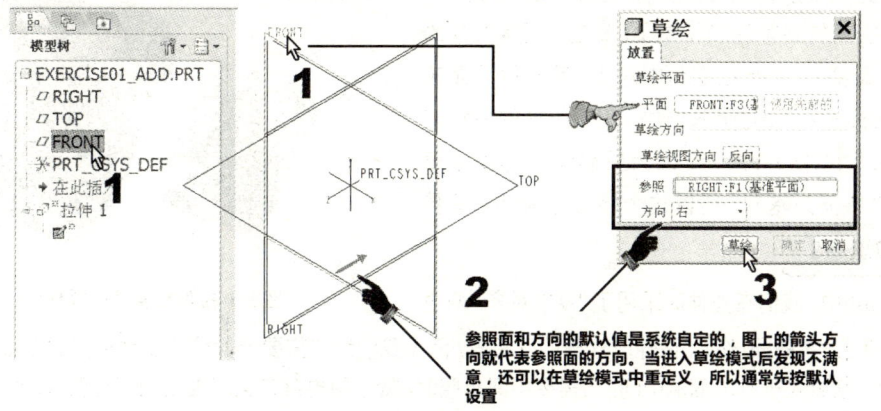

图3-7 草绘基准面的指定操作

比较让初学者困扰的是第二和第三个输入框的输入,即草绘基准所要的参照和方向。事实上,对所要画的第一组平面图而言,先按系统默认就好,我们会在后续的操作中再讲述这部分的技巧。

06 然后进入草绘器 **知识点1**。因为这是另一个模式,所以右工具栏处会换成和草绘有关的工具。在正常情况下,这些工具就能够讲一章!所以,我们在图3-8中,仅列出用了什么草绘工具。主要的操作我们还是在本范例的视频文件里详细讲述。对本范例来讲,尺寸数值并不是重点,用户可以用我们给出的,也可以按自己喜好的尺寸值来画。

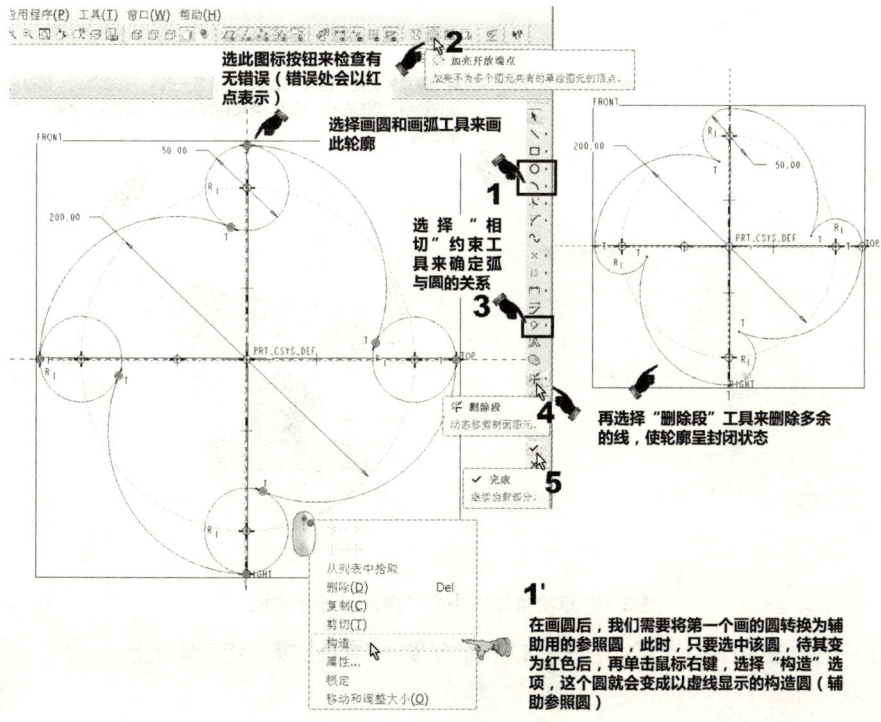

图3-8 草绘第一组平面轮廓的操作示意图

有关草绘错误的诊断信息，请参照本章最后一节里的 知识点2 。

07 完成草绘后，回到"拉伸"工具的选项板中。此时，将视角转到等轴测视图下，给它一个X方向的厚度（或高度），以及指定从中对齐。第一组平面轮廓的肉就长出来了！这个长肉的过程，正式的名称叫"实体化"，如图3-9所示。因为后续特征都以这第一个实体特征为基础，所以这个特征被称为"父特征" 知识点3 。

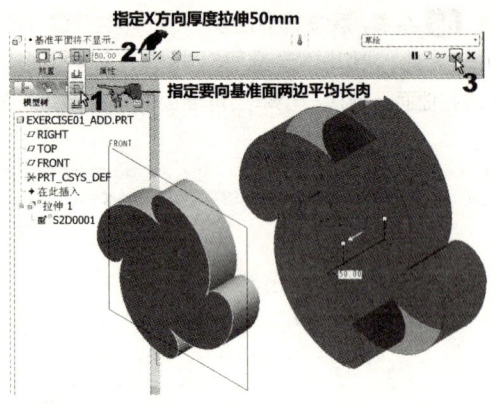

图3-9 拉伸出实体的操作

在图3-9中，我们在拉伸时采用了"从中对齐、两边长肉"的模式（步骤号1处）。请养成这样的好习惯，因为我们经常需要参照位于物体中间的基准面。让物体在建模之初就位于基准面的中间，当需要中间参照时，就不用再自定义基准面，也不用去测量厚度值再除以2了。

08 有了第一组平面图的实体后，所有后续的实体就可以在这个基础上继续往上叠（或挖）了。现在，我们要开始建第二组实体。方法和第一组都一样，草绘基准面一样是Front前视基准面。

09 第二组平面所使用的草绘工具如图3-10所示。就是因为使用了"描边"工具，参照了第一组实体的草绘边线，所以让第二组实体变成第一组实体的"子特征"。换句话说，只要删除或修改了第一组实体的父特征，那么第二组实体的子特征也会受影响。（需要思考的是，如果不希望第二组实体受"父子关系"影响，那么在草绘第二组实体的轮廓时，使用画圆工具独立画那四个小圆，即不要参照第一组实体，是不是就可以不受影响了？要知道答案，请自行验证！）

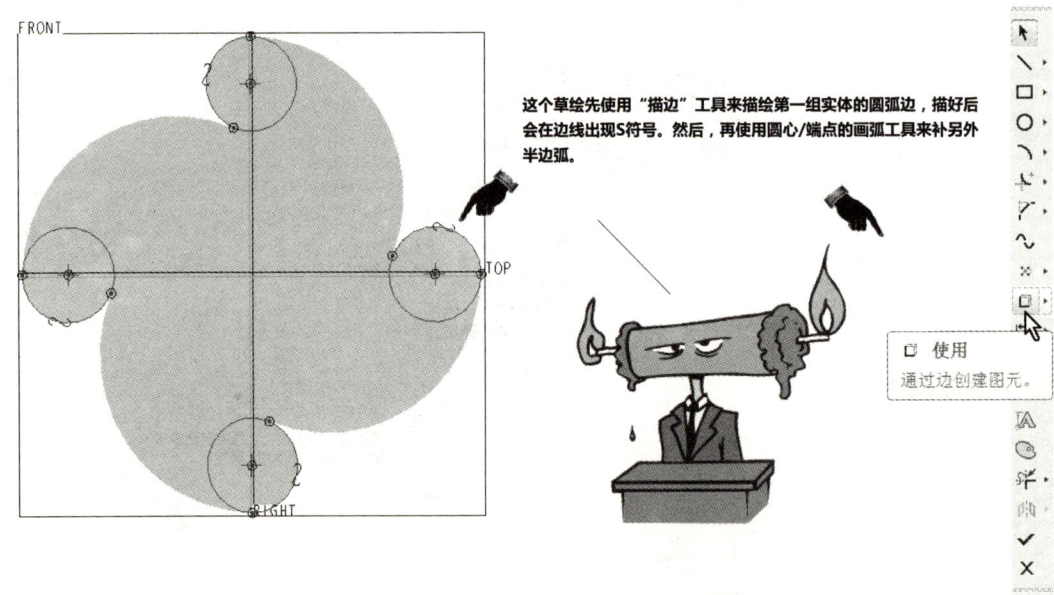

图3-10 草绘第二组平面轮廓的操作示意图

10 接下来，如图3-11所示，再给它一个X方向的厚度，将它叠在第一组实体之上。

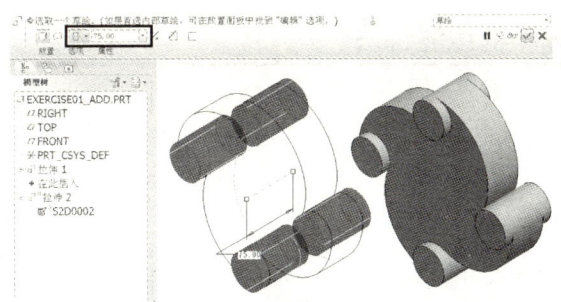

图3-11 叠出第二组实体

11 重复上述的操作,再叠出第三组实体。这次,因为第三组的草绘是单纯在中心处画两个圆,所以不会和第一组实体生成"父子关系",如图3-12所示。

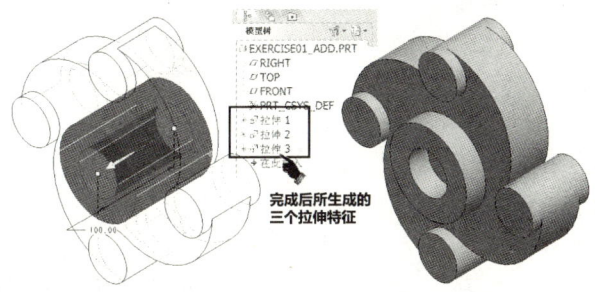

图3-12 叠出第三组实体

12 选择"文件(F)"→"保存(S)"来保存文件,文件名是Exercise01_Add。

13 上面示范的是叠的操作。现在,如果我们在建第二组实体时。按图3-13的方式,在"拉伸"工具的选项板中作"挖"(就是"移除材料"的意思)的动作,其结果就为之改变。

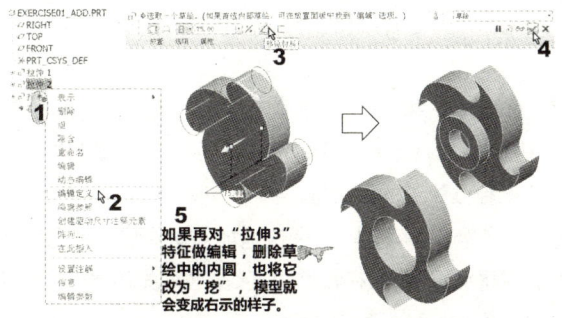

图3-13 建第二组和第三组实体时采取"挖"的设置

14 选择"文件(F)"→"保存副本(A)…"来保存文件。文件名是Exercise01_Cut。

3.3 任务二　薄面建模法

建模并不一定一切都以实体为主,有时候使用薄面、平面来建构会比较好。这就是为何在"拉伸"工具中会有"实体"(□)和"薄面"(□)两种模式的原因。但是在很多情况下无法使用"拉伸"工具里的任何模式来妥善处理,本节就要来讲两种使用框线、薄面来建模的方法。

3.3.1 实体和框线混合法

任务说明

初观图3-14所示的模型,大家可能认为很简单,等到实际操作时,就会叫苦连天了!请注意,该模型的已知条件和斜面角度,都不是一次的叠(凸)或切(凹),就可以完成的!我们要在此范例中混合使用实体与框线来建模,这将带来新的建模概念与方法。当然,我们也会为此再学到几个常用的编辑工具。

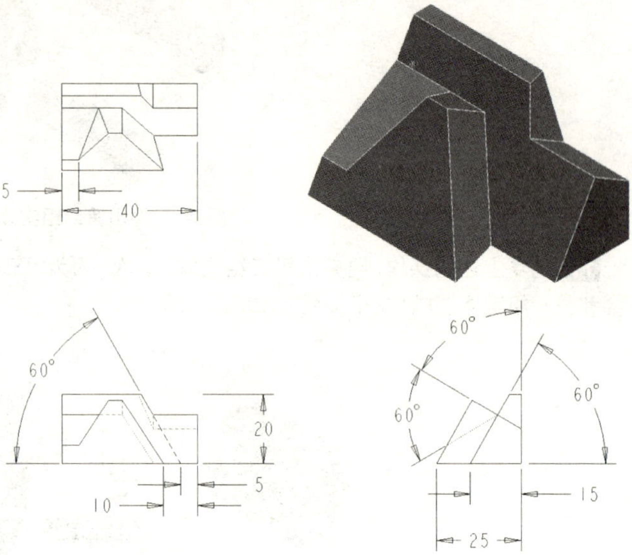

重点、难点

本范例难点如下。
1. 自定义基准面的能力。
2. 实体和框线的布局思路。
3. 合并面的顺序。

图3-14 本范例的完成图

新学的草绘工具

"画线"工具(✏)。以起点、终点画线。

新学的建模或编辑工具

1. "基准面"工具(▱)。属模型基准工具,用来自定义基准面。
2. "投影"工具(🗗 投影(J)...)。属编辑工具,将草绘图投影在指定的投影面上,以画出其投影轮廓。
3. "曲线"工具(〜)。属模型基准工具,用来画出代表框线的直线或曲线。
4. "复制"(🗐)和"粘贴"(🗐)工具。属编辑工具,用来先"复制"一个独立面,然后再将它"粘贴"成一个独立的方便独立处理的面特征。
5. "边界混合"工具(🗐)。属编辑工具,用来快速地创建平面或曲面。使用"填充"工具也可以,但是"填充"工具只能创建平面,同时在特殊角度时,必须先创建一个自定义基准面来当做草绘面,而"边界混合"工具只需要合适的框线即可。
6. "合并"工具(🗗 合并(G)...)。属编辑工具,用来合并平面或曲面。合并可以逐步进行,但是最后目的是要造成一个封闭的平面或曲面体。
7. "实体化"工具(🗗 实体化(Y)...)。属编辑工具。当成功合并一个封闭的平面或曲面后,此选项将变为可用。它专门将一个封闭的平面或曲面体转化为实体。

> **注意**
> 建模与模型基准工具可以在"插入"菜单中找到,而编辑工具可在"编辑"菜单中找到。

相关文件

本范例视频文件:(02)avi(GB)\ch03\03-Exercise02.avi

本范例完成文件1：(02)Exercise\ch03\03-Exercise02.prt
本范例完成文件2：(02)Exercise\ch03\03-Exercise02_another.prt

任务实践

01 先按图3-2的操作设置工作目录。如果在后续一段时间都要在此目录工作，那么请按第1章教过的方法设置快捷键。

02 按图3-3的方法，新建一个名为03-Exercise02的新零件文件。

03 按前一范例的经验，我们思考第一步要建的模型轮廓是什么？我们先注意图3-14里的右侧视图。依我们的经验可以判断，侧面轮廓呈一个固定角度时容易画，但是问题是它是不连续面。所以，创建这个模型的第一步，应该是使用"拉伸"工具，先用侧面轮廓来拉出基体，如图3-15所示。这样，后续再怎么切，侧面轮廓都会符合设计要求。

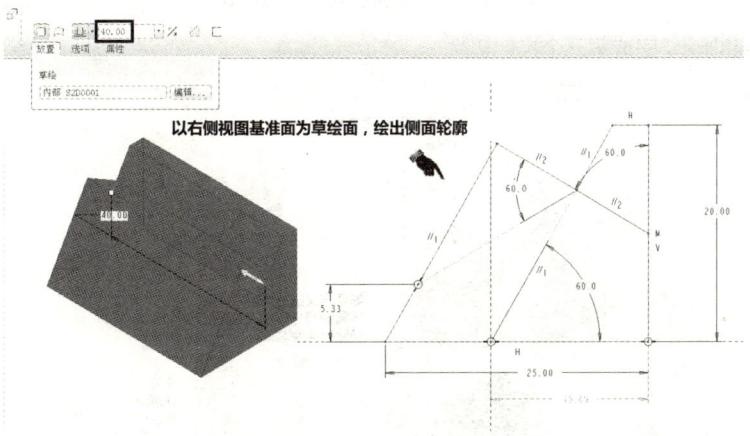

图3-15 拉伸侧面轮廓

04 然后，我们再按图3-16所示的步骤，做第一个拉伸切除。

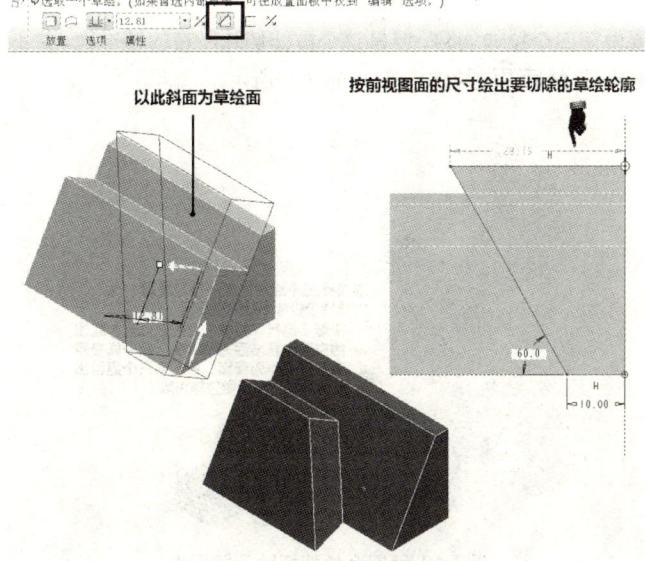

图3-16 第一个拉伸切除示意操作

05 接下来，做第二个拉伸切除，如图3-17所示。

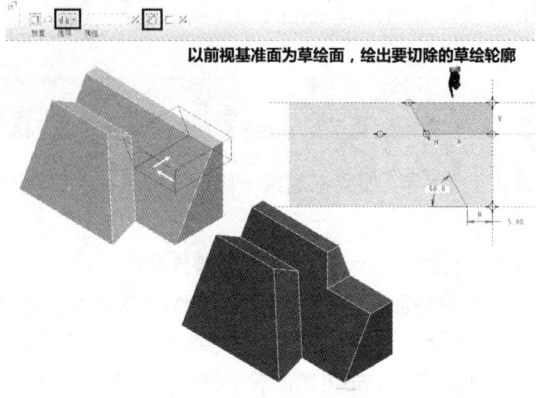

图3-17 第二个拉伸切除示意操作

06 如图3-18所示，完成第三个拉伸切除。

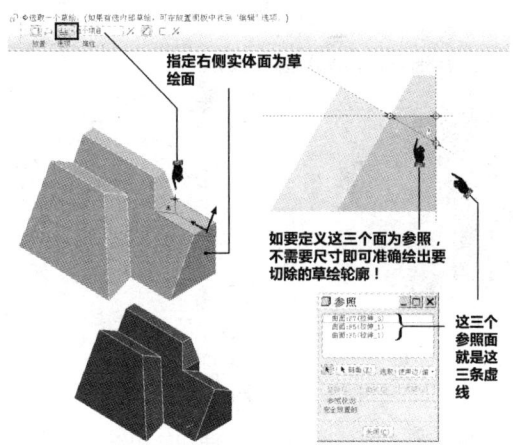

图3-18 第三个拉伸切除示意操作

07 现在，我们要做第四个拉伸切除。但是这个拉伸切除所在的基准面，并不是标准的基准面。所以，我们要先自定义基准面，然后再做拉伸切除，如图3-19所示。

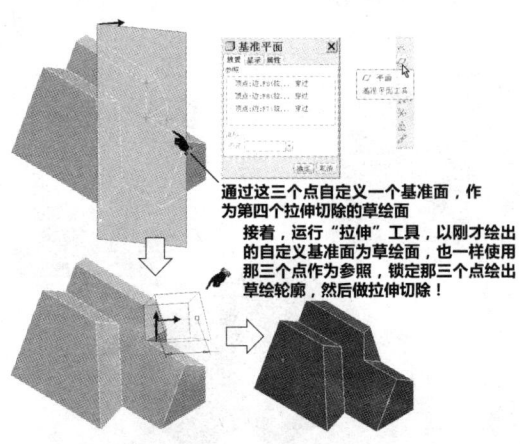

图3-19 第四个拉伸切除示意操作

08 接着，要进入本范例最关键的挖除操作，之前，我们做的都是实体切除。要挖除左前侧斜面并不容易。因为三点决定一个面，可是这里的挖除点却是四点。所以，我们决定先在挖除部位绘出参照用的框线，以及创建需要的自定义基准面与基准点，如图3-20所示。

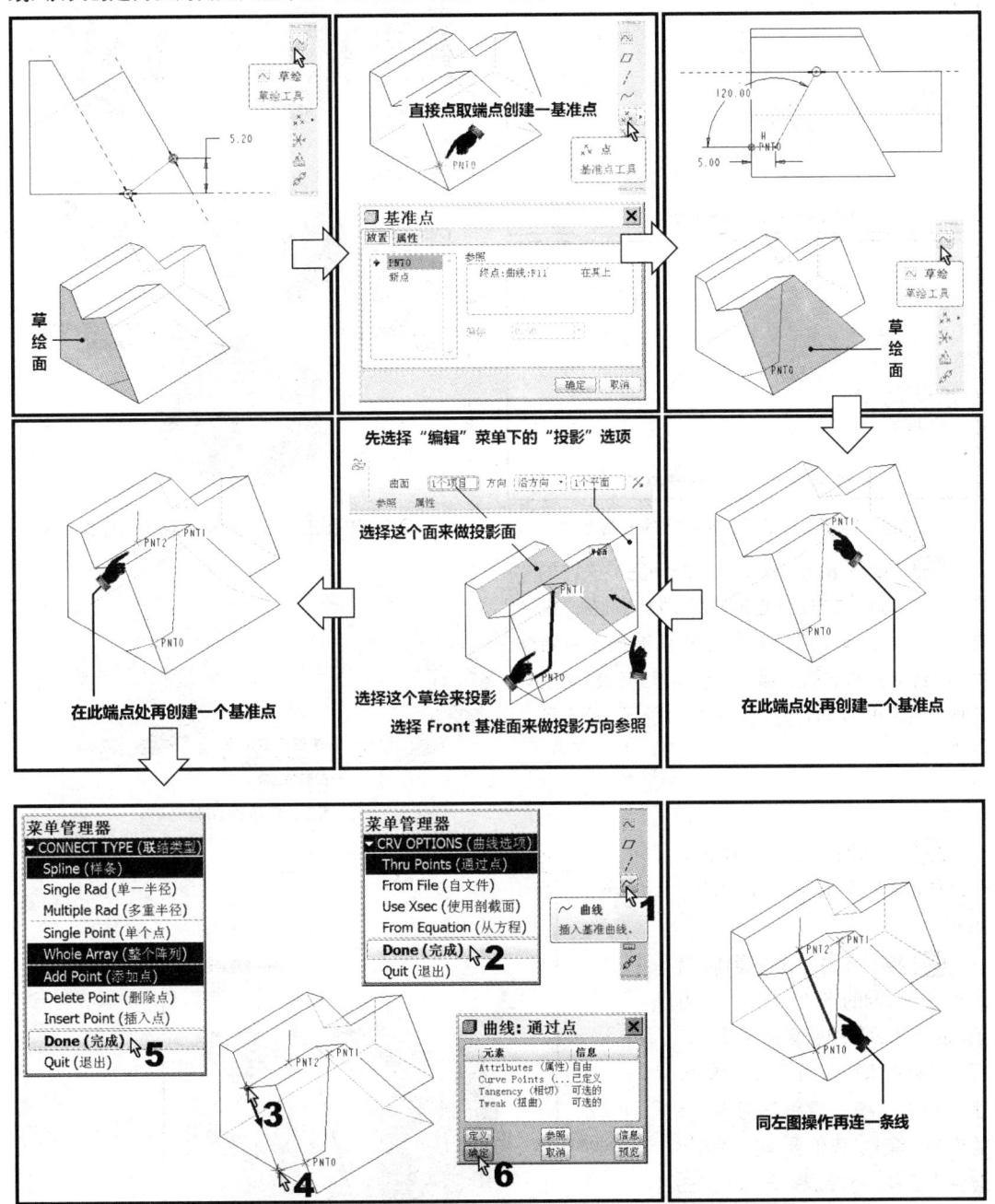

图3-20 创建需要的基准面、基准点与绘出框线

09 现在，要开始自定义第五个拉伸切除所需的基准面。如图3-21所示，建法有两种，03-Exercise02.prt完成文件的建法比较麻烦，但是可以让我们学到很多建模和编辑工具；03-Exercise02_another.prt完成文件的建法比较快，但是在命令工具上，没什么好讲的。两者的共同点都在于，因为三个点就构成一个面，所以这种有四个点的切除面，是无法一次就切出来的。

10 如果采用03-Exercise02_another.prt完成文件的建法,那么只需要通过图3-22所示的操作就完成了。

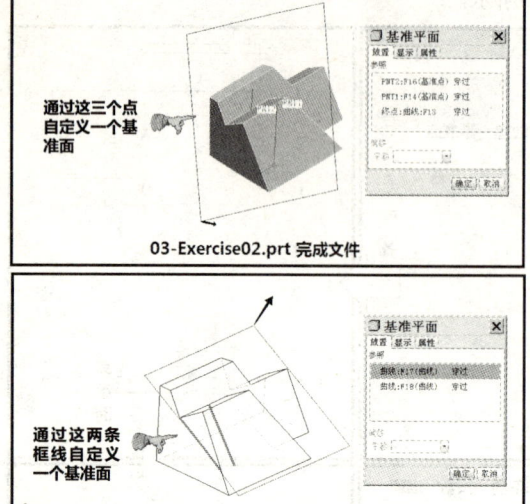

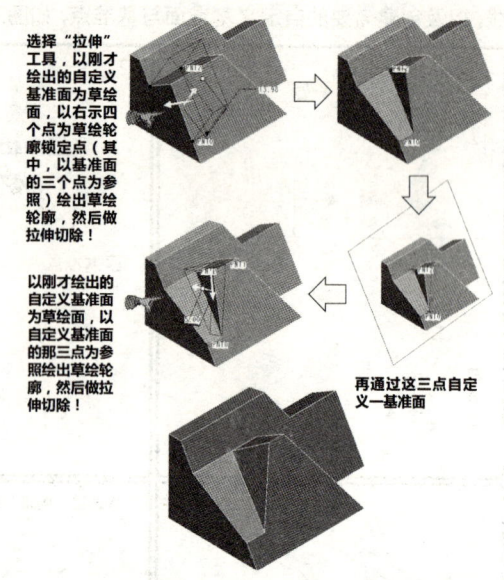

图3-21 自定义第五个拉伸切除的基准面

图3-22 第五、六个拉伸切除示意操作

11 倘若采用03-Exercise02.prt完成文件的建法,那么就会发生有趣的事情。我们选择"拉伸"工具,以刚才绘出的自定义基准面为草绘面,以自定义基准面的那三个点为参照绘出草绘轮廓,然后做拉伸切除,如图3-23所示,挖出了一个洞!

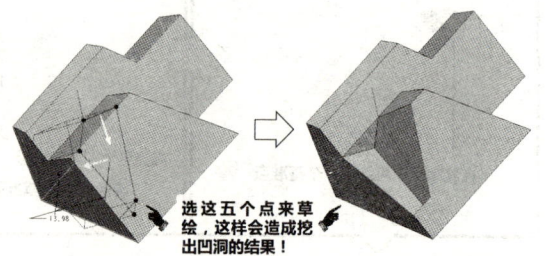

图3-23 拉伸切除

12 以"保存副本"方式保存文件,文件名为03-Exercise02_another。

13 接下来的一连串操作,就是补这个凹洞的方法。虽然比较麻烦,但是补凹洞的整套操作概念,可以了解实体和薄面间的关系,会让用户在后续的建模学习中,获益良多! 首先,我们要使用"边界混合"工具,将凹洞补起来! 如图3-24所示。

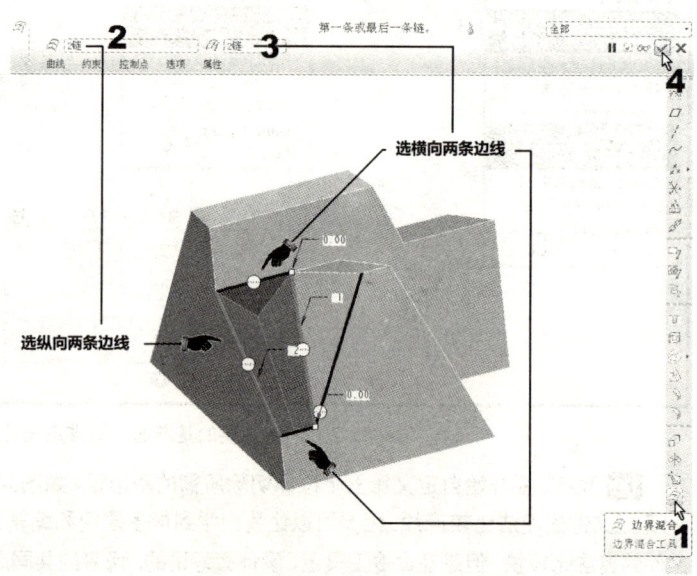

图3-24 "边界混合"工具的操作

14 凹洞虽然已经补好,但是"边界混合"工具补的是薄面,如同盖上盖子一样,里面仍是空心非实体的。从本操作开始的一连串操作,就是讲解如何将一个封闭面体转化成实体的过程。首先,如图3-25所示,先复制实体的侧面,然后再拿来与"边界混合"工具补的那个面做合并。因为这两个并非头尾相连的连接面,是拦腰连接的两个面,所以,"合并"工具会截去用户指定的面,让这两个面变成头尾相连的连接面。

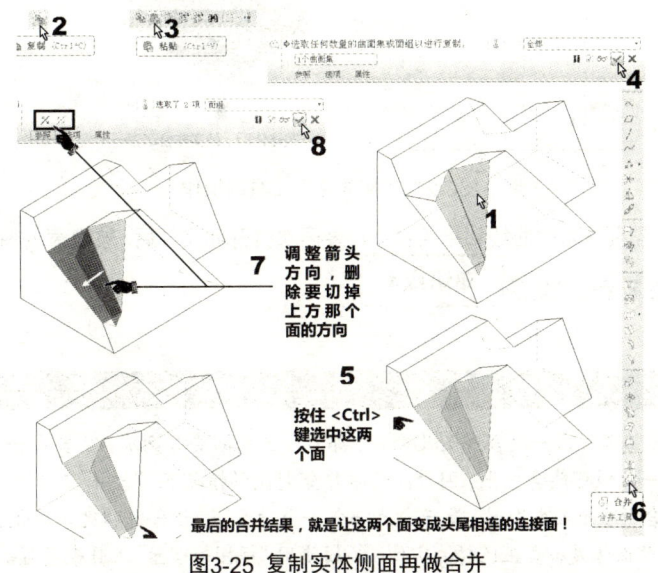

图3-25 复制实体侧面再做合并

15 然后,如图3-26所示,继续复制其他要合并的面。复制后,确定这些面连起来是一个封闭体(即那个洞的空心薄面体)后,再运行"合并"工具。如果成功,那么这时的状态是,一个实体和一个洞的空心薄面体。

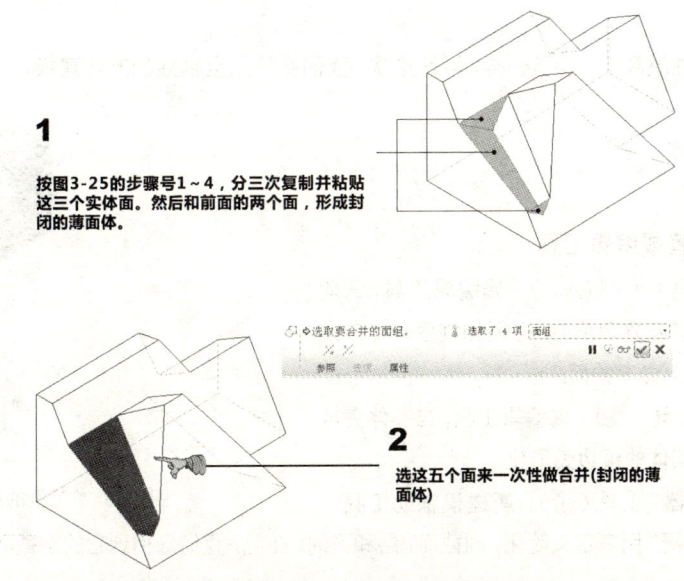

图3-26 复制其他面做合并的操作示意图

16 最后,当一个空心的薄面体形成后,在"编辑"菜单下的"实体化"选项将变为可用。按图3-27的步骤操作后,就可以将该空心薄面体转化为实体,同时和之前的实体合二为一。

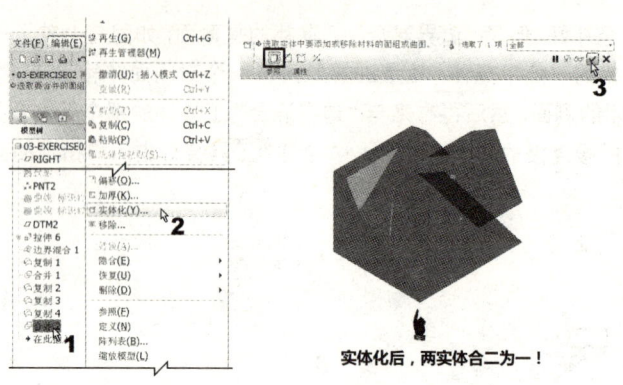

图3-27 "实体化"工具的操作

17 隐藏所有不需要显示的曲线和草绘线。如果再次打开此文件后,被隐藏的曲线和草绘线又跑出来了,那么请参照本章最后一节里的 知识点4 。

18 保存文件。

→ 本范例讨论

1. 既然"合并"工具可以一次合并好几个面,那为什么本例要分两次做?当要合并的面无法保证是封闭的面体时,贸然一次做可能会失败,因为在面体非全封闭的情况下,"合并"工具未必能正确判断哪一边要删除。因此,当合并多个面失败时,最好尝试一个一个地合并,让合并状况单纯化,成功率会较高。

2. 要证明空心薄面体是否真正已转为实体,必须使用"视图管理器"工具来设置剖截面。通过对剖截面的观察,就可以知道是实体或是空心体。有关"视图管理器"工具的详细操作,请参照下一节范例。

3.3.2 框线法

ⓘ 任务说明

本小节的建模性质和上一小节一样,但是这次,我们要使用全框线的方法建模,这样会不会快一点呢?如图3-28所示。

ⓘ 重点、难点

同上一小节。

ⓘ 新学的建模或编辑工具

1. "填充"工具(□ 填充(L)...)。属编辑工具,只能创建平面,在特殊角度时,必须先创建一个自定义基准面来当做草绘面。

2. "倒圆角"工具( )。属编辑工具,当实体完成后,用来让实体的棱边弧形化。

3. "视图管理器"工具( )。属建模辅助工具,

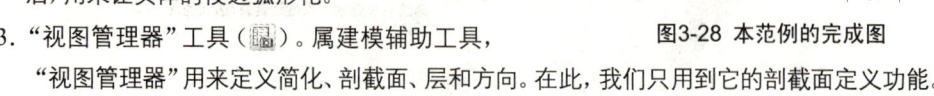

图3-28 本范例的完成图

"视图管理器"用来定义简化、剖截面、层和方向。在此,我们只用到它的剖截面定义功能。

ⓘ 相关文件

本范例视频文件:(02)avi(GB)\ch03\03-Exercise03.avi
本范例完成文件:(02)Exercise\ch03\03-Exercise03.prt

第3章 拉伸建模

任务实践

01 先按图3-2的操作设置工作目录。如果在后续一段时间都要在此目录工作,那么请按第1章教过的方法设置快捷键。

02 按图3-3所示的方法,新建一个名为03-Exercise03的新零件文件。

03 首先,全框线法的意思就是先用线框当做"骨架",在"骨架"上贴皮(即布面),然后再"长肉"。对本例来说,皮的边界就是线框,所以,直接贴皮就可以了!虽然"拉伸"工具中的"薄面"( )模式可用于贴皮,但是如果要贴的是平面,不是曲面,那么采用"填充"工具会更合适方便,如图3-29所示。

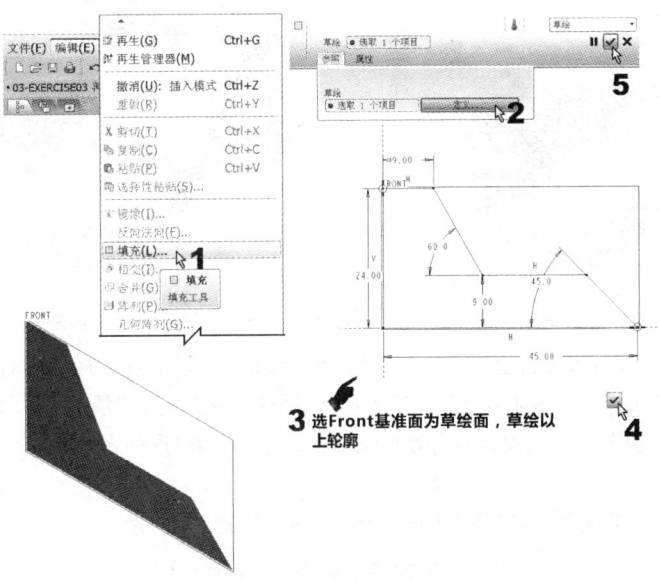

图3-29 使用"填充"工具贴第一块皮的操作

04 然后,按图3-30所示操作,继续贴好其他六块皮。使用"填充"工具来贴皮并不难,重点在于要多练习自定义草绘所需的基准面。

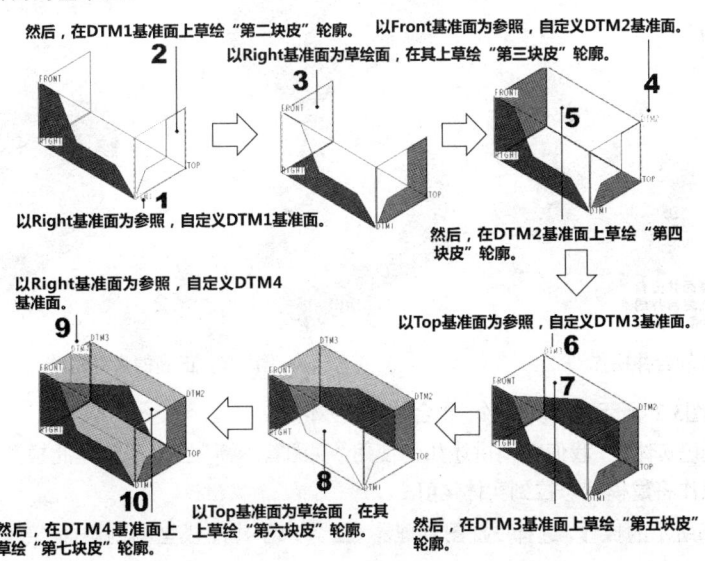

图3-30 贴其他六块皮的操作示意图

05 接下来,使用如图3-20(下)所示的"曲线"工具,画出如图3-31所示的三条直线。之所以要画三条直线,是因为我们知道要顺利运行"边界混合"工具,至少需要有三至四条框线,凡是超出四条以上的边线,就要加线拆成三至四条框线的状态。

06 有了框线,就可以分别使用前面学过的"边界混合"工具四次,将四个面的缺口补起来。如图3-32所示的是最后一个三角面的补面示意。

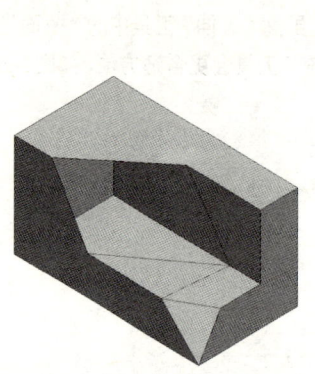 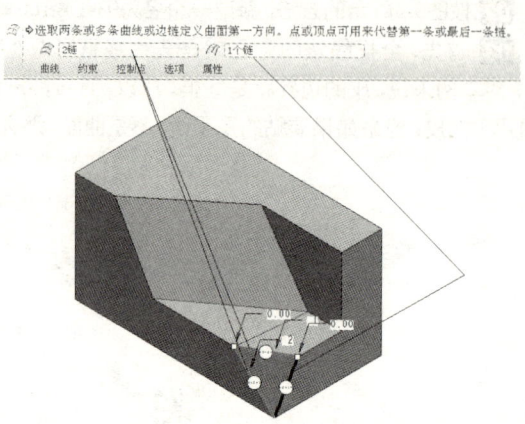

图3-31 使用"曲线"工具画出三条直线　　图3-32 使用"边界混合"工具来补三角面的补面示意图

07 现在,关键的操作就要来到。按上一节的经验,本节范例是全由薄面所搭成的全封闭薄面体。所以,接下来的"合并"操作,应该可以如图3-33所示,选择先创建的七个"填充"薄面,以及四个"边界混合"薄面,来做合并。但是这样的操作会导致出现错误信息(因为以这种方式选中的面,会按顺序出现非相邻面)。

请放弃上一步的合并操作,重新再来!正确的合并操作如图3-34所示。

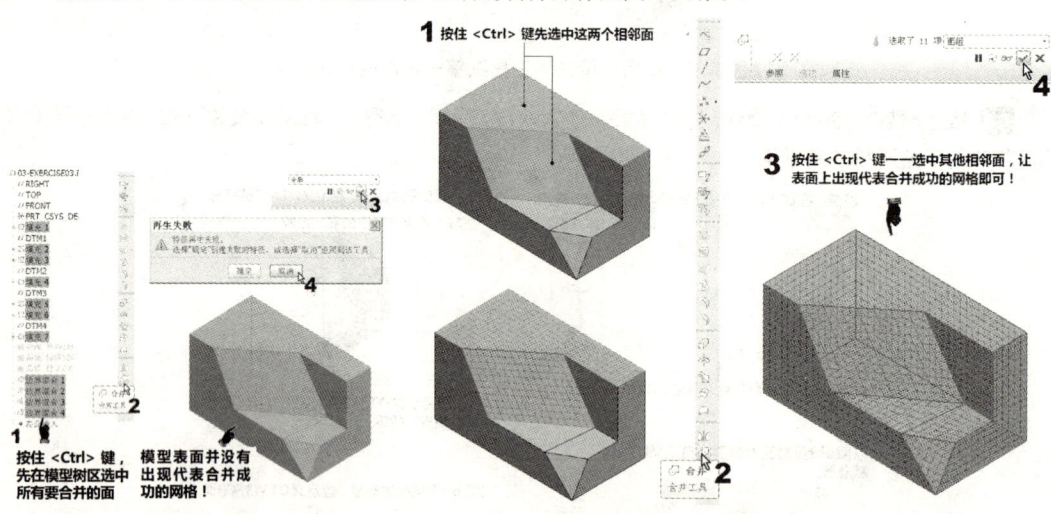

图3-33 错误的合并操作　　　　　　　　图3-34 正确的合并操作

08 最后,按图3-27所示的步骤操作,将合并体实体化。

09 为了证明已实体化,我们特别讲述如何使用"视图管理器"工具来创建此模型的剖截面。首先,按图3-35所示的操作将建模状态拉到实体化前。

10 按图3-36所示的操作,选择"视图管理器"工具来创建此模型的剖截面。剖截面现在显示的是薄面体。

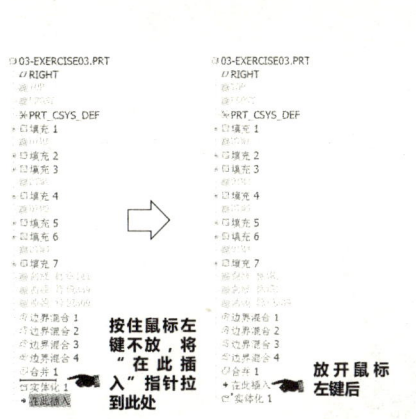

图3-35 将建模状态拉到实体化前

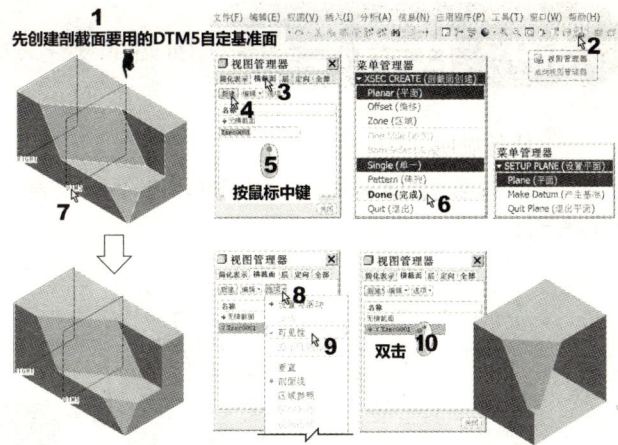

图3-36 创建此模型的剖截面

11 按图3-37所示的操作,就可以证明"实体化"前后的剖截面状态。

12 按图3-38所示的操作返回模型非剖截面状态。

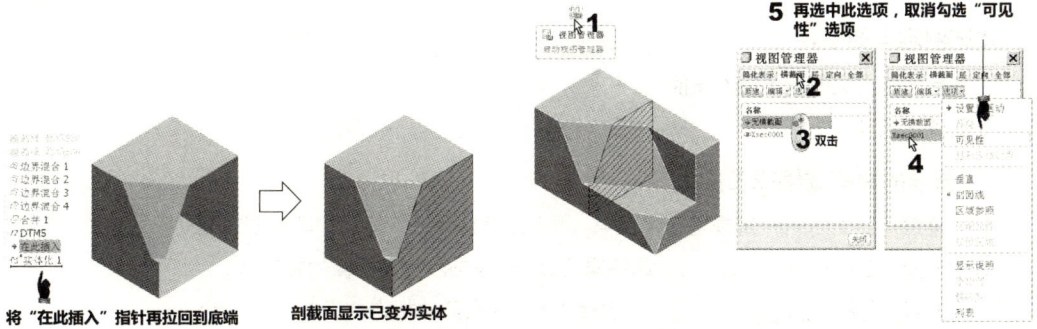

图3-37 模型剖截面的显示　　　　　　　　图3-38 返回非剖截面状态的操作

13 最后,虽然题目没有要圆角化,但是我们仍以图3-39来示范如何在实体上修圆角!

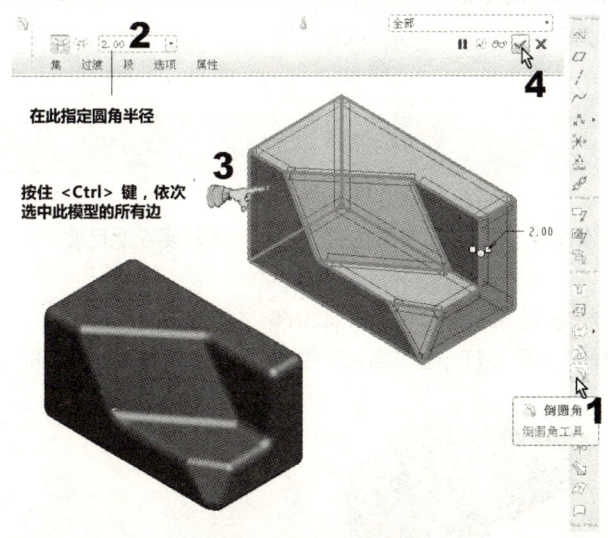

图3-39 修圆角的操作

14 保存文件。

3.4 任务三 几何延伸建模法

任务说明

在本节中,我们要来制作一个看来简单,但实际上充满技巧,又需要合适工具才能完成的模型,如图3-40所示。

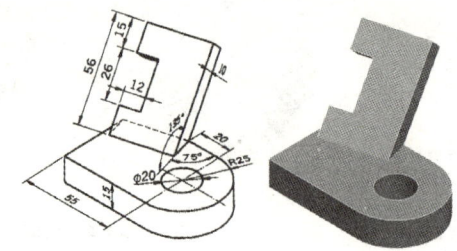

图3-40 本范例的完成图

重点、难点

本范例难点如下：

1. 自定义基准面时的几何作图能力。
2. 延伸面的操作。

新学的建模或编辑工具

1. "草绘"工具（ ）。属模型基准工具,用来画出具有独立特征的草绘图或辅助参照线。
2. "相交"工具（ 相交(I)... ）。属编辑工具,用来画出指定两面的相交线。
3. "偏移"工具（ ）。属编辑工具,用来延伸指定的面。

相关文件

本范例视频文件：(02)avi(GB)\ch03\03-Exercise04.avi
本范例完成文件：(02)Exercise\ch03\03-Exercise04.prt

任务实践

01 先按图3-2的操作设置工作目录。如果在后续一段时间都要在此目录工作,那么请按第1章教过的方法设置快捷键。

02 按图3-3所示的方法,新建一个名为03-Exercise04的新零件文件。

03 首先,选择"拉伸"工具,以Top基准面为草绘面,按尺寸绘出底座,如图3-41所示。

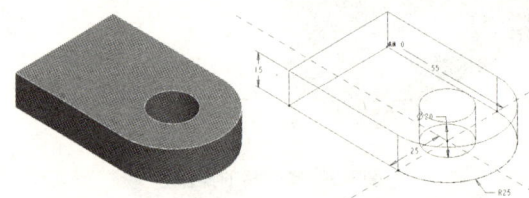

图3-41 底座完成图

04 难绘的现在才开始！首先，如图3-42所示，使用"草绘"工具按尺寸图绘出草绘辅助线。

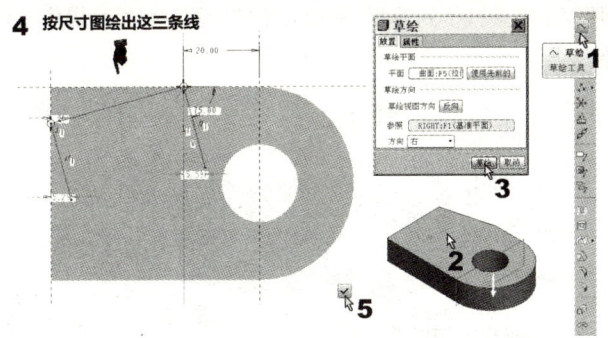

图3-42 绘出草绘辅助线的操作

05 然后，使用"拉伸"工具切除左上角的三角块，并自定义基准面，接着在该基准面上再草绘一条和斜线呈135°的第二条辅助线，如图3-43所示。

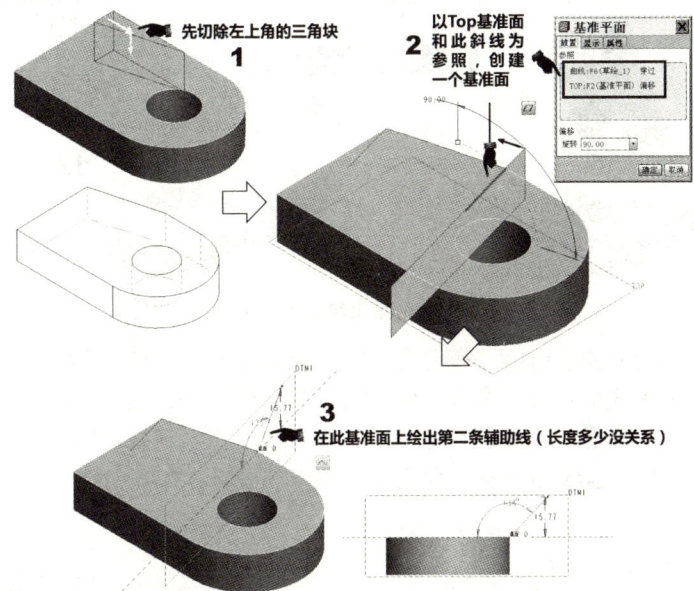

图3-43 切除三角块并草绘第二条辅助线的操作

06 接下来自定义关键基准面，如图3-44所示。这个基准面正是斜面的草绘面。

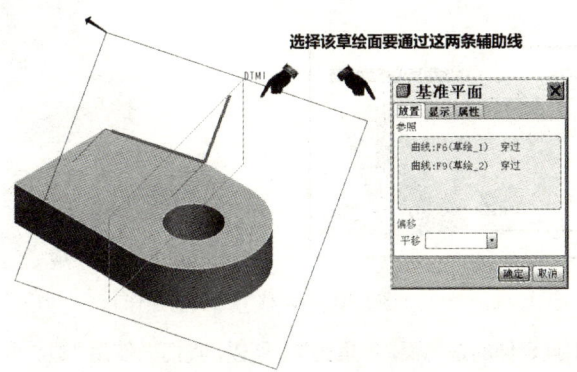

图3-44 自定义斜面草绘面的操作

07 现在，当然要使用"拉伸"工具来绘出斜面了。和前面那个范例不一样的是，这次的基准面并非垂直或水平的基准面，所以系统会找不到参照，我们必须按如图3-45所示操作，选两个点来当做参照。这是本范例第一个操作难点。

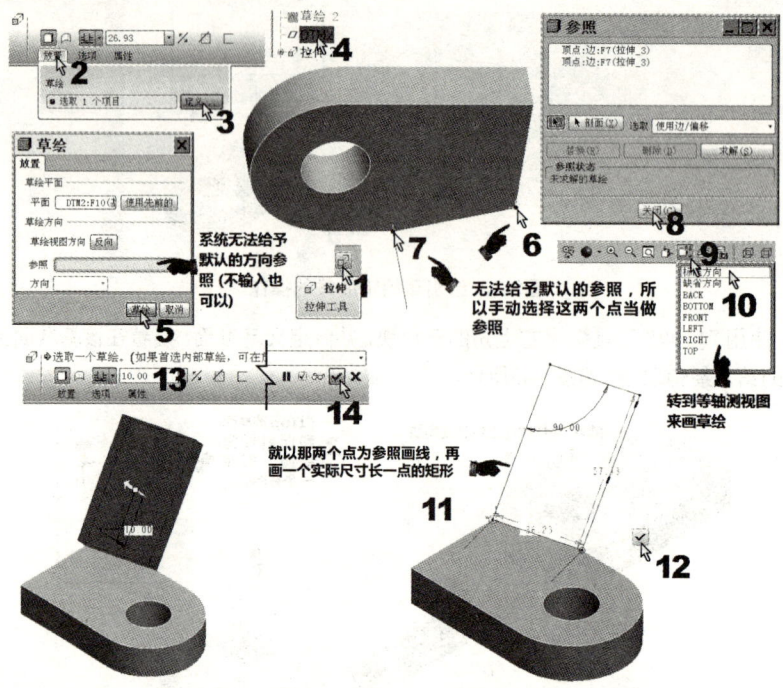

图3-45 绘出斜面的操作

08 本范例第二个难点来啦！这个斜面是由后向前长肉10mm，所以辅助线画的是后面那一条。向前长肉后，前端要延伸和平面相交。这一段原本可以再使用"拉伸"工具，选矩形斜面的底面为草绘面，再延伸出去（实际操作后会出现错误，但是转为"薄面"模式后却可以，无法查知原因。既然延伸出来的都是薄面，那不如用"偏移"工具还快一些）。但是为了多学习一些新的编辑工具，如图3-46所示，我们采用"偏移"工具来做。

图3-46 "偏移"工具的操作

09 因为"偏移"工具延伸的是薄面，不是实体。所以，我们先使用"边界混合"工具来补底部的面，如图3-47所示。然后再按前面学过的知识，进行"合并"和"实体化"等的操作。

10 现在进入收尾阶段,也就是修正斜面轮廓(因为已知尺寸是在斜面延伸面上标注的)。首先,我们选择"相交"工具,求斜面延伸面与底作顶面的相交线。这条线的作用是作为修正斜面轮廓时的参照线,如图3-48所示。

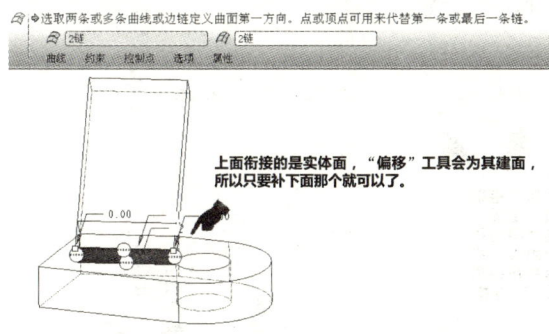

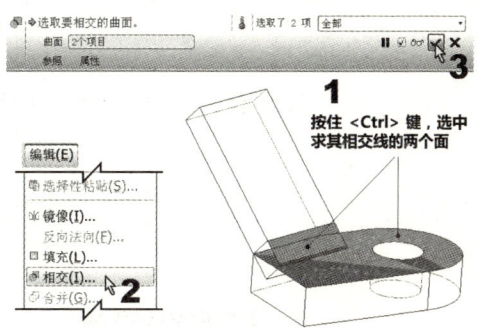

图3-47 "边界混合"等工具的操作　　　　图3-48 "相交"工具的操作

11 最后,因为我们画的斜面是比实际尺寸要长的矩形,所以,我们要再次选择"拉伸"工具里的"切除"模式,按尺寸图上的尺寸来修正斜面轮廓,如图3-49所示。

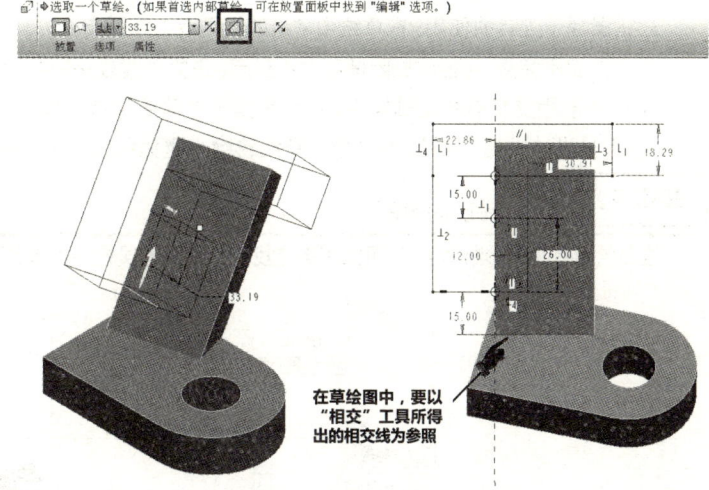

图3-49 修正斜面轮廓的操作

12 存盘。

3.5 知识点拓展

知识点1　草绘的重点

在图3-8中,我们已经讲到草绘的内部了。在视频文件的操作中,我们很轻松地将图画好并标上尺寸,但是这其中隐含很多概念,用户在换个较复杂的造型来画时,可能会产生一些困扰。要知道,草绘的重点并不是在草绘工具的操作和使用上,因为这部分并不难,草绘的重点如下。

　　1. 草绘图应该是一个完全封闭且不重叠的图形。
　　2. 图形约束的应用。在图形中有一些特殊的状态是用手工画不出来的。例如,相切;也有很多状态是要依赖一定的制图基础的,例如,平行、垂直等。不论是哪一种,在三维 CAD软件的草绘系统中,它们都被称为"约束",用以控制图形的精准。如图3-50所示就是应用到的相切约束的例子。

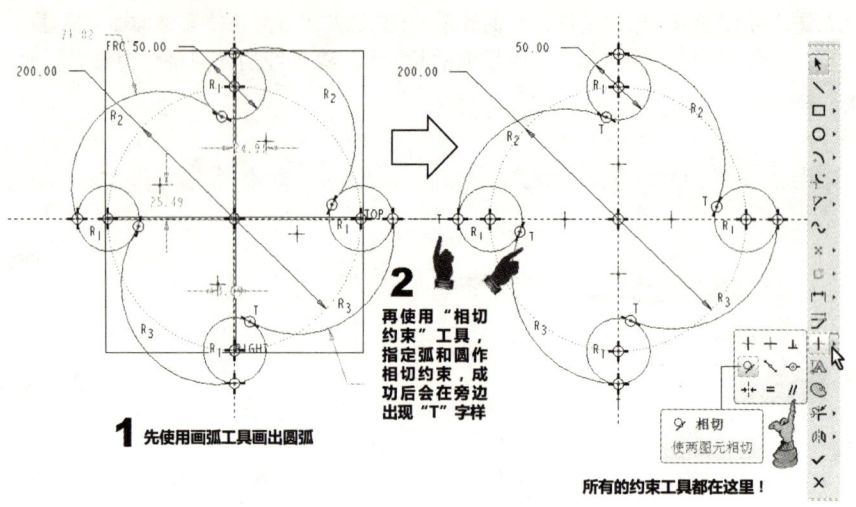

图3-50 本例的相切约束示意图

3. 错误提示工具的使用。在草绘中常见的问题有以下两点。

（1）剖面不完整。可能的原因是剖面不封闭、重复画线或是曲线相交。有问题的位置会标记为红色。

（2）不能相交带有特征的零件。这个是指一个草绘生成实体后，会和其他实体相交。这不是草绘操作问题，而是设计发生了问题。必须修改草绘轮廓来避免和其他实体相交。

知识点2　草绘错误的诊断

在草绘中有四个诊断小工具，可以用来查找草绘中的错误处。图3-51所示就是这四个工具的操作和用途。

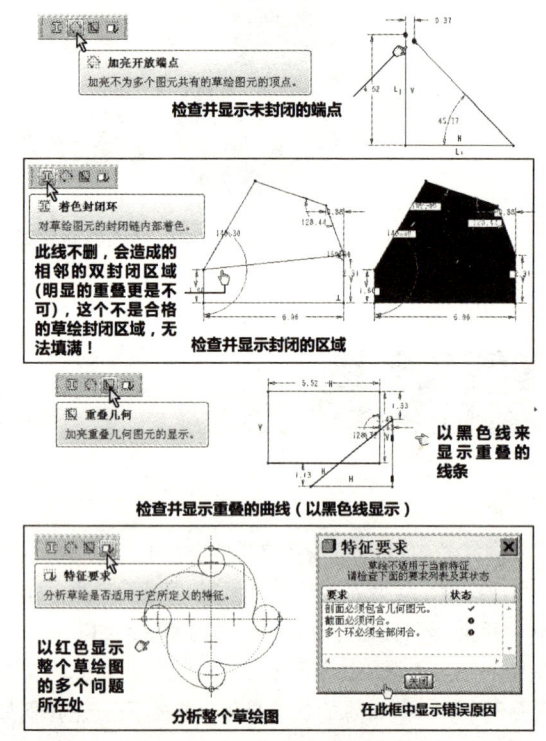

图3-51 诊断草绘错误的操作

知识点3　特征的"父子关系"

前面讲过，第一个实体特征，因为后续特征都要以它为基础，所以它被称为"父特征"。正确的讲法应该是，只要一个特征被其他特征所参照，那么这个特征就是"父特征"，而参照它的特征就称为"子特征"，而这样的关系就被称为特征的"父子关系"。所以，一个特征有可能同时是父特征和子特征！

当"父特征"遭到修改，所有因它而起的"子特征"都会随之改变，如果在改动的过程中，失去了原先的参照或发生其他问题，系统就会出现错误信息，并要求用户修正问题。这部分我们还会在第5章详细谈。

知识点4　如何保存特征的隐藏状态

有时我们为了模型的美观，会将不需要显示的特征隐藏起来，这对Creo来说，会牵涉到图层里的设置变动。如果没有按图3-52所示将图层状态保存下来，那么即便保存文件后，在下次打开该文件时，那些原本被隐藏起来的特征，仍然会跑出来！

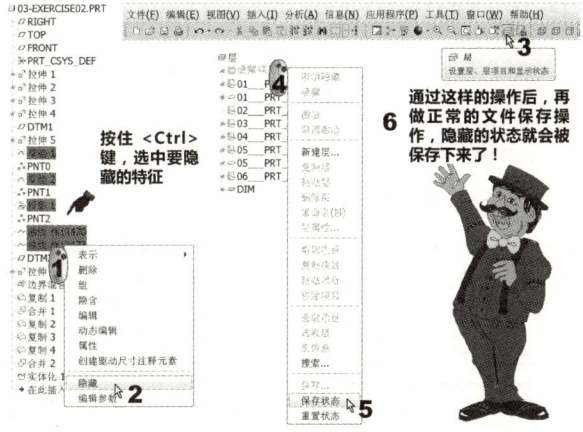

图3-52 保存图层状态的操作

3.6 习题

学过本章后，就有能力画出本章所有的习题模型！用户会发现，还真不少呢！同时要注意的是，这里的题目不单在评量软件方面的操作，也在测验我们的基本几何制图能力与概念。同时，和一般习题不同的是，对于比较有难度和需要技巧的题目，我们也在此提供详细的提示说明。

如何追踪习题解答文件的内容

本书习题提供解答，读者可以到本工作室网站下载。而Creo的完成文件，本身就足以说明我们的建模顺序，以及工具的设置内容。请按下述说明操作。

- **选项板界面工具**：在问题特征上，单击鼠标右键，选择"编辑定义"工具，就可以进入该特征的选项板设置界面。比对或观察设置就可以知道问题所在。
- **菜单流程界面工具**：针对那些还没有改为选项板界面的工具，要在问题特征上，单击鼠标右键，选择"编辑定义"工具，会出现一个设置窗口。窗口内的项目就是设置项，可以选中要查看的项目，再单击"编辑"按钮进入。

1. 如图3-53所示的63个题，三视图都有缺陷或错误，请根据这些有缺陷或错误的三视图，使用Creo建模，对其进行修正。不要以为每一题都很简单！如果答题的正确率在50%以下，就需要加强三维投影图自学的能力了。

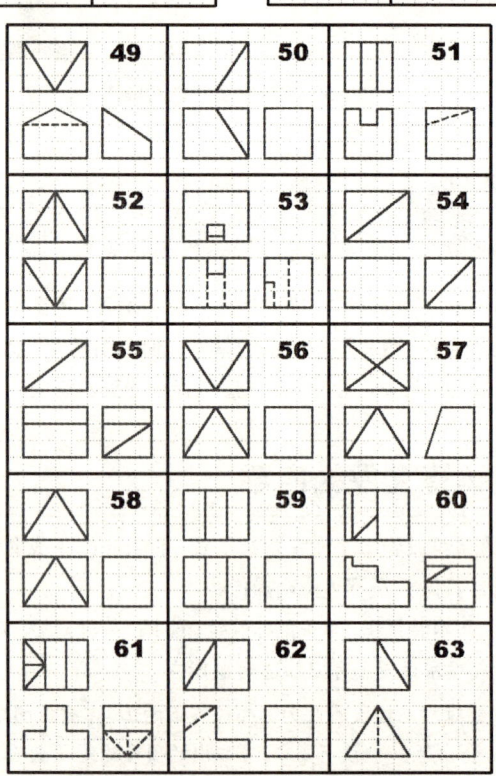

图3-53 有缺陷或错误的三视图图例

解题提示

针对图3-53中的"难题",提供操作提示如下:

(1) 第21题:重点在自定义基准面上,需要使用两次"拉伸切除"工具来完成。如图3-54所示。

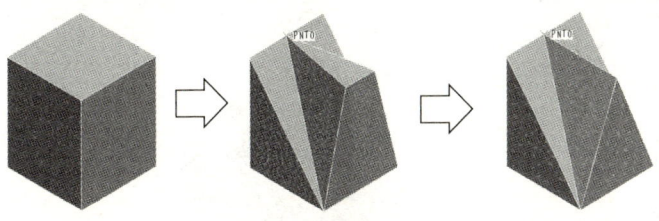

图3-54

(2) 第23题:可使用3.3.1节的实体和框线混合法来做。

(3) 第27题:重点在自定义基准点。可使用3.3.2节的全框线法来做。

(4) 第28题:这一题要使用"扫描混合"工具来建这个四角锥。但是这个工具还没教,可以先不做,等学完第4、第5、第6三章后再回头来做这一题。在图3-55的提示下,可以看到我们还应用了Creo的"关系"工具来控制角锥的尺寸。只要输入四角锥的高度,就永远自动保持合适的尺寸状态。

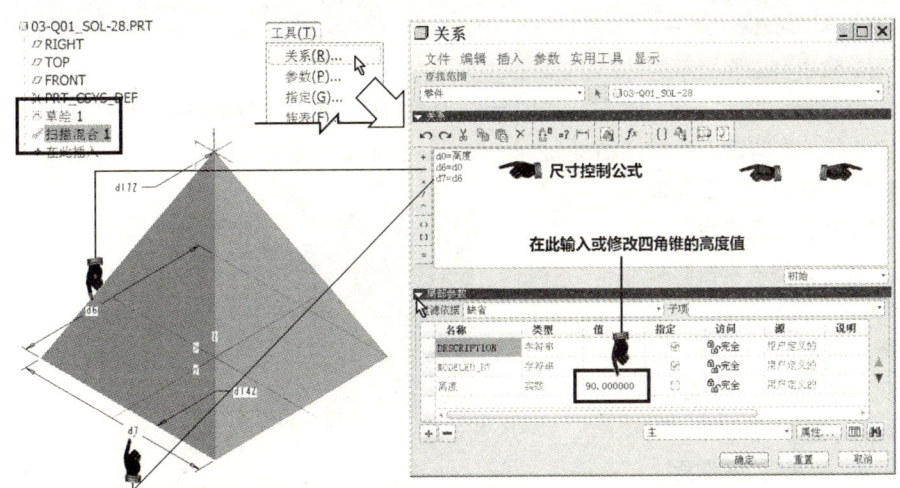

图3-55 四角锥

(5) 第32题:这一题非常有趣,立体概念强,对Creo工具熟悉的用户才能正确建模!可使用3.3.2节的全框线法来做。只是在解答中我们使用"拉伸"工具中的"薄面"模式来布底面(正文教的是用"填充"工具)。

(6) 第33题:重点在自定义基准面与"拉伸切除"的使用。

(7) 第38题:可使用3.3.1节的实体和框线混合法来做。

(8) 第44题:这一题要使用"混合"工具来建模。但是这个工具还没教,可以先不做,等学完第5章再回头来做这一题。

(9) 第46题:此题难在立体识图。

(10) 第58题:重点在自定义基准面,同时需使用两次"拉伸切除"工具来完成。

(11) 第61题:这一题要使用"扫描混合"工具来建模。但是这个工具还没教,可以先不做,等学完第4章再回头来做这一题。不过,这一题有一个技巧必须说明,如图3-56所示。

2. 请使用本章所教的方法建出如图3-57所示的模型（尺寸请自定义）。

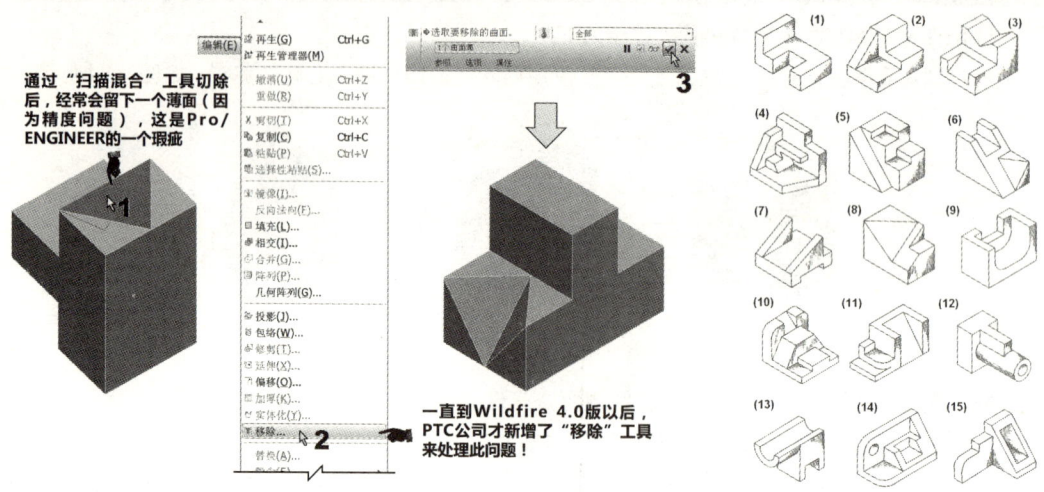

图3-56 "扫描混合"与"移除"工具的操作　　　图3-57 模型图例（一）

解题提示

针对图3-57中有必要提示的题目，提供操作提示如下。

（1）第6题：在斜面上的四角锥要使用"扫描混合"工具来建模。但是这个工具还没教，可以先不做，等学完第4章再回头来做这一题。

（2）第9题圆角凹槽的部位，我们解答文件中修的不是倒圆角，而是倒椭圆角。在此，要讲解以下三个草绘工具，以完成此椭圆角。

a）"修椭圆角"工具（），选中两边线来修一个拥有长轴和短轴尺寸的椭圆弧。

b）"中心线"工具（ 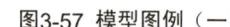 ），以起点、终点画中心线。中心线通常用来当做辅助参照线、转轴线或镜像线。

c）"镜像"工具（ ），专门用来镜像图线。使用前一定要先画中心线。椭圆角的镜像操作如图3-58所示。

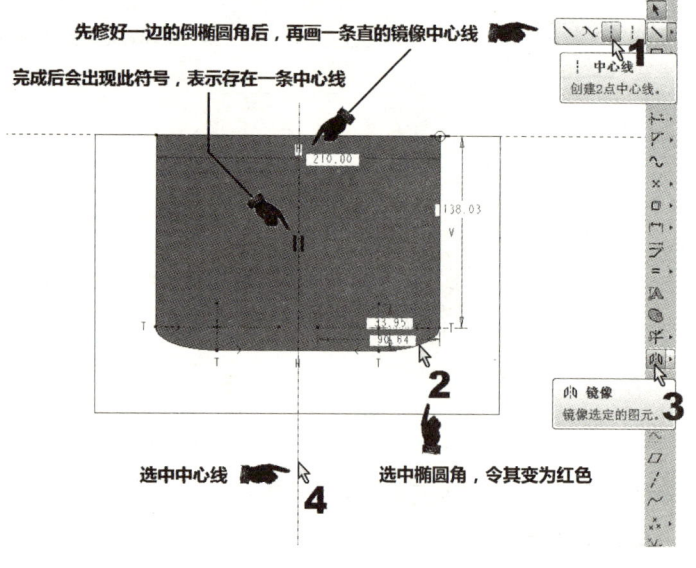

图3-58 绘制椭圆角

（3）第11题本题的圆角部分，选择使用"修圆角"工具，而不在草绘中画。选择在草绘中画圆角还是使用"修圆角"工具？这部分的讨论将在第4章中进行。

3. 请使用本章所教的方法建出如图3-59所示的模型（无尺寸的，请自定义）。

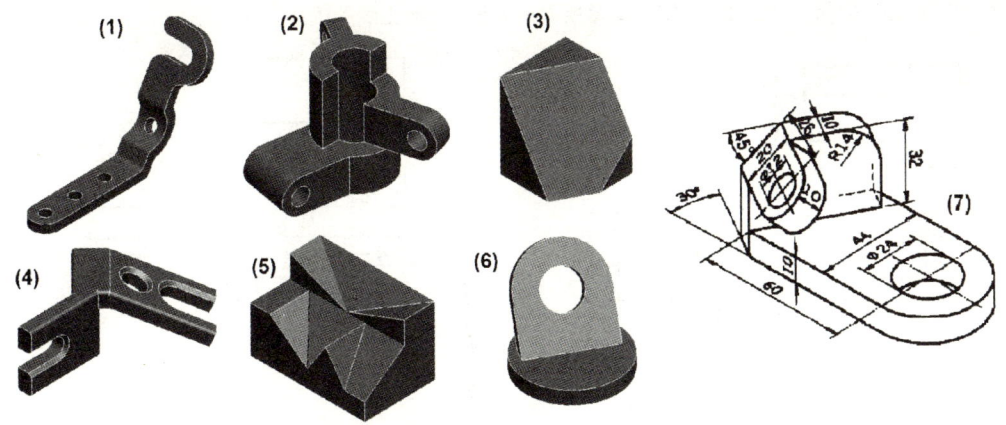

图3-59 模型图例(二)

4. 请使用本章所教的方法建出如图3-60所示的模型(尺寸不足处,请自定义或查找解答文件)。

5. 请使用本章所教的方法建出如图3-61所示的模型(尺寸不足处,请自定义或查找解答文件)。

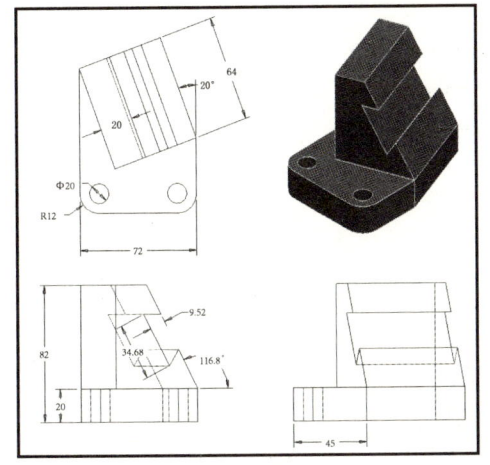

图3-60 模型图例(三)

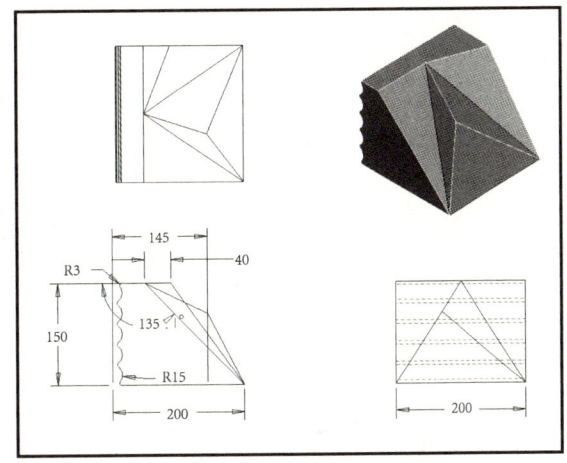

图3-61 模型图例(四)

6. 请使用本章所教的方法建出如图3-62所示的模型(尺寸不足处,请自定义或查找解答文件)。

7. 请使用本章3.4节所教的方法建出如图3-63所示的模型。

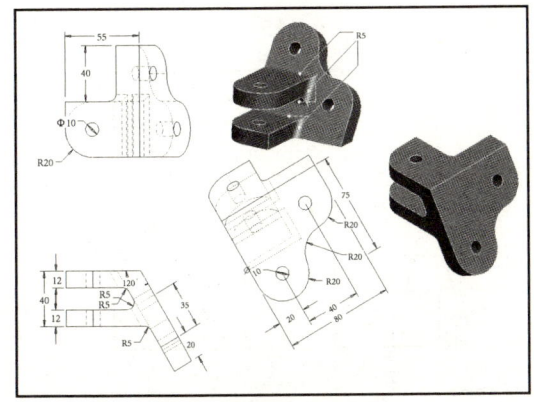

图3-62 模型图例(五)

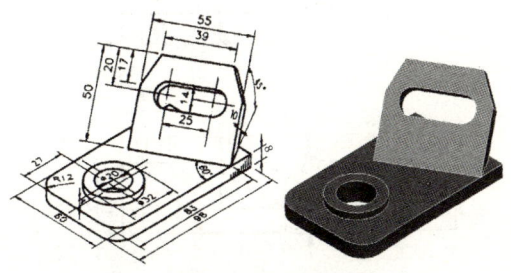

图3-63 模型图例(六)

8. 根据如图3-64所示的三视图,使用本章所教的方法,建出正确的模型。

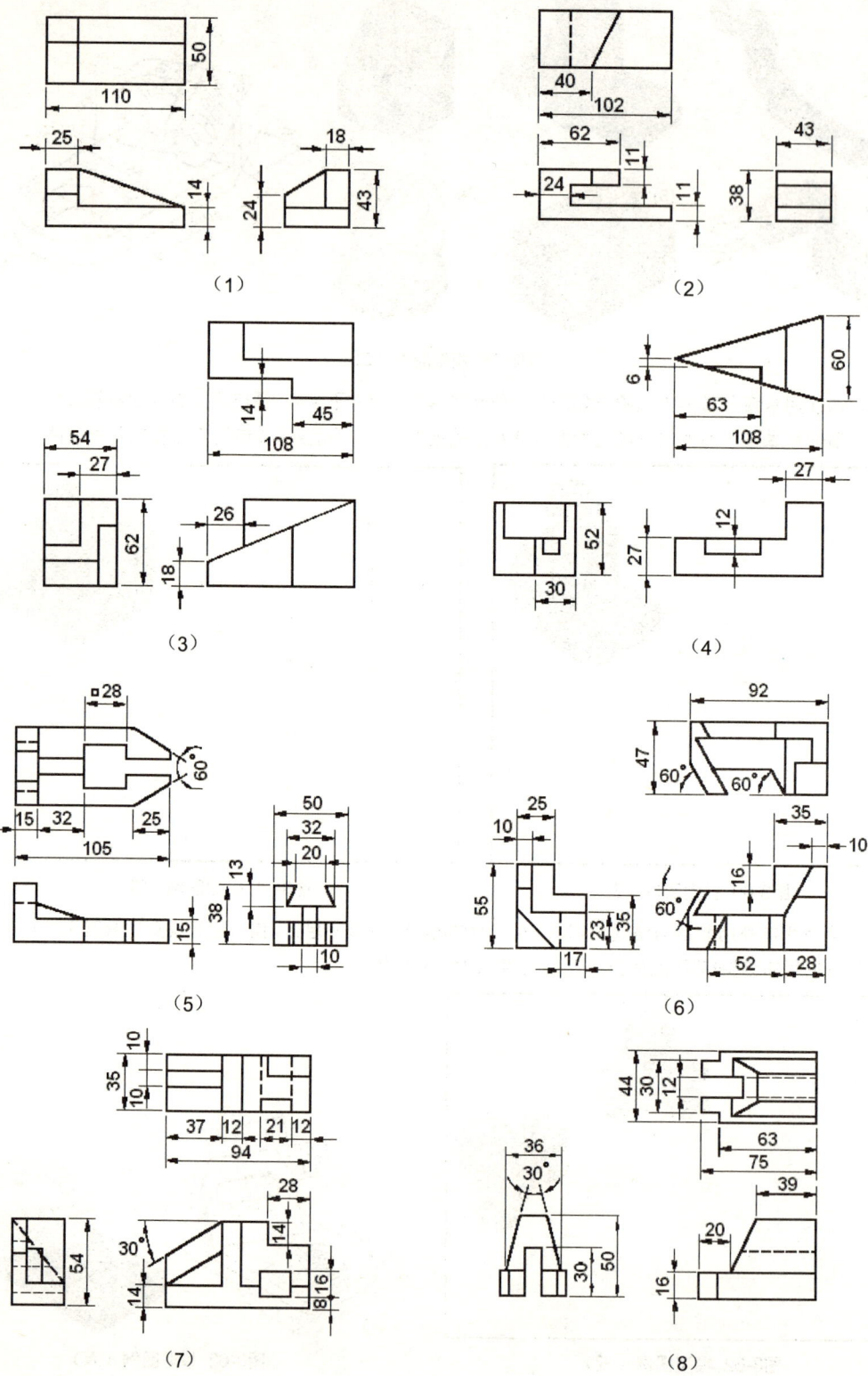

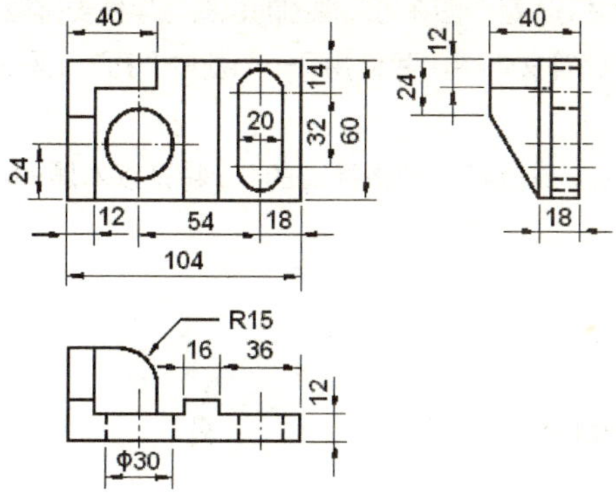

(9)

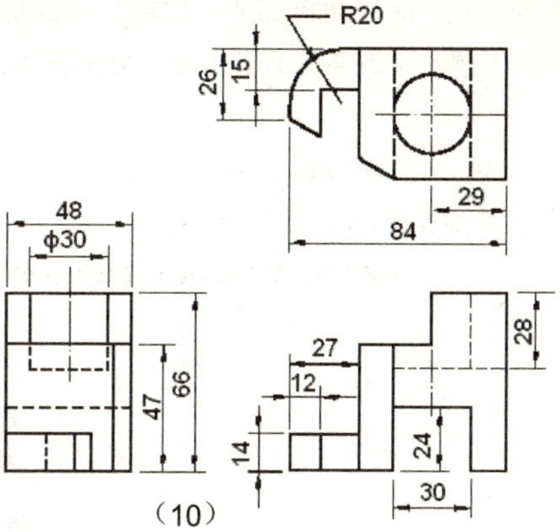

(10)

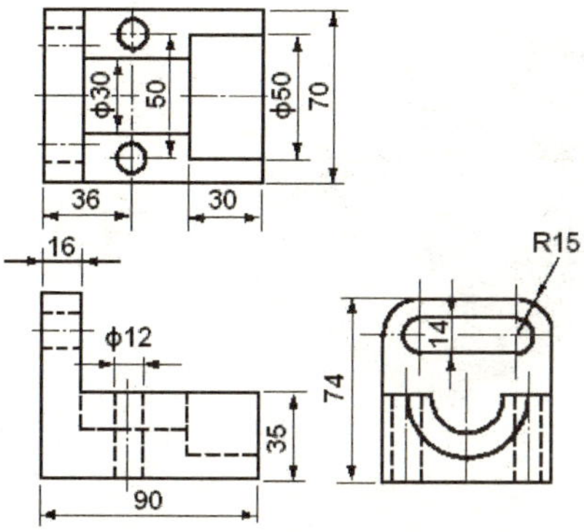

(11)

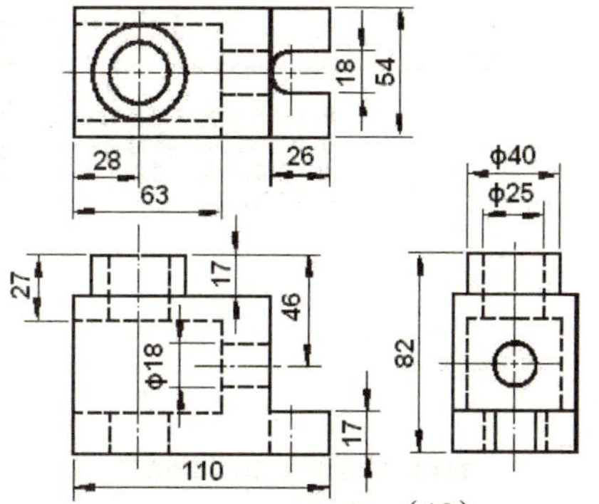

(12)

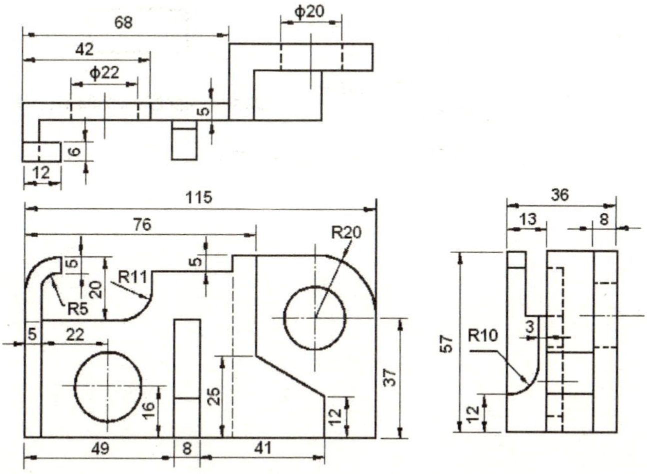

(13)

图3-64 模型图例（七）

解题提示

针对图3-64中有必要提示的题目，提供操作提示如下。

（1） 第6题：这一题的关键是在左下角斜面是否“切”得正确！换句话说，“拉伸”工具用的草绘基准面（自定义基准面）的那三个点要定对。另外，中间那个单边斜角为60° 的凹口，因为左边无法确定长度，但是从上视图已知它与左下角斜面的一边共线,所以要最后才建!整个图在考三视图的识图与建模安排能力。

（2）第11题：本题并无突出之处,但是在本题的解答文件中,我们用了一个新的"孔"工具来挖那两个孔。

"孔"工具（ ）属建模工具,用来创建一个普通孔,或是符合规格标准的孔。特别以本题的状况来说明"孔"工具的操作,如图3-65所示。

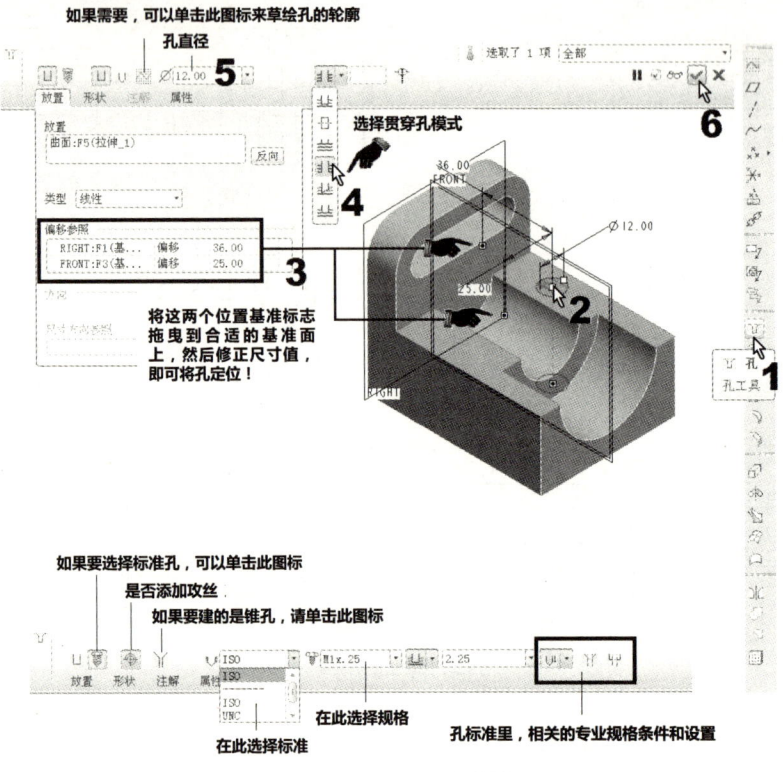

图3-65 "孔"工具的操作

第4章

旋转建模

"旋转"(Revolve)工具是标准建模工具的第二号命令,专门用来应付对称的瓶体或柱体造型的器物。本章将详细教导"旋转"工具的内容,以及和它有关的衍生应用。

旋转

4.1 前言

本章将以"长肉槽"里的"旋转"建模工具为主轴,以基准和草绘为手段,带领用户进入初级建模的领域。

4.2 任务一　旋转的凸与凹(叠与切)的基本手法

这个小节我们要来练习两个旋转实例。第一个是基本旋转(凸),我们要在此讨论如何决定创建壳体的方式。第二个要练习的是基本旋转(凹)。

4.2.1 基本旋转(凸)

任务说明

在"长肉槽"中的"旋转"工具通常用于基体的创建。最常见的例子,就是"瓶体"的建模。如图4-1所示的简单瓶体范例,就是一个最典型的旋转范例。但是这个瓶体的建模,却是使用三种不同的方法来创建的。

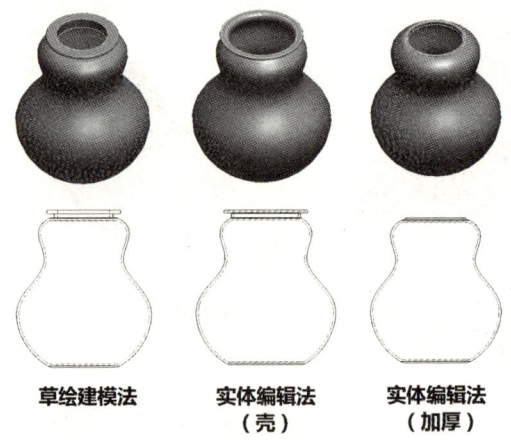

草绘建模法　　实体编辑法　　实体编辑法
　　　　　　　　（壳）　　　　（加厚）

图4-1 本范例的完成图

重点、难点

本例属基础概念范例,没有难点,但是重点如下。
1. 草绘基准的决定。
2. 脑中草绘图的想象与实践(决定要直接草绘抽壳,还是要事后使用实体编辑工具来完成抽壳,这会影响草绘图的实际内容)。
3. 长肉(旋转实体)与"壳"或"加厚"编辑工具的操作。

新学的草绘工具

1. "几何中心线"工具(　)。用来绘出旋转所需的基准轴线。
2. "样条"工具(　)。绘出样条曲线。
3. "偏移"工具(　)。就是"OFFSET"的意思。用来在指定的距离条件下,绘制一条与指定边线(可能是直线或曲线)平行的直线或曲线。

4. "修圆角"工具（ ）。用来修圆角。

新学的建模或编辑工具

1. "旋转"工具（ ）。属建模工具，将草绘图以指定角度范围，以旋转方式长出实体或薄面。

2. "壳"工具（ 壳(L)... ）。属建模工具，以指定的厚度挖空实体，造成壳体状态。但是，要视轮廓的曲率大小来决定是否能成功，并不是所有的轮廓状态都可以顺利抽壳。

3. "加厚"工具（ 加厚(K)... ）。属编辑工具，当基体不是实体而是薄面时，可以使用此工具来加厚成实体。同样地，它的成功与否，也和轮廓的曲率大小有关。

相关文件

本范例视频文件：（02）avi（GB）\ch04\04-Exercise01.avi
本范例完成文件1：（02）Exercise\ch04\04-Exercise01_sketch.prt
本范例完成文件2：（02）Exercise\ch04\04-Exercise01_shell.prt
本范例完成文件3：（02）Exercise\ch04\04-Exercise01_thickness.prt

→ 任务实践

01 按图3-3的方法，新建一个名为04-Exercise01_sketch的新零件文件。

02 首先，我们要选择长肉工具。本例，我们选的是"旋转"工具。在进入草绘模式前，我们指定的草绘平面和参照如图4-2所示。

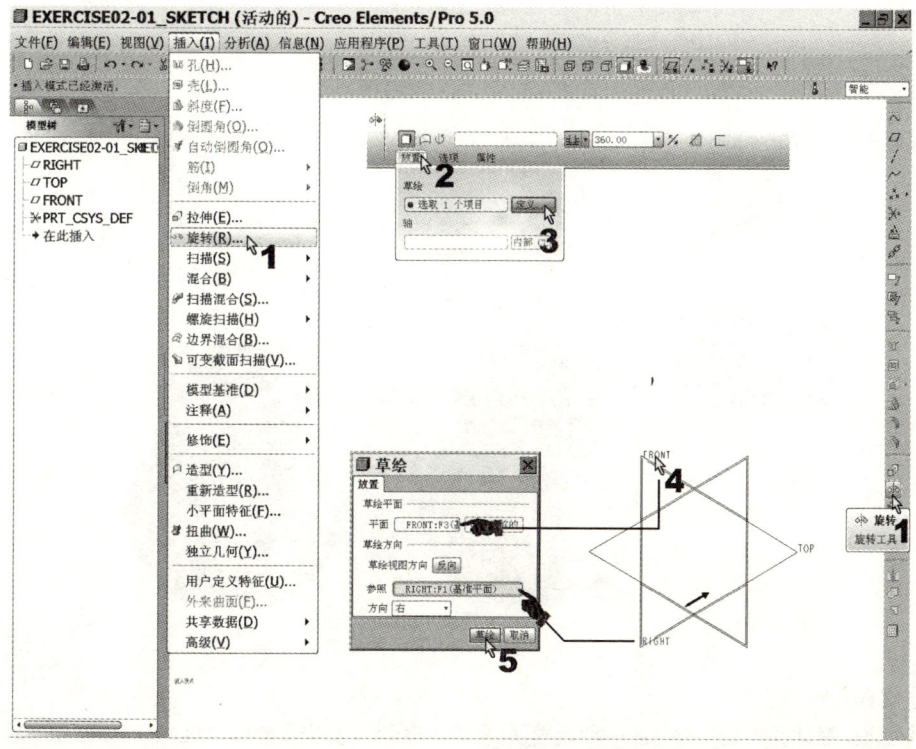

图4-2 选择"旋转"工具和指定的草绘平面

03 然后，进入草绘模式。如图4-3所示的是草绘完成图。在图中，我们直接画出瓶壳的轮廓。本例重点的草绘工具是可以绘出样条曲线的"样条"草绘工具（ ），以及可以很快画出瓶壳轮廓平行曲线的

"偏移"草绘工具（ ）。第一条中心线如果没画，最后就无法旋转出实体！中心线工具有两个，一个是"中心线"工具，另一个是"几何中心线"工具，两者的差别请参照本章最后一节里的 知识点4 。

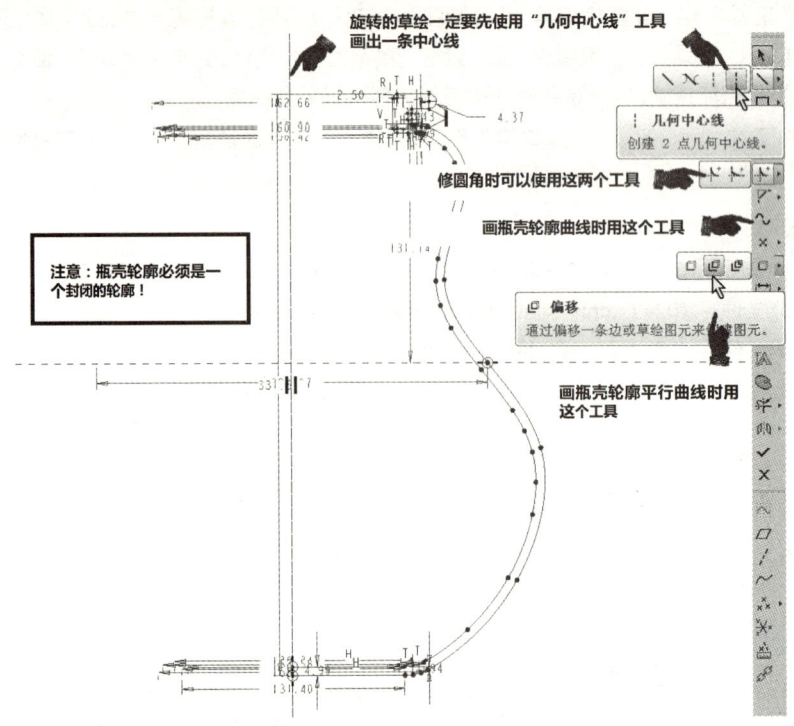

图4-3 草绘操作示意图

04 单击草绘模式下的 ✓ 按钮后，回到"旋转"选项板。按图4-4所示做长肉（转化实体）操作。

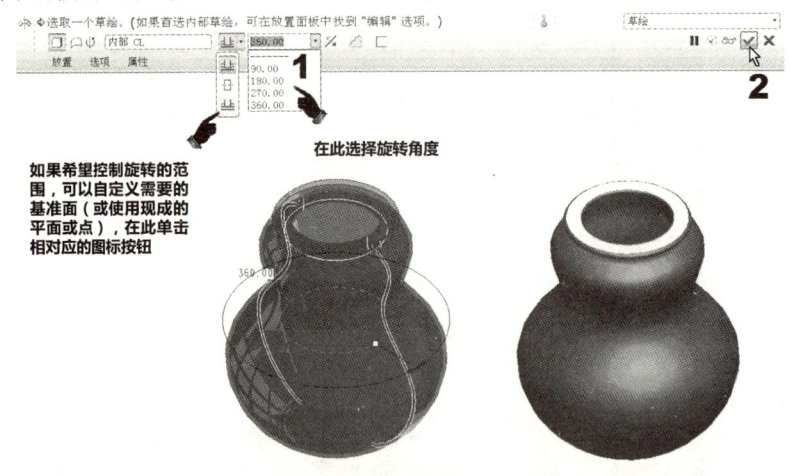

图4-4 "旋转"选项板的设置

05 保存文件。

06 然而，瓶体并不是只有上述一种建模法。如图4-5所示，变化草绘的内容，还可以使用事后的实体编辑法来达到目的。

07 接着，我们使用"壳"工具来编辑实体。请按图4-6所示操作。但是，最后我们得到创建壳体失败的结果。原因是因为这个瓶体轮廓在创建厚度为5mm的壳体时，因曲面弯曲的曲率太大，而导致建模失败。

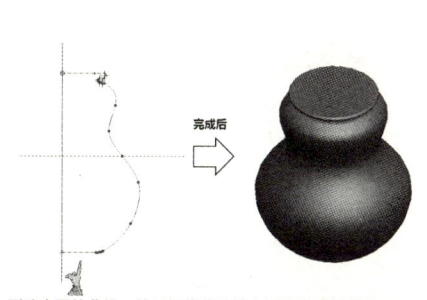

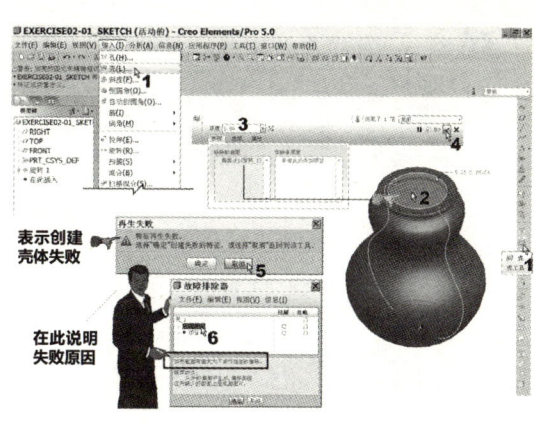

图4-5 改变草绘的内容

图4-6 编辑壳体的操作

08 那怎么办呢？如果坚持要使用此方法，那就修改一下有问题的瓶口造型，如图4-7所示，然后再重复图4-6所示操作，就没问题了！

09 以"保存副本"方式保存文件，文件名为04-Exercise01_shell。

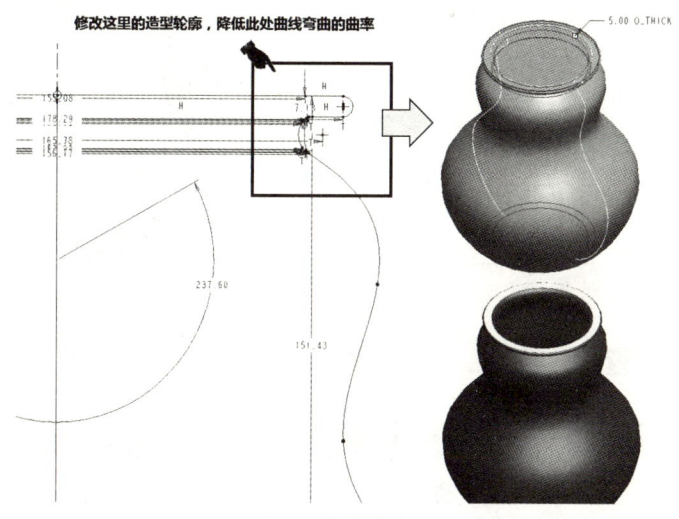

图4-7 修改草绘图

10 在实体编辑部分，还有另一种建模法，那就是"薄面加厚法"。要使用这种方法，如图4-8所示，在"旋转"工具的选项板中，选择要长肉的不是实体，而是薄面。

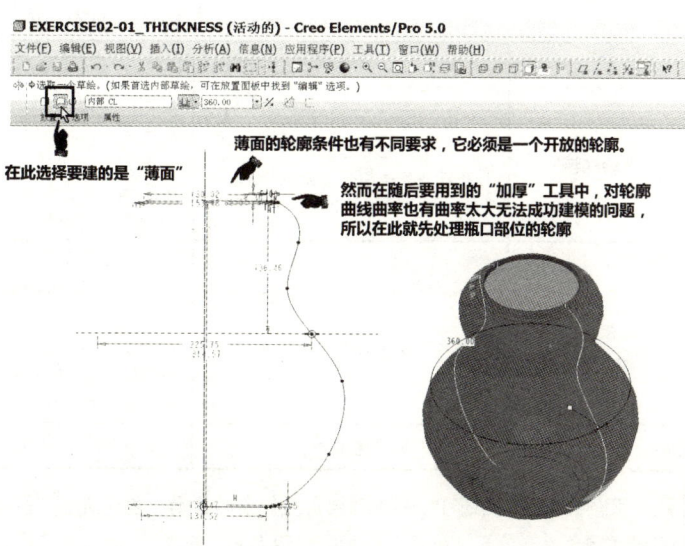

图4-8 设置薄面旋转

⑪ 然后，再按图4-9的操作，选择"编辑"菜单中的"加厚"工具来将薄面加厚为实体。

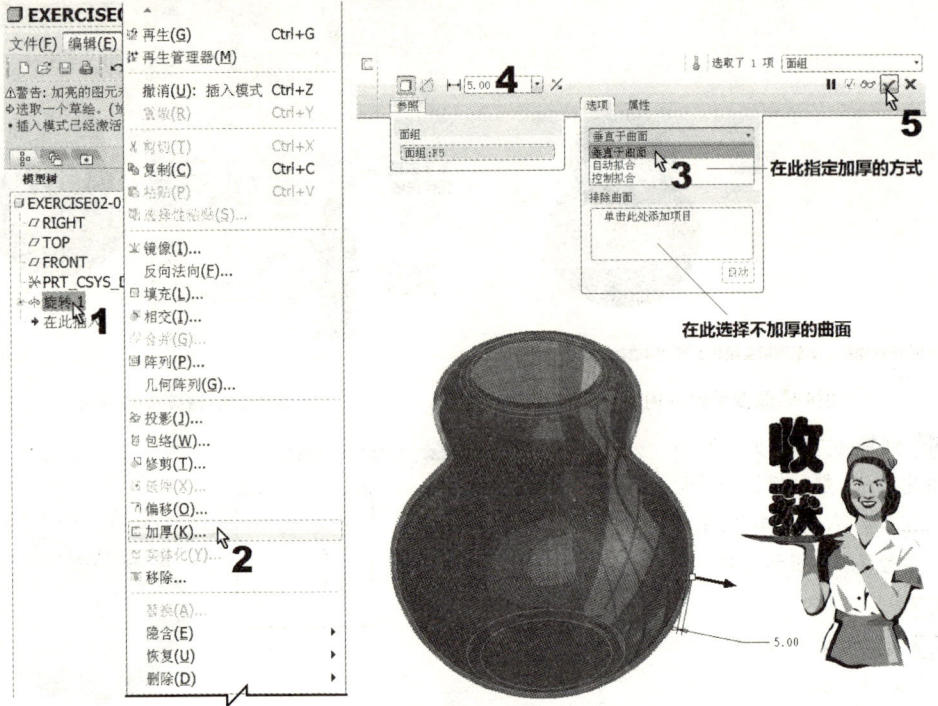

图4-9 加厚薄面的操作

⑫ 以"保存副本"方式保存文件，文件名为04-Exercise01_thickness。

本范例讨论

1. 本节，我们以变换三种建模法的方式来制作一个例子。现在以表4-1的方式来分析这三种方法的优缺点。

表4-1 本例三种建模法的优缺点分析

方法	优点	缺点	建议
草绘建模法	1. 可以较稳定地完成建模。 2. 可以处理造型较复杂的轮廓。	1. 草绘所需时间较长。 2. 事后修改需要的时间较长。 3. 如果草绘中的部分线段被参照了，修改删除后又失去参照，那么随后参照的子特征都要再重新做参照。	不会大幅修改造型的产品，可以使用此方法。
实体建壳法	1. 草绘内容比较单一，时间花费较少。 2. 事后的修改编辑比较容易。	1. 造型可能是导致编辑失败的原因。 2. 如果一直编辑失败，又坚持要用此法，那可能要分两段建模。例如，将本例中的瓶体和瓶口分开建模（因为瓶口造型是造成"壳"工具失败的主因）。这样，就比较耗时又麻烦了！	轮廓造型会经常改变的产品，建议使用此法！
薄面加厚法	同"实体建壳法"	同"实体建壳法"	同"实体建模法"

2. 同样的情况还可以引申到圆角或倒角的操作。也就是说，当造型中出现有圆角或倒角的情况时，可以将该圆角或倒角直接画在草绘中，也可以造成实体后，再使用"圆角"或"倒角"工具来编辑，这也是一个值得思考的问题。这个问题我们要放在本章的习题中，请用户来解答。

4.2.2 基本旋转（凹）

任务说明
通过图4-10所示的简单范例，我们要来练习旋转在凹（切）方面的制作。

重点、难点
本例属基础范例，没有难点，但是重点如下。
1. 草绘基准的决定。
2. 脑中草绘图的想象与实践（需要草绘中心线，以及草绘中的"约束"技巧）。
3. 长肉（旋转与旋转切除实体）的操作。

新学的草绘工具
1. "平行"约束工具（//）。指定第二条图线与第一条图线平行。
2. "相等"约束工具（=）。指定第二条图线与第一条图线相等。

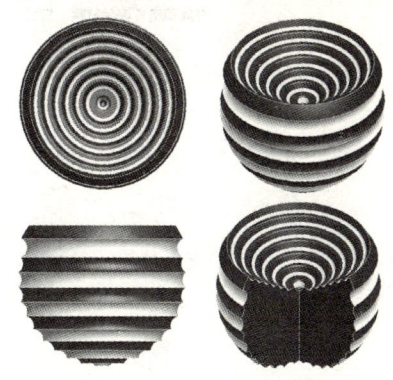

图4-10 本范例的完成图

> **注意**
> "图线"的意思就是，它可能是直线也可能是曲线。

相关文件
本范例视频文件：（02）avi（GB）\ch04\04-Exercise02.avi
本范例完成文件：（02）Exercise\ch04\04-Exercise02.prt

→ 任务实践

01 按图3-3的方法，新建一个名为04-Exercise02的新零件文件。

02 首先，按图4-2的操作，我们选择"旋转"长肉工具，以及指定合适的草绘平面和参照。然后，绘出如图4-11的封闭半圆，创建一个球体。

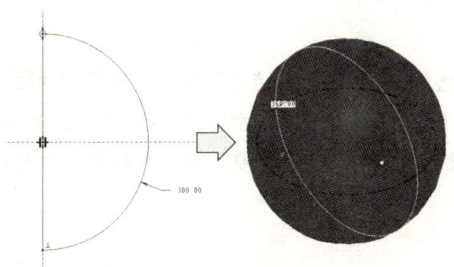

图4-11 球体的草绘图

03 然后，开始使用"旋转"工具，单击"移除材料"按钮，来达到"旋转切除"的效果。操作示意图如图4-12所示，重点在草绘的部分。

04 同理，外围部分的旋转切除设置和图4-12所示相同，但是草绘图如图4-13所示。

05 为了美观，我们为其着色（本书第7章正式教）。

06 保存文件。

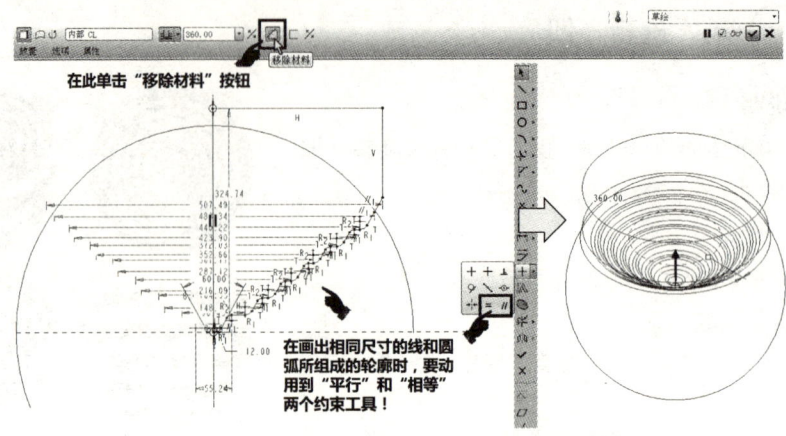

图4-12 "旋转"工具的切除设置与草绘示意图

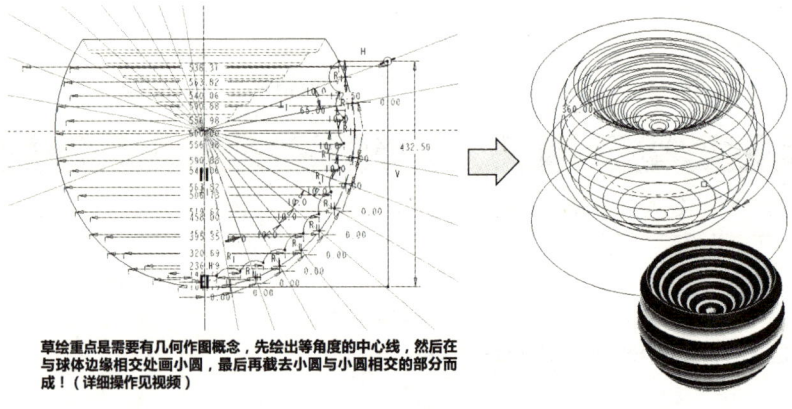

图4-13 外围旋转切除的草绘示意

4.3 任务二 螺丝刀的建模

任务说明

通过前面的范例讲解后,我们可以理解,旋转工具是一个基本的建模工具,所有三维CAD软件都会有这个功能。它经常是一个父特征,随后的子特征都因它而起。所以,我们现在再来练习一个螺丝刀的综合建模范例,如图4-14所示。要完成这个范例所需的编辑工具都还没有正式教,但是因为操作简单,大家就先"依样画葫芦"一下。

重点、难点

本例重点如下。

1. 草绘基准的决定。

2. 脑中草绘图的想象与实践(需要草绘中心线)。

3. 长肉(旋转实体)与其他实体编辑的操作。

本例难点如下。

螺丝刀尖端斜沟槽的建模。

图4-14 螺丝刀完成图

第4章 旋转建模

新学的建模或编辑工具

1. "扫描混合"工具（扫描混合(S)...）。属建模工具，专门用来画出同体，但是截面不同的实体或薄面。
2. "阵列"工具（ ）。属编辑工具，用来以阵列方式复制出一群规则排列的实体或薄面体。

相关文件

本范例视频文件：（02）avi（GB）\ch04\04-Exercise03.avi
本范例完成文件：（02）Exercise\ch04\04-Exercise03.prt

任务实践

01 按图3-3的方法，新建一个名为04-Exercise03的新零件文件。

02 首先，按图4-2的操作，我们选择"旋转"长肉工具，以及指定合适的草绘平面（Front标准基准面）和参照。然后，绘出如图4-15所示的封闭轮廓（尺寸可自定义），以创建主体。

03 然后，我们要选择"拉伸"工具来切除主体上的部分实体，以达到螺丝刀手握部分的凹槽效果。操作示意图如图4-16所示。

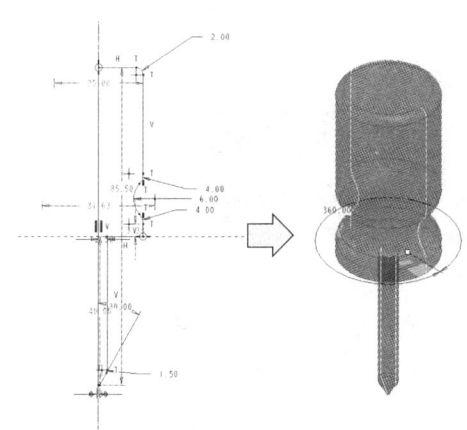

图4-15 螺丝刀外形的封闭轮廓草绘图

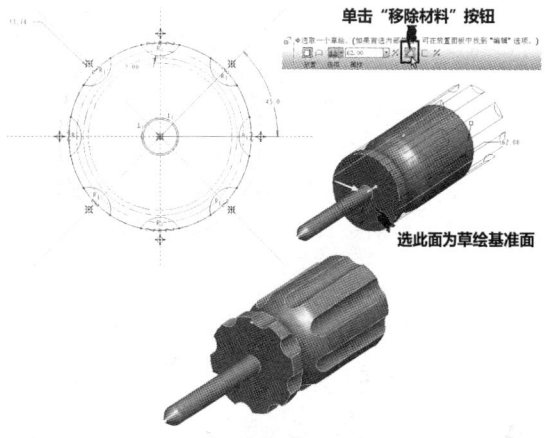

图4-16 切出凹槽效果的操作示意图

04 这个范例比较麻烦的就是螺丝刀尖端的斜沟槽要如何切除？我们假设用户已经知道可以用Creo的"扫描混合"工具来处理。而这个"扫描混合"工具需要一条扫描轨迹线来辅助。所以，如图4-17所示，我们要使用"草绘"工具来画出这条轨迹线。"草绘"工具的操作与界面和前面各长肉工具里的草绘模式都一样，只是"草绘"工具可以画出独立的草绘特征，来供其他长肉工具参照。

05 现在，开始选择"扫描混合"工具来切除螺丝刀尖端的斜沟槽。这个工具还没有正式教（稍后5.3.1节教），大家先照着做。如图4-18所示。

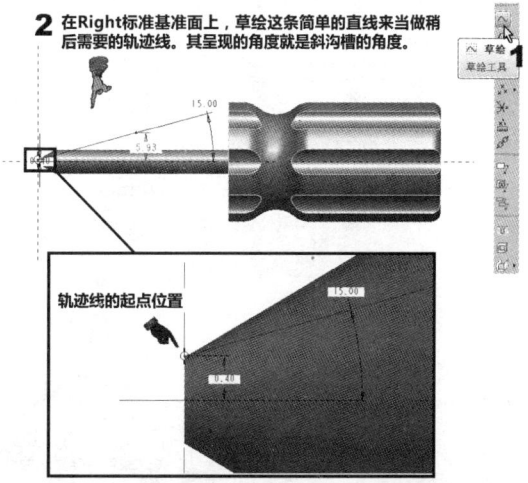

图4-17 使用"草绘"工具来画扫描工具所需要的轨迹线

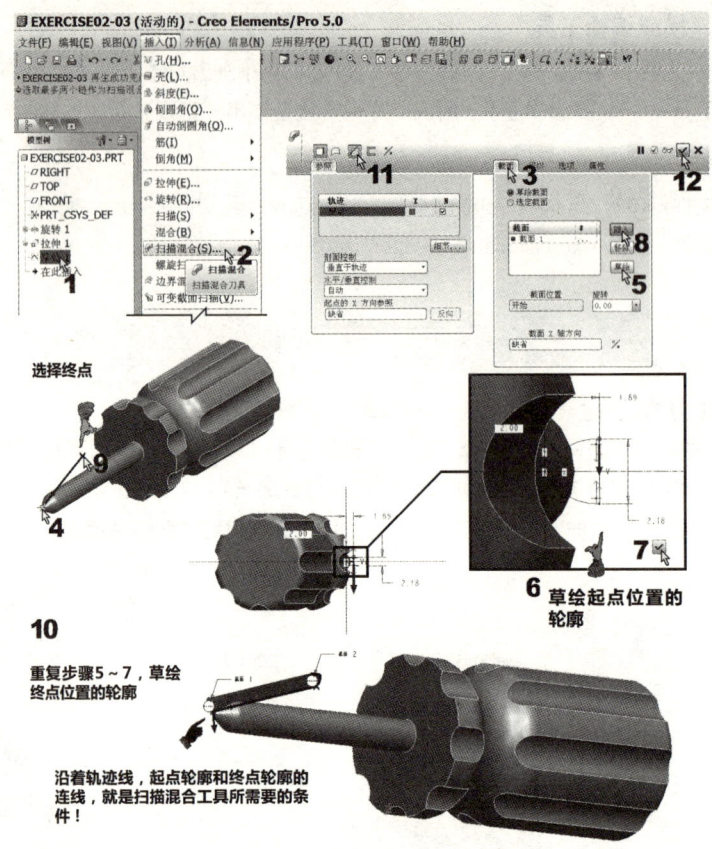

图4-18 "扫描混合"工具的操作

06 最后,因为斜沟槽有四处,以圆形方式排列。所以,必须再使用"阵列"工具复制出另外三个。这个工具也还没有正式教,但是操作很简单,大家先试试!如图4-19所示。

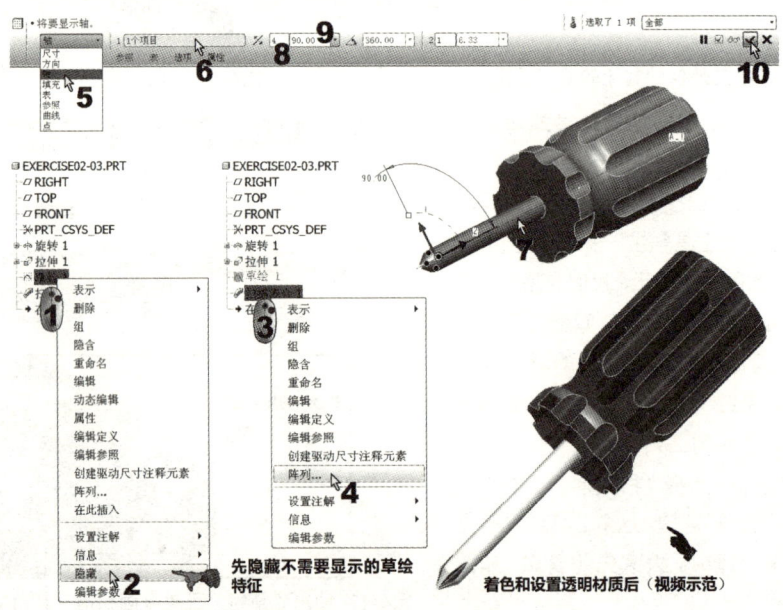

图4-19 圆形阵列的操作

07 着色和渲染的操作，我们第7章会正式教。但是在本例中，可以进行简单的着色操作，请按图4-20所示操作。

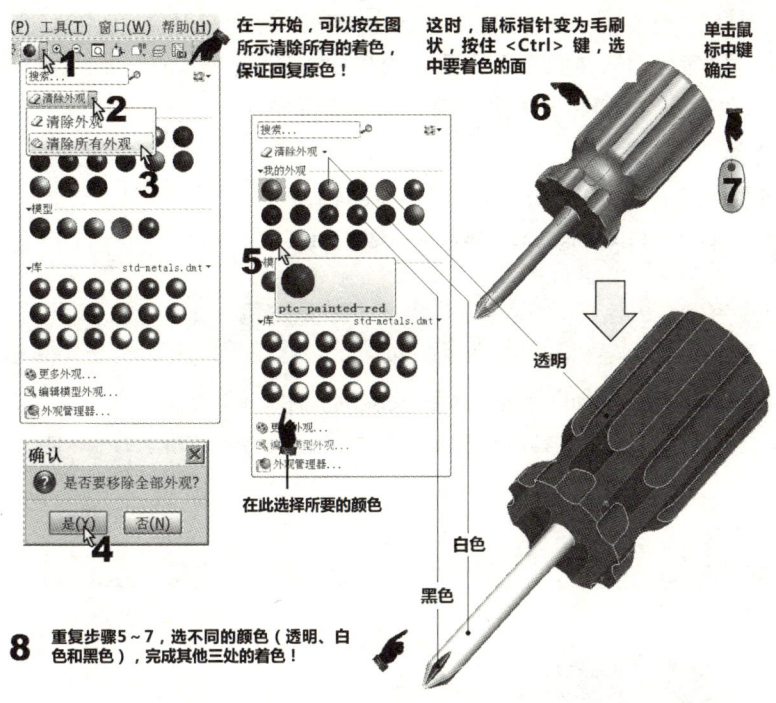

图4-20 简单的着色操作

08 保存文件。

4.4 任务三　运动球体的建模

任务说明

很多知名的球类运动（如足球、篮球、棒球、高尔夫球等）建模，已经成为学习时不可缺少的范例。而这些球类的基体就是使用"旋选"工具所创建的球体。然后，和螺丝刀一样，真正完成建模，还需要借助其他的工具和手法。如图4-21所示的足球建模，除了需要借用其他工具以外，还必须有比较强的几何作图概念。

重点、难点

本例难点如下。

1. 分球体的几何辅助线画不出来，就无法完成建模。
2. "投影"、"修剪"工具的使用技巧。
3. "旋转复制"工具的使用方法。

新学的草绘工具

"描边"工具（）。当草绘边是实体的边时，可以使用这个工具来精准地描边。既快又省事，是一个非常好用的草绘工具！

图4-21 足球完成图

新学的建模或编辑工具

1. "修剪"工具（ 修剪(T)... ）。属编辑工具，用来以指定的边线裁剪指定的面。

2. "选择性粘贴"工具（ ）。属编辑工具，用来提供通过"粘贴"无法完成的特殊粘贴。例如，本例就用到"旋转复制"这方面的"特殊粘贴"。不论是"粘贴"或"选择性粘贴"，在它之前都必须先"复制"。

3. "镜像"工具（ ）。属编辑工具，用来镜像所选中的面体。

相关文件

本范例视频文件：(02) avi (GB) \ch04\04-Exercise04.avi

本范例完成文件：(02) Exercise\ch04\04-Exercise04.prt

任务实践

01 按图3-3所示的方法，新建一个名为04-Exercise04的新零件文件。

02 首先，我们选择"旋转"工具，以"薄面"模式绘出一个图4-22所示的半球体。这个半球体是一个参照体。

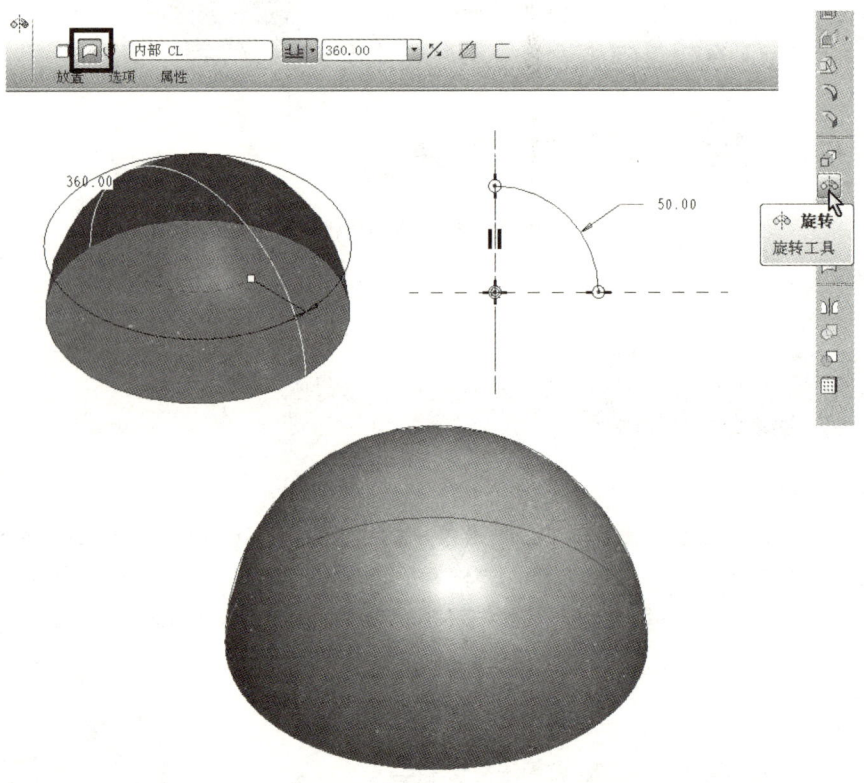

图4-22 创建半球体

03 然后，我们要草绘四条参照线，并令其投影在半球体上，借以绘出分割球体纵向的参照线，如图4-23所示。

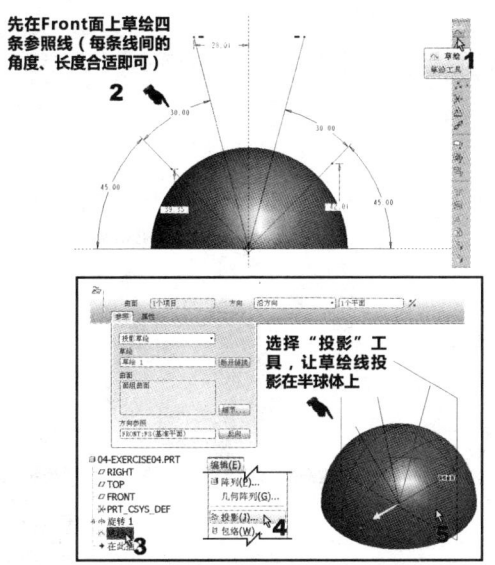

图4-23 绘出纵向分割参照线的操作

04 隐藏完成的"草绘"和"投影"特征。

05 接下来,如图4-24所示,再绘出横向的分割参照线。

06 取消隐藏第4步隐藏的"草绘"和"投影"特征。

07 选择"偏移"工具来绘三块凸出物中的一块。"偏移"工具我们已学过如图3-46的示例,但是使用的是"标准偏移"模式,而现在我们要使用的是"拔模偏移"。如图4-25所示。

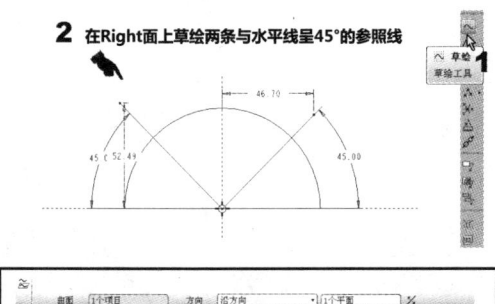

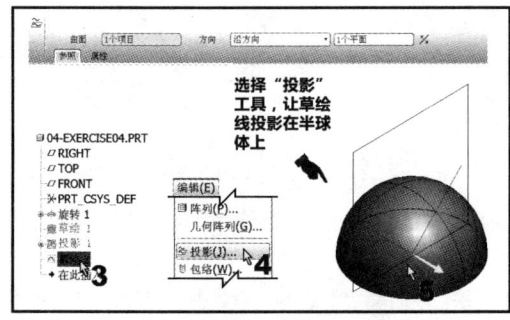

图4-24 绘出横向分割参照线的操作

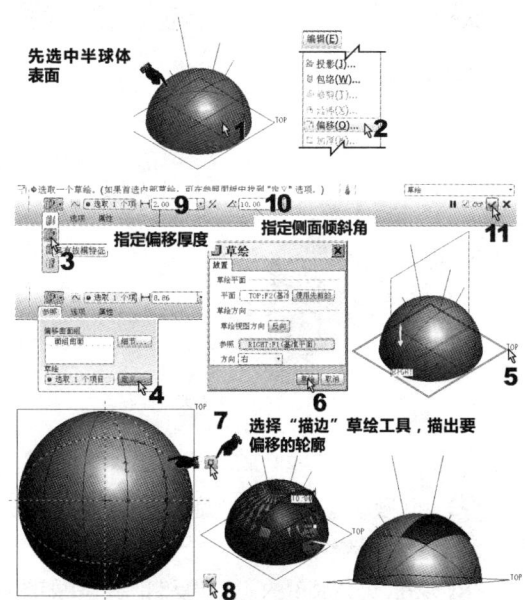

图4-25 "拔模偏移"的操作

77

08 按图4-25的操作完成另两片"拔模偏移",如图4-26所示。

09 足球的一个表面单元已经完成,接着,就是要裁剪不需要的半球体。如图4-27所示,我们选择"修剪"工具来裁剪。

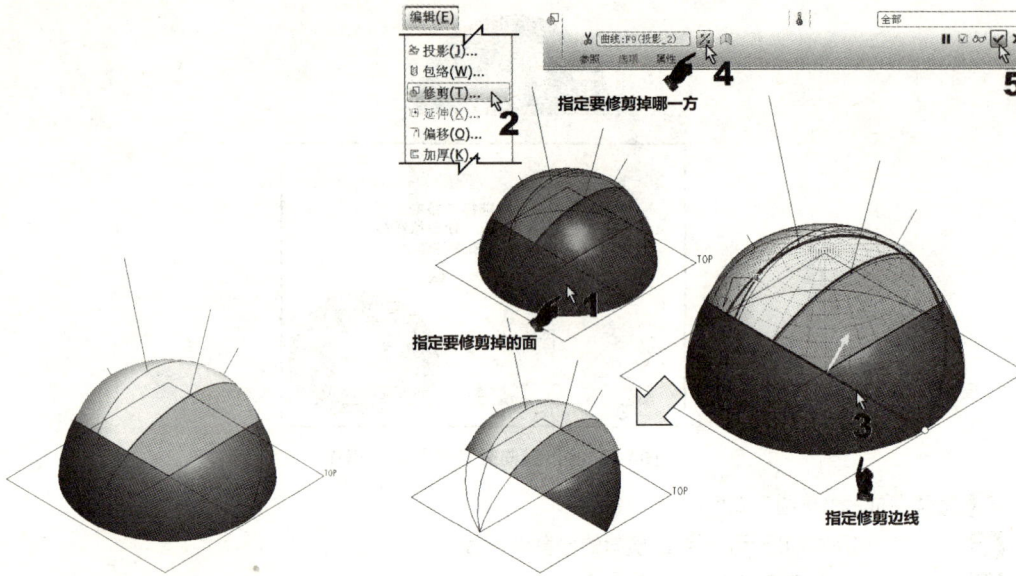

图4-26 三片凸出物的完成图　　　　　图4-27 "修剪"工具的操作

10 同理,如图4-28所示,再做第二次修剪。

11 再来,如图4-29所示,选中所有的边来修圆角。

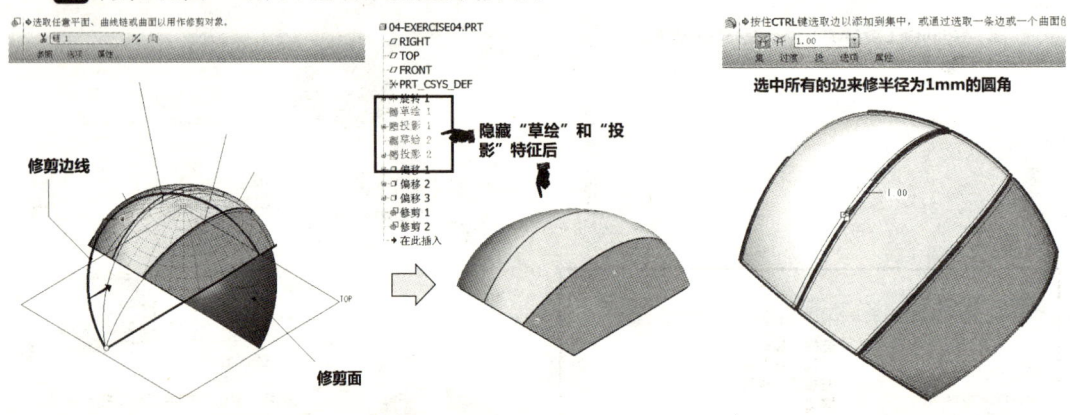

图4-28 第二次修剪的操作　　　　　图4-29 修圆角的操作

12 为了顺利运行关键的"旋转复制"操作,我们必须先按图4-30所示的操作,创建相关的偏移坐标系基准点和基准轴。

13 现在,开始关键的"旋转复制"操作!如图4-31所示,我们要先"复制"要复制的实体,然后单击"选择性粘贴"按钮,就会出现与图相关的选项板界面。要注意的是,由于选中特征的性质不同,会出现不同的选项板界面。

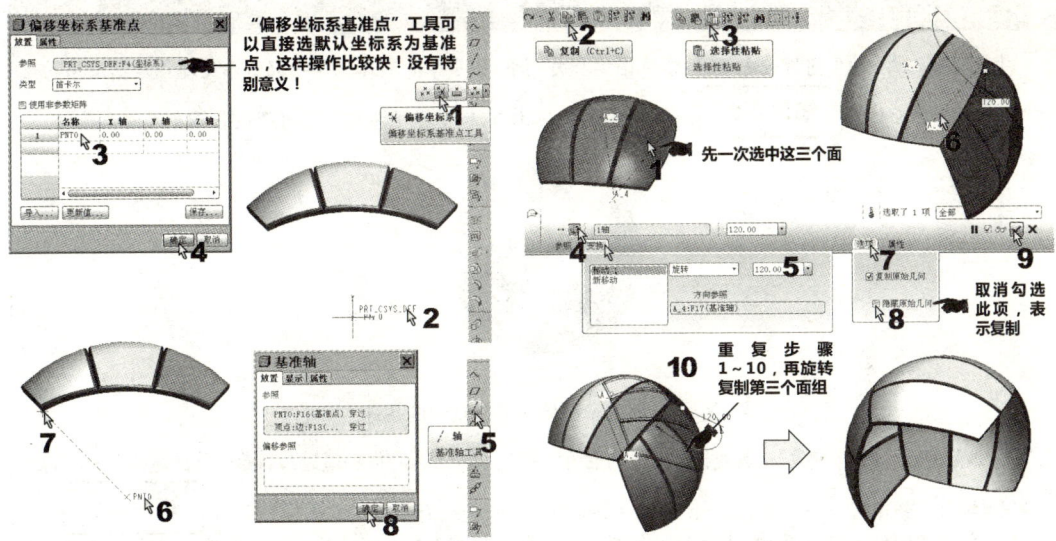

图4-30 创建相关的偏移坐标系基准点和基准轴　　　　图4-31 "旋转复制"的操作

14 最后,则是简单的"镜像"操作。请按图4-32所示操作。同样,这个操作要做三次。

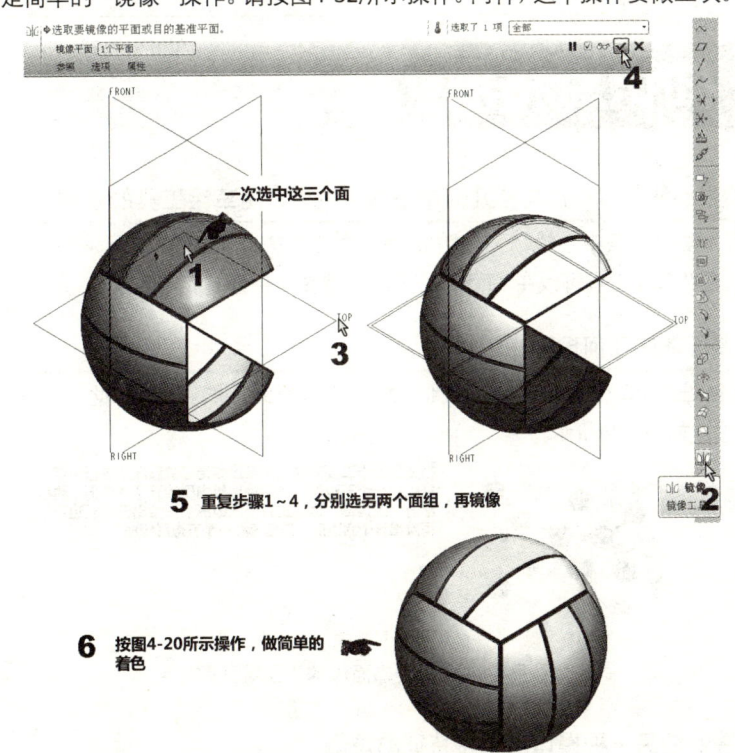

图4-32 "镜像"工具的操作

15 保存文件。

本范例讨论

1. 球体所涉及的几何理论知识和球体图案有关。例如，一样是足球，图4-33所示足球图案所应用的几何理论知识（多面体） 知识点2 就和本例不同！而棒球和篮球所涉及的几何理论知识则属曲线几何。

图4-33 使用多面体几何所绘制的足球

2. 本范例所用到的"镜像"工具是针对实体的最简单用法，但是因为特征和通过编辑后的特征是混在一起的，当情况复杂时，"镜像"工具不一定能应付，此时就要采用另一种方法，请参照本章最后一节里 知识点3 。

3. 在本范例的实际操作中，大家应该能感觉到，在选取特征时，并不是一次就能选中想要的特征。为了方便学习，该是讲解"右键轮选法"的时候了！详细内容，请参照本章最后一节里 知识点4 。

4.5 知识点拓展

知识点1 "中心线"（ ）与"几何中心线"（ ）两草绘工具的差别

两者一样都是画出一条中心线，但是"中心线"草绘工具是草绘辅助，无法在"草绘器"以外作为参照。而"几何中心线"草绘工具可以在"草绘器"以外，被其他特征选为参照。

知识点2 多面体的几何理论知识

正三十二面体是由十二个正五边形和二十个正六边形所组成的。在制作此立体模型之前，必须先研究它的平面展开图，如图4-34所示。

 根据正三十二面体的九十条均相等的原理来进行绘制。先绘制一个五边形，然后绘出其周围的五个六边形，再绘出五个五边形，再绘出五个六边形，再绘出五个五边形，再绘出五个六边形，最后再绘一个五边形组成。

图4-34 正三十二面体的平面展开图

知识点3 镜像的另一种操作法（多特征的镜像）

相关文件

本范例练习文件：(02) Exercise\ch04\04-Exercise05.prt
本范例完成文件1：(02) Exercise\ch04\04-Exercise05_01.prt
本范例完成文件2：(02) Exercise\ch04\04-Exercise05_02.prt

01 请打开练习文件04-Exercise05.prt。

02 按前述正常的镜像法操作，这个模型是由一个拉伸实体和一个旋转切除特征所完成的，所以当要镜像时，如图4-35所示，要选择那两个特征一起做镜像。

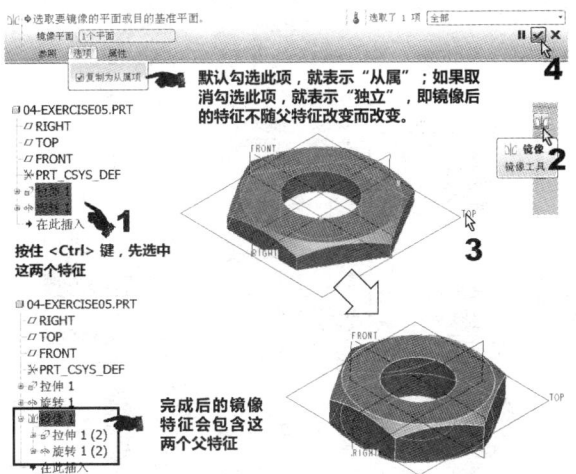

图4-35 多特征的一般"镜像"

03 选择"文件（F）"→"保存副本（A）…"来保存文件。文件名为04-Exercise05_01.prt。

04 单击"撤销"按钮（ ）回到初始状态。

05 另一种镜像的操作是如图4-36所示的"特征操作"法。

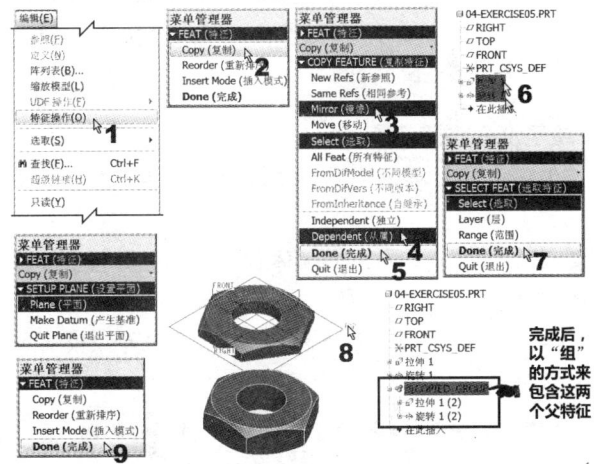

图4-36 使用"特征操作"的镜像

要注意，在"复制"里的操作还可以"移动"（内含"平移"和"旋转"）。

06 选择"文件（F）"→"保存副本（A）…"来保存文件。文件名为04-Exercise05_02.prt。

当一基体经过多次编辑，如合并、修倒圆角、倒角等动作，而由好几个特征组成后，"特征操作"经常是用来做整群特征"移动"、"旋转"和"镜像"的好选择！

知识点4　Creo的右键轮选法与列表拾取法

在Creo的标准操作中，有一项基本选择操作是较少为初学者所知的，在视频文件中也无法表达，是必须积累经验，才能自行体会的操作法，我们称为"右键轮选法"或"列表拾取法"。

在图4-37（左）中，当我们要选的面是立体图的背面时，就是"右键轮选法"的使用时机。其操作方法是将鼠标指针移到该线框面上,连续按右键轮选,此时,被选到的面或线会变色,当所希望的面或线变色时,再按左键即可选中。

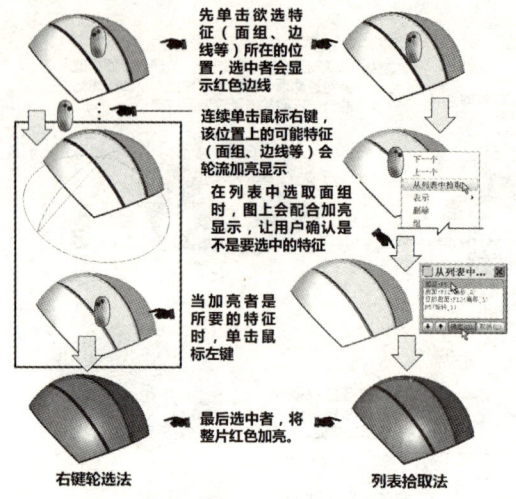

图4-37 右键轮选法与列表拾取法

在图形很复杂的情况下,如果用户觉得要轮选很久才能选到,太费劲,那么也可以在欲选特征(面组、边线等)所在的区域上单击鼠标右键,在快捷菜单中选择"从列表中拾取…"选项,再从出现的列表框中选择所要的特征(面组、边线等)。选取特征时,图中相应的特征会变色,以供确认。最后,再单击"确定"按钮即可,如图4-37(右)所示,此效果和在图4-37(左)所示的轮选操作效果完全一样,当然这会麻烦一点,因此,建议用于特征很多的复杂图形。

知识点5　Creo的草绘里没有阵列工具,怎么办?

很多读者提问,Creo的草绘中没有提供"阵列"工具,那怎么画"阵列"图呢?解决此问题的方法有下述三个。

1. 草绘中先画一组图(不论是叠或切),建成实体后,再使用实体模式下的"阵列"工具来处理,如本章习题4。这是最正统的方式。

2. 先使用AutoCAD这类的二维CAD软件画好草绘图,然后在草绘模式下,使用图4-38所示的方式来操作。这种方式也不错!

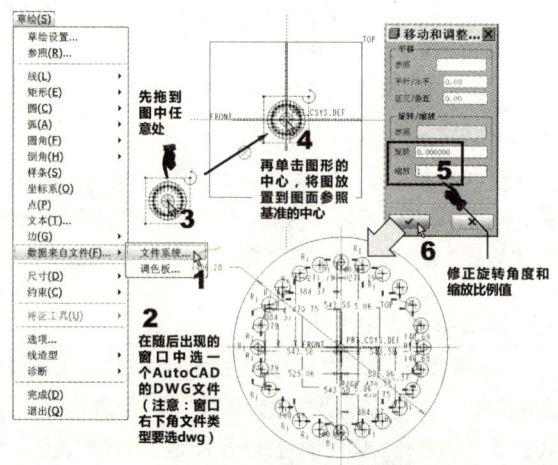

图4-38 插入AutoCAD图形文件的操作

第4章 旋转建模

3. 针对圆形阵列，如果阵列数量不多，可以使用"镜像"工具替代。

4.6 习题

1. 当造型中出现有圆角或倒角的情况时，将该圆角或倒角直接画在草绘中，还是先造成实体后，再使用"圆角"或"倒角"工具来编辑？请模仿表4-1，列表说明这两种方法的优缺点和建议分析。

2. 请使用本章所教的方法，创建出如图4-39所示的模型（尺寸请自定义）。

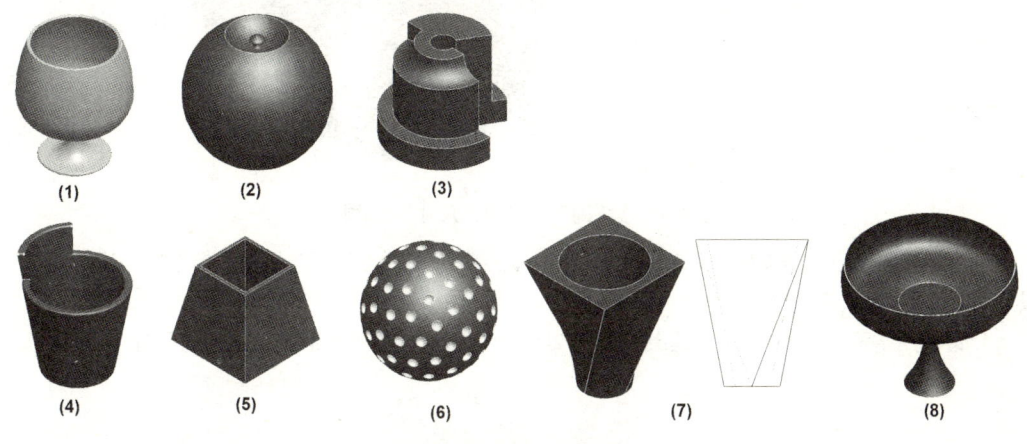

图4-39 模型图例（一）

解题提示

针对图4-39中有必要提示的题目，提供操作提示如下。

（1）第5题：这一题用下一章教的工具来操作或许会更快捷，但是本题在此要考的是用上一章教的框线法来完成封闭的薄面体，然后通过合并与实体化的方法建模，最后再使用"壳"工具来抽壳。

（2）第6题：这一题比较麻烦，解题的重点是高尔夫球上小圆凹洞要如何阵列！这牵涉到"曲线"工具与"阵列"工具。两者虽然都教过，但是在此用到的是里面不同的选项模式。首先，要使用"曲线"工具里的"方程"选项来画出阵列小圆凹洞时需要的螺旋路径线，如图4-40所示。

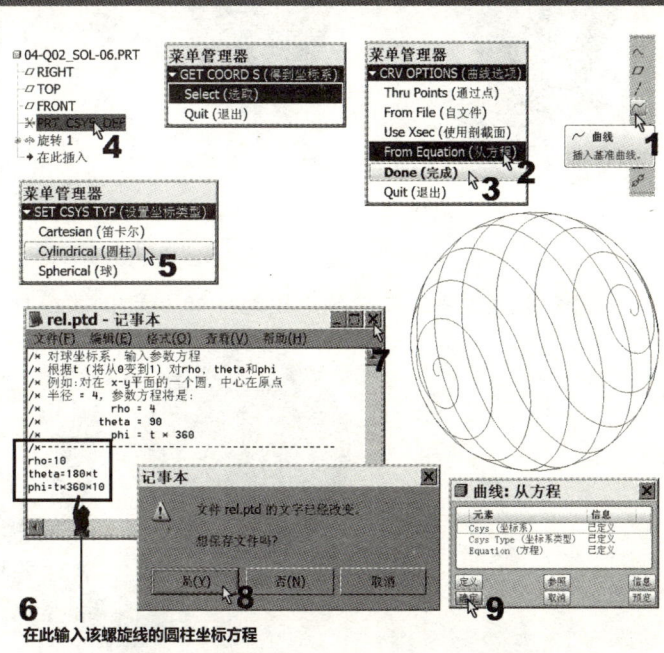

图4-40 "曲线"工具里的"方程"选项操作

然后，如图4-41所示，则是"阵列"工具的操作。我们使用"尺寸"模式。

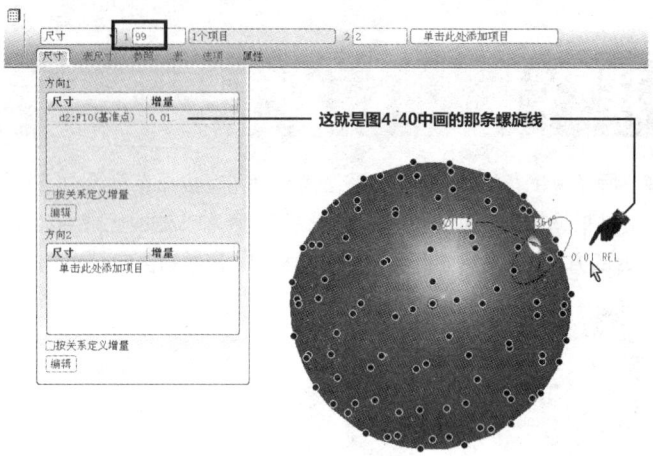

图4-41 "阵列"工具的"尺寸"模式操作

（3）第7题：使用与第5题一样的方法，只是下圆上方。中间那个圆洞，上大下小，需要使用"旋转"工具里的"切除"模式来处理。

3. 请使用本章所教的方法，创建出如图4-42所示的模型（本题将延续到下一章的习题）。

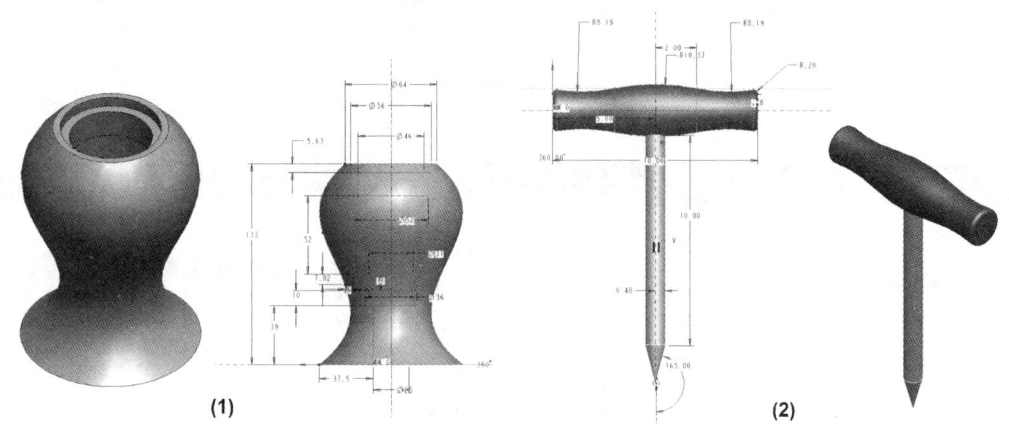

图4-42 模型图例（二）

4. 请使用本章所教的方法，创建出如图4-43所示的球类模型（尺寸请自定义，或查找解答文件）。

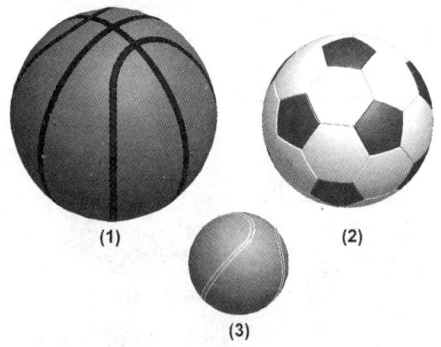

图4-43 模型图例（三）

第5章

扫描建模

"扫描"（Sweep）工具是初学建模者第三个一定要学的命令！因为这个工具比较有深度，所以可以应付更多造型较复杂的器物。当然，它的操作难度也会高一些，所以需要先学会"拉伸"和"旋转"。学完这个工具后，初学者可以创建的模型，已达95%。

5.1 前言

本章将以"长肉槽"里的"扫描"建模工具为主轴,以基准和草绘为手段,带领用户进入初级建模的领域中。

"扫描"也是所有三维 CAD 软件中必备的基本长肉工具。但是在 Pro/ENGINEER 中,按设计需求,共分"扫描"、"扫描混合"、"螺旋扫描"与"可变截面扫描"四种扫描方式。从本例开始,我们会按顺序来讲解这四种扫描的应用。

5.2 任务一 扫描的基本手法

任务说明

如图 5-1 所示的简单范例,就是代表固定截面的最基本扫描。

无内表面模式

含内表面模式

图 5-1 本范例的完成图

重点、难点

本例属基础范例,没有难点,但是重点如下。
1. 草绘基准的决定。
2. 脑中草绘图的想象与实践。
3. 草绘需要的扫描轨迹线。
4. 长肉(扫描实体)的操作。

新学的建模或编辑工具

"扫描"工具(扫描(S))。属建模工具,是将草绘图指定角度范围,以旋转方式长出实体或薄面。

相关文件

本范例视频文件:(02)avi(GB)\ch05\05-Exercise01.avi

本范例完成文件1:(02)Exercise\ch05\05-Exercise01_no_int_surface.prt

本范例完成文件2:(02)Exercise\ch05\05-Exercise01_add_int_surface.prt

任务实践

01 按图3-3所示的方法,新建一个名为05-Exercise01_no_int_surface的新零件文件。

02 首先,我们选择"草绘"工具,在指定合适的草绘平面(Top标准基准面)和参照上,绘出如图5-2所示的封闭扫描轮廓(尺寸可自定义)。

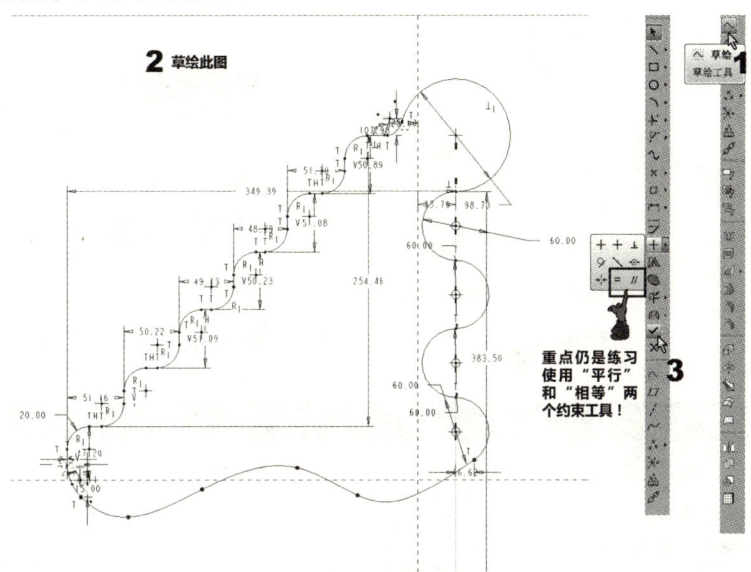

图5-2 草绘封闭扫描轮廓

03 如图5-3所示,直接选择"扫描"工具完成建模。这个工具还没有选项板化,所以用的还是旧式的菜单界面。注意:由于选择"无内表面"选项,所以草绘扫描轨迹线时,一定要画出一个封闭的轮廓。

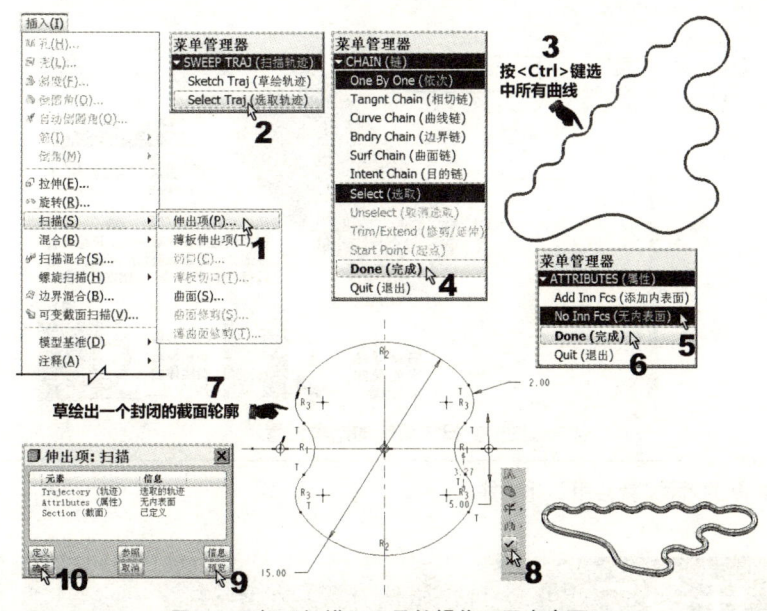

图5-3 运行"扫描"工具的操作(无内表面)

04 保存文件。

05 如果在图5-3的步骤号5处选择"添加内表面"选项,那么在草绘扫描轨迹线时,就要画出一个开放式的轮廓。按图5-4的操作，调出原先的特征来改为"添加内表面"模式的模型。

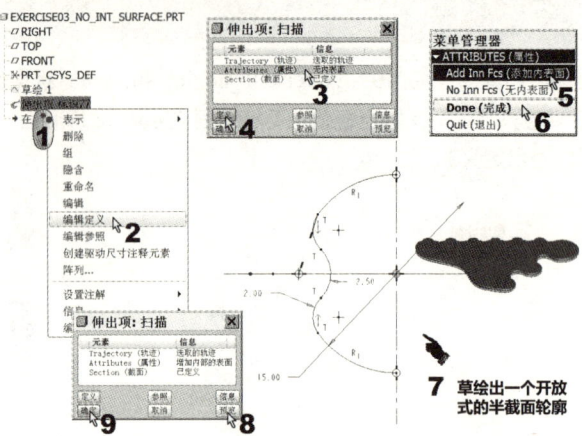

图5-4 运行"扫描"工具的操作（添加内表面）

06 选择"文件（F）"→"保存副本（A）…"来保存文件。文件名为05-Exercise01_add_int_surface。

➡ 本范例讨论

本范例在凹（切除）的部分，操作和本例一样，只是因为还没改选项板，所以在选菜单时，选择如图5-5所示的"切口"选项。

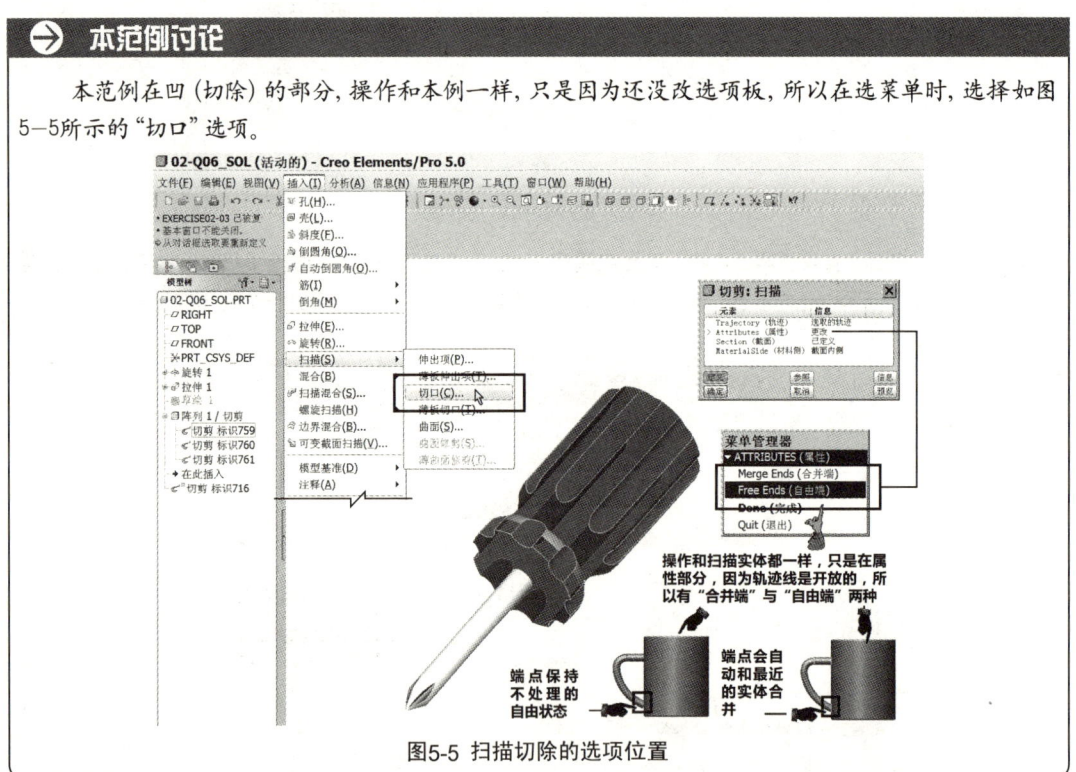

图5-5 扫描切除的选项位置

本章习题第1题的解答，就会用到此功能。

5.3 任务二　扫描混合的基本手法

本节将介绍"扫描混合"长肉槽工具，同时示范和"扫描"工具的差异。

5.3.1 基本扫描混合

任务说明

"扫描混合"工具（切）的操作，我们已经在螺丝刀的范例中示范过。因为基本的"扫描"工具无法应付端点截面不同的情况，所以，有了"扫描混合"工具以后，像图5-6这类的模型，就可以轻松地创建出来了。

图5-6 本范例的完成图

重点、难点

本例属基础范例，没有难点，但是重点如下。
1.草绘基准的决定。
2.脑中草绘图的想象与实践。
3.草绘需要的扫描轨迹线。
4.长肉（扫描混合实体）的操作。

新学的草绘工具

"修椭圆角"工具（ ）。用来修椭圆角。

相关文件

本范例视频文件：（02）avi（GB）\ch05\05-Exercise02-01.avi
本范例完成文件：（02）Exercise\ch05\05-Exercise02-01.prt

任务实践

01 按图3-3所示的方法，新建一个名为05-Exercise02-01的新零件文件。

02 首先，我们选择"草绘"工具，在指定合适的草绘平面（Front标准基准面）和参照上，绘出如图5-7所示的扫描轮廓（尺寸可自定义）。

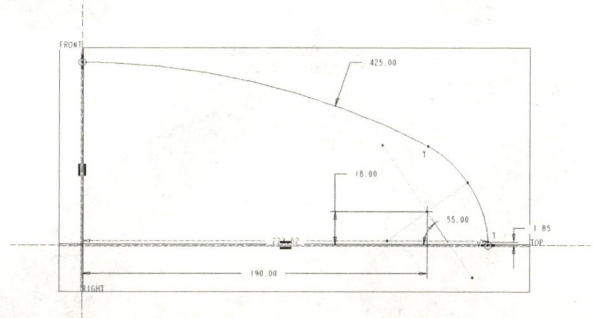

图5-7 在前视基准面上草绘扫描轮廓

03 然后，选择"扫描混合"工具来完成头尾双截面的主体建模。如图5-8所示。

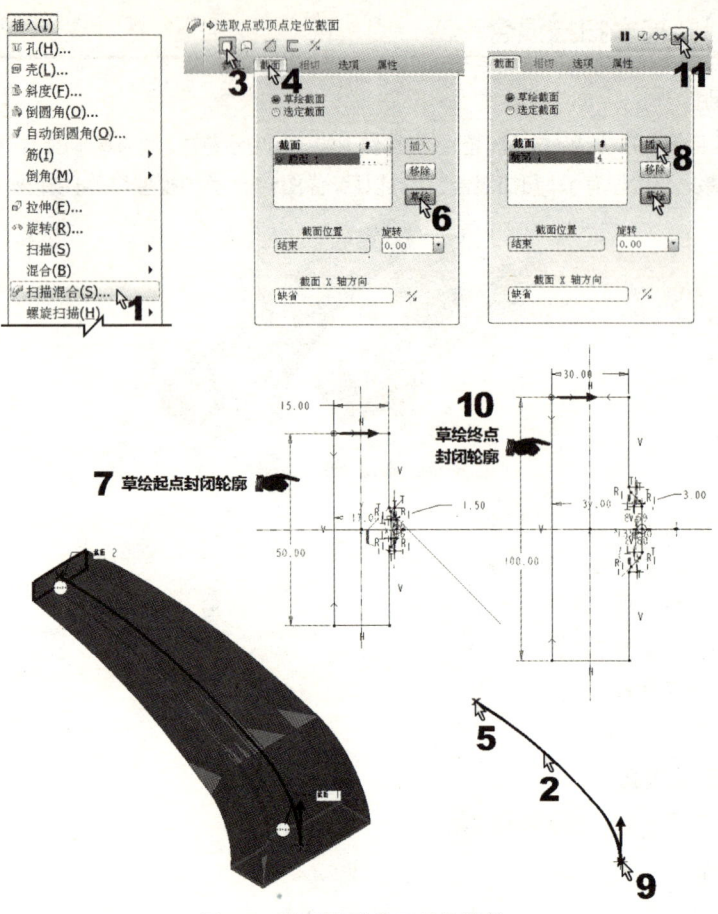

图5-8 "扫描混合"工具的操作

04 再来,就是一连串的"拉伸"操作,操作示意如图5-9所示。

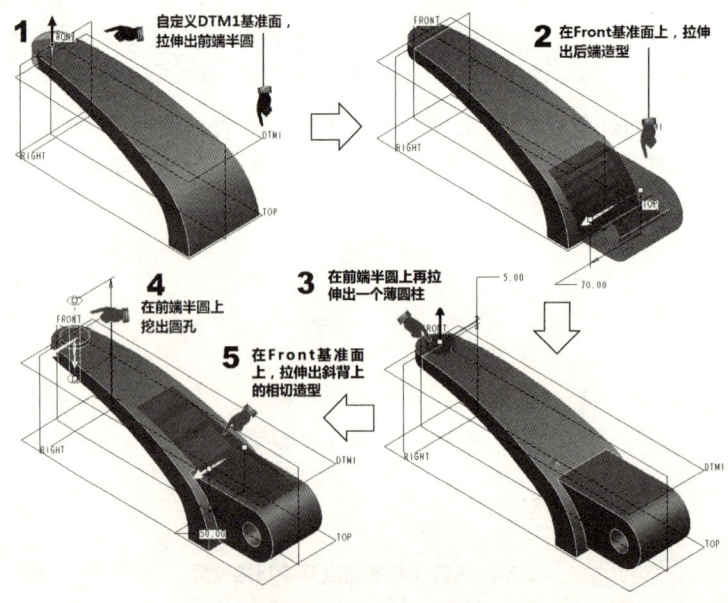

图5-9 后续的"拉伸"工具操作示意图

05 最后,是"倒圆角"的操作。"倒圆角"工具还没有正式教,其基本操作也很简单,请先照着图5-10的示范操作。

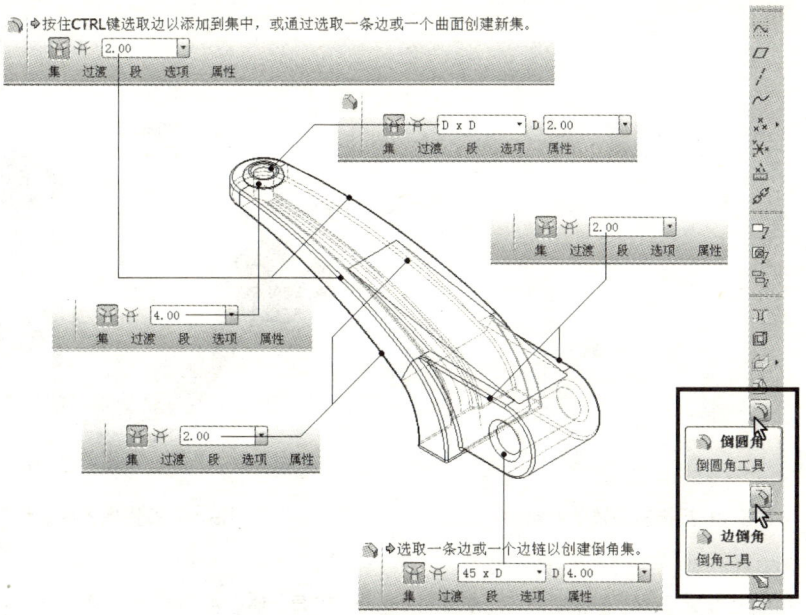

图5-10 倒圆角操作

06 保存文件。

5.3.2 多截面的"扫描混合"与"扫描"的比较

任务说明

本例将以一个图5-11(右)所示的多截面的"扫描混合"为范例,来比较与使用"扫描"工具建模的结果图5-11(左)之间的区别。

重点、难点

本例属基础范例,没有难点,但是重点如下。
1. 学习多截面的"扫描混合"建模法。
2. 比较"扫描混合"与"扫描"工具的应用范围。

相关文件

本范例视频文件:(02) avi (GB) \ch05\05-Exercise02-02.avi
本范例完成文件1:(02) Exercise\ch05\05-Exercise02-02_01.prt
本范例完成文件2:(02) Exercise\ch05\05-Exercise02-02_02.prt

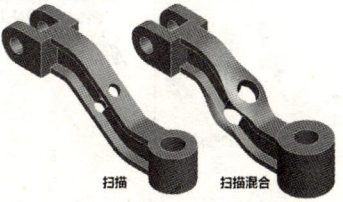

图5-11 本范例的完成图

任务实践

01 按图3-3所示的方法,新建一个名为05-Exercise02-02_01的新零件文件。

02 首先,我们选择"草绘"工具,在指定合适的草绘平面(Front标准基准面)和参照上,绘出如图5-12所示的扫描轮廓(尺寸可自定义)。

03 按前面"扫描"工具的实际操作经验，分别选择"扫描"和"拉伸"工具建模。操作示意如图5-13所示。

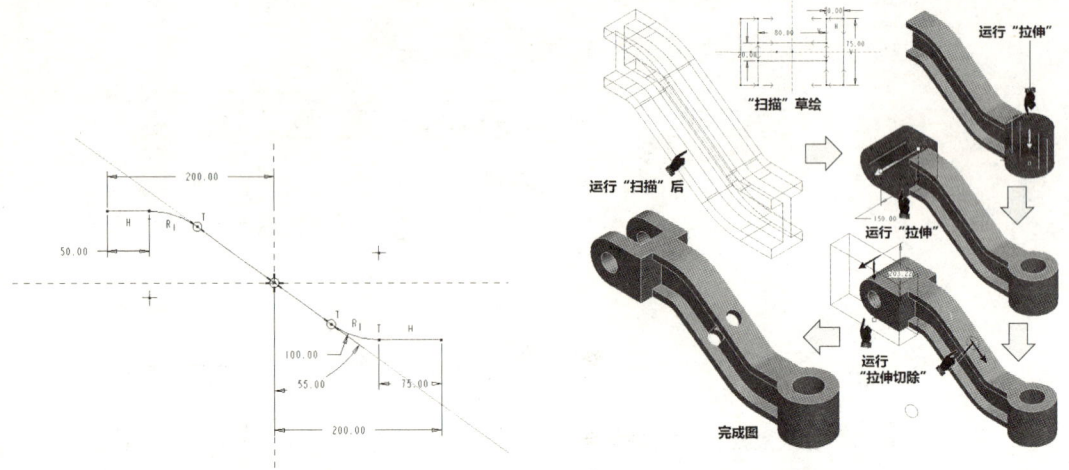

图5-12 扫描轨迹线的草绘图　　　　图5-13 扫描建模的操作示意

04 保存文件。

05 一样的草绘轨迹线，但是如果改用"扫描混合"工具，那么按前面"扫描混合"工具的实际操作经验，要采用多截面"扫描混合"，必须如图5-14所示，要先将草绘轨迹线切成数段，每段的衔接处就是稍后"扫描混合"截面的草绘处。

06 如图5-15所示，选择"扫描混合"工具来完成建模。操作方法和前例完全相同，只要草绘五个截面。所以，我们仅列出示意图。

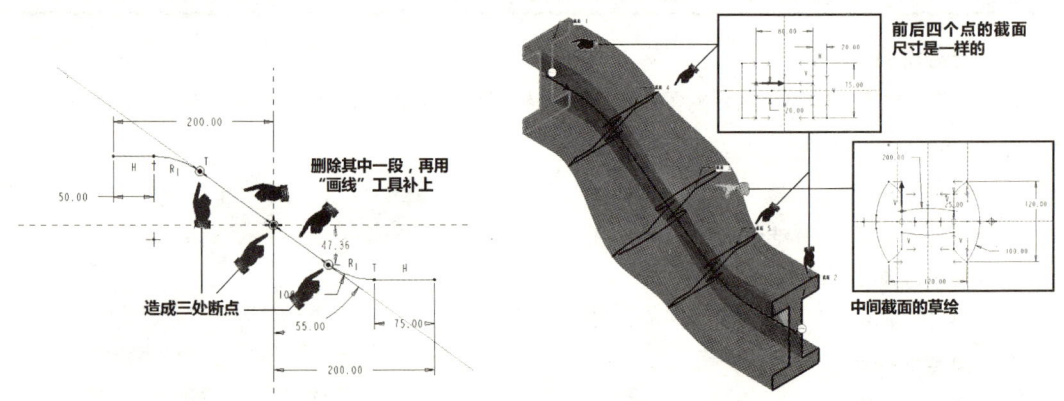

图5-14 修改草绘轨迹线　　　　图5-15 "扫描混合"建模的操作示意

07 后续的"拉伸"工具建模操作如图5-13所示。最后的结果如图5-11（右）所示。

08 选择"文件（F）"→"保存副本（A）…"来保存文件。文件名为05-Exercise02-02_02。

5.4 任务三　螺旋扫描的基本手法

本节提供三种画螺旋的方法。其中，前两种是使用正统"螺旋扫描"工具来做的。而最后一种则以几何概念配合"扫描混合"工具来完成。

5.4.1 基本螺旋扫描

任务说明
对机械专业的人们来说，一谈到螺旋，一定立刻联想到弹簧！因此，我们也未能免俗地在学"螺旋扫描"的第一个范例中，先来练习一个弹簧的建模。

重点、难点
本例重点如下。
1. 草绘基准的决定。
2. 脑中草绘图的想象与实践。
3. 长肉（螺旋扫描实体）的操作。

本例难点如下。
1. 草绘螺旋轨迹的技巧。
2. 切除螺旋头尾的技巧。
3. 变更弹簧外形的技巧。

图5-16 本范例的完成图

新学的建模或编辑工具
"螺旋扫描"工具（  ）。属建模工具，将草绘图以指定的画法绘出，然后以螺旋扫描方式长出实体或薄面。

相关文件
本范例视频文件：（02）avi（GB）\ch05\05-Exercise03-01.avi
本范例完成文件1：（02）Exercise\ch05\05-Exercise03-01_r.prt
本范例完成文件2：（02）Exercise\ch05\05-Exercise03-01_p.prt

任务实践

01 按图3-3所示的方法，新建一个名为05-Exercise03-01_r的新零件文件。

02 首先，我们选择如图5-17所示的"螺旋扫描"工具。由于我们要画的弹簧是有座圈的，这表示座圈和中段部分的节距是不同的，因此，要注意以"节距图"来控制节距的草绘原理。

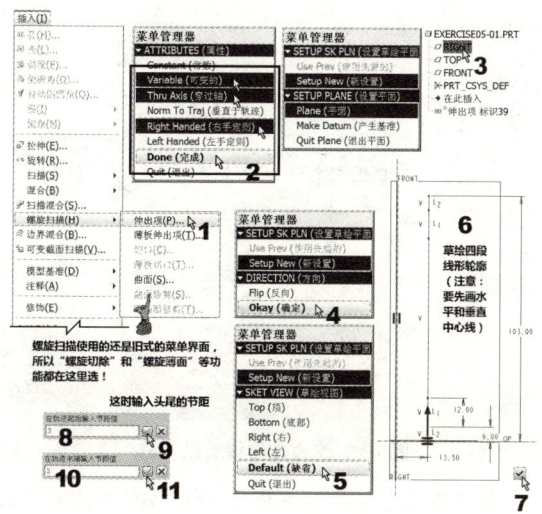

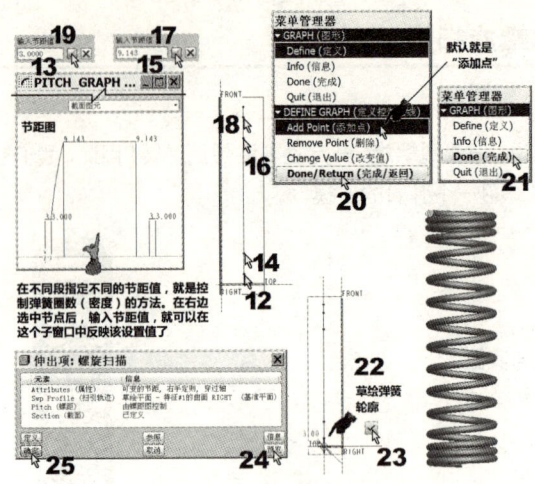

图5-17 运行"螺旋扫描"工具

03 然后,再使用"拉伸"工具来截平头尾座圈。操作设置如图5-18所示。

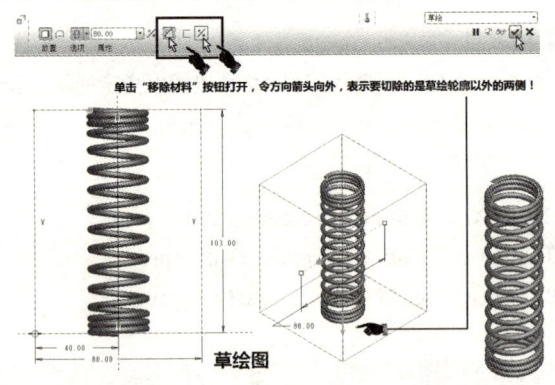

图5-18 使用"拉伸"工具来截平头尾座圈

04 保存文件。

05 最后,如图5-19所示。只要修改节距草绘的那条线性轮廓,就可以将矩形弹簧改为节距条件相同的锥形弹簧。

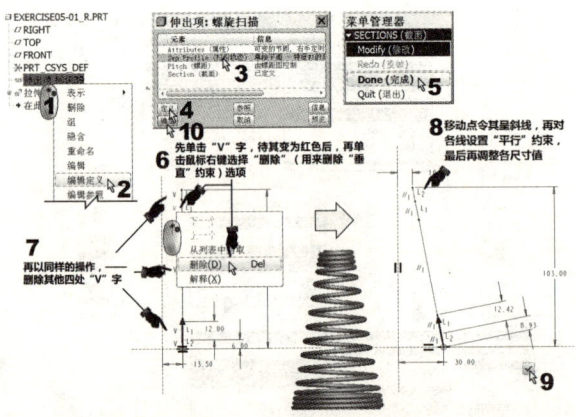

图5-19 改为锥形弹簧的操作

06 选择"文件(F)"→"保存副本(A)…"来保存文件。文件名为05-Exercise03-01_p。

5.4.2 螺旋扫描的收尾

任务说明

现在，我们要继续上一章的那个螺丝刀范例的制作，在其手握凹槽处，切出一个螺旋凹槽，如图5-20所示。其重点在于螺旋扫描后，对螺旋两端的收尾处理。

重点、难点

本例重点如下。
1. 草绘基准的决定。
2. 脑中草绘图的想象与实践。
3. 投影草绘的操作。
4. 螺旋扫描切除实体的操作。

本例难点如下。
1. 螺旋切除轮廓草绘的技巧。
2. 螺旋收尾的处理技巧。

图5-20 螺旋扫描收尾的完成图

相关文件

本范例视频文件：（02）avi（GB）\ch05\05-Exercise03-02.avi
本范例练习文件：（02）Exercise\ch04\04-exercise03.prt
本范例完成文件：（02）Exercise\ch05\05-Exercise03-02.prt

→ 任务实践

01 请打开（02）Exercise\ch04目录下的04-exercise03.prt零件文件。

02 首先，如图5-21所示，选择"自定义基准面"工具来定义两个基准面DTM1和DTM2。这两个基准面间的范围，也就是稍后螺旋扫描的范围。

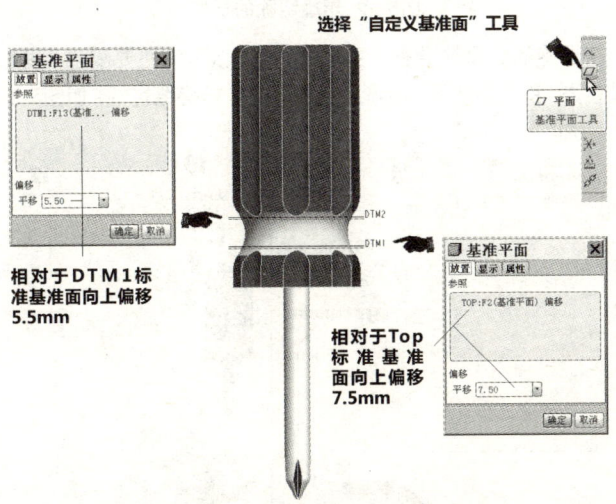

图5-21 自定义螺旋所需的两个基准面

03 如图5-22所示，开始运行螺旋切除命令。本例的特色是，使用了"常数"模式、单个截面的方式，但是节距路径线是曲线。

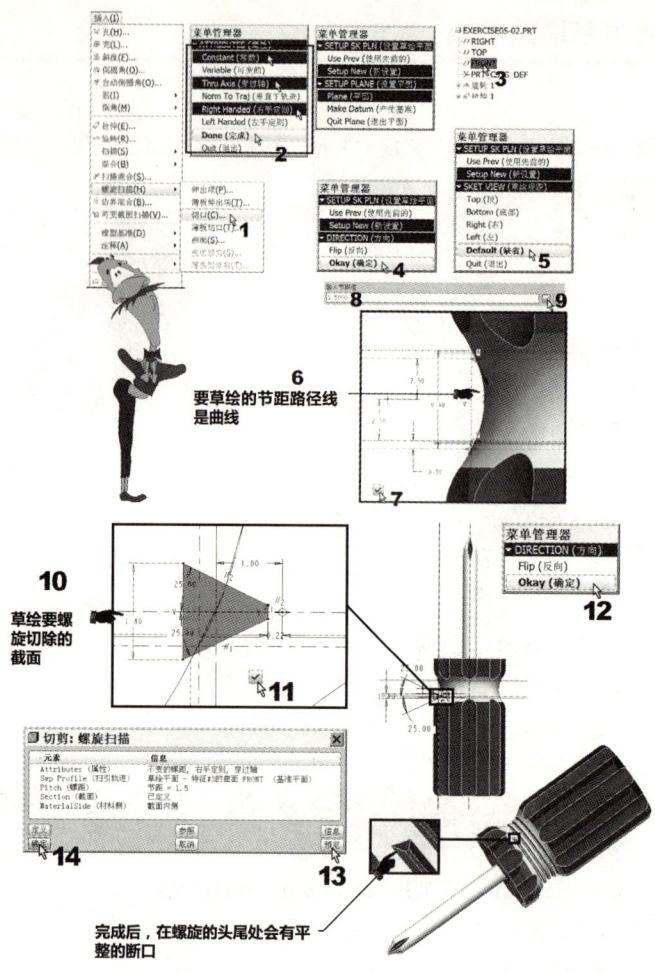

图5-22 螺旋切除的操作

04 由于完成后,在螺旋的头尾处会有平整的断口,所以我们还要配合"投影"和"扫描混合"工具来做螺旋收尾的操作。首先,我们要使用"投影"工具来制作扫描路径线,如图5-23所示。

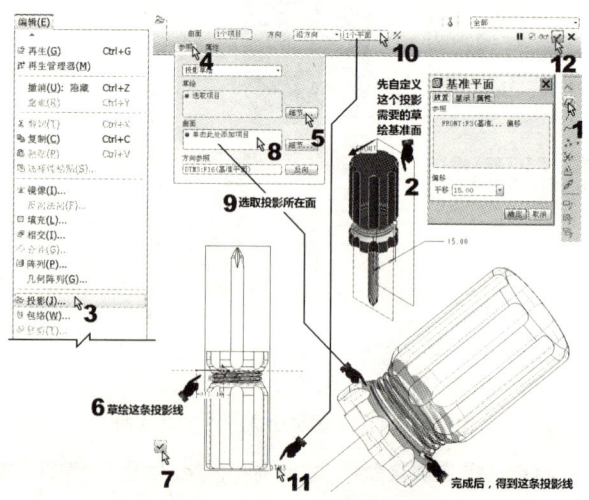

图5-23 使用"投影"工具来画扫描路径线

05 然后，再使用"扫描混合"工具来做螺旋收尾的操作，如图5-24所示。

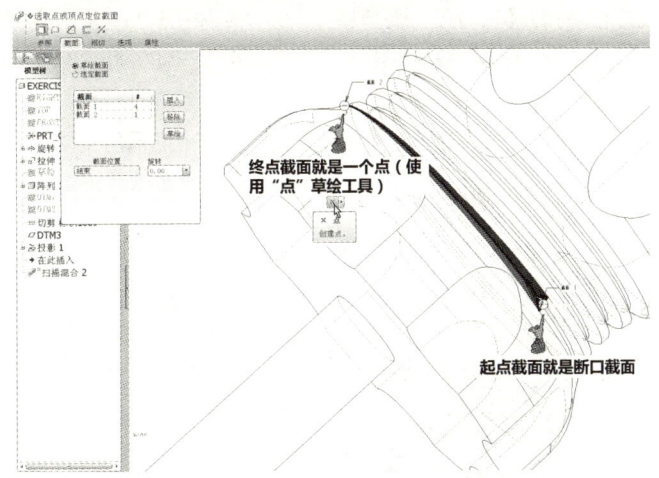

图5-24 使用"扫描混合"工具做螺旋收尾的操作示意图

06 再重复操作4和操作5，完成另一端的收尾操作。如图5-20所示。
07 选择"文件（F）"→"保存副本（A）…"来保存文件。文件名为05-Exercise03-02。

5.4.3 造型螺旋

任务说明

我们要在此练习的是，一样是画造型弹簧，可以使用前面学过的"螺旋扫描"工具法，也可以通过几何技法，混合"旋转"＋"螺旋曲面扫描"＋"相交"＋"扫描混合"等工具来完成一个如图5-25所示的造型弹簧。

重点、难点

本例重点承上一个范例，难点如下：
1. 草绘螺旋轨迹的技巧。
2. 三维螺旋几何技法（"旋转"＋"螺旋曲面扫描"＋"相交"＋"扫描混合"）。

相关文件

本范例视频文件：（02）avi（GB）\ch05\05-Exercise03-03_02.avi

本范例完成文件1：（02）Exercise\ch05\05-Exercise03-03_01.prt

本范例完成文件2：（02）Exercise\ch05\05-Exercise03-03_02.prt

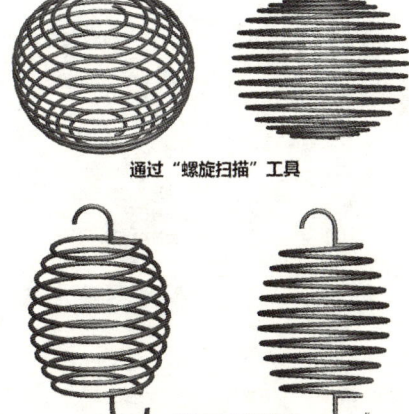

图5-25 本范例的完成图

任务实践

01 续图5-19所示的做法，如果我们在"螺旋扫描"工具的操作中，将节距草绘线改为如图5-26所示的曲线轮廓，那么，一样可以创建任何造型的弹簧。完成后的文件为05-Exercise03-03_01.prt。

02 很多学子总是无法理解几何概念在设计上的重要性。如果一位造型设计师要设计一个像本例那样的造型弹簧，那么他应该使用几何的方法，而建模师则会使用如图5-26这类有现成工具的方法。这就是建模师和造型设计师的差别！好！现在，按图3-3所示的方法，新建一张名为05-Exercise03-03_02的新零件文件。

03 首先，按图5-27所示的操作，先使用"旋转"工具创建一个酒桶型主体。这个主体也将是造型弹簧的主造型依据。换句话说，改变这个主体的造型，就会对这个弹簧造型产生重大影响。

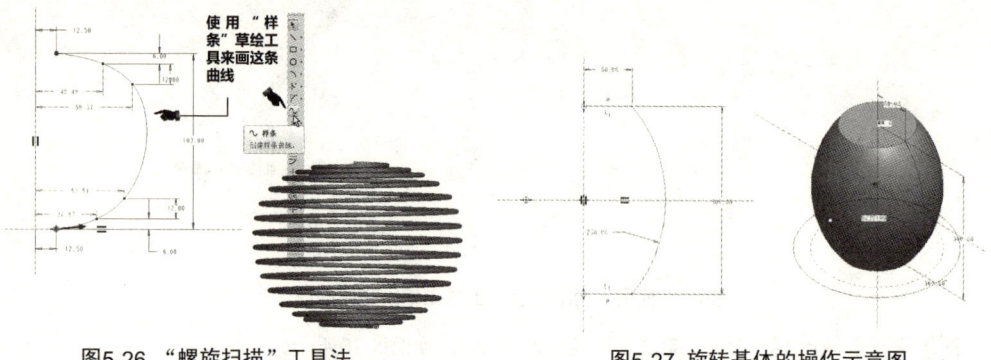

图5-26 "螺旋扫描"工具法　　　　图5-27 旋转基体的操作示意图

04 接着，使用螺旋曲面扫描的操作来画出螺旋薄面。其操作和先前的实体螺旋扫描一样，只是扫描出来的是薄面。如图5-28所示。

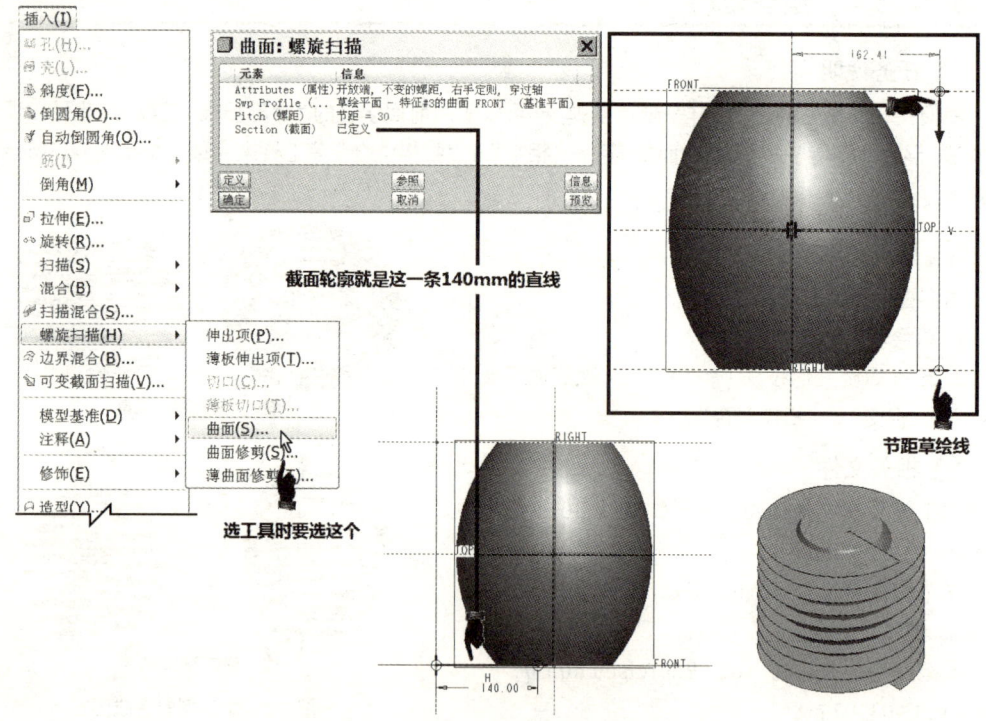

图5-28 螺旋曲面扫描的操作示意图

05 然后，选择"相交"编辑工具，开始让酒桶型主体和螺旋扫描薄面相交，就可以得到真正想要的螺旋路径线。"相交"编辑工具的操作很简单，我们不再正式讲，如图5-29所示就是它的详细操作说明。

06 继续，使用"草绘"工具，在Front基准面上草绘弹簧上下钩子的扫描路径线，如图5-30所示。

第5章 扫描建模

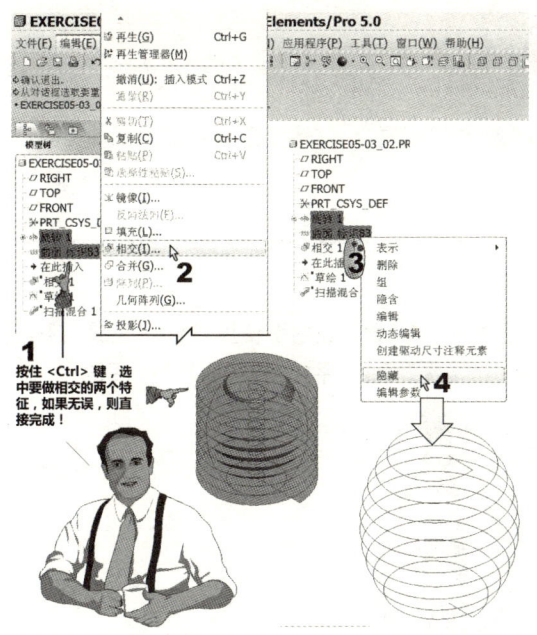

图5-29 "相交"工具的编辑操作

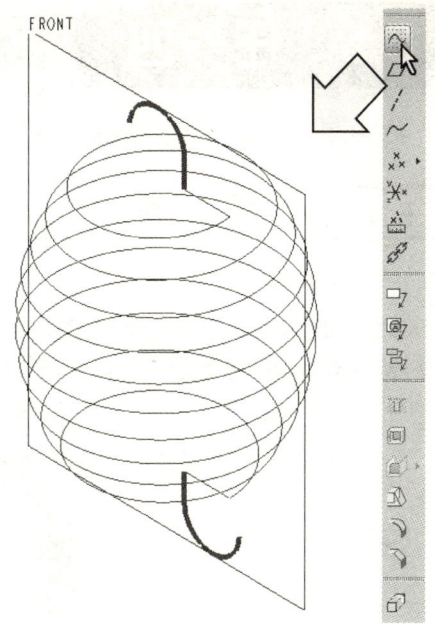

图5-30 草绘上下钩子的扫描路径线

07 如图5-31所示，做最后的扫描混合。"扫描混合"工具您应该很熟了！只是因为这次路径线有三段，所以必须单击"细节…"按钮来——将它们加进来！

08 保存文件。

➡ 本范例讨论

1. 本范例的重点在哪里？各位有没有发现？如图5-26所示的螺旋扫描工具法，其节距轮廓线（节距草绘线）是我们"画"出来的，虽然可以通过标注"样条曲线"的尺寸，来控制曲线，但是毕竟无法达到几何技法中的"几何精确"。在几何技法中，虽然也会用到螺旋扫描，但是它是利用螺旋薄面来与指定实体相交后，而得到螺旋曲线。由于有相交实体的介入，这条曲线和由螺旋扫描中草绘的曲线是不同的。而造型设计者经常会使用这样的方法来得到优美的螺旋线！

2. 如果喜欢几何技法，那么无论使用哪一套三维CAD软件都可以使用，只是使用的命令或工具不同。因为应用"几何概念"，不会因为软件不同而不同，这也是本系列书所要达到的最大教育目标！

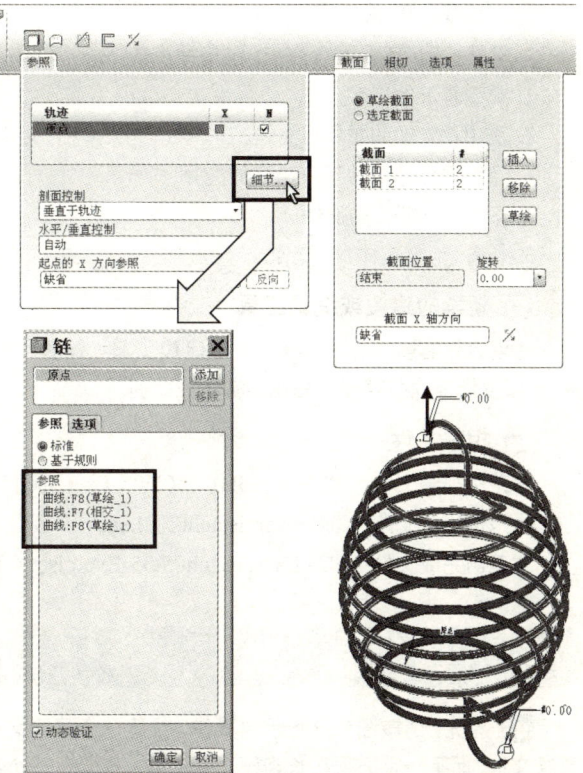

图5-31 "扫描混合"工具的操作示意图

5.5 任务四 混合的基本手法

在Creo里,"混合"也算是扫描的一种。本节将实际操作平行混合、旋转混合、一般混合三种类型。

5.5.1 平行混合

任务说明

如图5-32所示是一个平行混合的简单范例。一样是画瓶体,前面学过的是使用"旋转"工具,但是它无法应付瓶体表面的造型变化;所以,本例就来学习使用"混合"里的"平行"选项来达到此目的。

图5-32 平行混合范例的完成图

重点、难点

本例属基础范例,没有难点,但是重点如下。
1. 草绘基准的决定。
2. 脑中草绘图的想象与实践。
3. 草绘文件的单独保存与缩放应用。
4. 多组草绘截面的操作。
5. 长肉(混合实体)的操作。

新学的建模或编辑工具

"混合"工具(混合(B)▼)。属建模工具,将多个截面的草绘图,以不同的类型(平行、旋转和一般),以及指定的条件旋转扫描出实体或薄面。

相关文件

本范例视频文件:(02)avi(GB)\ch05\05-Exercise04-01.avi
本范例配合文件:(02)Exercise\ch05\01.sec
本范例完成文件:(02)Exercise\ch05\05-Exercise04-01.prt

任务实践

01 首先,请按图5-33所示的操作,新建一个草绘文件01.sec。草绘可以先画,同时还可以单独创建草绘文件,而不一定必须在长肉槽工具中画。这样的好处是,如果有相同或类似的草绘图,就可以直接调用,或是调用后再修改,以节省草绘时间。

02 此时的草绘模式与之前在长肉槽工具中所见到的草绘模式完全相同,这时,请绘出如图5-34所示的瓶体底部的轮廓。

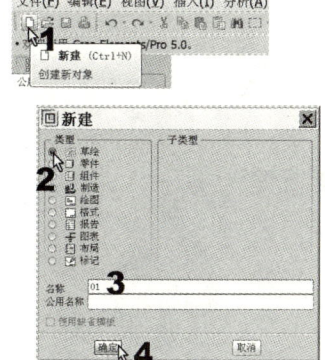

图5-33 新建草绘文件的操作

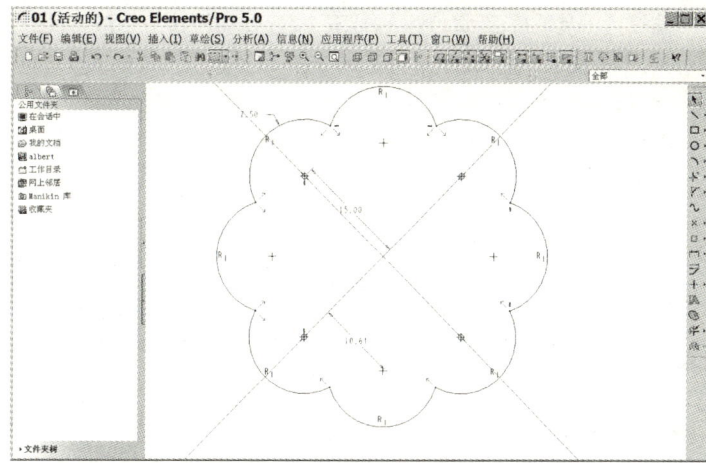

图5-34 草绘瓶体底部的轮廓

03 保存文件。

04 按图3-3所示的方法,新建一张名为05-Exercise04-01的新零件文件。

05 选择"混合"工具来完成建模。首先,如图5-35所示的是"混合"旧式菜单界面的前段设置操作(设置混合条件与决定草绘平面)。

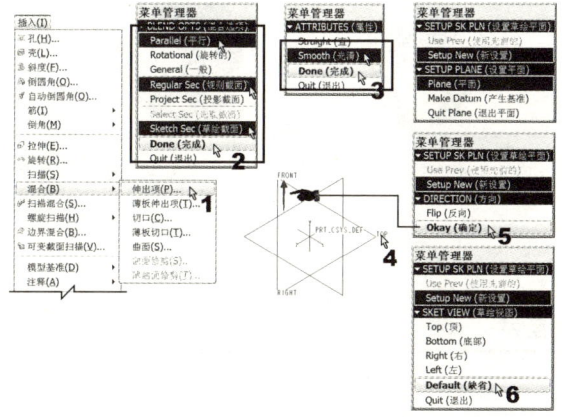

图5-35 "混合"工具的前段设置操作(平行混合)

然后,来到标准的草绘模式中。这里的草绘正是我们前面已经画好的01.sec草绘文件。所以,如图5-36所示的是如何在一张空的草绘中插入一个现有的草绘文件。

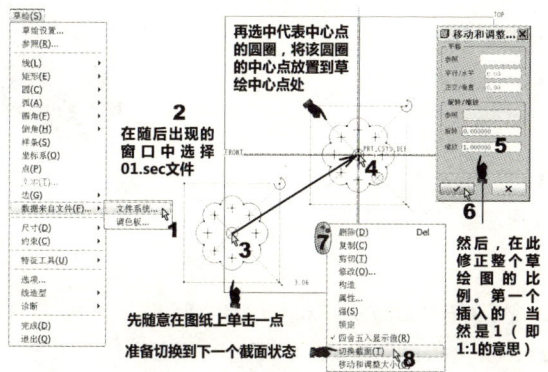

图5-36 插入草绘文件的操作

陆续绘出其他截面。本例共需要五个截面，由于这五个截面只是大小不一，造型都一样，所以，先画好01.sec草绘文件，在每次切换截面时，以不同的比例插入到草绘里来！续如图5-36、图5-37所示的操作，用来表示后续的这部分操作。

06 再使用"壳"工具，以"外扩"方式挖出瓶体。

07 完成后，可以选择如图5-38所示的"编辑"手法，来编辑截面所在的各段高度值。

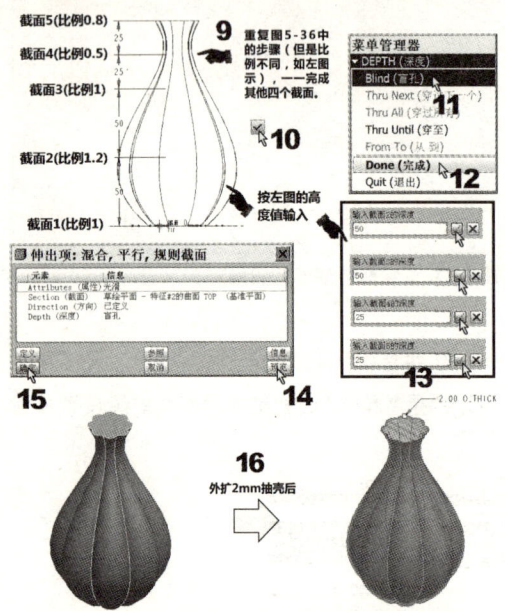

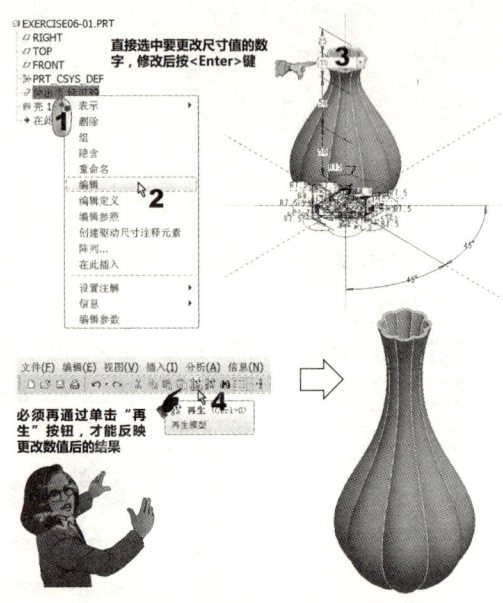

图5-37 绘出代表瓶体各段高度的其他四个截面　　　　图5-38 选择快捷菜单中的"编辑"选项来改变截面所在的各段高度值

08 保存文件。

5.5.2 旋转混合

任务说明

"旋转混合"也是一种应用于多截面，还可以控制行进角度、旋转程度的工具。本例还是要用到上一个范例所做的01.sec草绘文件，来完成如图5-39所示的造型范例。这类的曲面造型用来做艺术灯罩还是很实用的！

重点、难点

本例重点承上一个范例，难点如下。

1. 草绘中一定要包含坐标系。
2. 旋转角度的想象。

新学的草绘工具

"坐标系"工具（图标）。用来绘出一个坐标系。

相关文件

本范例视频文件：(02) avi (GB) \ch05\05-Exercise04-02.avi

本范例配合文件：(02) Exercise\ch05\01.sec

本范例完成文件：(02) Exercise\ch05\05-Exercise04-02.prt

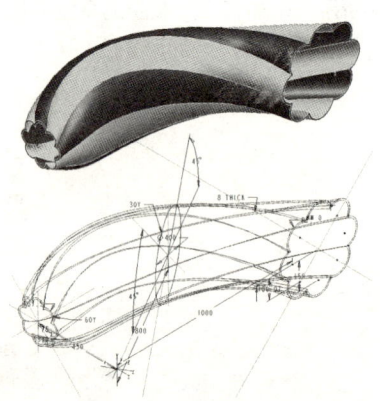

图5-39 旋转混合范例的完成图

任务实践

01 按图3-3所示的方法,新建一个名为05-Exercise04-02的新零件文件。

02 如图5-40所示,选择"混合"工具。注意:要选择"薄板伸出项"选项。

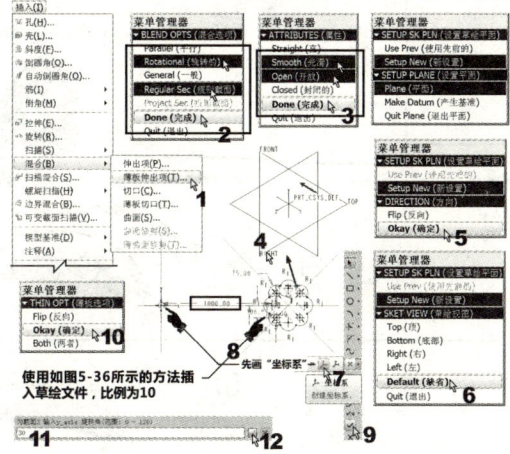

图5-40 "混合"工具的前段设置(旋转混合)与第一个截面图

续如图5-40所示操作,开始绘出第二个截面图。由于第一个截面有八段,所以这部分的技巧是,一个圆要分八段画(使用"圆心和端点"草绘工具),如图5-41所示。

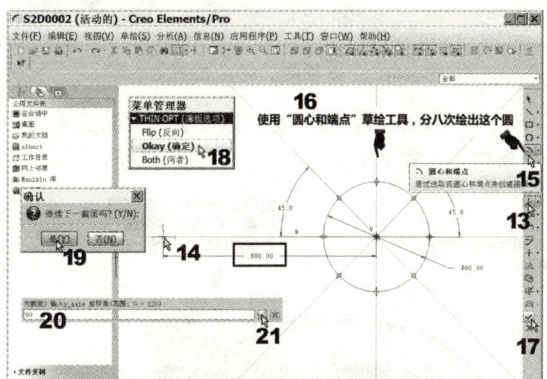

图5-41 画第二个截面图

续如图5-41所示操作,开始绘第三个截面图。方法和第一个截面相同,插入比例为5,如图5-42所示。

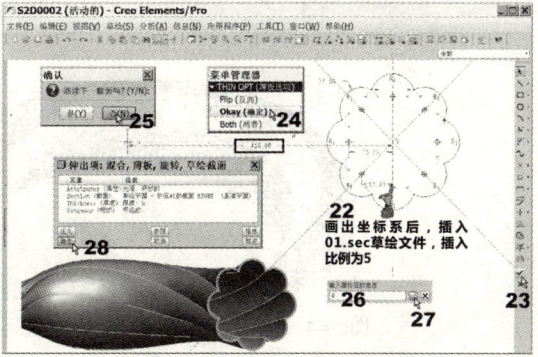

图5-42 画第三个截面图

03 完成后,我们要以如图5-43所示的操作来说明,变更各截面起点的位置,会对造型的扭曲程度造成影响!

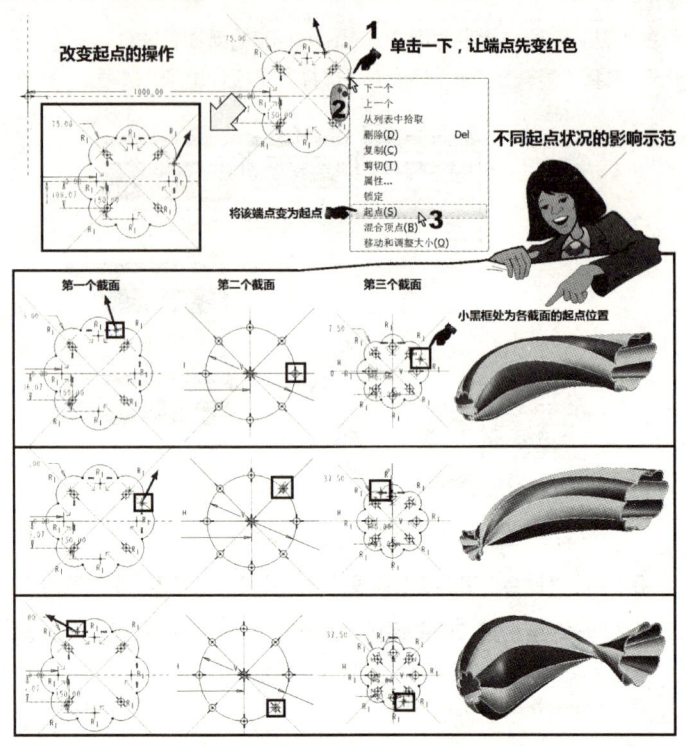

图5-43 变更各截面起点位置的影响

04 最后,选择快捷菜单中的"编辑"选项,一样可以变更相关的设置值(如旋转角度),如图5-44所示,同时,也会让用户充分理解前述设置的意义。

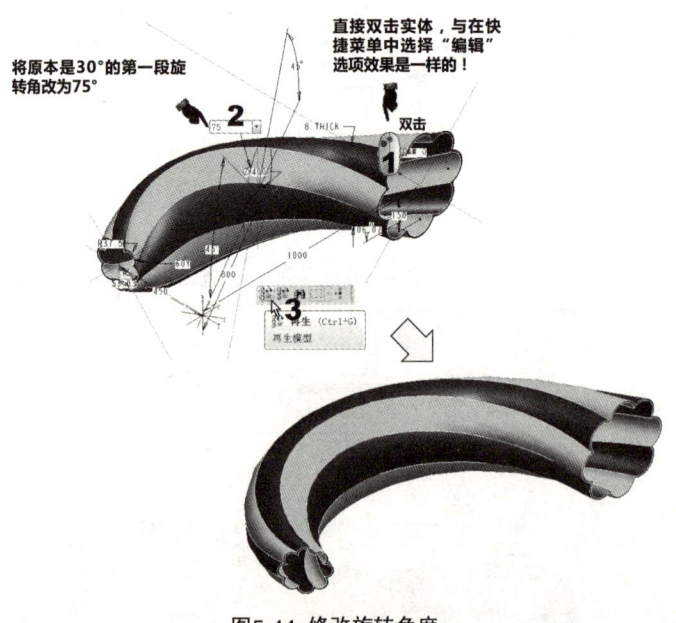

图5-44 修改旋转角度

05 保存文件。

5.5.3 一般混合

任务说明

如图5-45所示是一个一般混合的典型范例。最让初学者困惑的,可能是它和前面"旋转混合"的差别。"一般混合"通常用于直线旋转的条件,换句话说,就是两头固定,然后再做像扭毛巾般的旋转动作。只是,这两头可以使用不同的轮廓(但是分段数仍要相同)。另外,在轮廓的草绘部分,我们还要在本例中学到如何使用Creo的"调色板"草绘工具。 知识点1

重点、难点

本例重点承上一个范例,难点如下。

1. 草绘中一定要包含坐标系。
2. 插入"调色板"里的现成图形。
3. 直线旋转角度(线性扭曲)的想象。

相关文件

本范例视频文件:(02)avi(GB)\ch05\05-Exercise04-03.avi

本范例完成文件:(02)Exercise\ch05\05-Exercise04-03.prt

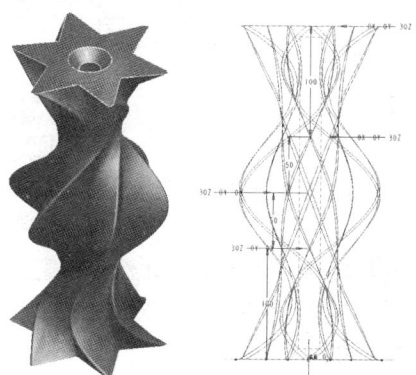

图5-45 一般混合范例的完成图

任务实践

01 按图3-3所示的方法,新建一个名为05-Exercise04-03的新零件文件。

02 选择"混合"工具。首先,如图5-46所示的是"混合"旧式菜单界面的前段设置操作(设置混合条件与决定草绘平面)。

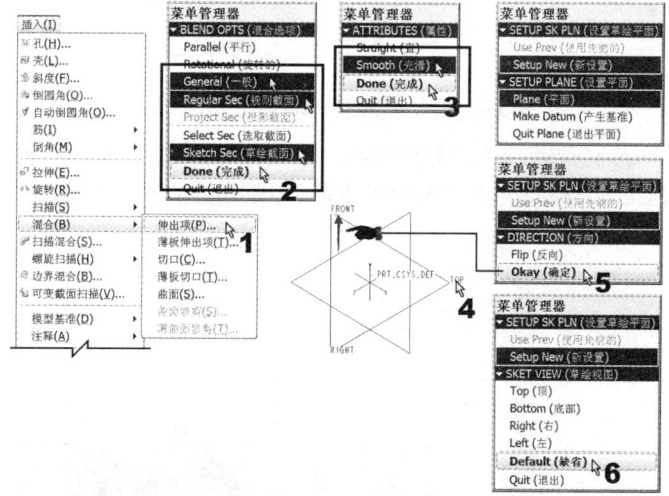

图5-46 "混合"工具的前段设置操作(一般混合)

03 接着,来到标准的草绘模式中。首先,请在标准面中心处画出一个"坐标系",如图5-40所示。

04 然后,这第一个草绘截面我们要利用Creo的"调色板"工具来画。和前面插入01.sec草绘文件的操作比起来,只有前段操作略有不同,如图5-47所示。

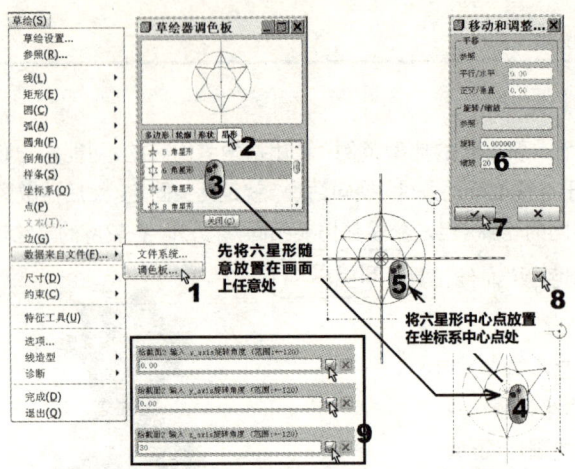

图5-47 插入"调色板"数据库中的六星形草绘图

05 陆续绘出其他截面。本例共需要五个截面,由于这五个截面只是大小不一,造型都一样,所以,每次画截面时,以不同的比例将六星形插入到草绘里来即可!续如图5-47和图5-48所示的操作,用来表示后续操作的示意图。

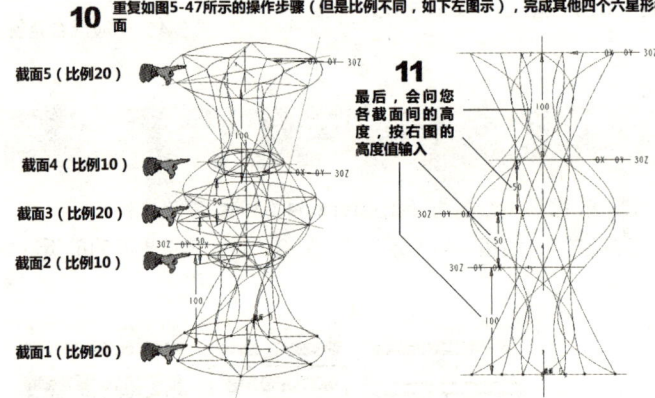

图5-48 绘出其他四个截面的操作示意图

06 选择快捷菜单中的"编辑"选项,或双击实体,就可以了解各设置的意义。同时,如图5-49所示,观察改变旋转角度的X和Y值后的结果,就可以知道为何要在前面(图5-47的步骤号9处)输入0,0,30的旋转角度了!

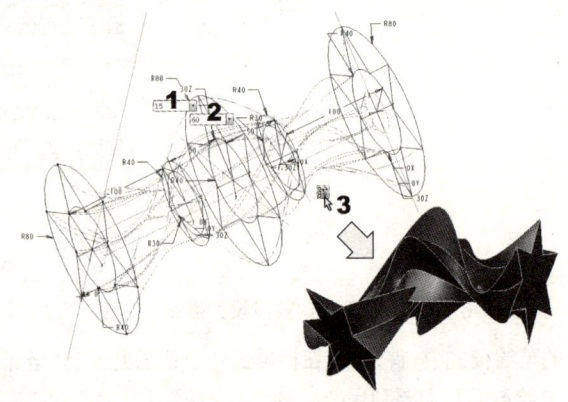

图5-49 改变旋转角度值

5.6 任务五　可变截面扫描的基本手法

"可变截面扫描"工具是Creo特有的，属高级功能。在本节中，我们只教导它的基本功能。

任务说明

"可变截面扫描"工具的变化要比前面所教过的任何方式的扫描更具多变性。大体上，它分为一般多层轮廓控制和trajpar 知识点2 轮廓控制两种。本例仅教前者，即如图5-50所示的一般多层轮廓控制。

重点、难点

本基础范例重点如下。

1. 基体的草绘。
2. 可变截面扫瞄的多层轮廓草绘。
3. 长肉（可变截面扫瞄）的操作。

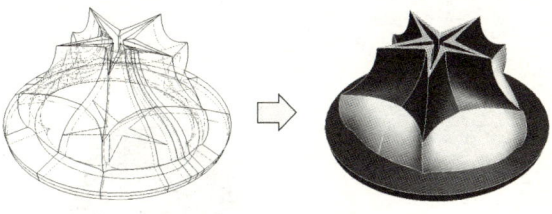

图5-50 本范例的完成图

相关文件

本范例视频文件：(02) avi (GB) \ch05\05-Exercise05.avi
本范例完成文件：(02) Exercise\ch05\05-Exercise05.prt

任务实践

01 按图3-3所示的方法，新建一个名为05-Exercise05的新零件文件。

02 首先，我们要布置基体的草绘。前面练习过的"混合"工具，也是针对多层建模，它们必须通过工具里的"草绘"来定义。但是"可变截面扫描"的多层有两道手续，一个是先在"草绘"工具里画出平面草绘图（基体草绘），第二个是进入"可变截面扫描"工具中"草绘"，来定义多层的侧面轮廓。如图5-51所示的就是基体草绘内容。

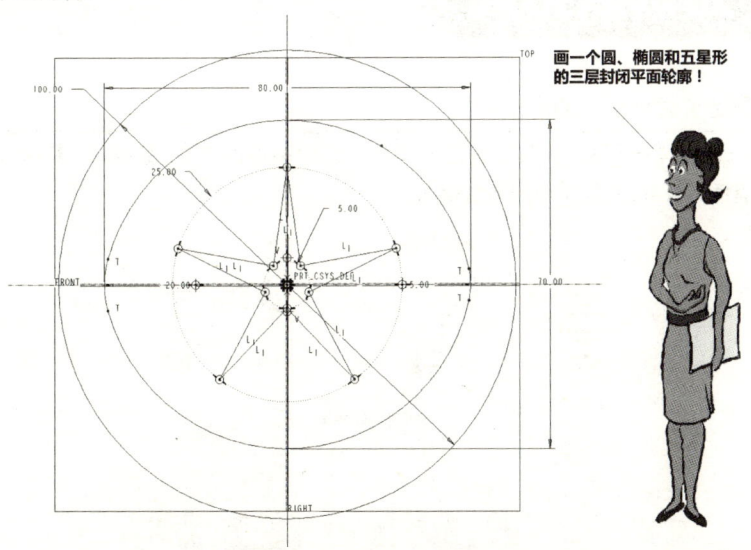

图5-51 基体草绘完成图

03 如图5-52所示，选择"可变截面扫描"工具。整个图例的重点在于，工具内的多层侧面轮廓草绘是如何画的。

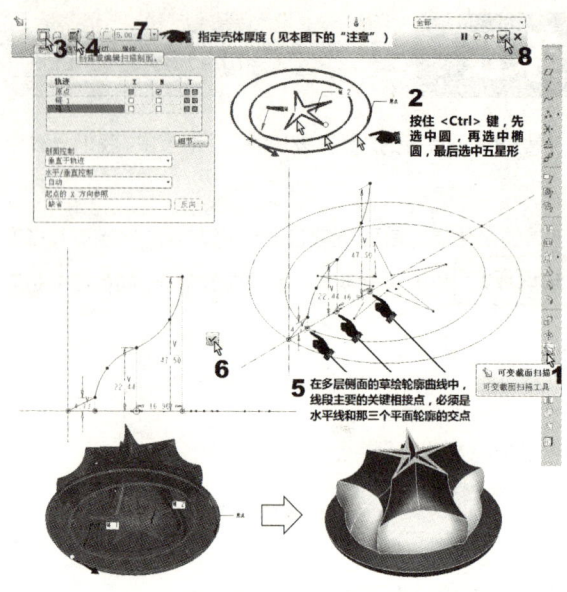

图5-52 "可变截面扫描"工具的操作

> **注意**
>
> 本例如果要建全实体,那就在如图5-52所示的步骤号3处,不要选"实体"模式,而选默认的"薄面"模式（ ）。然后,使用"填充"工具上、下加"盖子",最后通过"合并"再做"实体化"即可!

04 保存文件。

5.7　知识点拓展

知识点1　草绘"调色板"的用法

"调色板"一词翻译得不好,其实它就是一个常用几何图形的"块"数据库,其操作法如图5-53所示,这和我们前面插入01.sec草绘文件的方法相同。

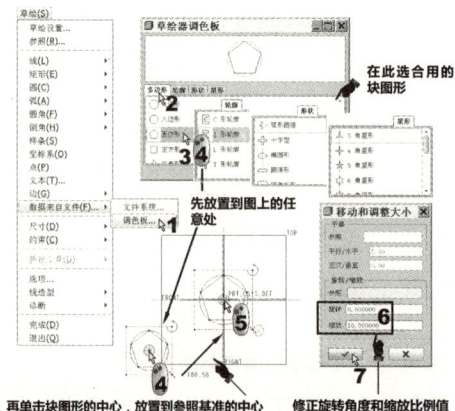

图5-53 调色板的操作

如果如图5-53所示里的块图形不够,怎么办呢?这时可以自行创建一个草绘文件(如本章的01.sec文件),然后选择如图5-53所示的步骤号1处的"文件系统…"选项(如图4-38所示,只是文件类型要选drw)来将它插入到这张草绘图中。其后的操作和如图5-53所示的操作都一样。

知识点2 何谓trajpar?

实体或曲面在做可变截面扫描时,其外在造型的变化,除了受到如本例的曲线控制之外,还可以使用下列两种高级方式来控制。

1.在关系公式中,使用trajpar参数来控制截面的变化。

Trajpar是Creo的内部参数(轨迹参数),它是从0到1的一个变量(呈线性变化)代表扫描特征的长度百分比。在扫描开始时,trajpar的值是0;结束时为1。如图5-54所示,在草绘的关系公式中加入关系式sd#=n+trajpar后,尺寸sd# 就受到n+trajpar控制。在扫描开始时,值为n,结束时值为n+1。截面的高度尺寸呈线性变化。若截面的高度尺寸受sd#=cos(trajpar*360)+n控制,则呈现cos曲线变化。

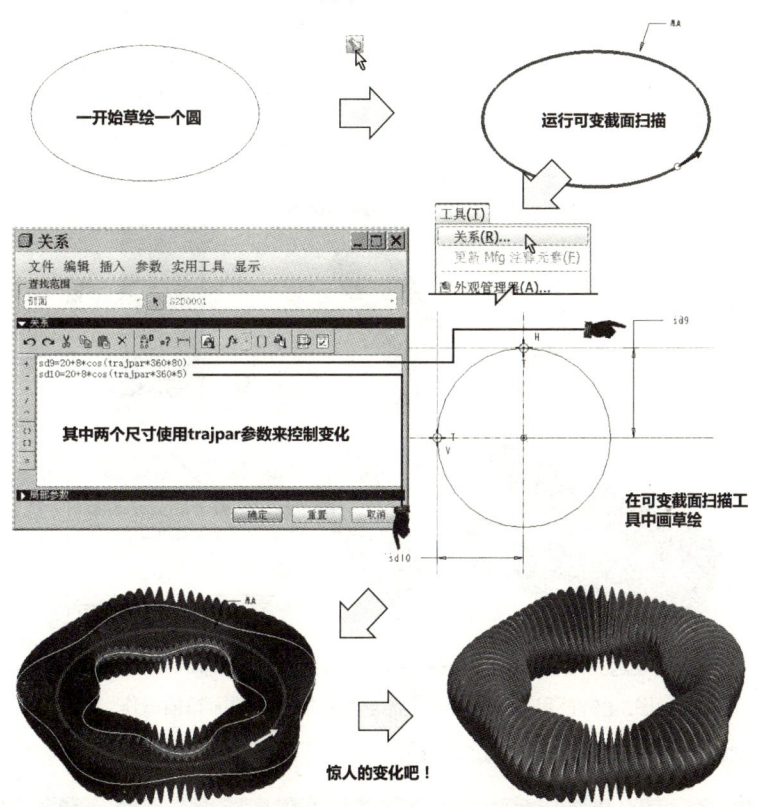

图5-54 使用trajpar参数的可变截面扫描操作

本范例参照文件:(02)Exercise\ch05\05-Ref01.prt
总的来说,trajpar主要是用在如下所述的角度或尺寸变化上。

(1)用在角度上:如sd1=trajpar*360*20,就表示sd1尺寸的渐变取值是从0°～7200°,或是旋转20圈。

(2)用在尺寸上:如sd1=trajpar*360*20 就表示sd1尺寸的渐变取值是从0～7200,是长度的变化。

2.在关系公式中,使用基准图形和trajpar参数来控制截面的变化。

我们可以利用Creo的"基准图形"(Datum Graph)功能来控制截面的变化,也可使用"基准图形"来控制三维实体或曲面的造型变化。先说明datum graph曲线的使用情况,创建位置为

feature>create>datum>graph再给出graph曲线的名称。绘制时给定坐标系，曲线的x轴方向会随着sweep变化，起点代表sweep开始，终点代表sweep结束。（说明：在控制方程中根据需要选择曲线的一段或全部）曲线在某点的y值即是变量值。使用datum graph控制截面的格式如下。

SD#=evalgraph("graph_name", x_value)

式中，SD#代表欲变化的参数（SD表示草绘尺寸），graph_name为基准图形名称，x_value代表扫描的"行程"，evalgraph（Evaluate Graph）是Creo系统默认的基准控制曲线计算函数，其功能为当变量x_value变化时，计算出的相应y值，然后再将该值指定给SD#。x_value的值可以是实数或表达式，如果是表达式可含有trajpar参数（根据用户需求而定）。

如图5-55所示，这是一个圆柱凸轮的模型，如果不应用基准图形和trajpar参数，就无法完成建模。

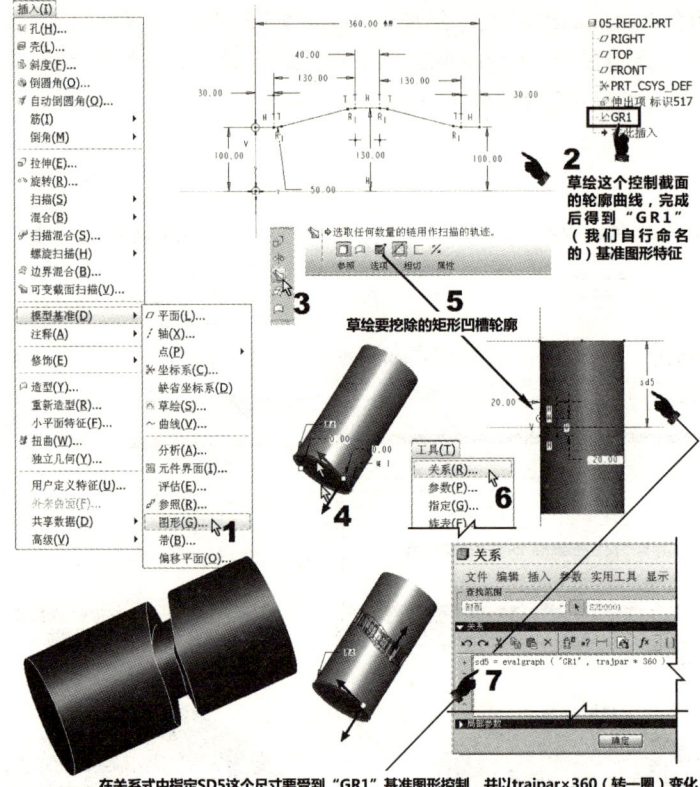

图5-55 使用基准图形和trajpar参数的可变截面扫描操作

本范例参照文件：(02) Exercise\ch05\05-Ref02.prt

注意

(1) 基准图形必须在"可变截面扫描"特征之前创建。
(2) 这两种功能都是"可变截面扫描"工具的高级功能，不属本书讲述范畴。

知识点3 几何作图常识补充

前面我们学习了"调色板"的操作，如果Creo没有在"调色板"中提供常用的多边形等几何图形时，那怎么画呢？事实上，早期的CAD确实认为操作者应该会自行绘出这些几何图形，而不提供诸如多边形这类的几何图形。如图5-56和图5-57所示就是正多边形的两种手工几何绘法。

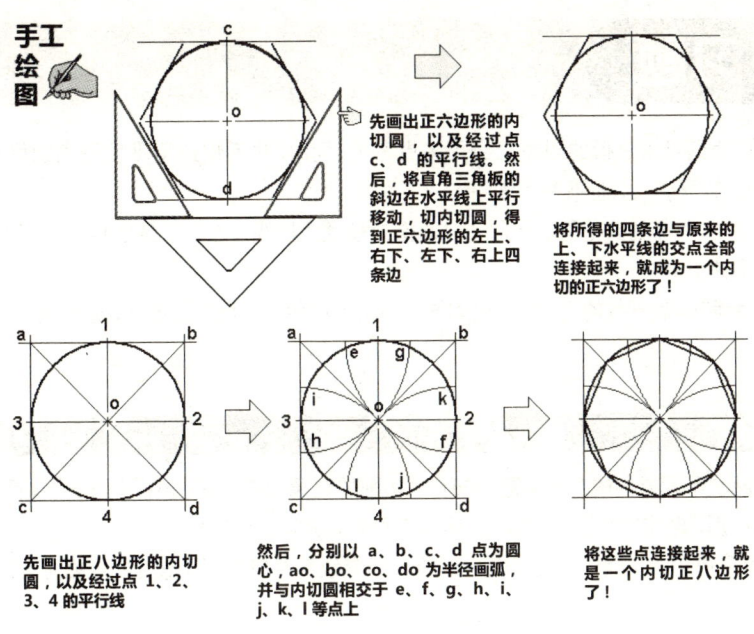

图5-56 正多边形的几何绘法（内接圆法）

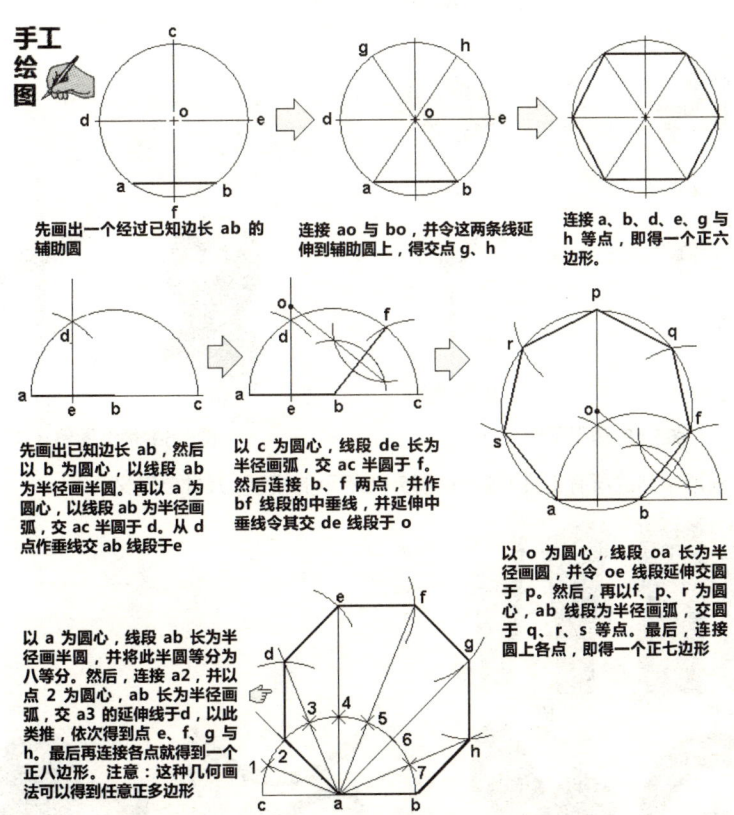

图5-57 已知多边形一边长，画任意多边形的几何绘法

虽然利用"调色板"工具可以帮助用户快速画出多边形，但是有兴趣深入学几何作图的人，未来在设计创意上，会有较高的成就！

5.8 习题

学完本章后,我们可以建模的对象已经更多更宽了!同时,也不怕造型难度稍高的模型了!所以,本章的习题重点会放在"精"上,而不在"量"上。

1. 请将第四章那个螺丝刀范例,原先尖端凹槽处使用"扫描混合"工具建模的特征,换成使用"扫描"→"切口"工具来处理。

2. 请使用本章和前章所教的工具,建出如图5-58所示的模型(尺寸自定义,造型类似即可,请尽量发挥创意)。

解题提示

底座曲面是两次不同方向的"可变截面扫描"切削的结果。灯杆是"扫描"的结果。而灯罩的部分是"旋转"+"抽壳"后,再使用"混合扫描"工具以不同的截面切削而成!

3. 请将第4章习题3中的模型,加上如图5-59所示的螺纹孔和螺旋槽(螺旋的规格可自定义)。

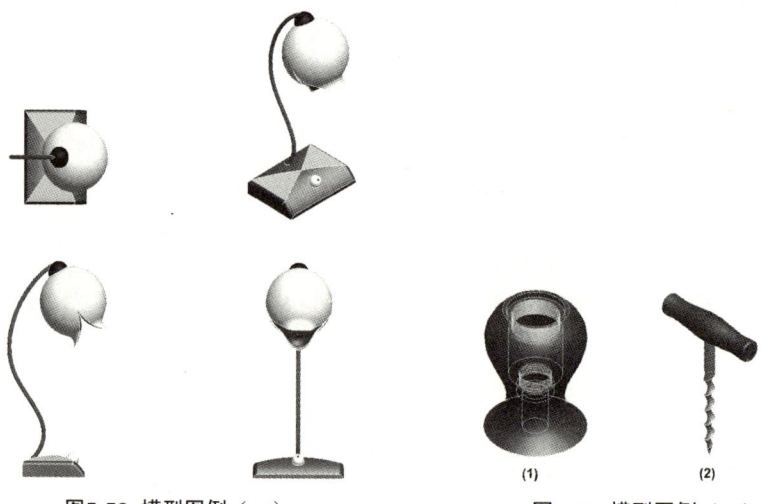

图5-58 模型图例(一)　　　　图5-59 模型图例(二)

4. 请使用当前所学到的所有工具,建出如图5-60所示的模型(尺寸自定义)。

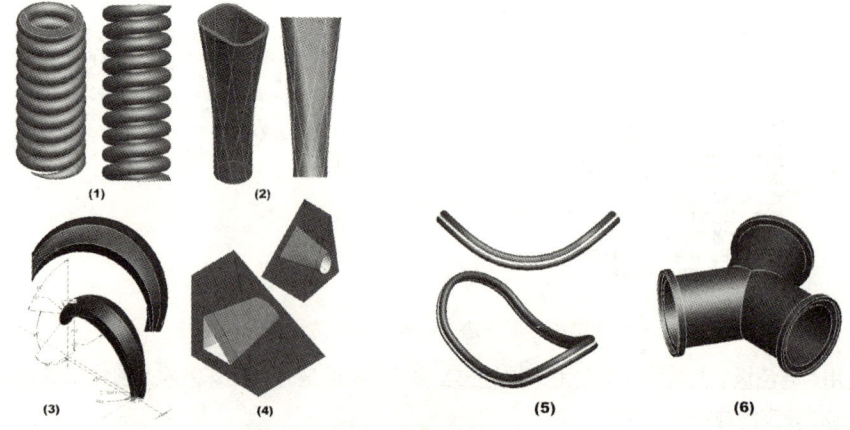

图5-60 模型图例(三)

解题提示

针对图5-60中有必要提示的题目,提供操作提示如下。

第2题:这一题主要使用的是"混合"工具中的"平行"模式。因为底面轮廓是圆,而顶部轮廓是修圆角的矩形,所以会绘出这样的造型。

第3题:这一题主要使用的是"混合"工具中的"旋转"模式。

第4题:本题主要还是使用的是"混合"工具中的"平行"模式,但是做的是切除的动作。

第5题:这一题用的是"可变截面扫描"工具,但是考更多的是事前自定义辅助基准的概念。另外,在本题的解答文件中,我们第一次使用如图5-61所示的"参照"特征。以后,当路径曲线组成分段较多,选取较复杂的时候,就可以使用这个工具来简化选取内容,提高选取效率。

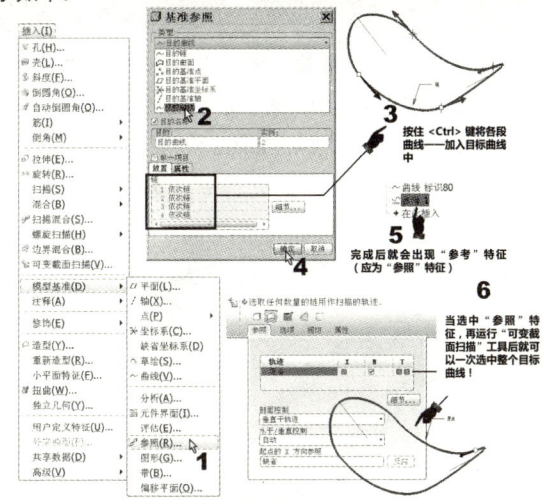

图5-61 "参照"特征的用法和操作

5. 请使用当前所学到的所有工具,建出如图5-62所示的模型(尺寸自定义)。这题主要考"扫描"工具的应用,以及如何使用"偏移"工具偏移出一个草绘文字。

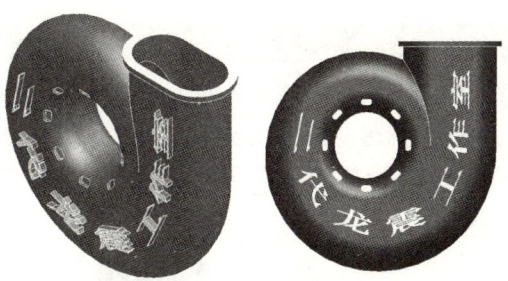

图5-62 模型图例(四)

 解题提示

本题使用"草绘"工具来写文字,如图5-63所示详细说明"文本"草绘工具的界面和操作。

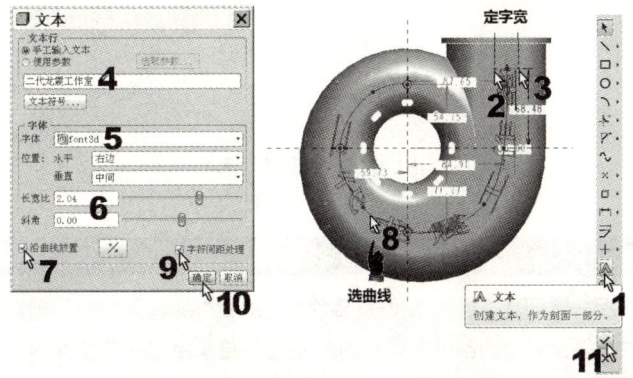

图5-63 "文本"草绘工具的界面和操作

6. 请使用当前所学到的所有工具，建出如图5-64所示的模型（无尺寸者，请自定义）。

  解题提示

先决定上、下平面位置和尺寸，中段使用"曲线"工具创建框线，用"边界混合"布面，然后"实体化"。最后，中段平面上的洞形花样，再使用"拉伸切除"和"阵列"工具来处理。

7. 请使用当前所学到的所有工具，建出如图5-65所示的模型（尺寸不足处，请自定义或查找解答文件）。

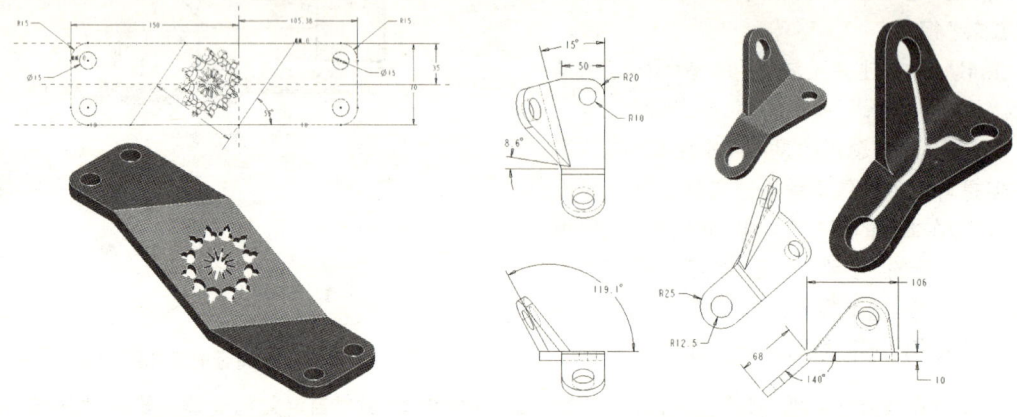

图5-64 模型图例（五）　　　　　　图5-65 模型图例（六）

 解题提示

这一题不简单！此模型的前段使用的是第3章所学知识，后段的曲线凹槽则需要使用本章所学到的"扫描切除"工具。其中，因为扫描切除后会在端口处留下"薄面"，所以还会需要用到"移除"工具。

8. 请使用当前所学到的所有工具，建出如图5-66所示的模型（尺寸不足处，请自定义或查找解答文件）。

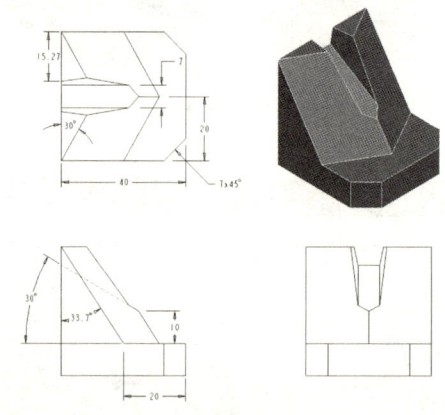

图5-66 模型图例（七）

 解题提示

这一题只建一半，另一半可以"镜像"，但是要使用"编辑"菜单下"特征操作"里"复制"的"镜像"选项来做。整个操作中，斜面切削的部分主要考的是通过草绘来自定义基准面的技巧，中间的长条孔洞则使用"扫描"工具来挖除。

第6章

编辑建模

本章主要是建模基本编辑工具的补充和加强章。即，针对前面教过的编辑工具，如倒圆角、阵列等，这些重要的编辑工具还有更多的常见基本应用要教授给读者。有些如倾斜、加强筋等常用的工具则是要补充的。最后一个要教的是如何加一点基本的关系公式应用，让模型制作变得更有"弹性"！

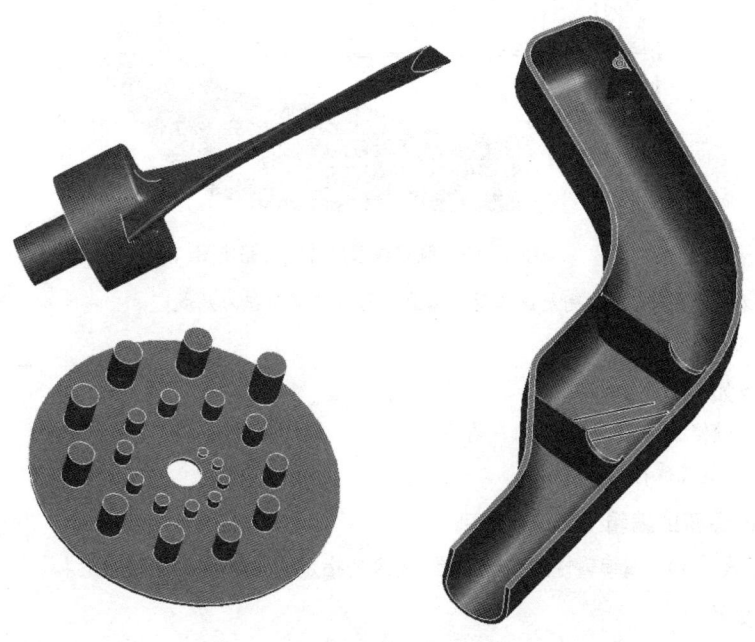

6.1 任务一　倾斜编辑

"倾斜"工具是我们首先要补充的。它虽然被列为建模工具，但是它不会是建模用的第一个工具，所以我们只好称它是"编辑性的建模工具"。它在菜单中被译为"斜度"，在工具栏中则被译为"拔模"，两者都是不合适的译词！最合适的说法，就是"倾斜"。

6.1.1　一般倾斜

📝 任务说明

"倾斜"的主要应用场合通常是"拔模设计"。为了让产品在制造过程中可以顺利拔模，设计者一般不会对"壁面"造型采取垂直的设计，而是让壁面与垂直线呈1°～3°的拔模角。不过，这里的"倾斜"工具不仅仅用于"拔模"，还有其他的用途（后面小节示范），所以我们还是讲"倾斜"比较合适。如图6-1所示的实体造型范例，就会用到最基本的倾斜建模。请注意，虽然稍后要完成的是壳体，但是倾斜一定要先在实体下完成！

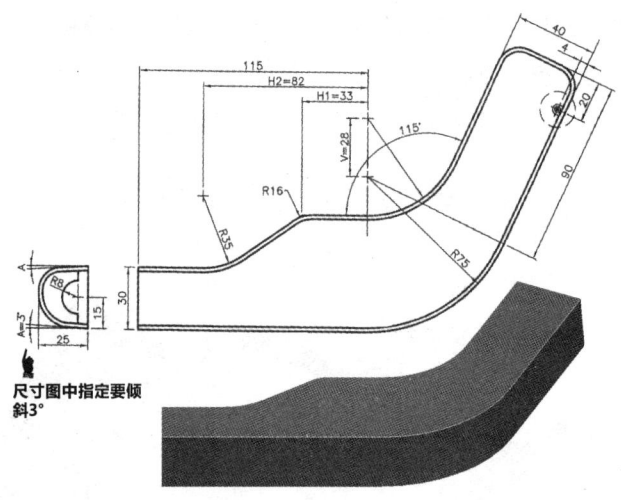

图6-1　壳体倾斜建模尺寸图与完成图

注：本例为多节连续范例，就是说本范例需要通过本章多节接力完成！

📝 重点、难点

本范例重点如下。
1. 圆角在何处修的决定。
2. "倾斜"工具的操作。

📝 新学的建模或编辑工具

"倾斜"工具（ ）。属编辑性的建模工具，用来将指定的面以指定的角度倾斜。

📝 相关文件

本范例视频文件：(02) avi (GB) \ch06\06-Exercise01.avi
本范例完成文件：(02) Exercise\ch06\06-Exercise01.prt

任务实践

01 按图3-3所示的方法，新建一个名为06-Exercise01的新零件文件。

02 首先，我们选择"拉伸"工具，按尺寸绘出如图6-2所示的模型。要注意的是，壳体上缘的圆角处，稍后再使用"圆角"工具来修。

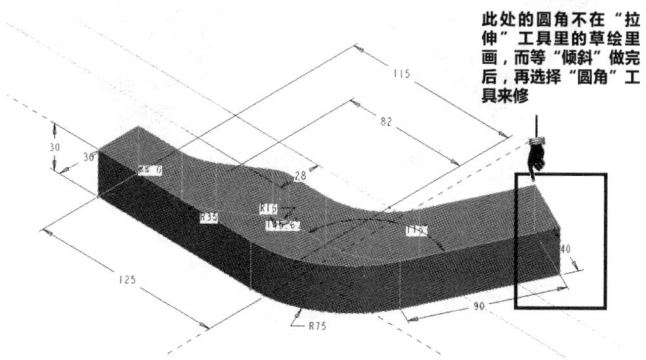

图6-2 拉伸的圆角决定

03 然后，我们要按图6-3所示，正式使用"倾斜"工具，在实体模型下，让侧边倾斜3°。这个操作的重点在于，是先倾斜后抽壳，还是先抽壳后倾斜？如果采用先抽壳后倾斜，我们会发现倾斜最后会失败，达不到想要的效果！

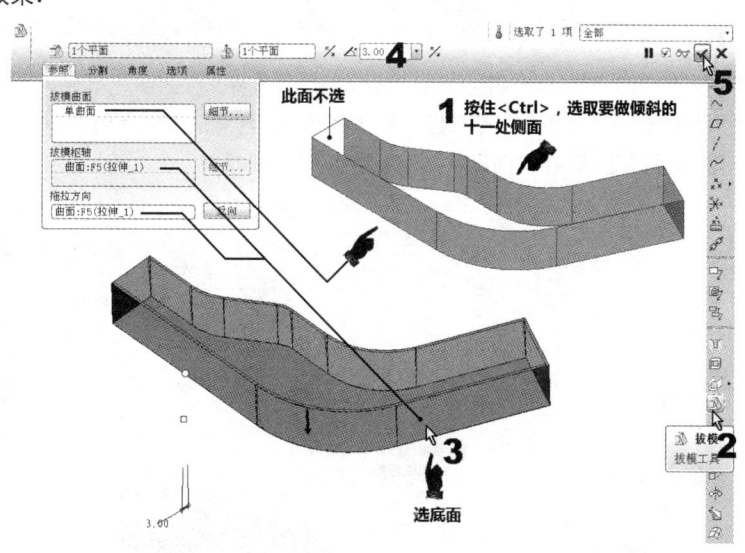

图6-3 倾斜的操作

04 保存文件。未完成部分后续小节将继续完成。

6.1.2 可变倾斜

任务说明

在"可变"倾斜中，我们可以沿倾斜曲面将可变倾斜角度应用于各控制点，如果，
1. 倾斜枢轴是曲线，那么角度控制点位于倾斜枢轴上。
2. 倾斜枢轴是平面，则角度控制点位于倾斜曲面的轮廓上。

如图6-4所示的简单范例，就是应用可变倾斜前后的变化和结果。

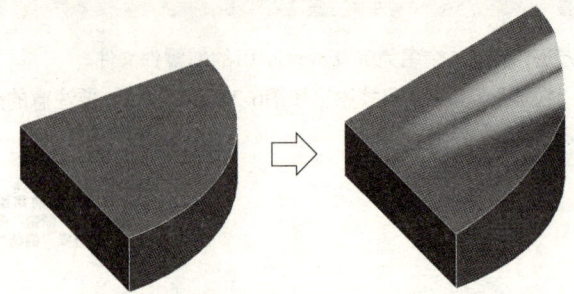

图6-4 可变倾斜完成图

重点、难点

本范例重点如下。
在"倾斜"工具中设置"可变"倾斜的操作。

相关文件

本范例视频文件：(02) avi (GB) \ch06\06-Exercise02.avi
本范例完成文件：(02) Exercise\ch06\06-Exercise02.prt

任务实践

01 按图3-3所示的方法，新建一个名为06-Exercise02的新零件文件。
02 首先，使用"拉伸"工具，画出一个如图6-4（左）所示的任意的立体扇形。
03 然后，使用"倾斜"工具，在其内设置如图6-5所示的可变倾斜。

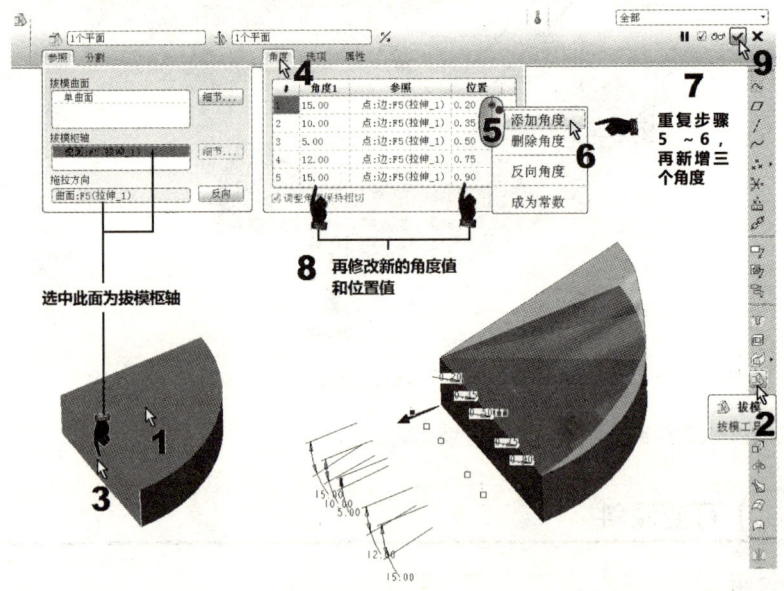

图6-5 可变倾斜的操作

04 保存文件。

6.1.3 分割倾斜

任务说明

如图6-6所示,这是一个手柄造型范例,我们要在其顶面进行分割倾斜编辑。

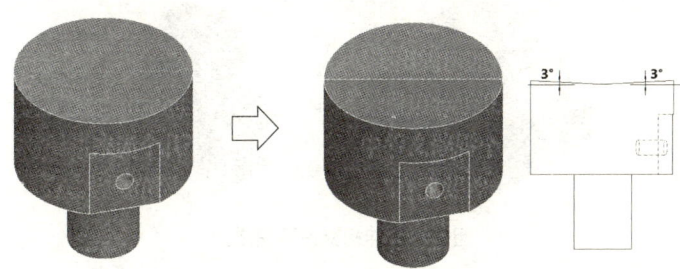

图6-6 手柄造型完成图

重点、难点

本范例重点如下。

在"倾斜"工具中设置"分割"倾斜的操作。

相关文件

本范例视频文件:(02)avi(GB)\ch06\06-Exercise03.avi

本范例练习文件:(02)Exercise\ch06\06-Exercise03.prt

本范例完成文件:(02)Exercise\ch06\06-Exercise03_f.prt

→ 任务实践

01 请打开名为06-Exercise03的零件文件。在该文件中,已创建好作为分割线用的"草绘4"特征,以及要当做拔模枢轴用的DTM2基准面。

02 然后,使用"倾斜"工具,在其内设置如图6-7所示的分割倾斜。

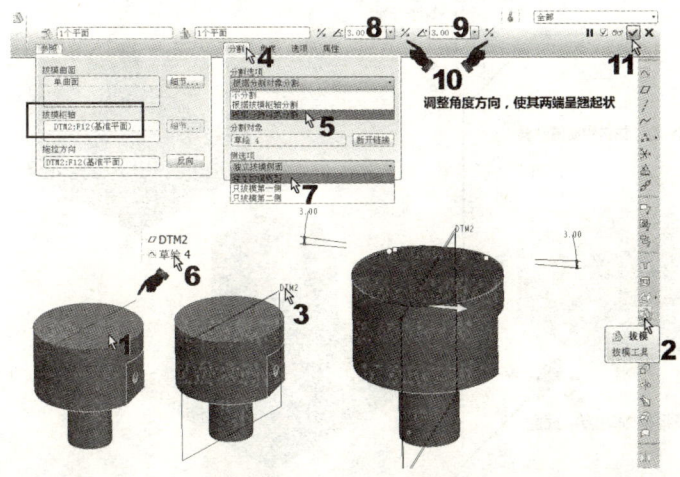

图6-7 分割倾斜的操作

03 保存文件。未完成部分后续小节将继续完成。

6.1.4 延伸相交曲面倾斜

任务说明

本小节要完成如图6-8所示的简单模型编辑。

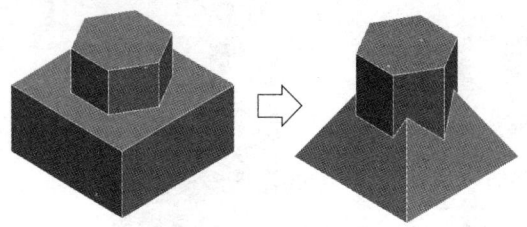

图6-8 延伸相交曲面完成图

重点、难点

本范例重点如下。

在"倾斜"工具中设置"延伸相交曲面"的操作。

相关文件

本范例视频文件：(02) avi (GB) \ch06\06-Exercise04.avi

本范例完成文件：(02) Exercise\ch06\06-Exercise04.prt

任务实践

01 按图3-3所示的方法，新建一个名为06-Exercise04的新零件文件。

02 然后，使用"倾斜"工具，在其内做如图6-9所示的设置。

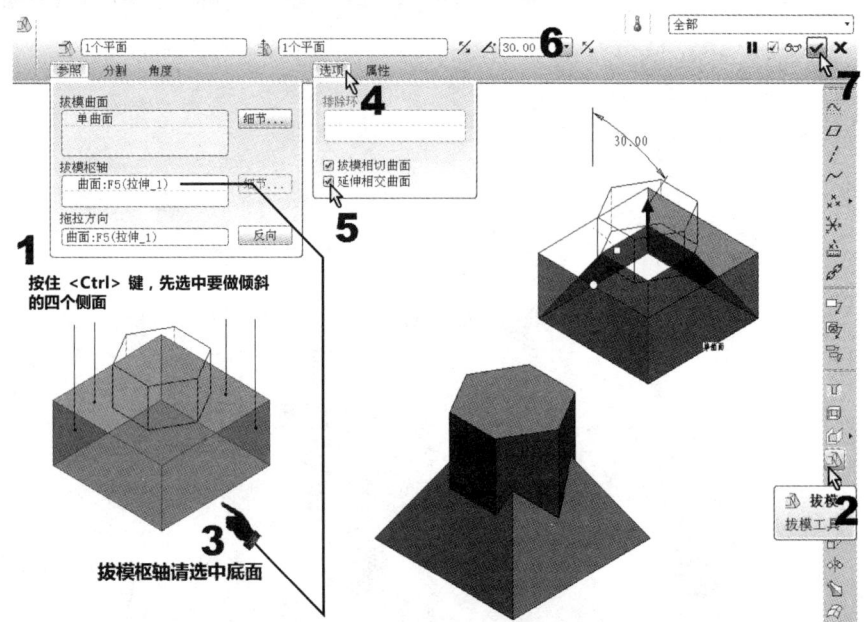

图6-9 倾斜的延伸相交曲面操作

03 保存文件。

6.2 任务二　倒圆角、倒角编辑

虽然我们在前面的章节中，早已练习了很多倒圆角的基本编辑，但是倒圆角的内涵比想象的更复杂。为了能建好模型，更多倒圆角和倒角（倒角的情况较为简单）的技巧，必须在本节中学到！

6.2.1 多半径圆角

任务说明

续6.1.3节的范例，我们要建出一个如图6-10所示的范例。在这个范例的建模中，会用到多半径圆角。

重点、难点

本范例重点如下。

创建多半径圆角。

本范例难点如下。

"曲线"工具中的"自文件"选项的操作。

相关文件

本范例视频文件：（02）avi（GB）\ch06\06-Exercise05.avi
本范例练习文件：（02）Exercise\ch06\06-Exercise03_f.prt
本范例配合文件：（02）Exercise\ch06\06-Exercise05.ibl
本范例完成文件：（02）Exercise\ch06\06-Exercise05.prt

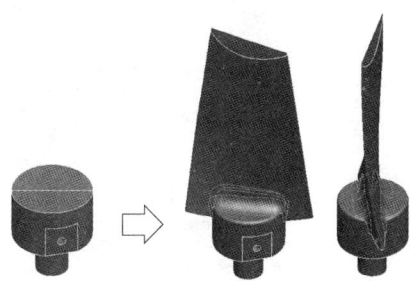

图6-10　多半径圆角的完成图

任务实践

01 请打开6.1.3节已完成的06-Exercise03_f.prt零件文件。

02 首先，对"分割倾斜"的顶部圆周修一般的小圆角。

03 然后，我们要使用"曲线"工具里的"自文件"选项，加载一个ibl曲线文件 <u>知识点1</u>。虽然这不是本节的主题，但是这种输入外部骨架轮廓曲线的方法，一直是逆向抄数应用中常见的手法。因为有了这个轮廓曲线后，后续的布面就可以使用"混合"工具来完成了！

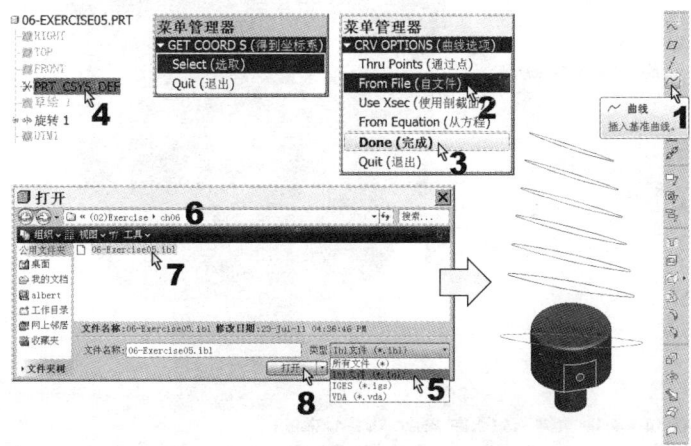

图6-11　"曲线"的"自文件"选项操作

04 接下来,我们使用"混合"工具来处理布面的问题。如图6-12所示,依次选取曲线环骨架轮廓后,就可以很快地创建一个曲面实体了。

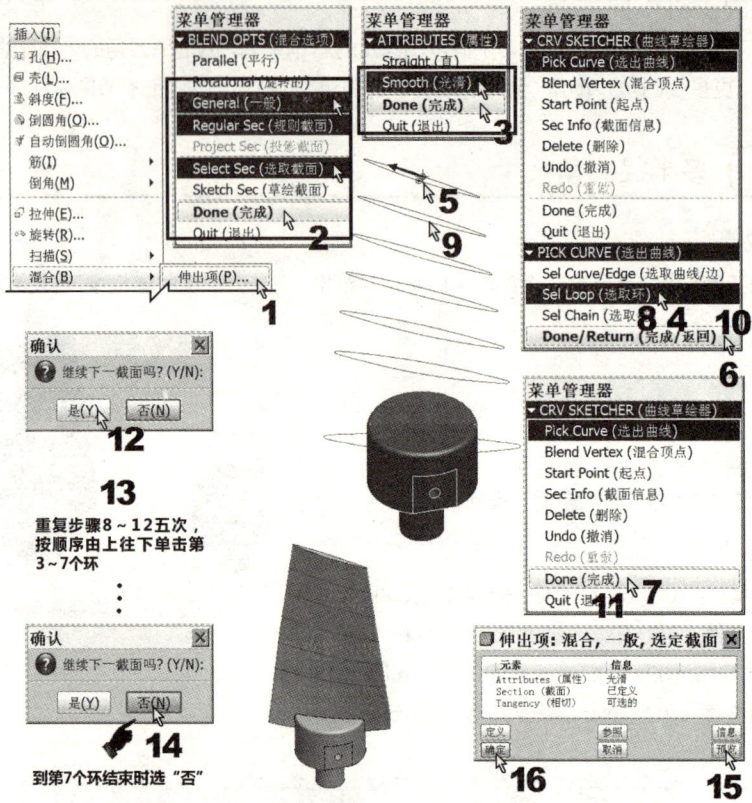

图6-12 "混合"工具的操作

05 现在,请按图6-13所示的操作,开始创建多半径圆角。

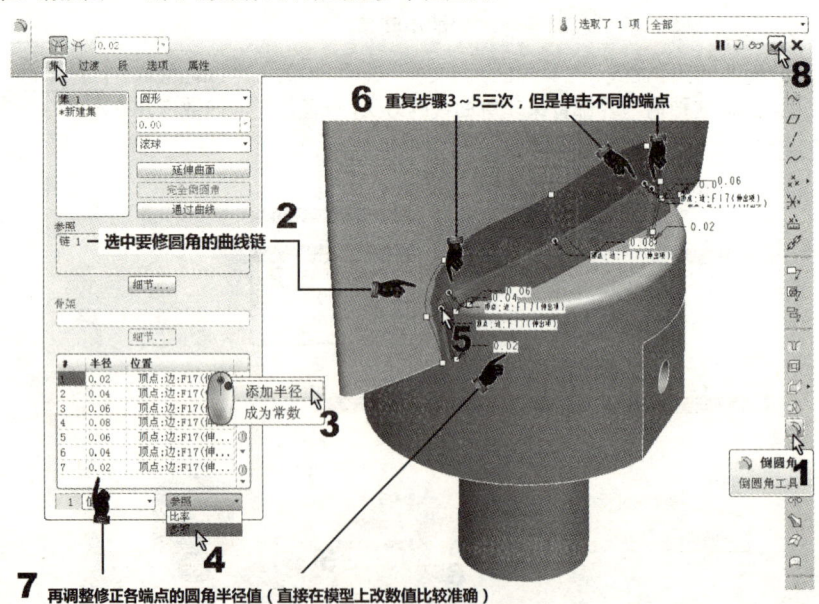

图6-13 多半径圆角的操作

06 另一边的圆角也是完全一样的操作法，如图6-14所示。

图6-14 另一边多半径圆角的设置结果

07 最后，切削出前缘刀刃的部分，因为前面已实际操作过很多次，这里就不再细说了。有问题请直接调用完成文件来研究。

08 保存文件。

6.2.2 过渡圆角（倒角）

任务说明

在修圆角时，会遇到一些重叠或不连续的片段，所以Creo就设计了"过渡"功能，以方便我们处理重叠或不连续的圆角段。我们要完成的过渡圆角就如图6-15所示。

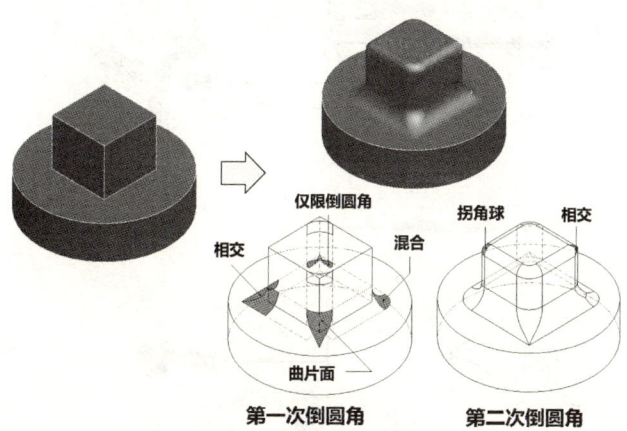

图6-15 过渡圆角完成图

重点、难点

本范例重点如下。

过渡圆角的操作。

相关文件

本范例视频文件：（02）avi（GB）\ch06\06-Exercise06.avi

本范例练习文件：（02）Exercise\ch06\06-Exercise06.prt

本范例完成文件：（02）Exercise\ch06\06-Exercise06_f.prt

任务实践

01 请打开名为06-Exercise06的练习文件。

02 针对凸出体和平台之间的过渡圆角操作如图6-16所示。这是本范例的第一次过渡。

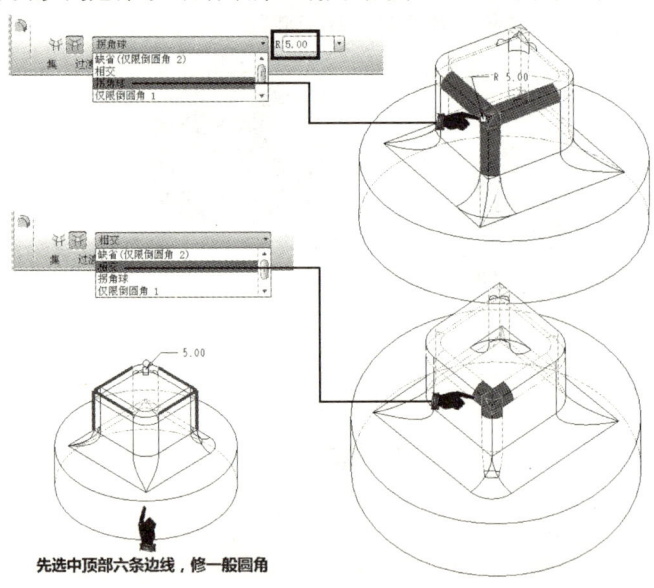

图6-16 第一次过渡圆角的操作

03 如图6-17所示的,则是针对立方体顶部三线交会的第二次过渡圆角操作。

图6-17 第二次过渡圆角的操作

 **注意**

以上操作也可使用"倒角"工具,但是因为倒角比较简单,所以"过渡"选项可能会少一些!

04 保存文件。

6.2.3 垂直于骨架圆角

任务说明

在修圆角的一般选项里,还有一个名为"垂直于骨架"的选项。如图6-18所示的简单范例,就是设置此项后的结果。

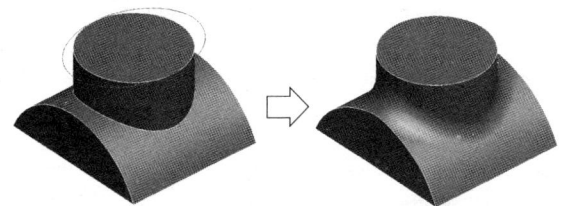

图6-18 垂直于骨架的模型完成图

重点、难点

本范例重点如下。

1. 草绘骨架轮廓的决定。
2. 垂直于骨架的倒圆角操作。

相关文件

本范例视频文件:(02) avi (GB) \ch06\06-Exercise07.avi
本范例练习文件:(02) Exercise\ch06\06-Exercise07.prt
本范例完成文件:(02) Exercise\ch06\06-Exercise07_f.prt

任务实践

01 打开名为06-Exercise07的练习文件。此文件中已经在模型顶面草绘了一个椭圆形的骨架轮廓。

02 然后,我们选择"倒圆角"工具,对该模型的颈部作一般圆角设置操作,但是要将"滚球"改设为"垂直于骨架"选项,如图6-19所示。

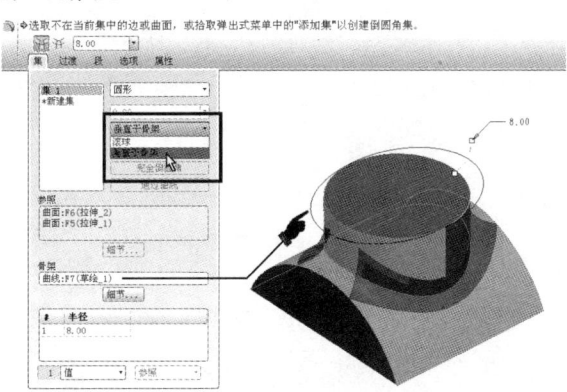

图6-19 垂直于骨架的倒圆角操作

03 一样的条件,可以使用默认的"滚球"类型,或是变更骨架草绘图的形状,看看结果会有什么差别与变化!

04 保存文件。

6.2.4 完全倒圆角与局部倒圆角

任务说明

如图6-20所示的简单范例,就是本节要完成的模型。要练习两种修圆角的方法。一个是"完全倒圆角",另一个是"局部倒圆角"。对完全倒圆角而言,必须符合下述条件才能成功。

(1) 如果使用边参照,则这些边参照必须有公共曲面。Creo可通过转换一个倒圆角集内的两个倒圆角段来创建"完全"倒圆角。

(2) 如果使用两个曲面参照,则必须选取第三个曲面作为"驱动曲面"。此曲面决定倒圆角的位置,有时还可决定其大小。Creo会使用圆锥圆弧来替换此公共曲面,以创建曲面至曲面的"完全"倒圆角。

(3) 可为实体或曲面几何创建"完全"倒圆角。

如果在下述情况下创建"完全"倒圆角,则会失败。

(1) 有两个以上的边参照同一曲面为边界。
(2) 要定义的倒圆角已具有"圆锥"截面形状。
(3) 已经使用"垂直于骨架"创建了要定义的倒圆角。

对局部倒圆角来说,倒圆角的范围约束在某一段(此段需要先复制边线,才能控制长度),而不是整条边线。

重点、难点

本范例重点如下。
1. 完全倒圆角的操作。
2. 局部倒圆角段的操作。

相关文件

本范例视频文件:(02) avi(GB)\ch06\06-Exercise08.avi

本范例练习文件:(02) Exercise\ch06\06-Exercise08.prt

本范例完成文件:(02) Exercise\ch06\06-Exercise08_f.prt

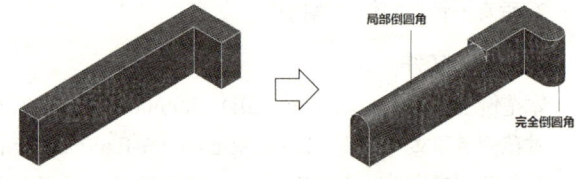

图6-20 完全与局部倒圆角完成图

任务实践

01 打开名为06-Exercise08的练习文件。

02 接着,选择"倒圆角"工具。按图6-21所示的操作来修完全倒圆角。

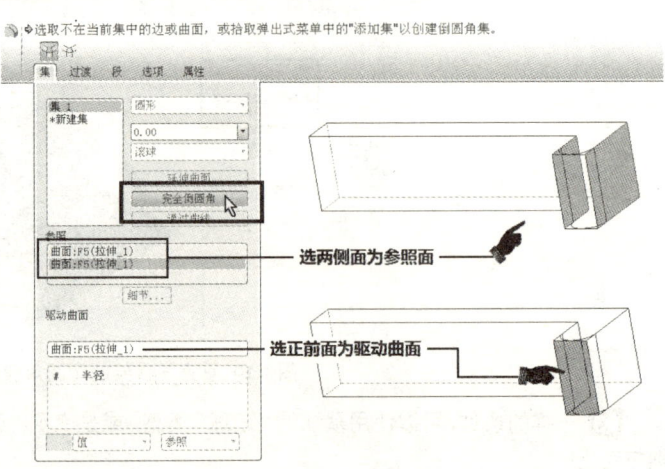

图6-21 完全倒圆角的操作

03 再按图6-22所示的操作来修局部倒圆角。

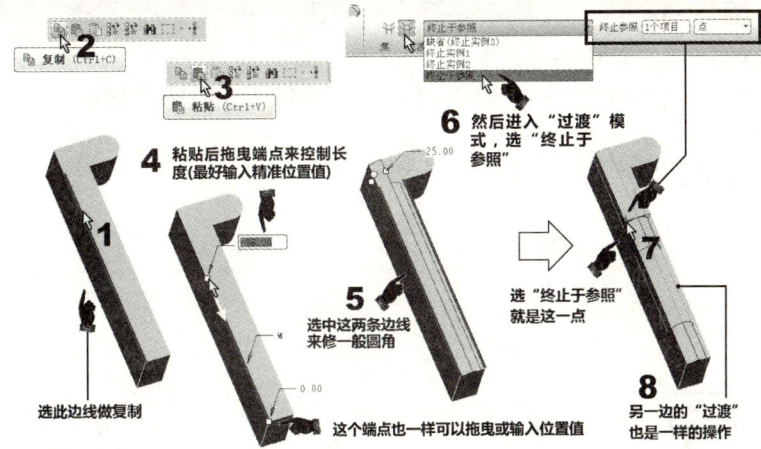

图6-22 局部倒圆角的操作

04 保存文件。

6.2.5 倾斜面上的拉伸和倒圆角

任务说明

续6.1.1节范例，如图6-23所示，我们要继续完成模型的抽壳和倒圆角操作。本范例重点在最后那个壁上的圆柱孔。

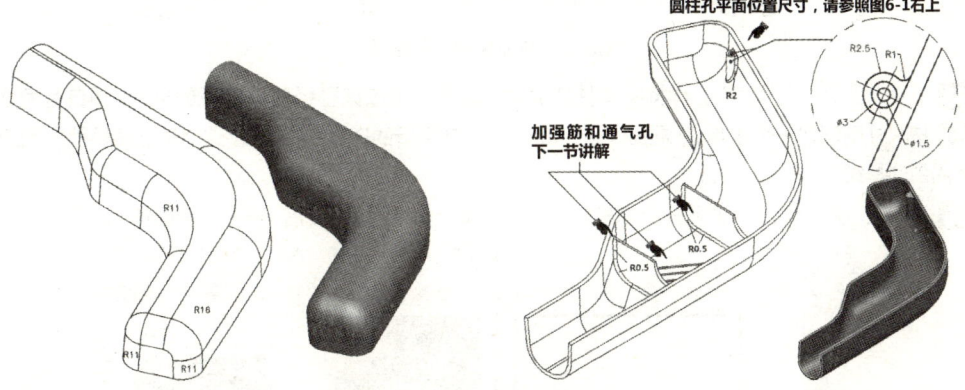

图6-23 倾斜面上的拉伸和倒圆角

重点、难点

本范例难点如下。
1. 因为圆柱孔位于倾斜面上，导致倒圆角失败。
2. 思考解决倒圆角失败的办法。

相关文件

本范例视频文件：(02) avi (GB) \ch06\06-Exercise09.avi

本范例练习文件：(02) Exercise\ch06\06-Exercise01.prt

本范例完成文件：(02) Exercise\ch06\06-Exercise09.prt

任务实践

01 打开名为06-Exercise01的练习文件。

02 首先,我们选择"倒圆角"工具,将实体翻过来,按尺寸图做一般倒圆角。如图6-24所示。

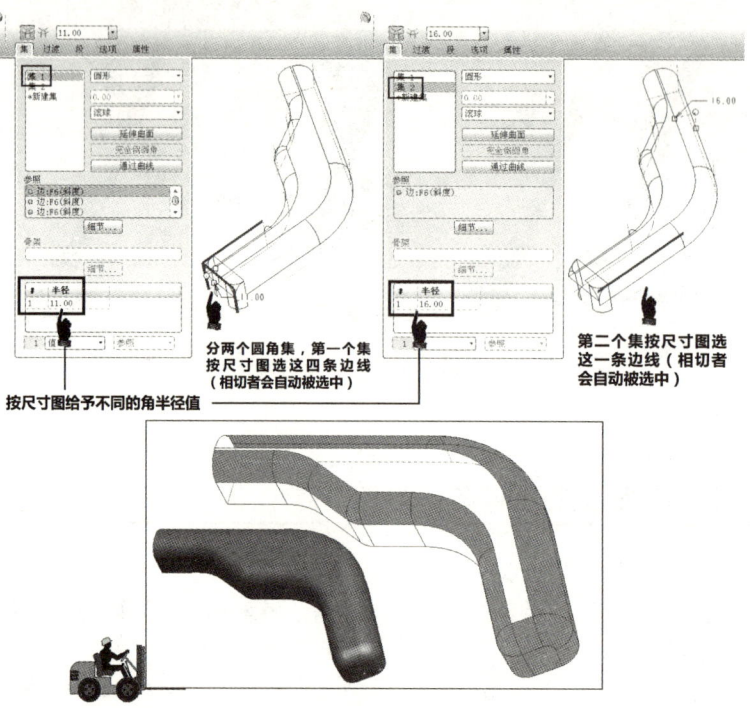

图6-24 倒圆角操作示意图

03 然后,我们使用"壳"工具将实体抽成壳体。这是一个应该已经熟练掌握的操作,请自行完成。

04 按尺寸图创建一个在Top基准面之上25mm,并与其平行的DTM1基准面。这个基准面是稍后"拉伸"工具要用到的草绘面。

05 接下来,使用"拉伸"工具开始创建右上角那个壁上圆柱孔。完成后,修一般倒圆角,如图6-25所示。

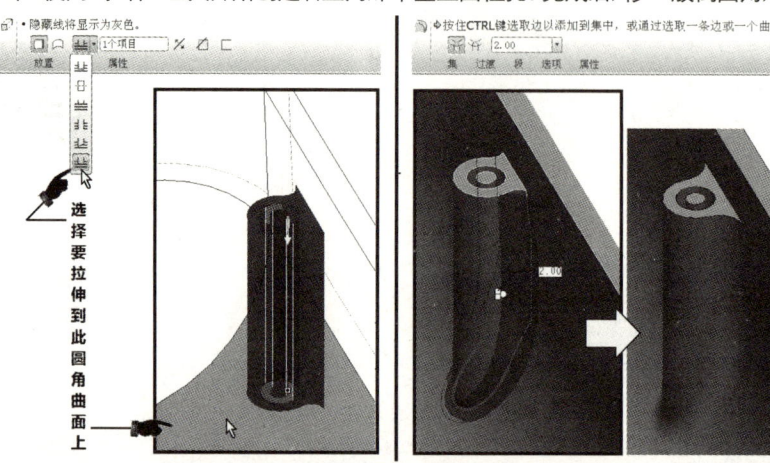

图6-25 壁上圆柱孔的建模与修圆角示意图

06 保存文件。未完成部分后续小节将继续完成。

6.3 任务三 加强筋编辑

Creo提供"轨迹筋"和"轮廓筋"两种常用的加强筋。本节将带领用户学习这两种加强筋的建模。

6.3.1 轨迹筋

任务说明

续6.2.5节范例,如图6-26所示,我们要按尺寸图在壳体中创建加强筋隔板。在Creo中,可以选择"轨迹筋"工具来完成。

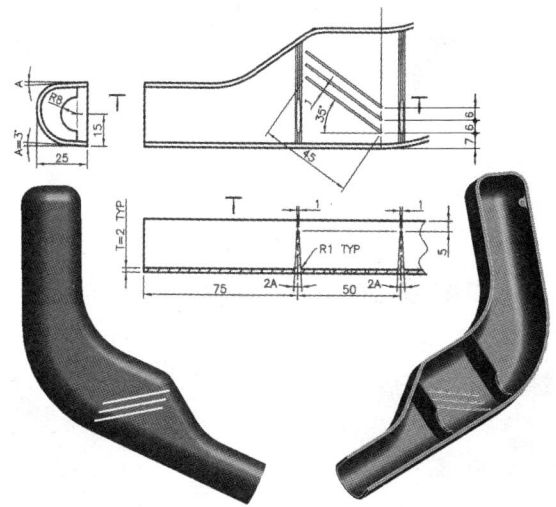

图6-26 加强筋和通气孔尺寸图与完成图

重点、难点

本范例重点如下。
1. 轨迹筋的操作。
2. "描边偏移"工具的操作。

新学的草绘工具

"描边偏移"工具( )。"描边"的姐妹工具,用来描边,但是必须指定偏移距离,这样,就能绘出一条描边线的并行线。

新学的建模或编辑工具

"筋"工具(筋(I) ▸ 轨迹筋(T)...)。属建模工具,轨迹筋常用于塑料零件的结构加固。加固的位置通常在腔槽曲面、壳或其他空心区域之间。Creo所提供的"轨迹筋"工具,会根据指定的草绘线条,迅速地将它们转换成需要的轨迹筋,并填满其中。

相关文件

本范例视频文件:(02)avi(GB)\ch06\06-Exercise10.avi
本范例练习文件:(02)Exercise\ch06\06-Exercise09.prt
本范例完成文件:(02)Exercise\ch06\06-Exercise10.prt

任务实践

01 打开名为06-Exercise09的练习文件。

02 请按图6-27所示的操作，完成本范例的加强筋。

一样的手法，甚至可以再创建如图6-28所示的轨迹筋，利用不同高度的草绘面，就可以造成错综复杂的高低轨迹筋（随意画的，完成文件可参照06-exercise10_plus.prt文件）。

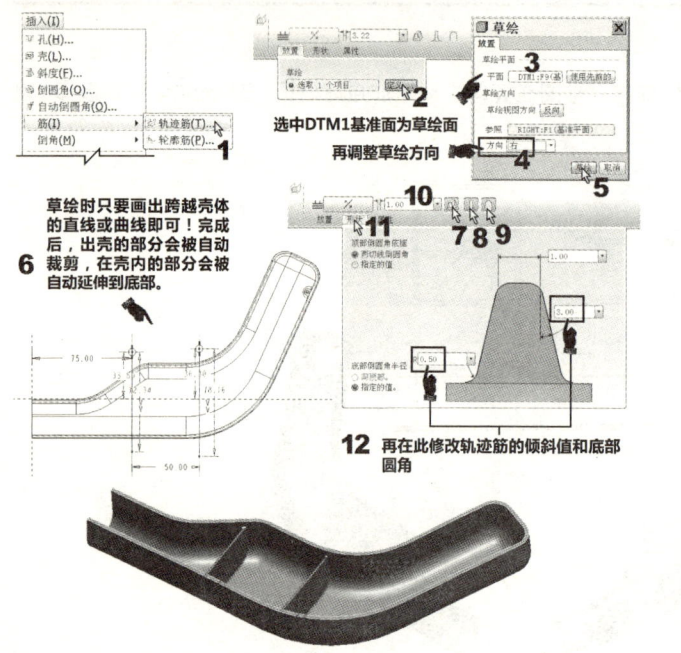

图6-27 "轨迹筋"工具的操作

图6-28 轨迹筋完成

03 请按图6-29所示的操作示意，完成轨迹筋上的半圆孔挖除。

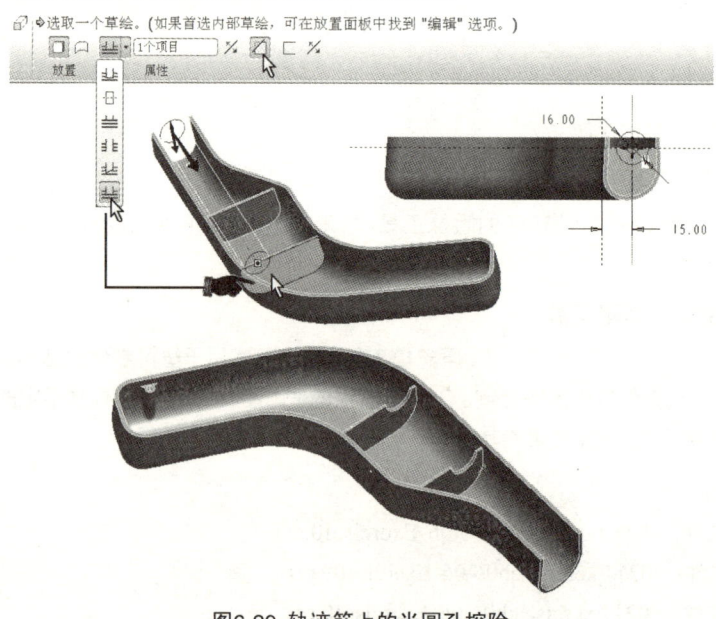

图6-29 轨迹筋上的半圆孔挖除

04 最后,是三道细长通气孔的"拉伸挖除"。"拉伸"工具的操作没有特别之处,但是在草绘中会用到"描边偏移"草绘工具,如图6-30所示。

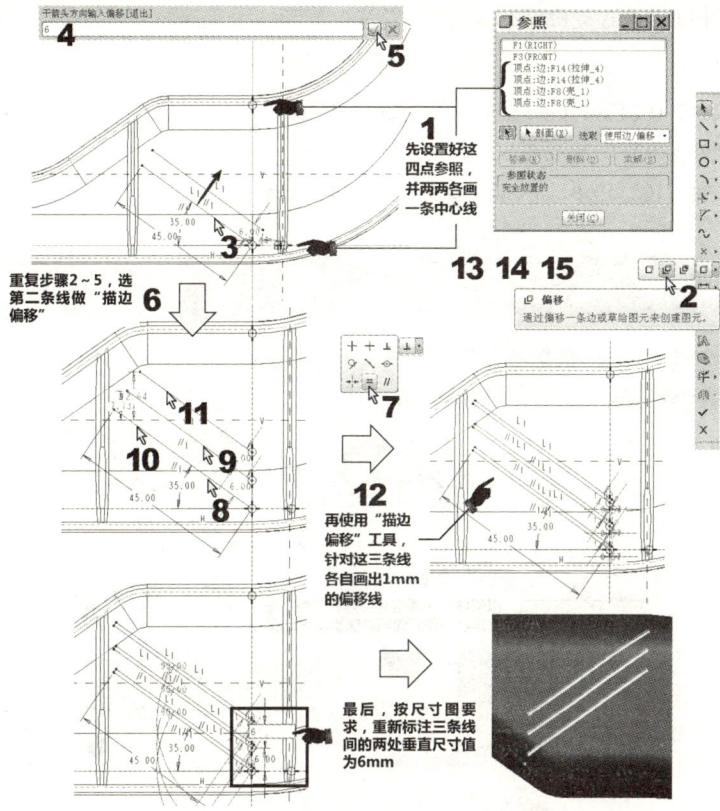

图6-30 通气孔草绘的"描边偏移"工具操作

05 保存文件。

6.3.2 轮廓筋

任务说明

如图6-31所示的简单范例,就是典型的轮廓筋模型。

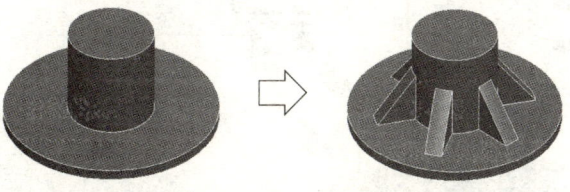

图6-31 轮廓筋完成图

重点、难点

本范例重点如下。
轮廓筋的操作。

新学的建模或编辑工具

"筋"工具（ ）。属建模工具，"轮廓筋"特征是一种设计中连接到实体曲面的薄翼或腹板伸出项。这些筋也可以用来加固零件的结构，还可以用来防止出现不需要的折弯。可以通过定义两个垂直曲面之间的特征横截面来创建轮廓筋。

相关文件

本范例视频文件：（02）avi（GB）\ch06\06-Exercise11.avi
本范例练习文件：（02）Exercise\ch06\06-Exercise11.prt
本范例完成文件：（02）Exercise\ch06\06-Exercise11_f.prt

任务实践

01 打开名为06-Exercise11的练习文件。

02 然后，选择"轮廓筋"工具，操作如图6-32所示。

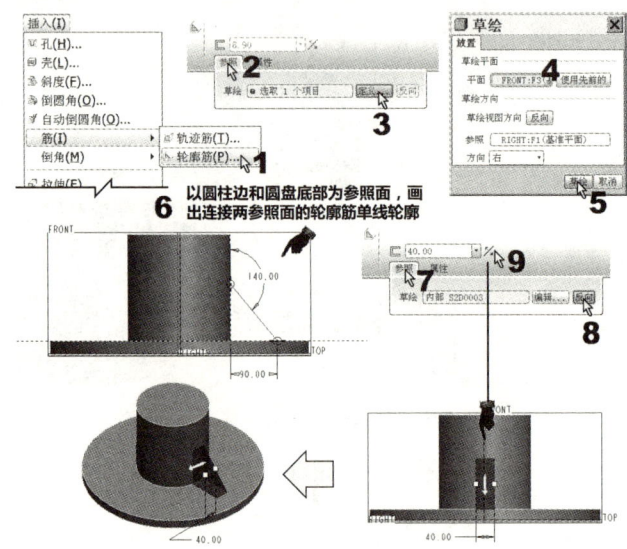

图6-32 轮廓筋的操作

03 最后，如图6-33所示，我们使用前面已经学过的"阵列"→"轴"工具来做圆形阵列。

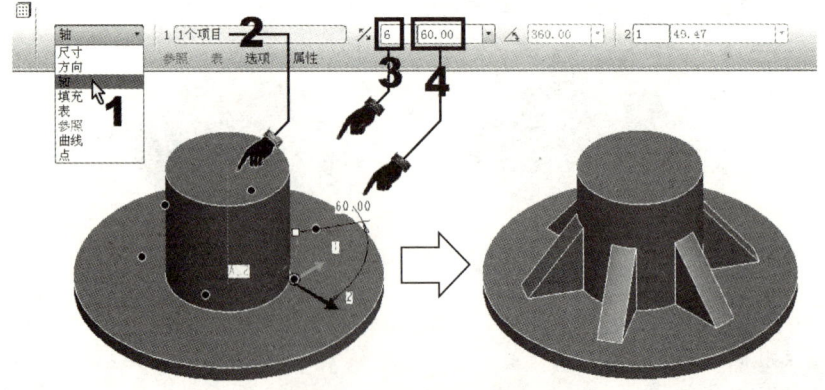

图6-33 圆形阵列轮廓筋

04 保存文件。

第6章 编辑建模

6.4 任务四 阵列编辑

阵列的花样与需求繁多,我们前面已经学过的都是最简单的操作。还有一些常用的基本阵列操作是需要学会的。本节就要来补述尚未介绍过的阵列类型(如图6-33步骤号1处)。注意:属提高级的随形阵列

知识点2 则不在此列!

6.4.1 尺寸阵列

任务说明

"尺寸"阵列特征是通过驱动尺寸和修改增量的方法,进行阵列特征复制的工具。

Creo的"尺寸"阵列特征可以创建下述三种阵列。

1. 线性阵列。又可分为以下两种阵列。

(1)基本线性阵列,如图6-34所示。基本线性阵列的创建,只需按特征的要求确定驱动尺寸和尺寸增量即可。其驱动尺寸可在特征本身的参数中直接选取,操作简单,所生成的特征也容易实现。但是在不同的方向上选取不同的驱动尺寸所生成的结果却大不相同,这要求设计者有清晰的选取思路。

(2)具有约束的线性阵列,如图6-34所示。具有约束的线性阵列是指,对阵列特征的位置与形状变化有特定的约束要求。这种特征的创建不能直接仅以特征本身的参数作为驱动尺寸,还需要增加辅助的约束基准或其他元素。在创建特征的过程中,如果遭到失败或非预期的效果,往往是由于不能正确地定义第一个主特征的约束条件。

2. 旋转阵列,如图6-34所示。旋转阵列是使用阵列导引的角度尺寸来复制对象位置的特征。与线性阵列最大的不同是,其驱动尺寸要求是一个角度值,任何控制角度位置的尺寸都可以用来创建旋转阵列。

本节要完成的尺寸阵列如图6-34所示。

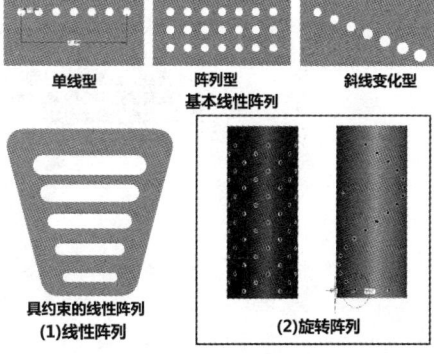

重点、难点

本范例重点如下。

1. 阵列特征的草绘尺寸决定。
2. 尺寸阵列的操作。

相关文件

本范例视频文件:(02)avi(GB)\ch06\06-Exercise12.avi

本范例练习文件:(02)Exercise\ch06\06-Exercise12_01_a.prt、06-Exercise12_01_b.prt、06-Exercise12_02.prt

图6-34 尺寸阵列完成图

本范例完成文件:(02)Exercise\ch06\06-Exercise12_01_a_f.prt、06-Exercise12_01_b_f.prt、06-Exercise12_02_f.prt

任务实践

01 打开名为06-Exercise12_01_a的练习文件。

02 按图6-35所示的操作来完成基本线性尺寸阵列。如图6-34所示,这个部分可以有三种不同的设置方法。

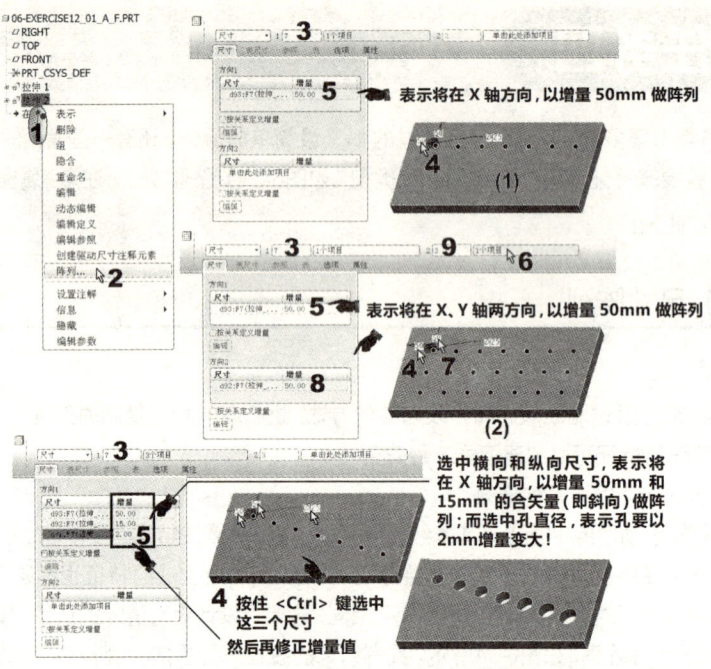

图6-35 基本线性尺寸阵列的操作

03 保存文件。

04 打开名为06-Exercise12_01_b的练习文件。在这个练习文件中,要做阵列的键槽孔已挖好,但是该键槽孔的草绘尺寸标注内容,却是具约束的线性尺寸阵列成败的关键。如图6-36所示。

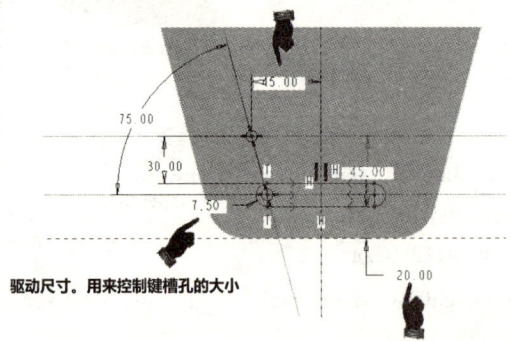

图6-36 阵列特征的草绘重点说明

05 再按图6-37所示的操作来完成具约束的线性尺寸阵列。

06 保存文件。

07 打开名为06-Exercise12_02的练习文件。在这个练习文件中,我们已经使用先前学过的轴阵列,先在圆柱底端先阵列出一圈六个小圆洞。

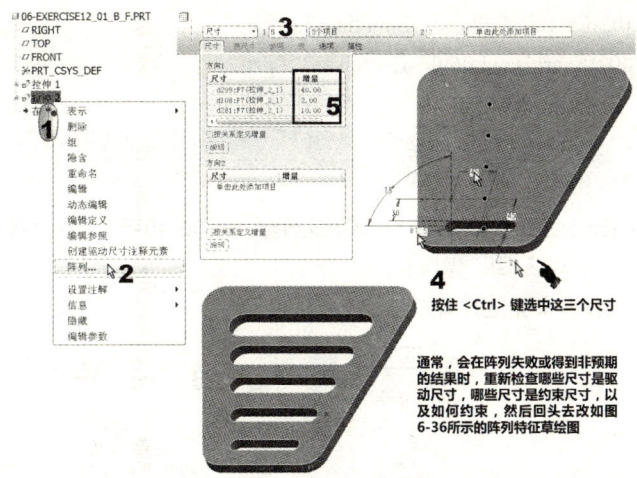

图6-37 具约束的线性尺寸阵列操作

08 按图6-38所示的操作来完成旋转尺寸阵列。旋转阵列就是拿角度尺寸（30°）和圆孔位置（DTM1基准面高度7）做驱动尺寸。

图6-38 旋转尺寸阵列的操作

09 这个操作告诉我们，可以针对阵列再做阵列！保存文件。

6.4.2 方向阵列

◎ 任务说明

完成如图6-39所示的方向阵列。从图中可以看出，方向阵列是尺寸阵列中的一种。稍后，从本范例的实际操作中，我们就可以从选项板中看出它与尺寸阵列的差异。

◎ 重点、难点

本范例重点如下。
方向阵列的操作。

◎ 相关文件

本范例视频文件：(02)avi(GB)\ch06\06-Exercise13.avi

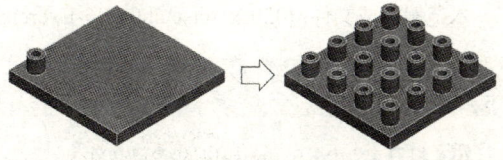

图6-39 方向阵列完成图

本范例练习文件：(02)Exercise\ch06\06-Exercise13.prt
本范例完成文件：(02)Exercise\ch06\06-Exercise13_f.prt

任务实践

01 打开名为06-Exercise13的练习文件。在练习文件中，如图6-40所示，我们将要对阵列的两个特征先制作成"组"，以方便稍后对该"组"做阵列。

02 按图6-41所示的操作来完成方向阵列。

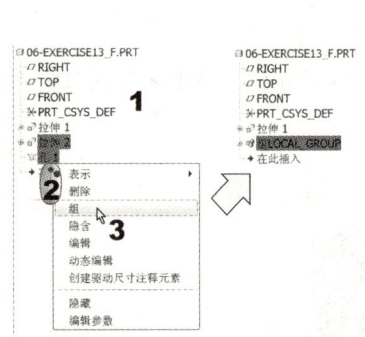

图6-40 设置"组"的操作

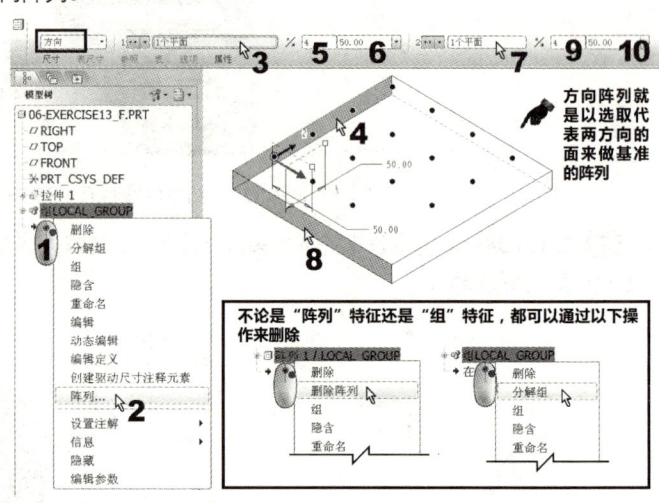

图6-41 方向阵列的操作

03 保存文件。

6.4.3 填充阵列

任务说明

完成如图6-42所示的填充阵列。在此阵列中，我们要将小圆孔阵列出" I♥U（I Love You）"的图案。

重点、难点

本范例重点如下。

1. 填充阵列的基本操作。
2. 选择阵列成员的操作。

相关文件

本范例视频文件：(02)avi(GB)\ch06\06-Exercise14.avi
本范例练习文件：(02)Exercise\ch06\06-Exercise14.prt
本范例完成文件：(02)Exercise\ch06\06-Exercise14_f.prt

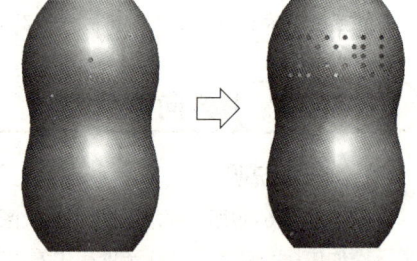

图6-42 填充阵列完成图

任务实践

01 打开名为06-Exercise14的练习文件。

02 按图6-43所示的操作来完成填充阵列。

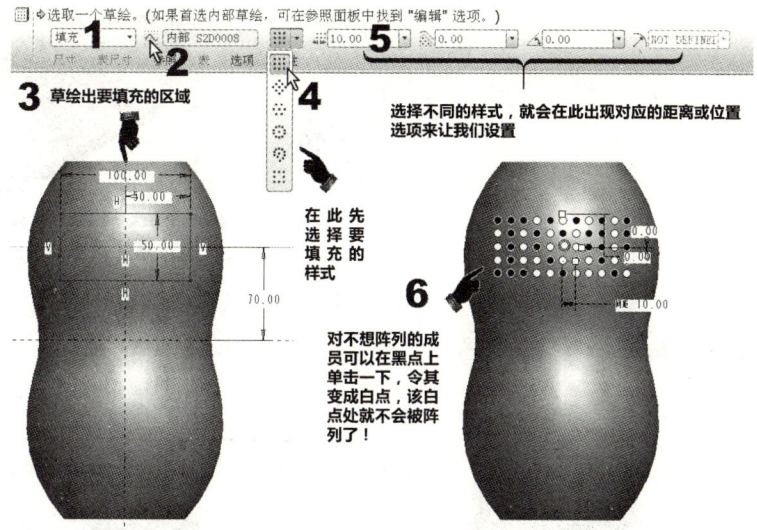

图6-43 填充阵列的操作

03 本例完成后,大家可再尝试练习其他不同的样式。
04 保存文件。

6.4.4 表阵列

任务说明

完成如图6-44所示的表阵列。

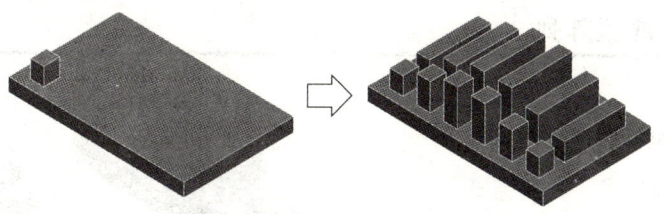

图6-44 表阵列完成图

重点、难点

本范例重点如下。
表阵列的操作。

相关文件

本范例视频文件:(02)avi(GB)\ch06\06-Exercise15.avi
本范例练习文件:(02)Exercise\ch06\06-Exercise15.prt
本范例完成文件:(02)Exercise\ch06\06-Exercise15_f.prt

任务实践

01 打开名为06-Exercise15的练习文件。
02 按图6-45所示的操作来完成表阵列。

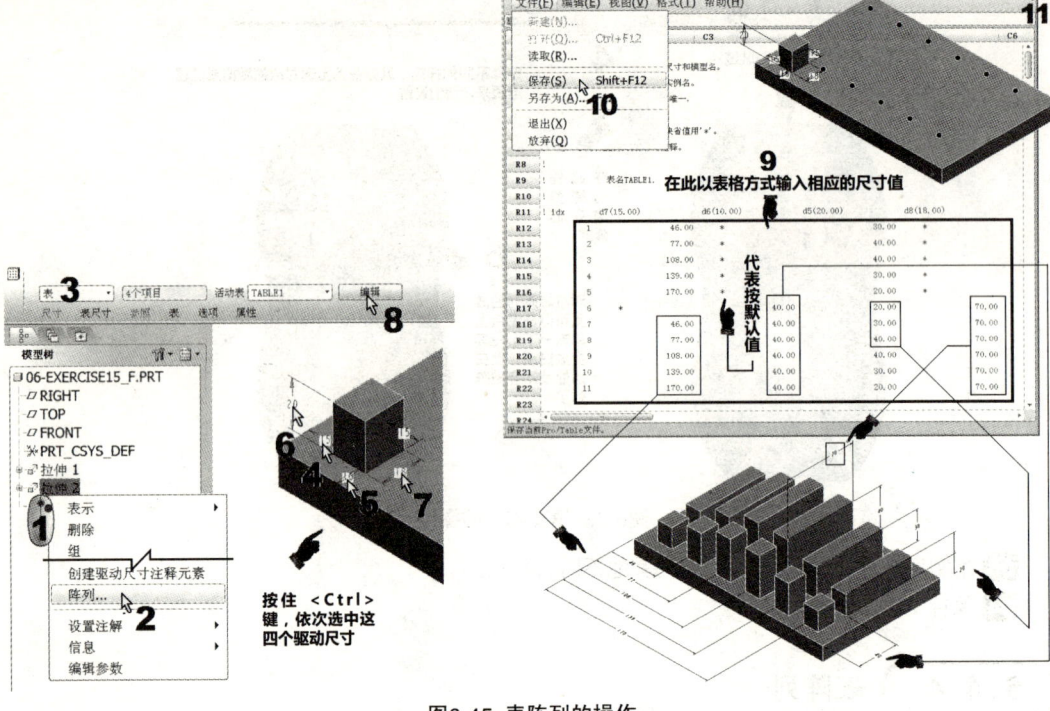

图6-45 表阵列的操作

03 保存文件。

6.4.5 曲线阵列

任务说明
完成如图6-46所示的曲线阵列。

重点、难点
本范例重点如下。
曲线阵列的操作。

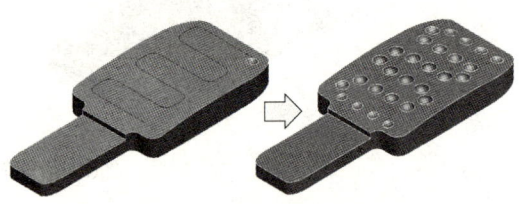

图6-46 曲线阵列完成图

相关文件
本范例视频文件：(02)avi(GB)\ch06\06-Exercise16.avi
本范例练习文件：(02)Exercise\ch06\06-Exercise16.prt
本范例完成文件：(02)Exercise\ch06\06-Exercise16_f.prt

任务实践

01 打开名为06-Exercise16的练习文件。在练习文件中有已绘好曲线的草绘图，以及圆球凹槽。

02 按图6-47所示的操作来完成曲线阵列。操作很简单，选中曲线草绘并设置阵列成员间距值即可。

第6章 编辑建模

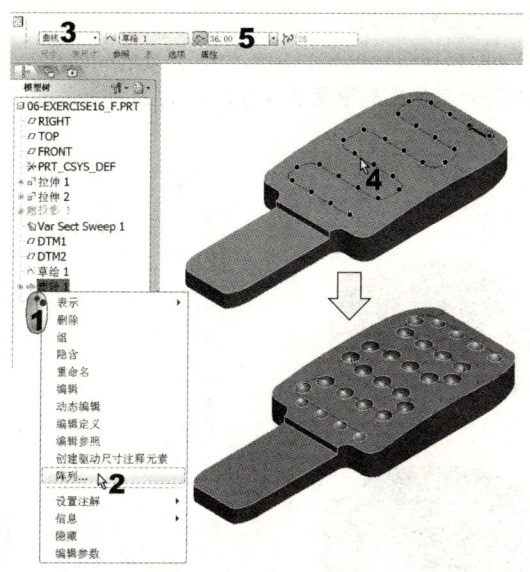

图6-47 曲线阵列的操作

03 保存文件。

6.4.6 点阵列

任务说明

完成如图6-48所示的点阵列。

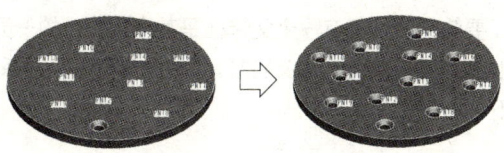

图6-48 点阵列完成图

重点、难点

本范例重点如下。

1. 点阵列的操作
2. 参照阵列的操作。

相关文件

本范例视频文件：(02)avi(GB)\ch06\06-Exercise17.avi
本范例练习文件：(02)Exercise\ch06\06-Exercise17.prt
本范例完成文件：(02)Exercise\ch06\06-Exercise17_f.prt

任务实践

01 打开名为06-Exercise17的练习文件。在练习文件中，我们已经使用"基准点"工具绘出若干个不规则自定义基准点。

02 按图6-49所示的操作来完成点阵列。

03 因为没有创建"组",所以按图6-49所示的操作法,只能阵列圆孔。还需要通过如图6-50所示的参照阵列操作来完成倒角的阵列。参照阵列很简单,Creo会自动找到参照图素,因此,不需要任何设置,就可以很快地完成阵列。

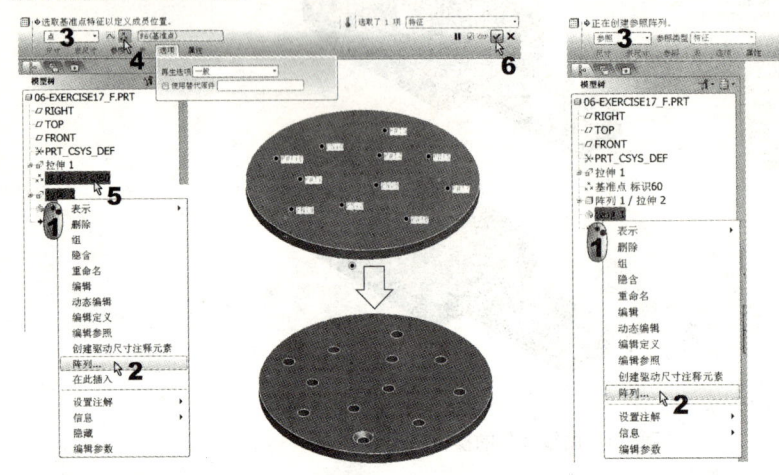
图6-49 点阵列的操作

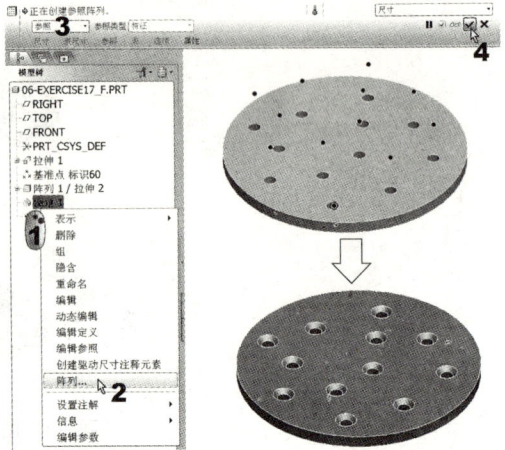
图6-50 参照阵列的操作

04 保存文件。

6.4.7 参照阵列

任务说明

参照阵列的意思就是说,要阵列的特征有一个父特征是某个阵列中的一员,这样,这个特征要阵列的时候,如果选择"参照"阵列,系统就会自动选中父特征,并以一样的阵列关系去进行阵列。这个示例已在如图6-50所示中完成,本节不再示范。

6.4.8 螺旋轴阵列

任务说明

先前用的"轴阵列"都是最基本的圆形阵列,但是实际上,它还可以完成如图6-51所示的"螺旋轴阵列"。

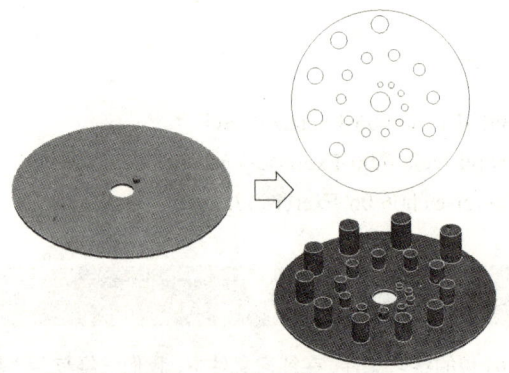
图6-51 螺旋轴阵列完成图

第6章 编辑建模

重点、难点

本范例重点如下。

螺旋轴阵列的操作。

相关文件

本范例视频文件：（02）avi（GB）\ch06\06-Exercise18.avi

本范例练习文件：（02）Exercise\ch06\06-Exercise18.prt

本范例完成文件：（02）Exercise\ch06\06-Exercise18_f.prt

任务实践

01 打开名为06-Exercise18的练习文件。

02 按图6-52所示的操作示意来完成螺旋轴阵列。

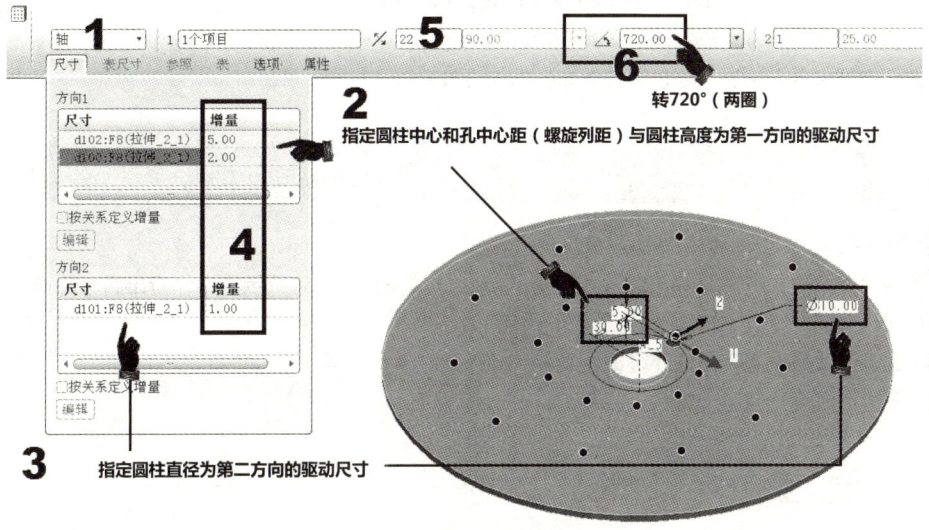

图6-52 螺旋轴阵列的操作

03 保存文件。

6.5 任务五　简易关系参数设计

一路到此，很多初学者一定以为模型是"死"的（固定的），要修改，一定要一个一个地改。事实不然，在三维CAD软件中，模型的结构一定是可以变化的，只是会用和不会用而已！在Creo 中，虽然参数设计是高级的课程，但是并不意味着初学者就不能先体会一下基本的内容，本节正是为此目的而设计的。

事实上，从前面各章的教学中，我们可以体会到本书某些章节的范例，在很多人眼里可能已经是提高级的程度了，但是我们认为，只要能让初学者轻松理解并学会的，先学会也没什么不好！

任务说明

如图6-53所示的简单范例，就是简易关系参数设计。在这个范例中，只要变更一个参数值，就可以瞬间改变模型，而不用一一去变更相关尺寸。这样，从现在起，"模型"的定义可能就具有更大的意义了！

重点、难点

本范例重点如下。

1. 关系尺寸（参数）的决定。
2. 关系公式的撰写。

新学的建模或编辑工具

1. "关系"工具（关系(T) 关系(R)）。属辅助工具，用来创建尺寸间的关系公式，借以按关系公式自动变更尺寸值。

2. "参数"工具（参数）。属辅助工具，用来设置关系公式中用到的参数，方便用户变更数值。

3. "程序"工具（ 程序(P)... ）。属辅助工具，用来将参数界面友好化，更有效地引导操作者。

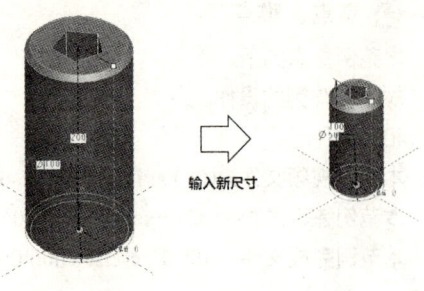

图6-53 简易关系参数设计完成图

相关文件

本范例视频文件：(02) avi (GB) \ch06\06-Exercise19.avi
本范例练习文件：(02) Exercise\ch06\06-Exercise19.prt
本范例完成文件：(02) Exercise\ch06\06-Exercise19_f.prt

任务实践

01 打开名为06-Exercise19的练习文件。

02 因为关系公式中需要先知道尺寸变量名，所以，请按如图6-54所示的操作查出四个关键尺寸变量名。然后，决定这四个尺寸间的关系公式如下。

d4（五边形凹槽顶点与圆柱外径的距离）＝sd0（圆柱直径）/4
d2（五边形深度）＝0.4×d0（圆柱高度）

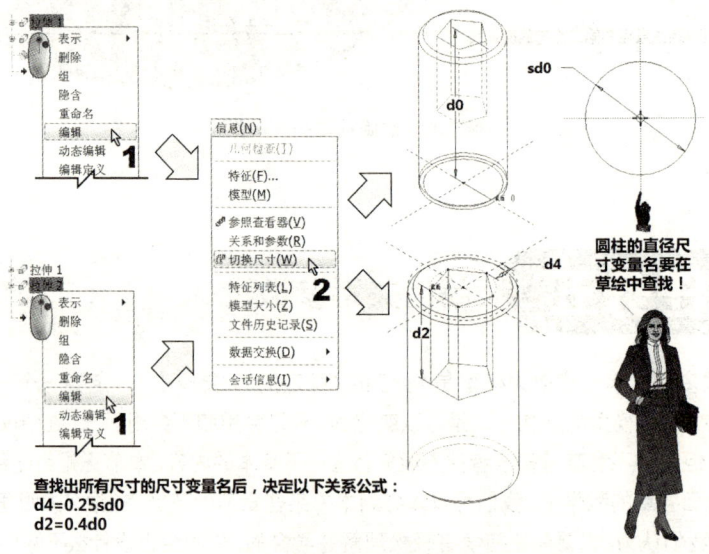

图6-54 决定关系公式的操作

03 接着，我们要按图6-55所示的操作来输入公式。因为尺寸所在的位置有两处，一处是模型外，而sd0那个尺寸则在草绘模式里，所以我们必须在这两个模式下，找各自的"关系"选项来输入。

04 最后,则是如何通过更改参数值来快速改变模型的操作,如图6-56所示。

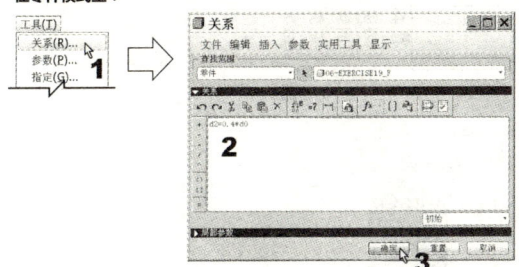

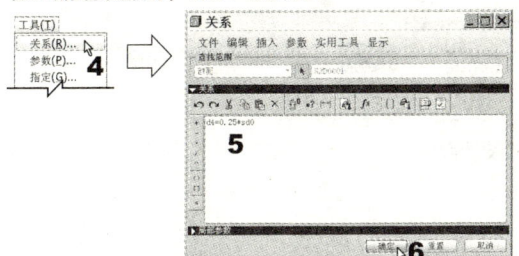

图6-55 输入关系公式的操作　　　　　　　　图6-56 变更尺寸值的操作(无参数)

05 以上实际操作的是"内行型"的参数设计法。意思就是说,只有用户本身就是设计者,或是知道要用那两个尺寸参数为变量的内行人,才会知道改那两个数值就可以改变模型。当然,系统是讲究周全的!如图6-57所示的,就是在如图6-55所示的基础上,再加入以中文参数名带领的公式,来引导操作者变更尺寸值。这个操作将带出Creo "参数"选项的应用。

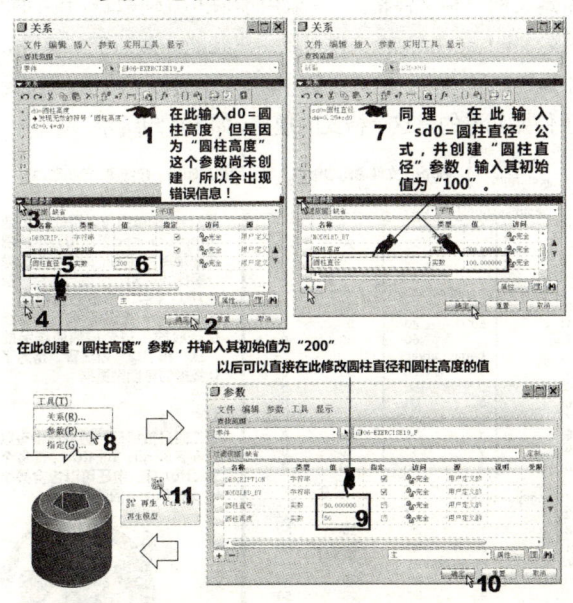

图6-57 使用参数来变更尺寸值的设置与操作

06 这样的设计是否已是更具友好性的操作界面?不是的!Creo还提供一个称为"程序"的功能,让设计可以达到真正的友好操作界面。这样,会更方便变量较多的模型。请按图6-58所示操作,图中步骤8~12,就是以后修改专用的操作界面。

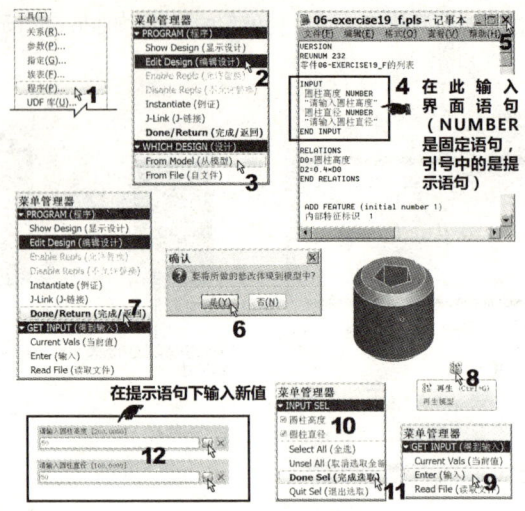

图6-58 程序的设计操作

07 保存文件。

6.6 知识点拓展

知识点1　什么是"ibl"文件？

ibl文件是通过Creo所定义的一种文件格式，可以用于输入几何数据，包括曲线、曲面和实体。要注意的是，一般初学者不会去撰写 ibl 文件，这个文件可以用来帮助一些研究级老手，将他们通过其他工程软件或三维坐标测量仪等计算或测量所得到的曲线数据，按 ibl 的格式输出，然后到 Pro/ENGINEER 里来画出这条曲线。因此，老手们要知道的是这个格式的规定。如图6-59所示，就是一个典型的ibl文件格式。

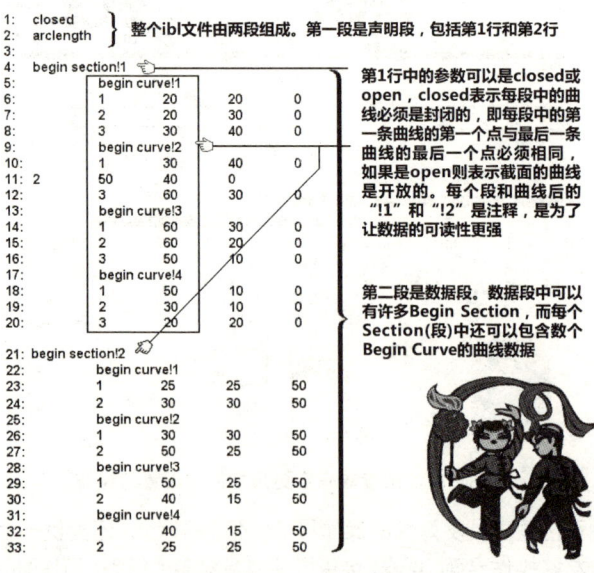

图6-59 典型的ibl文件格式

"ibl"文件的数据中,两点定义一条直线,两个以上的点就可定义一个样条曲线。如图6-59所示的第一个段,四条曲线都只有两个点,因此,它们是直线。而第二个段中的四条曲线都是三个点,因此它们都是样条曲线。ibl文件中的点的数据是点的坐标值,因此,在输入Creo时也需要指定一个坐标系。

知识点2　何谓随形阵列?

阵列的最高境界就是在曲面上也可以做阵列!所以,随着曲面的起伏做阵列,就称为"随形阵列",如图6-60所示。

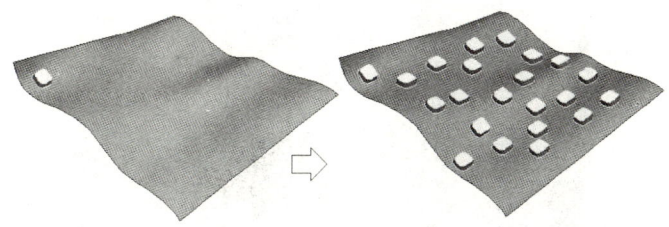

图6-60　随形阵列的范例

随形阵列是高级课程的主题,我们仅提供以下的完成文件供有兴趣的读者研究。
本范例完成文件: (02)Exercise\ch06\06-ref01.prt

6.7　习题

1. 请使用本书所教的工具,创建出如图6-61所示的模型(本题主要考"倾斜"、"倒圆角"、"壳"等工具的操作,尺寸不足处,请自定义或查找解答文件)。

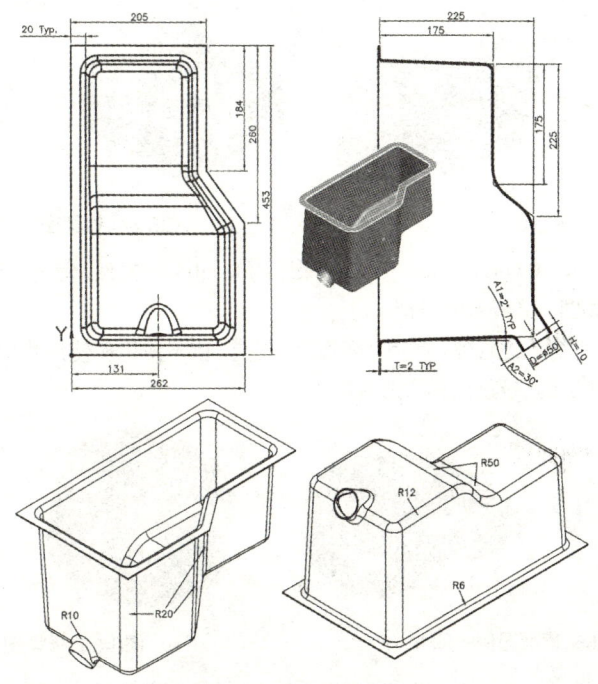

图6-61　模型图例(一)

解题提示

本题的难点在于，若按尺寸图的模型制作，上视图的凹部和侧面图的凹部并不在同一个平面上，那么会在关键处（不同的圆角半径交会处）做倒圆角操作时出现问题，"过渡"的类型不管选哪一个，都会很难看，而且不一定成功！所以，解答文件修改了模型，令上视图的凹部和侧面图的凹部在同一平面上，如图6-62所示。这样，修出来的圆角会比较漂亮！

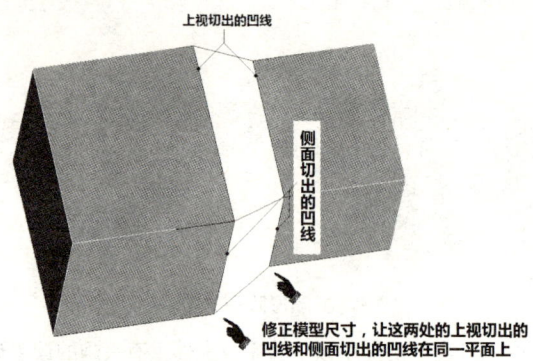

图6-62 修正模型尺寸示意图

另外，修关键处的倒圆角时，顺序也很重要！先修哪一组再修哪一组，顺序不同，"过渡"的情况可能不同，结果也会不同！

2. 请打开范例光盘中，(02) Questions\ch06目录下的06-q02.prt文件，使用"倾斜"工具编辑出如图6-63所示的模型。

3. 请打开范例光盘中，(02) Questions\ch06目录下的06-q03.prt文件，使用"倒角"工具，以"过渡"的方式编辑出如图6-64所示的模型。

图6-63 模型图例（二）　　　　　　　图6-64 模型图例（三）

4. 请打开范例光盘中，(02) Questions\ch06目录下的06-q04.prt文件，使用"倒圆角"工具，以"垂直于骨架"的方式编辑出如图6-65所示的模型。

5. 请自行绘出一个任意的圆柱体，使用"倒圆角"工具，以不使用和使用"过渡"两种方式，编辑出如图6-66所示的模型。然后，比较这两种方法有何不同。

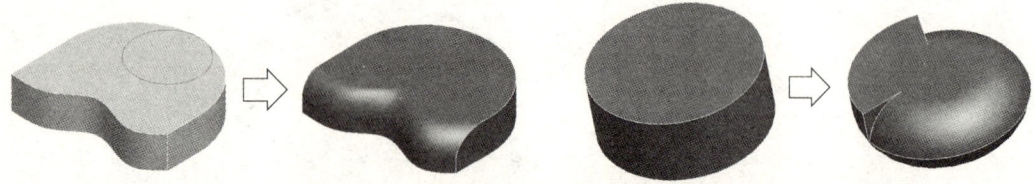

图6-65 模型图例（四）　　　　　　　图6-66 模型图例（五）

6. 请打开范例光盘中，(02)Questions\ch06目录下的06-q06.prt文件，分别使用"倒圆角"和"倒角"工具，编辑出如图6-67所示的模型（圆角、倒角的尺寸与过渡类型都可以自定义）。

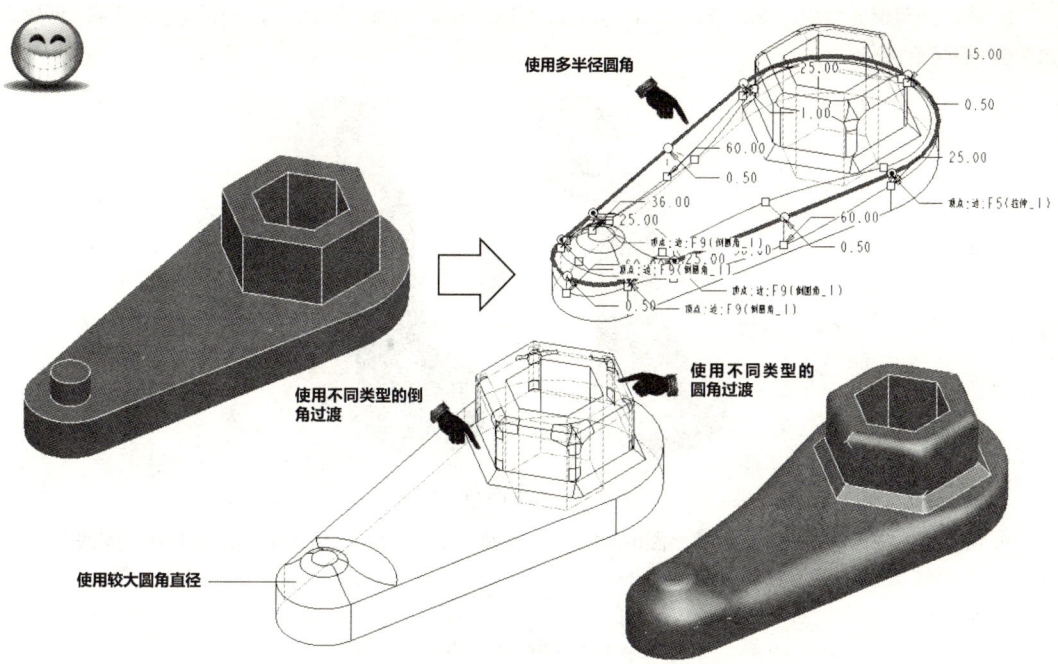

图6-67 模型图例(六)

7. 请使用本章所教的方法,创建出图6-68所示的模型(本题主要考"阵列"操作,尺寸不足处,请自定义或查找解答文件)。

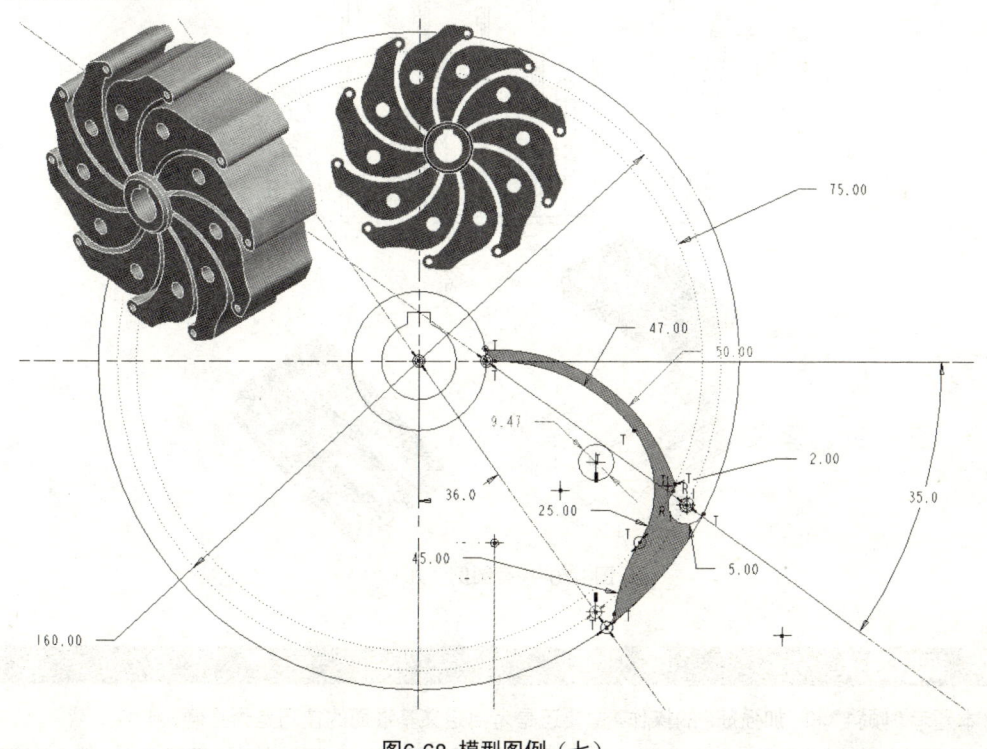

图6-68 模型图例(七)

8. 请打开范例光盘中，(02) Questions\ch06目录下的06-q08.prt文件，使用"曲线阵列"工具，创建出如图6-69所示的模型。

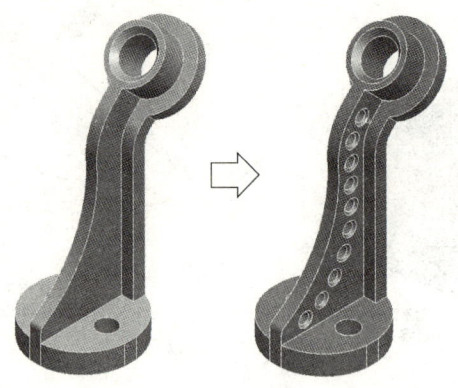

图6-69 模型图例（八）

9. 请使用本书所教的工具，创建出图6-70所示的模型（尺寸不足处，请自定义或查找解答文件）。

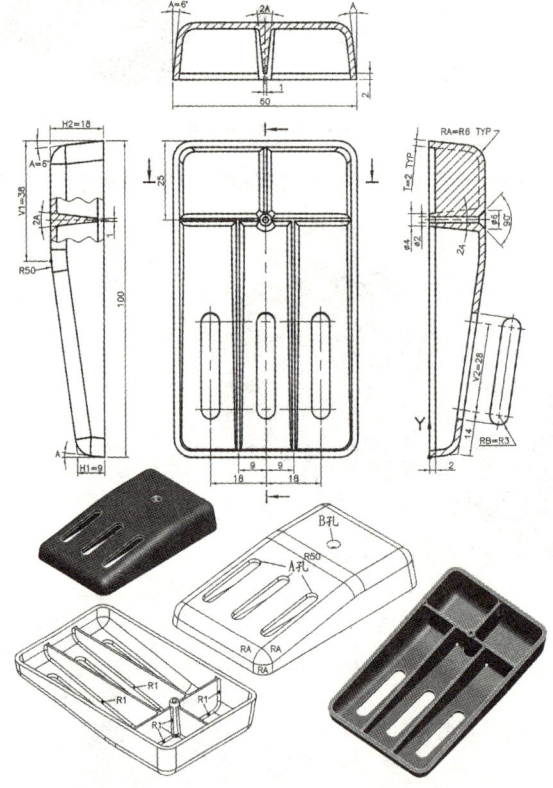

图6-70 模型图例（九）

 解题提示

本题考"倾斜"和"加强筋"的操作。主要还是考自定义基准面的技巧是否正确、纯熟。

10. 请打开范例光盘中，(02) Questions\ch06目录下的06-q10.prt文件，使用"倒圆角"中的"过渡"功能，编辑出如图6-71所示的局部倒圆角模型（圆角尺寸可自定义）。

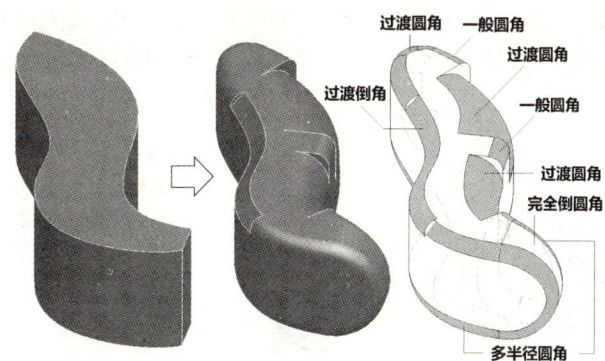

图6-71 模型图例(十)

11. 请打开范例光盘中,(02) Questions\ch06目录下的06-q11.prt文件,使用"填充阵列"工具,创建出图6-72所示的模型(尺寸请自定义)。

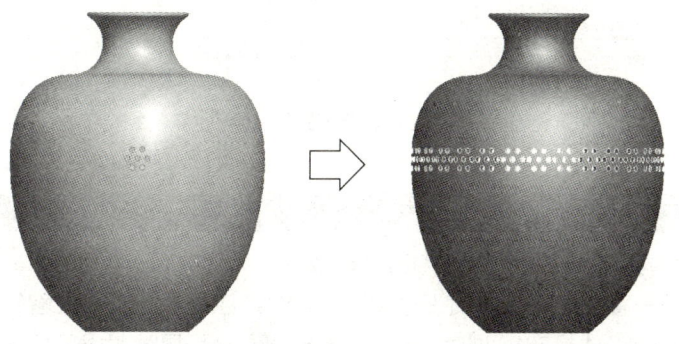

图6-72 模型图例(十一)

12. 请使用本书所教的"阵列"工具,创建出图6-73所示的四个模型(尺寸请自定义)。

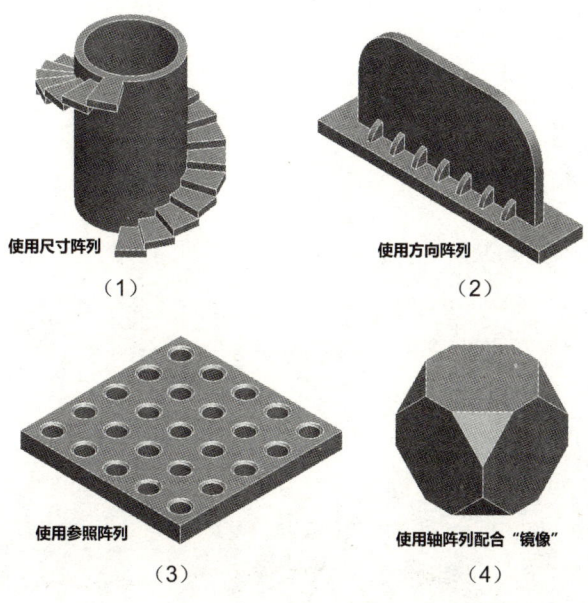

图6-73 模型图例(十二)

13. 请使用本书所教的工具，创建出如图6-74所示的两个模型（尺寸不足处，请自定义或查找解答文件）。然后，请使用本章最后一节的方法，设计一个关系参数，让操作者得以在同一个界面下变更关系值，就可以改变模型。

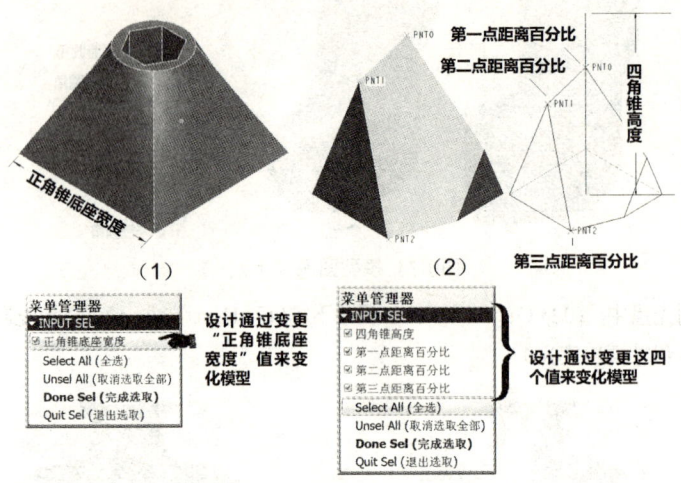

图6-74 模型图例（十三）

 解题提示

针对图6-74中有必要提示的题目，提供操作提示如下：

（1）第1题：这一题的截头四角锥还是使用"扫描混合"工具来建这个模。解答文件里的公式令它变为正四角锥。要用关系公式规范中间的六角孔不能大于顶圆直径，同时，六角孔的深度不能大于截头四角锥的高度。要当做变数的关键尺寸是这个正截头四角锥的底座宽度。

（2）第2题：这一题还是使用"扫描混合"工具来建的正四角锥，但是用一个通过三点所形成的面来斜截。所以，关键的变量是四角锥高度与那三个点在其所在边的边长百分比。

第 7 章

装配基础

当用户将三维模型创建出来后,在传统的设计图上,还需要画出其装配图和分解图(或称"爆炸图")。本章将学习Creo的基本装配操作。

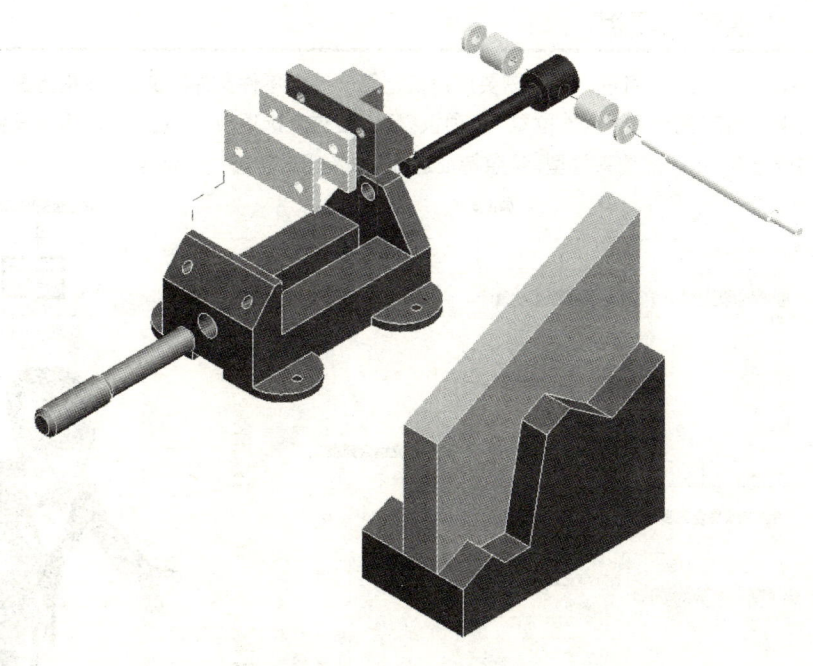

7.1 装配的操作界面

首先,请按图7-1所示的操作来新建一个组件文件,并进入Creo的装配模式中。

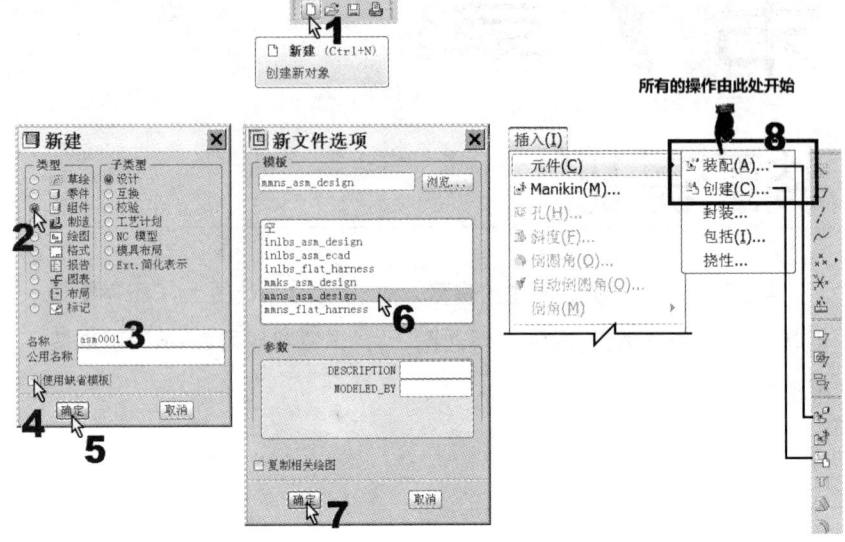

图7-1 新建组件文件的操作

7.1.1 装配选项板

当按照图7-1所示操作后,将进入一个需要用户指定第一装配零件文件的窗口。在指定第一个零件文件后,系统将出现如图7-2所示的"组件位置"选项板界面。在这个选项板中,我们可以用来设置放置组件时,显示组件的屏幕窗口、装配约束类型、参照特征选择,以及组合状态的显示等。

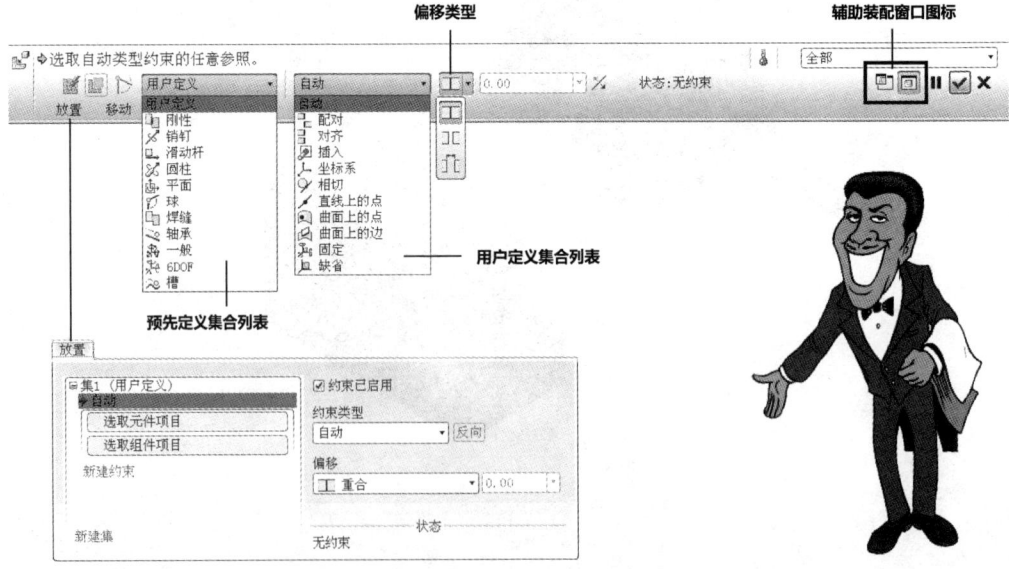

图7-2 "组件位置"选项板界面

以下，我们就针对选项板中的各部位成员作详细的介绍。

1. 下选项板部分。表7-1将说明下选项板部位的图标按钮成员。

表7-1 下选项板的图标按钮或列表选项说明

图标按钮	说 明	
		使用界面来放置组件。
		采用手动方式来放置组件。
		将用户定义集合转换成预定义集合或相反。
预先定义集合列表	预先定义集合列表（Predefined Set List）主要用来设置零件的机械装配特性，装配后零件是可动态运动的。这些约束选项广泛应用在机构设计中，属提高级装配工具，非本书所讲范围。	
		用户定义（User Defined）。创建用户定义的约束集合。
		刚性（Rigid）。不得移动组件内的组件。
		销钉（Pin）。包含移动轴和平移约束。
		滑动杆（Slider）。包含移动轴和旋转约束。
		圆柱（Cylinder）。包含旋转轴，可进行360°的移动。
		平面（Planar）。包含平面约束，可沿参照平面进行旋转和平移。
		球（Ball）。包含点对齐约束，可进行360°的移动。
		焊缝（Weld）。包含一个坐标系和一个偏移值，可将固定方位的组件"焊缝"到组件中。在旧版中，它叫"焊接"。
		轴承（Bearing）。包含点对齐约束，可沿着轨迹进行旋转。
		一般（General）。创建两个约束的用户定义集合。在旧版中，它叫"常规"。
		6DOF。包含一个坐标系和一个偏移值，可朝所有方向移动。
		槽（Slot）。包含点对齐，可沿着非直线轨迹进行旋转。
用户定义集合列表	用户定义集合列表主要用来装配静态固定式的零件，是本书主要教学内容。选中用户定义集合时，默认设置为"自动"，但可手动变更此设置。	
	自动	系统将根据所选取的参照和它们的方向来选取合适的约束，并创建在相互装配的组件上，其曲面和组件曲面间的参照。
		配对（Mate）。定位两个相同类型的参照，使其彼此面对。它有"偏移"、"定向"和"重合"三种偏移方式（在"放置"选项卡中）可配合设置。在旧版中，它叫"匹配"。
		对齐（Align）。定位两个平面在同一平面上（重合且方向相同），两条轴线同轴或两个点重合。它也有和"配对"相似的三种偏移方式。
		插入（Insert）。将一个旋转曲面插入另一个旋转曲面内，且两面的轴线共轴。
		坐标系（Coordinate System）。当两个参照坐标系对齐，且其相应轴线互相重合时（即X轴相应X轴、Y轴相应Y轴、Z轴相应Z轴），将组件坐标系与组件坐标系加以对齐。
		相切（Tangent）。定位两个不同类型的参照，让其彼此面对，而接触点为切线。
		直线上的点（Point on Line）。将点置于直线上。用来控制参照边、轴线，或基准曲线与参照点的接触。
		曲面上的点（Point on Surface）。将点置于曲面上。用来控制参照曲面与参照点的接触。
		曲面上的边（Edge on Surface）。将边置于曲面上。用来控制参照曲面与参照边的接触。
		固定（Fix）。固定被移动或封装组件的当前位置。
		缺省（Default）。将组件坐标系与默认的组件坐标系加以对齐。

续表

图标钮		说明
偏移类型		在"偏移类型"内的图标按钮,用来指定"配对"或"对齐"约束的偏移类型。
	重合	重合(Coincident)。让组件参照与组件参照彼此重合。它也是系统默认的选项,即设置两参照间的偏移量为零。
	定向	定向(Oriented)。让组件参照定向于同一平面且与组件参照平行。
	偏距	偏距(Offset)。组件将参照组件参照里,输入在图标右边输入框里的偏移值。它可以是距离偏移量,也可以是下面那个角度偏移量。
	角度	角度偏距。组件将参照组件参照里,输入在图标右边输入框里的角度值。它可以是角度偏移量,也可以是上面那个距离偏移量。
	切换	可在"配对"和"对齐"约束之间进行切换。

2. 上选项板右边的辅助装配窗口图标。表7-2将说明这里的两个图标按钮。

表7-2 上选项板右边的辅助装配窗口图标按钮说明

图标按钮	说明
	指定组件约束时,在另一个窗口(子窗口)中显示该导入组件。
	在主窗口内显示导入组件,并在指定约束时更新导入组件位置。

当上述两个图标同时被选中时,可将此导入组件同时显示在主窗口及子窗口中,其效果如下图所示。这样,一些不容易选取到的对象,就可以使用这个方法来选取。

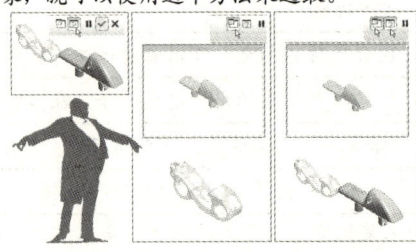

3. "放置"选项卡。选择此选项卡后,将出现如图7-3所示的设置框。用来打开并显示组件位置和连接对定义。

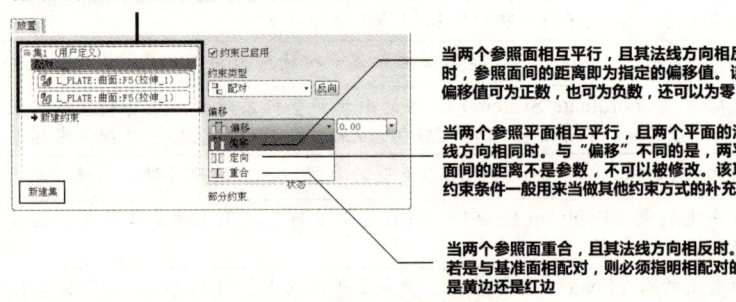

图7-3 "放置"选项卡的内容

4. "移动"选项卡。用来移动要装配的组件,以更轻松地存取该组件。当此选项卡处于活动状态时,会暂停所有其他组件的放置操作。要移动的组件必须是封装组件,或已配置有预定义的约束集合。其内容如下。

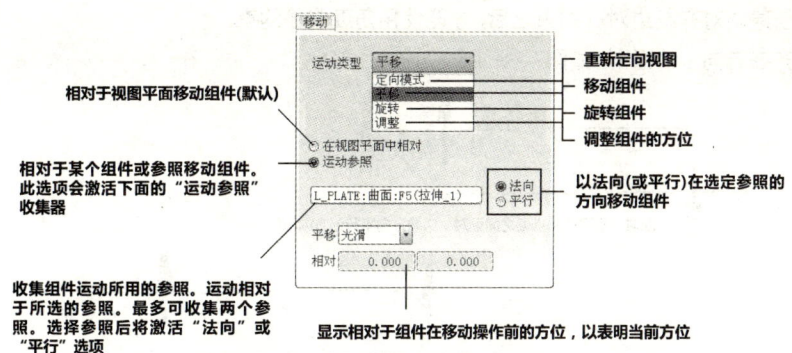

图7-4 "移动"选项卡的内容

5. "挠性"选项卡。此选项卡只适用于具有已定义挠性的组件。选择"可变项目"选项,就会打开"可变项目"设置框,而组件放置操作会暂停。本章稍后会有范例。

7.1.2 零件装配的基本方法——约束关系

在开始进行装配时,我们必须合理地选取一个组件来作为"起始组件"。起始组件是整个装配模型中最为关键的一个组件。在装配过程中,各个组件或子组件均以一定的约束关系,来和起始组件装配在一起。这样,各个组件和起始组件之间,就形成了"父子关系"。这个起始组件将作为各组件的装配父组件。若删除此父组件,则和其相连的所有组件或子组件将一起被删除,换句话说,在装配过程中,若删除了起始组件,那么整个组件将被全部删除。所以,必须注意,在整个装配过程中,绝不可删除起始组件!

指定了起始组件后,就要选取其余的装配组件或子组件。然后,将组件或子组件以一定的装配约束关系,来和起始组件组合在一起,以形成完整的装配件。

在装配过程中,也常常使用系统所默认的模板。例如,以三个默认的基准平面,以及一个默认的坐标系,来作为装配的第一个特征。使用基准平面作为第一特征有以下优点。

1. 可以回复装配第一个组件的放置约束。
2. 可以阵列添加的第一个组件,从而创建灵活的设计。
3. 可以将后面的组件重新排列,使之排在第一个组件之前(只要这些组件不是第一个组件的子组件)。

如图7-3所示,在左边框中选择最下面的"新建集",就可以设置多组装配状态。

7.1.3 使用约束条件的原则

放置约束指定了一对参照的相对位置,也是整个装配操作的灵魂。因此,在放置约束时,请遵守下述的一般原则。

1. 使用"配对"和"对齐"时,两个参照必须属于同一类型(例如,平面对平面、旋转对旋转、点对点、轴对轴)。"旋转曲面"指的是通过旋转一个剖面,或者拉伸一个圆弧/圆,而形成的一个曲面。在放置约束中,只能使用下列曲面:平面、圆柱、圆锥、环面、球面。
2. 使用"配对"和"对齐"并输入偏移值后,系统将显示偏移方向。对于反方向偏移,要用负偏移值。
3. 系统一次只能添加一个约束。例如,不能用一个"对齐"选项,将一个零件上两个不同的孔,来和另一个零件上的两个不同的孔对齐。要如此做,必须定义两个不同的对齐约束。
4. 可以组合地使用放置约束,以便完整地指定放置和定向。例如,可以将一对曲面约束为对齐重合,另一对则约束为插入,还有一对约束为配对定向。

5. 只有在创建轴对齐或边对齐约束之后,才能使用角度偏移约束。

配对和对齐在方向上的区别,如图7-5所示。

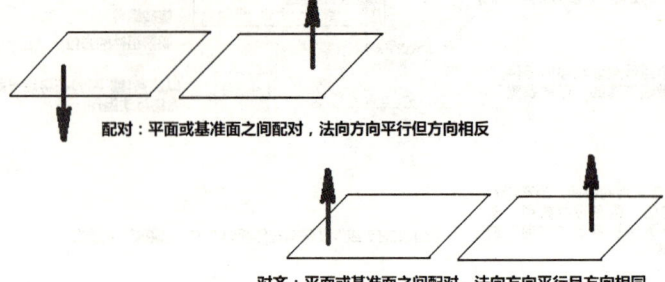

图7-5 配对和对齐在方向上的区别

7.2 基础装配实际操作

现在,我们就要直接进入基础装配的实际操作。我们特别为用户设计了几个很实用又简单的装配类型范例,让用户迅速地了解Creo的装配操作概念和应用方法。

7.2.1 基本装配

@ 任务说明

本范例要来完成如图7-6所示的装配模型。本范例将练习的装配选项有:(1)缺省;(2)配对;(3)对齐。

@ 重点、难点

本范例重点如下。

1. 装配零件与基准面的关系。

2. "缺省"、"配对"和"对齐"装配工具的操作。

3. 了解完全约束和部分约束的差别。

图7-6 基本装配完成图

@ 新学的装配工具

"装配"工具( )。属基本装配工具,用来将指定的零件文件装配在一起。

@ 相关文件

本范例视频文件:(02)avi(GB)\ch07 \07-Exercise01.avi

本范例配合文件:(02)Exercise\ch07\07-Exercise01目录下的四个prt文件

本范例完成文件:(02)Exercise\ch07\07-Exercise01\07-Exercise01.asm

→ 任务实践

01 按图7-1所示的方法,新建一个名为 "07-Exercise01" 的新组件文件。如图7-7所示,组件文件也有自己的基准面和坐标系,其名称都加上ASM_字样。

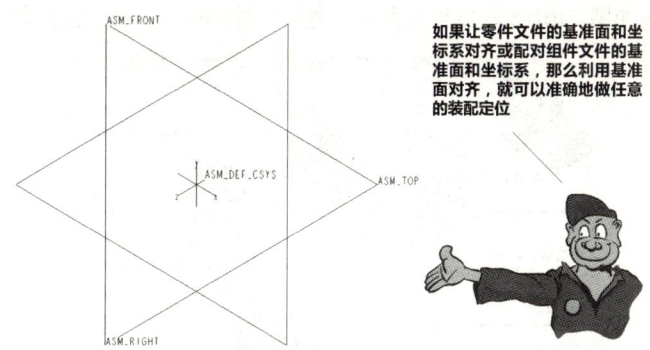

图7-7 组件文件的基准面和坐标系

02 然后,我们开始按图7-8所示的操作,将第一个零件文件L_plate.prt(L形板)装配进来。

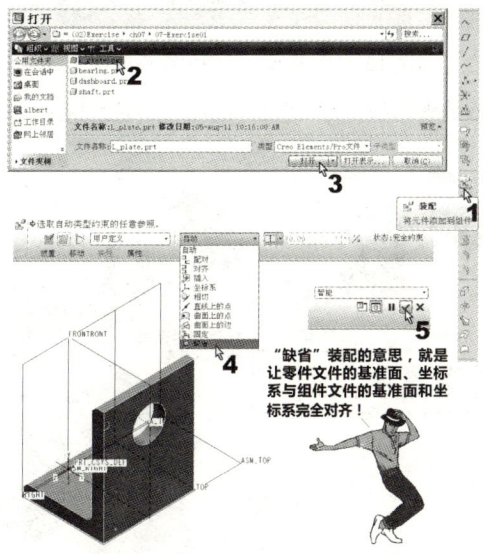

图7-8 装配第一个零件的操作

03 接着,因为L形板是一对,所以重复如图7-8所示步骤1~3的操作,再将L形板加载一次,但是后续的装配操作则按图7-9所示的操作来进行。

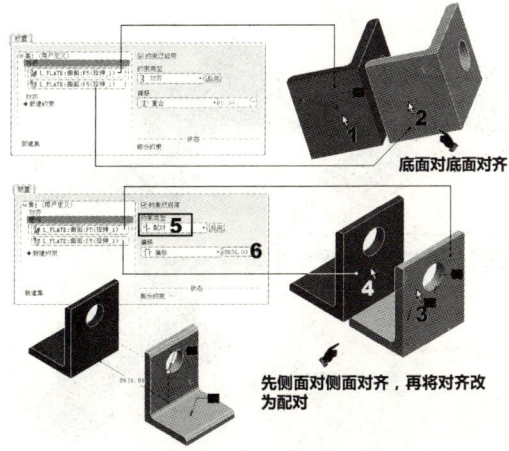

图7-9 装配第二个零件的操作

04 现在，我们要如图7-10所示，继续装配轴承零件文件bearing.prt。这个操作要重复两次。

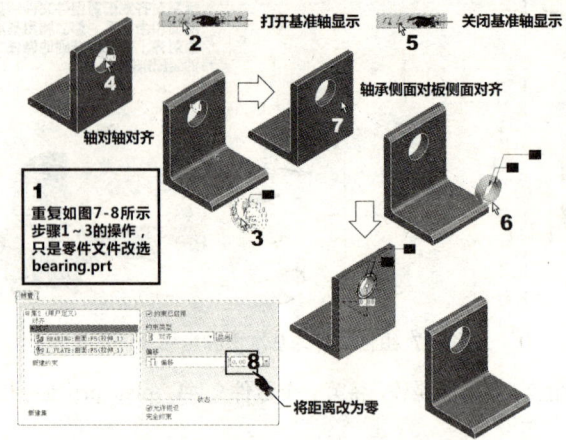

图7-10 装配第三、第四个零件的操作

05 接下来，我们再将中间的碟形板零件文件dashboard.prt装配进来。如图7-11所示。

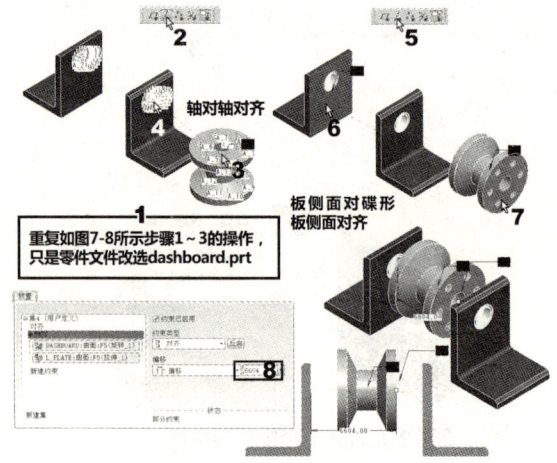

图7-11 装配第五个零件的操作

06 最后，我们要如图7-12所示，将轴零件文件shaft.prt装配进来。

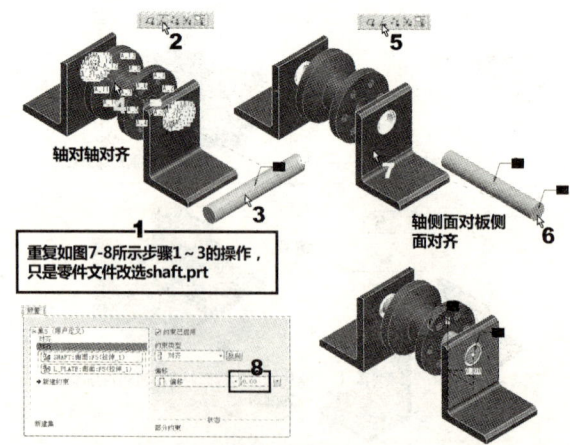

图7-12 装配第六个零件的操作

07 完成后,我们在特征树区发现装配特征的名称前有一些特殊符号。我们特别将其图示说明如图7-13所示。

08 针对部分约束的零件,如果我们再如图7-14所示,将其改为完全约束后,结果会如何呢?首先,我们先处理L形板的部分约束。

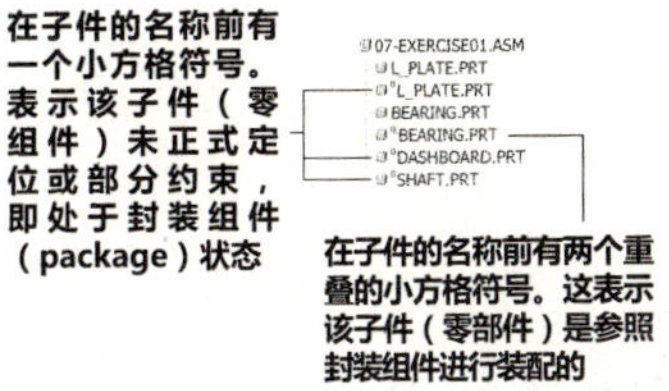

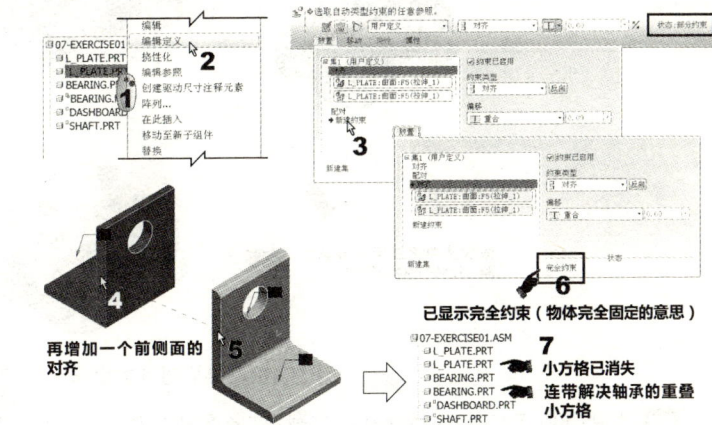

图7-13 装配特征的符号说明　　图7-14 将L形板的部分约束改为完全约束的操作

当父层装配特征已改为完全约束时,属于子装配零件的碟形板零件和轴零件其实也已是完全约束,只是符号还没有更新而已。只要分别在这两个零件特征名称上单击鼠标右键,选择"编辑定义"选项进入后,就会看到装配状态已显示为完全约束。这时,不用任何操作,只要单击 ✓ 结束即可。

从本范例我们得知,完全约束和部分约束都可以存在于组件文件中,只是部分约束在某一方向还存在可移动或旋转的自由度,而完全约束则在已充分固定的状态下。

09 保存文件。

7.2.2 插入装配

任务说明

本范例要来完成如图7-15所示的装配模型。本范例练习的装配选项有:(1)基准面对齐;(2)配对;(3)对齐;(4)插入。

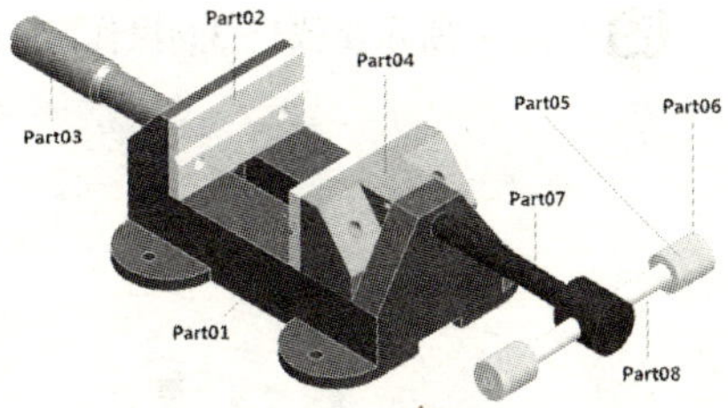

重点、难点

本范例重点如下。
1. 装配零件与基准面的关系。
2. "插入"装配工具的操作。

相关文件

本范例视频文件:(02)avi(GB)\ch07 \07-Exercise02.avi

本范例配合文件:(02)Exercise\ch07\07-Exercise02目录下的八个prt文件

本范例完成文件:(02)Exercise\ch07\07-Exercise02\07-Exercise02.asm

图7-15 插入装配完成图

任务实践

01 按图7-1所示的方法,新建一个名为 07-Exercise02的新组件文件。

02 按图7-8所示步骤1~3的操作,加载第一个零件文件Part01.prt。这次,我们不选"默认",让零件文件的三个标准基准面直接与组件文件的三个标准基准面对齐！如图7-16所示。

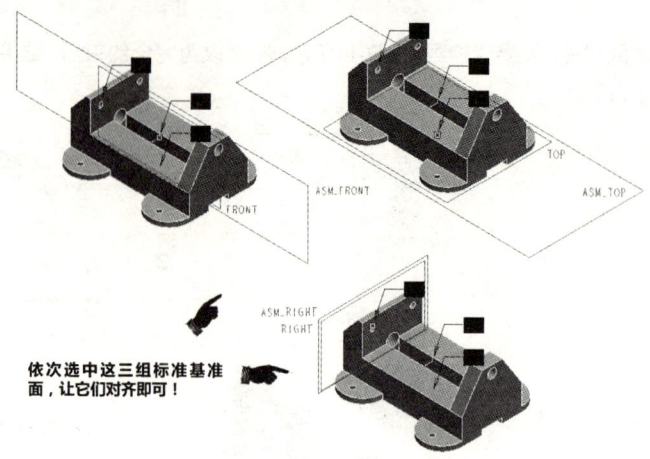

图7-16 基准面对齐的操作

03 按图7-8所示步骤1～3的操作，加载第二个零件文件Part02.prt，如图7-17所示。

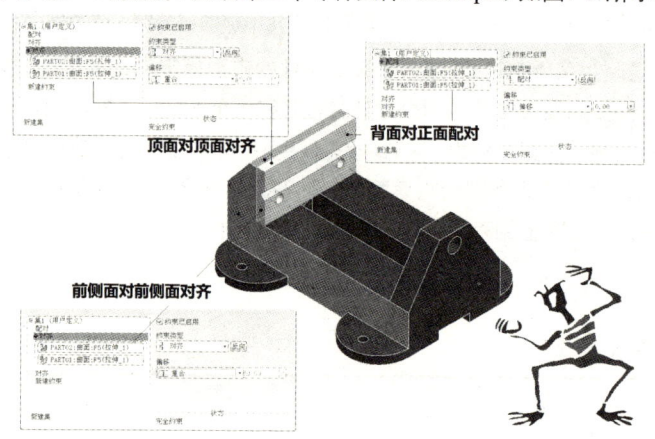

图7-17 第二个零件文件的操作

04 按图7-8所示步骤1～3的操作，加载第三个零件文件Part03.prt，如图7-18所示。

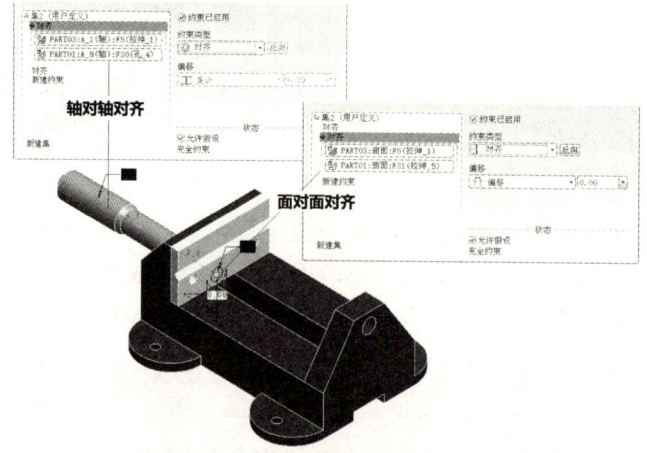

图7-18 第三个零件文件的操作

05 按图7-8所示步骤1~3的操作,加载第四个零件文件Part04.prt,如图7-19所示。

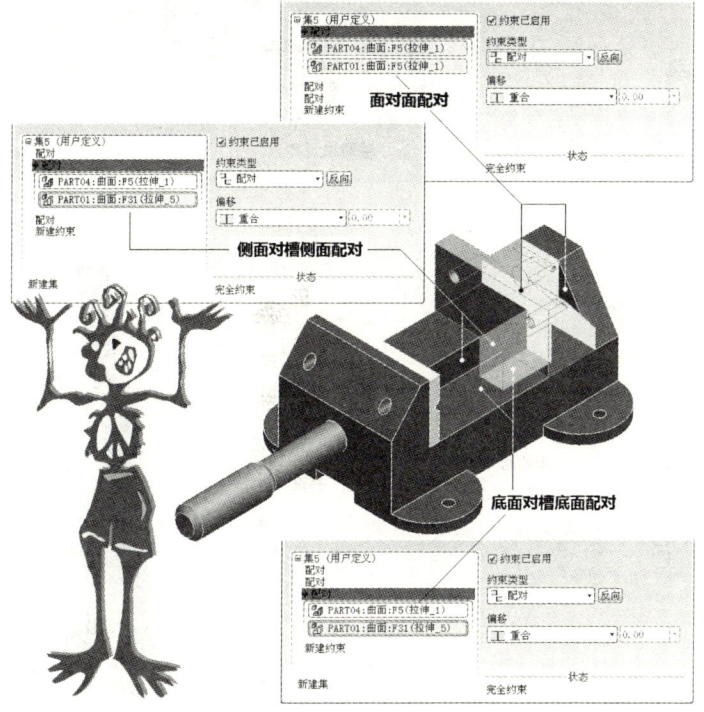

图7-19 第四个零件文件的操作

06 按图7-17所示的操作,完成另一边的Part02.prt装配。

07 按图7-8所示步骤1~3的操作,加载第七个零件文件Part07.prt,如图7-20所示。

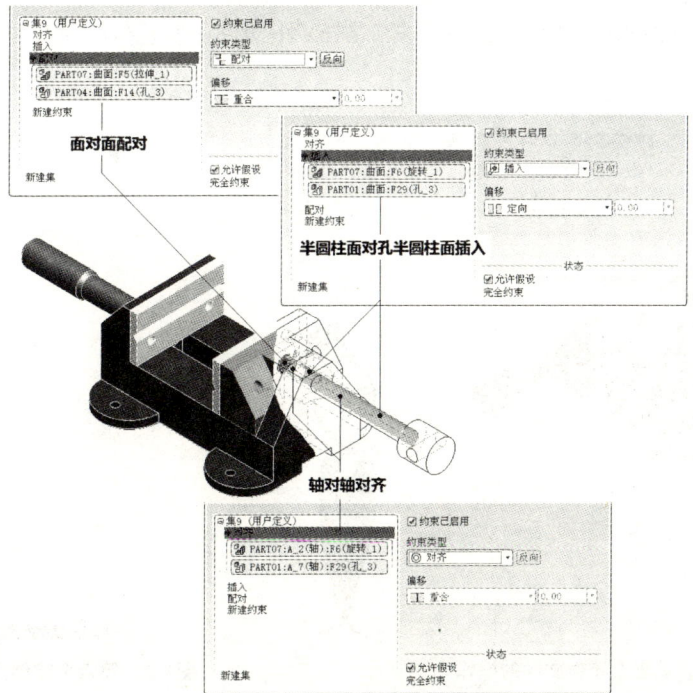

图7-20 第七个零件文件的操作

08 按图7-8所示步骤1～3的操作,加载第八个零件文件Part08.prt,如图7-21所示。

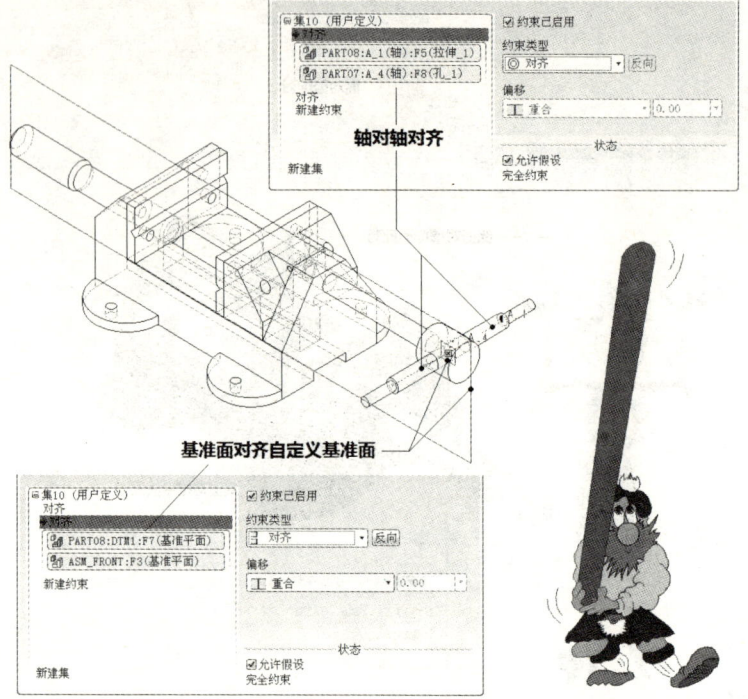

图7-21 第八个零件文件的操作

09 按图7-8所示步骤1～3的操作,加载第五个零件文件Part05.prt,如图7-22所示。然后,完成另一边的装配。

10 按图7-8所示步骤1～3的操作,加载第六个零件文件Part06.prt,如图7-23所示。然后,完成另一边的装配。

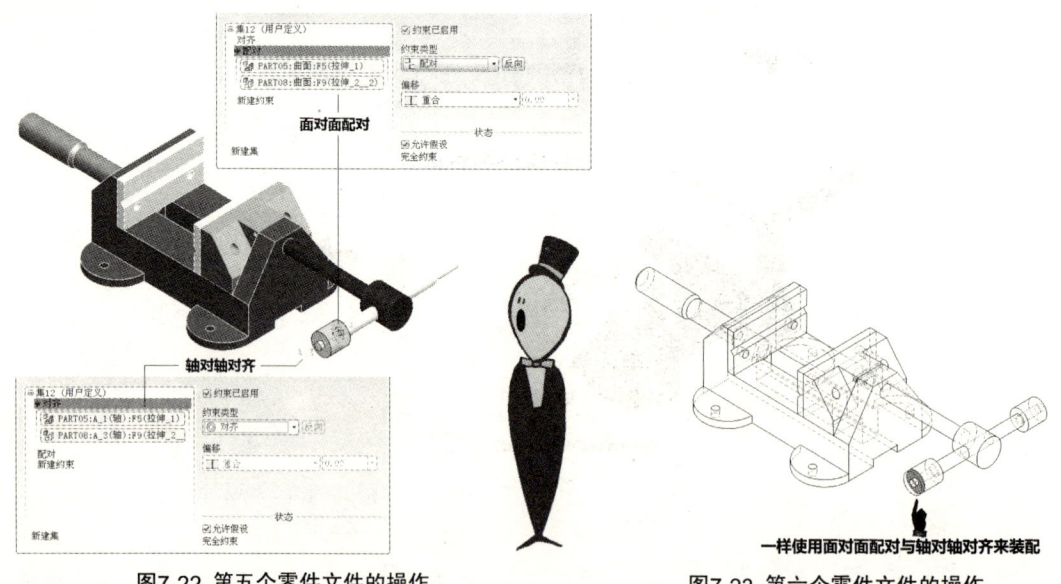

图7-22 第五个零件文件的操作　　　　　图7-23 第六个零件文件的操作

11 保存文件。

7.2.3 坐标系装配

@ 任务说明
本范例要来完成图7-24所示的装配模型。本范例练习的装配选项有：（1）缺省；（2）坐标系。

@ 重点、难点
本范例重点如下。
1. 坐标系装配的影响。
2. "坐标系"装配工具的操作。

@ 相关文件
本范例视频文件：(02)avi(GB)\ch07\07-Exercise03.avi

本范例配合文件：(02)Exercise\ch07\07-Exercise03目录下的两个prt文件

本范例完成文件1：(02)Exercise\ch07\07-Exercise03\07-Exercise03.asm

本范例完成文件2：(02)Exercise\ch07\07-Exercise03\07-Exercise03_Modify.asm

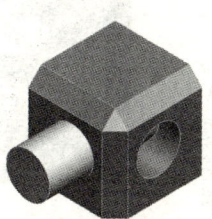

图7-24 坐标系装配完成图

→ 任务实践

01 请打开(02)Exercise\ch07\07-Exercise03目录下的ex3_part01零件文件。如果希望能利用坐标系来控制装配零件的方向，那么在主要零件上就要设置一个新的坐标系。对于自定义的坐标系，系统会从cs0开始编号。因此，需要执行定义part01零件cs0坐标系的操作，如图7-25所示。

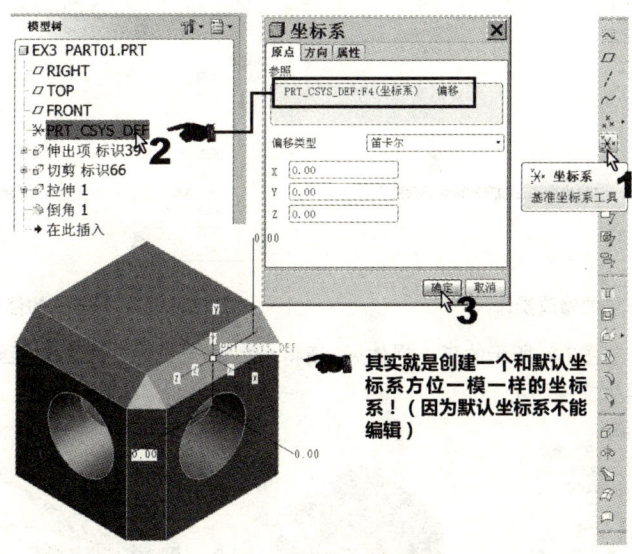

图7-25 创建cs0坐标系的操作

02 按图7-1所示的方法，新建一个名为07-Exercise03的新组件文件。

03 使用"缺省"选项来装配part01.prt零件文件。

04 接着，按图7-8所示步骤1～3的操作，加载第二个零件文件ex3_part02.prt。然后，选择如图7-26所示的"坐标系"选项来装配它。

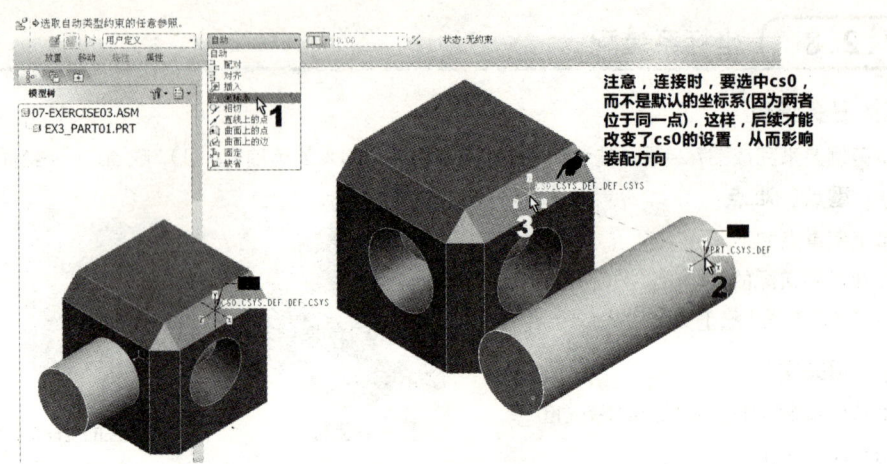

图7-26 坐标系对齐的操作

05 现在，请按照如图7-27或图7-28所示的操作，来改变cs0坐标系的方向设置。如果改用如图7-28所示的定义方法也可以达到一样的效果。

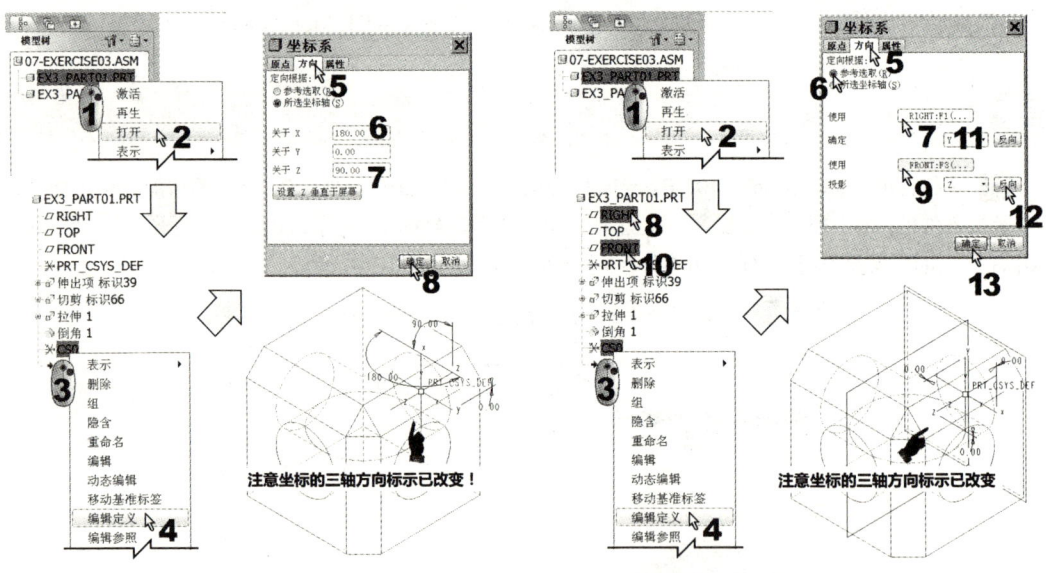

图7-27 坐标系方位的修改操作（一）　　　图7-28 坐标系方位的修改操作（二）

06 采用如图7-27或图7-28所示的任一操作后，请将ex3_part01.prt文件保存，回到装配文件中来。再按图7-29所示的操作再生文件即可。

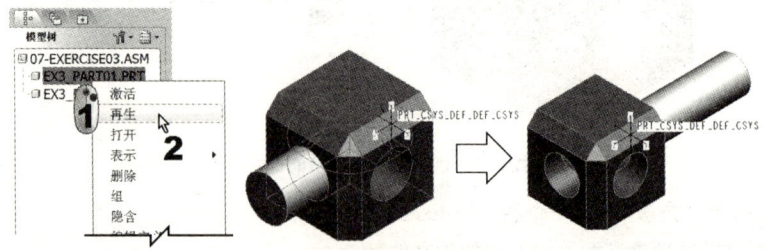

图7-29 再生操作

07 保存文件。

7.2.4 相切装配

任务说明
本范例要来完成图7-30所示的装配模型。本范例练习的装配选项有：(1)缺省；(2)相切；(3)旋转。

重点、难点
本范例重点如下。
1. "相切"装配工具的操作。
2. 部分约束(自由度状态)的旋转操作。

相关文件
本范例视频文件：(02)avi(GB)\ch07 \07-Exercise04.avi

本范例配合文件：(02)Exercise\ch07\07-Exercise04目录下的两个prt文件

本范例完成文件：(02)Exercise\ch07\07-Exercise04\07-Exercise04.asm

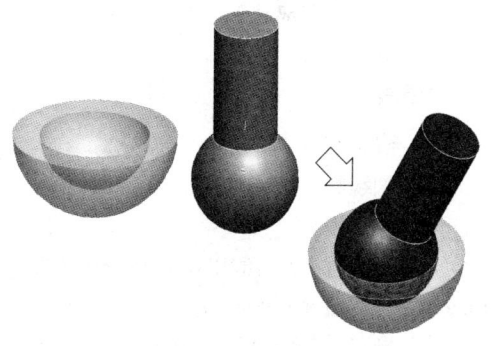

图7-30 相切装配完成图

任务实践

01 按图7-1所示的方法，新建一个名为07-Exercise04的新组件文件。

02 选择"缺省"选项来装配ex4_part01.prt零件文件。

03 按图7-8所示步骤1～3的操作，加载第二个零件文件ex4_part02.prt。然后，按图7-31所示的操作示意来做相切装配。

既然圆柱可以转动，而且整个装配只有"相切"设置，就表示并没有完全固定，所以，装配状态当然属部分约束！

04 保存文件。

图7-31 相切装配的操作

7.2.5 直线上的点装配

任务说明
本范例要来完成如图7-32所示的装配模型。本范例练习的装配选项有：(1) 缺省；(2)直线上的点。

重点、难点
本范例重点如下。
"直线上的点"装配工具的操作。

相关文件
本范例视频文件：(02)avi(GB)\ch07 \07-Exercise05.avi

本范例配合文件：(02)Exercise\ch07\07-Exercise05目录下的两个prt文件

本范例完成文件：(02)Exercise\ch07\07-Exercise05\07-Exercise05.asm

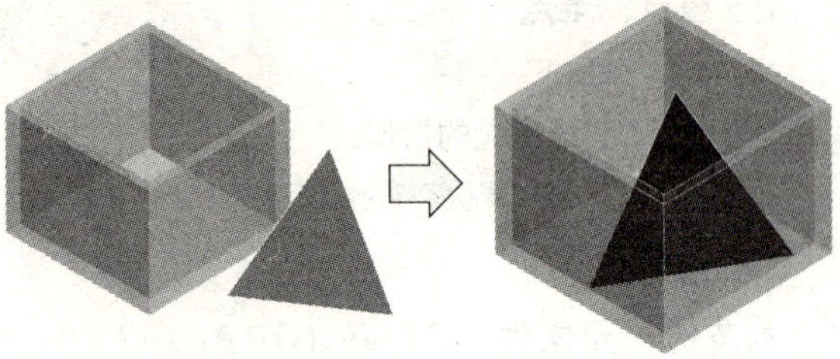

图7-32 直线上的点装配完成图

任务实践

01 按图7-1所示的方法，新建一个名为07-Exercise05的新组件文件。

02 请使用"缺省"选项来装配ex5_part01.prt零件文件。

03 按图7-8所示步骤1～3的操作，加载第二个零件文件ex5_part02.prt。然后，按图7-33所示的操作示意来做直线上的点装配。

04 保存文件。

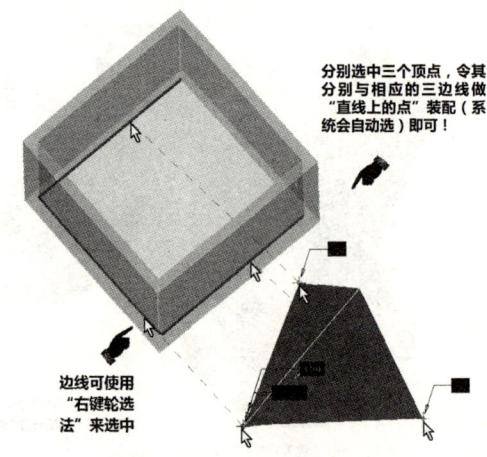

图7-33 直线上的点的装配操作

7.2.6 曲面上的点装配

任务说明
类似上一节范例，如图7-34所示，本范例要将楔形体放到盒中，再升到指定的高度。本范例练习的装配选项有：(1) 缺省；(2)曲面上的点。

第7章 装配基础

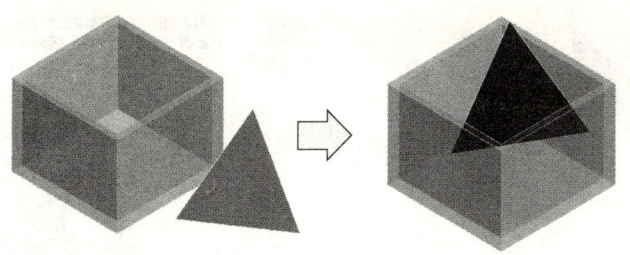

图7-34 曲面上的点装配完成图

重点、难点

本范例重点如下。

1. 在组件文件的特征树区显示特征。
2. "曲面上的点"装配工具的操作。

相关文件

本范例视频文件：(02)avi(GB)\ch07 \07-Exercise06.avi
本范例配合文件：(02)Exercise\ch07\07-Exercise06目录下的两个prt文件
本范例完成文件：(02)Exercise\ch07\07-Exercise06\07-Exercise06.asm

任务实践

01 按图7-1所示的方法，新建一个名为07-Exercise06的新组件文件。

02 请使用"缺省"选项来装配ex6_part01.prt零件文件。

03 自定义一基准面DTM1，该基准面离盒底面的高度，就是三角楔上升的高度。可是，当设置好后，在特征树区并没有看到该特征，这时，可以通过如图7-35所示的操作来显示。

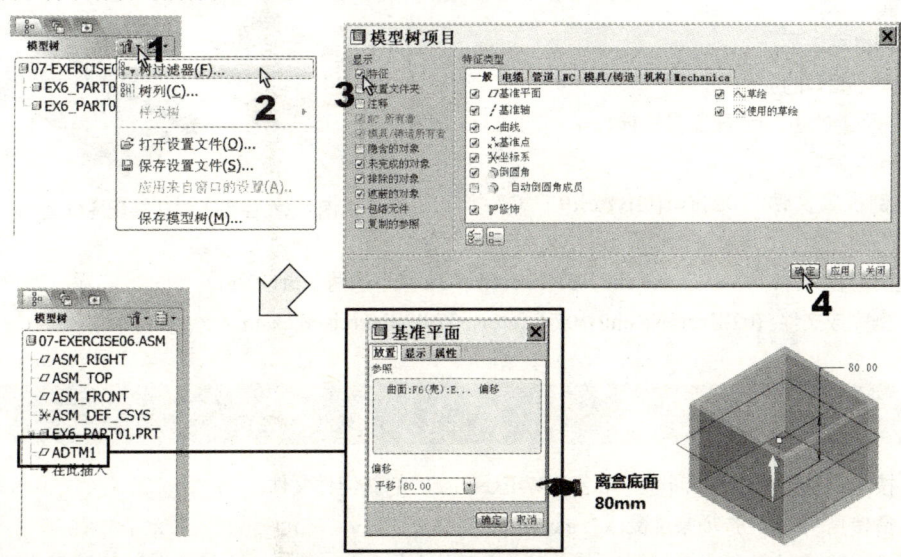

图7-35 在组件文件的特征树区显示特征

04 按图7-8所示步骤1～3的操作，加载第二个零件文件ex6_part02.prt。然后，按图7-36所示的操作示意来做曲面上的点装配。

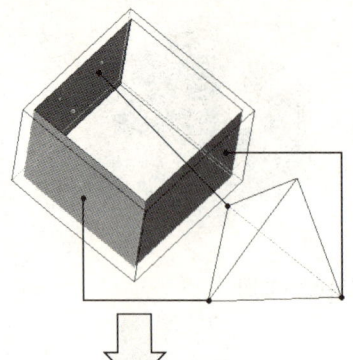

和操作上一个范例类似,分别选中三个顶点,令其分别与相应的三个面做"曲面上的点"装配(系统会自动选)即可!

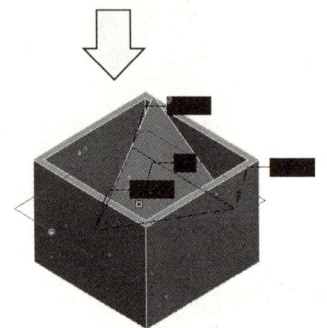

完成后,只达到部分约束,因为整个三角楔还有Z方向的自由度。所以,最后再选三角楔的底面和DTM1自定基准面配对,即可达到完全约束!

图7-36 曲面上的点的装配操作

05 保存文件。

7.2.7 曲面上的边装配

🔘 **任务说明**

本范例要来完成如图7-37所示的装配模型。本范例练习的装配选项有:(1)缺省;(2)曲面上的边。

🔘 **重点、难点**

本范例重点如下。
1. 辅助小窗口的应用。
2. "曲面上的边"装配工具的操作。

🔘 **相关文件**

本范例视频文件:(02)avi(GB)\ch07 \07-Exercise07.avi

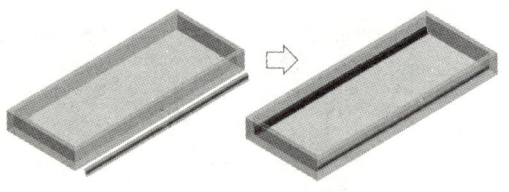

图7-37 曲面上的边装配完成图

本范例配合文件:(02)Exercise\ch07\07-Exercise07目录下的两个prt文件

本范例完成文件:(02)Exercise\ch07\07-Exercise07\07-Exercise07.asm

➔ 任务实践

01 按图7-1所示的方法,新建一个名为07-Exercise07的新组件文件。

02 请使用"缺省"选项来装配ex7_part01.prt零件文件。

03 按图7-8所示步骤1~3的操作,加载第二个零件文件ex7_part02.prt。然后,按图7-38所示的操作示意来装配曲面上的边。由于ex7_part02这个长条零件比较细小,所以我们打开辅助小窗口来放大该零件,以方便我们选中正确的参照边线或参照面。

第7章 装配基础

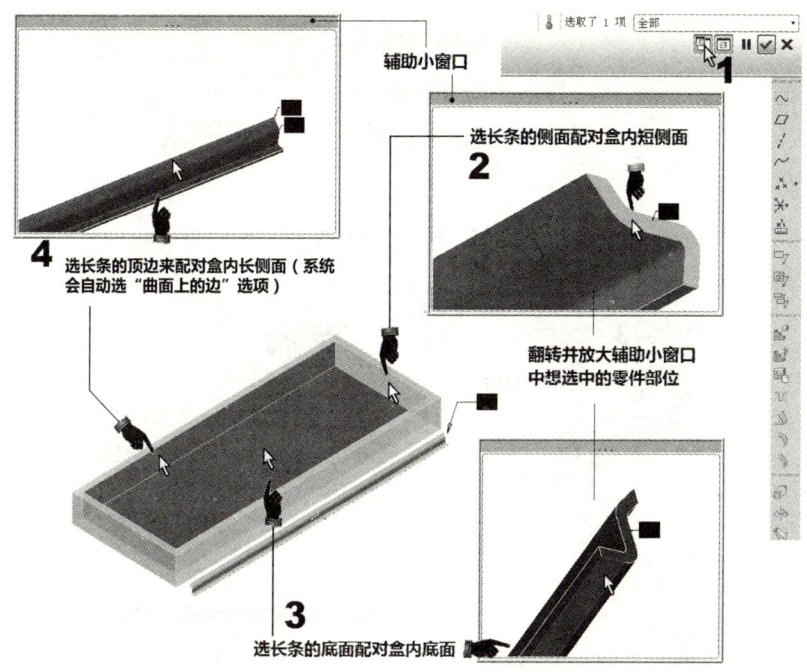

图7-38 曲面上的边的装配操作

04 以同样的操作再完成另一边的装配。
05 保存文件。

7.2.8 弹性装配

任务说明
本范例要来完成图7-39所示的弹性装配模型。

重点、难点
本范例重点如下。
弹性装配的操作。

相关文件
本范例视频文件：(02)avi(GB)\ch07 \07-Exercise08.avi

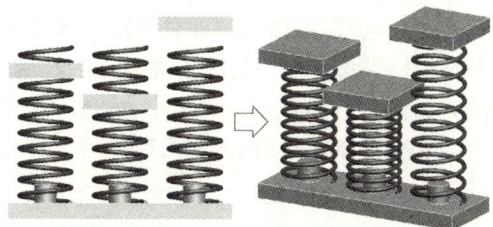

图7-39 弹性装配模型完成图

本范例练习文件：(02)Exercise\ch07\07-Exercise08\07-pre_exercise08.asm

本范例完成文件：(02)Exercise\ch07\07-Exercise08\07-Exercise08.asm

任务实践

01 请打开名为07-pre_exercise08.asm的组件文件。在这个组件文件中，我们已经按一般的装配操作，将需要的零件都装配进来了！只是在弹簧部分，它应该随顶板的位置或压缩，或伸长。
02 按图7-40所示的操作来做弹性装配。

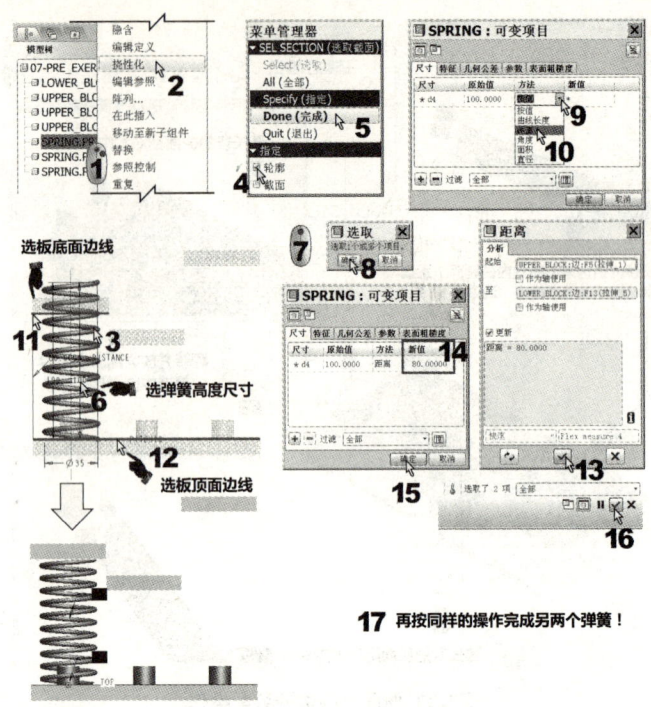

图7-40 弹性装配的操作

03 以07-Exercise08为名"保存副本"。

7.2.9 在组件文件中新建零件并装配

任务说明

在设计中,零件间的装配并不是一开始就那么契合的!事实上,设计者经常无法预知两装配体的尺寸是否契合。所以,多数的三维CAD软件都会设计像本范例这样的功能,让设计者可以顺利在一尺寸已知、一尺寸未知的零件间做装配。要注意的是,本范例正是未来Creo高级装配"自顶向下设计"(或称"自上而下设计",Top-Down Design)的基础。有关"自上而下设计"的详细信息,请参照本章最后一节里的 知识点4 。

本范例要完成的模型装配如图7-41所示。

新学的装配工具

"创建新零件"工具( )。属基本装配工具,用来在组件文件中创建新零件。

重点、难点

本范例重点如下。

在组件文件中创建新零件的操作。

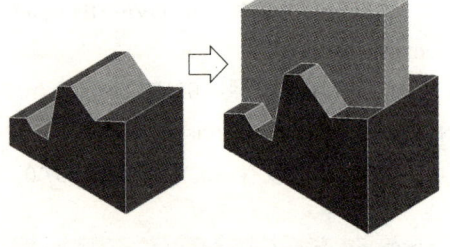

图7-41 本范例模型装配完成图

相关文件

本范例视频文件:(02)avi(GB)\ch07 \07-Exercise09.avi

本范例配合文件:(02)Exercise\ch07\07-Exercise09\ex9_part01.prt

本范例完成文件1:(02)Exercise\ch07\07-Exercise08\ex9_part02.prt

本范例完成文件2:(02)Exercise\ch07\07-Exercise08\07-Exercise09.asm

任务实践

01 按图7-1所示的方法,新建一个名为07-Exercise09的新组件文件。

02 选择"固定"选项来装配ex9_part01.prt零件文件。ex9_part01零件文件比较特殊的地方是,该文件在新建文件时,使用了"空"模板来创建,如图7-42所示。所以,该零件文件中没有任何的标准基准面。

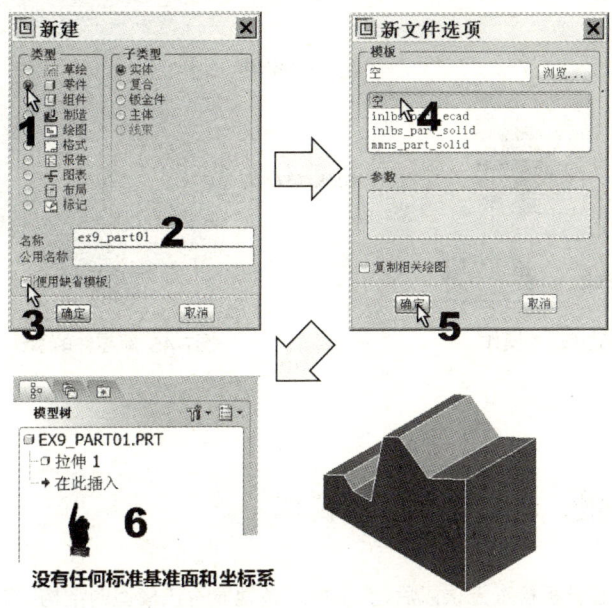

图7-42 新建文件时使用空模板的设置

03 然后,我们要开始在组件文件中创建新的零件文件ex9_part02。请按图7-43所示操作。

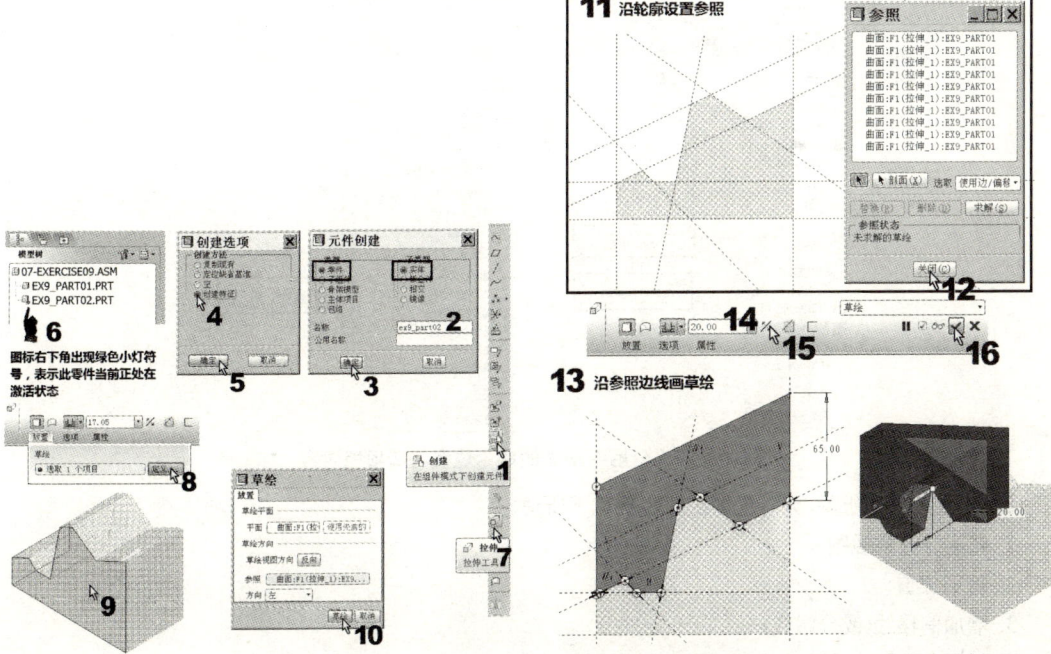

图7-43 在组件文件中创建新的零件文件

04 完成新零件的创建后,我们要按图7-44所示,将激活态回复到组件文件中,以准备重新调整装配状态。

05 按图7-8所示步骤1~3的操作,加载第二个零件文件ex9_part02.prt。然后,按图7-45所示的操作示意来完成装配。

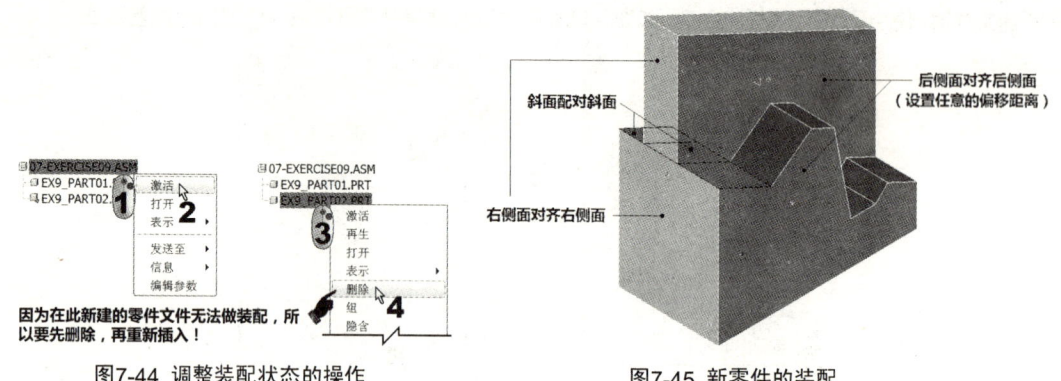

图7-44 调整装配状态的操作　　　　图7-45 新零件的装配

06 保存文件。

7.3 分解图(爆炸图)的制作

在装配模型生成,且分析检查无误以后,为了更清楚地表达该模型的结构,常常需要将生成的装配模型分解,这就称为"分解图"(或称"爆炸图")。在Creo中,和分解相关的命令位置与选项板内容,如图7-46所示。

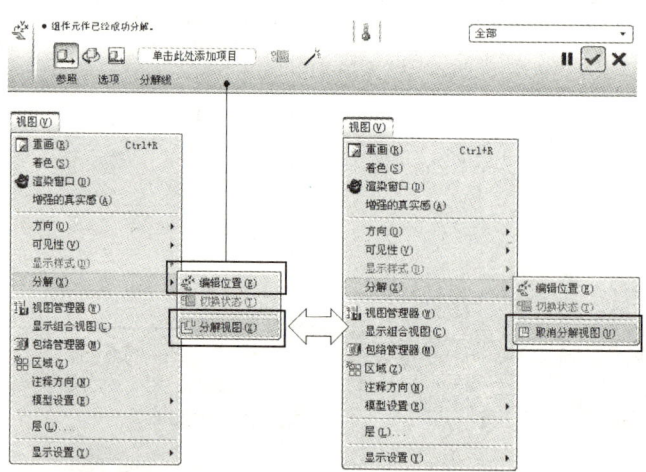

图7-46 和"分解"相关的命令位置与选项板内容

说明:如图7-46所示,分解图的创建步骤如下所述。

1. 先运行分解视图
2. 编辑位置
3. 增加偏移线(或分解线)
4. 如果有需要修改偏移线(或分解线)

7.3.1 分解图的实际操作

任务说明
本范例要以前面7.2.2节所完成的组装为例,完成图7-47所示的分解图状态。

重点、难点
本范例重点如下。
1. 制作分解图的操作。
2. 绘制分解线的操作。

新学的装配工具
1. "分解"工具群(分解(X))。属基本分解图制作工具,包含编辑位置和分解图切换开关。

图7-47 分解图完成图

2. "视图管理器"工具里的"分解"选项卡。作用同"分解"工具群。

相关文件
本范例视频文件:(02)avi(GB)\ch07 \07-Exercise10.avi
本范例练习文件:(02)Exercise\ch07\07-Exercise01\07-Exercise02.asm
本范例完成文件:(02)Exercise\ch07\07-Exercise10\07-Exercise10.asm

→ 任务实践

01 请打开名为07-pre_exercise02.asm的组件文件。

02 如图7-48所示,要进入制作分解图的界面有两种方式,一种是使用"视图管理器"里的"分解"选项卡,另一种是使用传统的菜单选项。

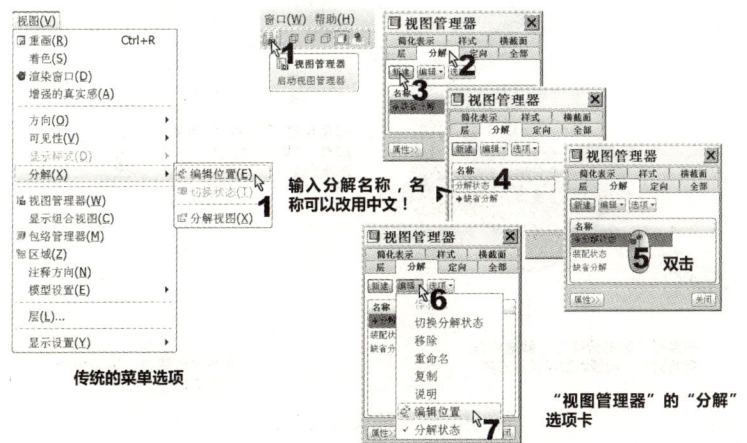

图7-48 进入制作分解图的界面操作

如图7-48所示,似乎传统菜单选项的选择比较快,但是"视图管理器"是正式的操作,里面才有稍后的要保存分解状态的选项。因此,我们还是建议使用"视图管理器"。

03 不论使用图7-48所示的哪一种方法,都会进入如图7-49所示的界面。请按图来完成各分解位置的定义操作。

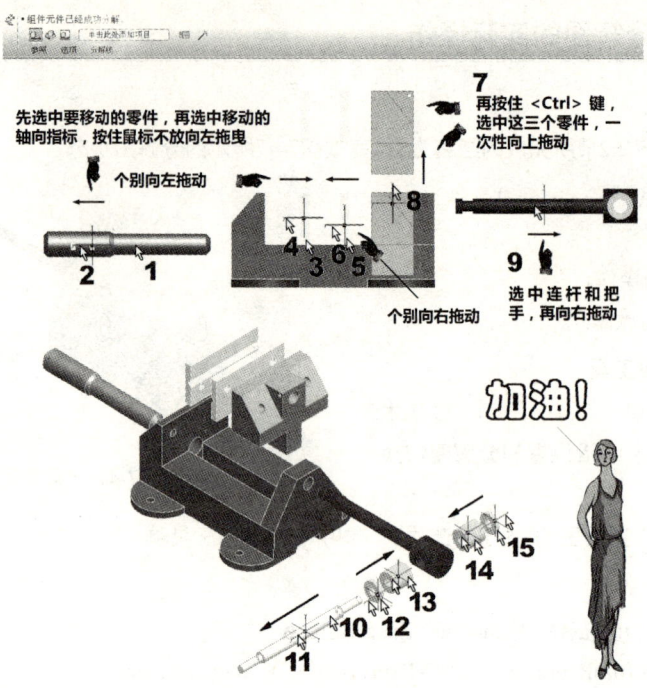

图7-49 分解图的操作

04 然后,要继续画"分解线",也就是如图7-50所示步骤号1处的"偏移线"按钮。请按图例示意来完成各分解线的操作。

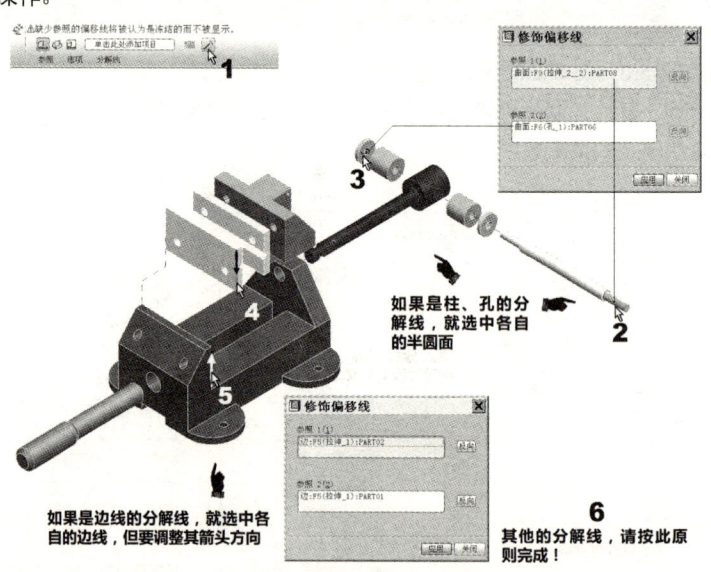

图7-50 分解轴线的定义操作

什么叫做"分解线"呢?它是用来显示分解组件的对齐方式,以代表装配的顺序和对齐方式。它们将以虚线形式显示,Creo将它译为"偏移线"(或"分解线"),由三条直线段组成。

05 然而,这样的分解图状态只是暂时的,且无法保存下来。若要保存下来,我们需要通过如图7-51所示的操作来保存。

06 完成后,可以按图7-52所示的方法来切换分解前后的视图。

第7章 装配基础

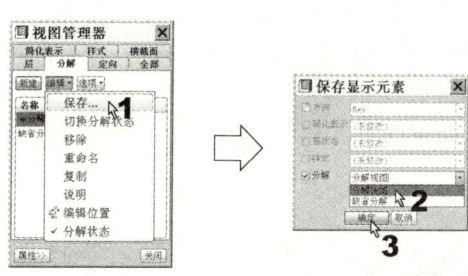

图7-51 分解状态的保存操作

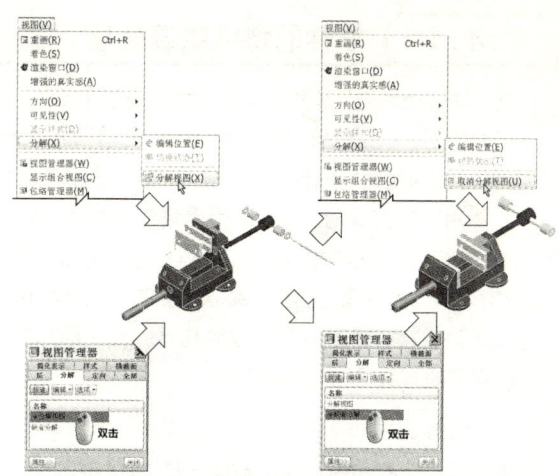

图7-52 分解图的切换

07 以07-Exercise10为名"保存副本"。

7.3.2 分解图的编辑

续上一节范例,按图7-53所示的操作,来对分解线做后续编辑。事实上,从操作经验中发现,Creo的分解线功能并不理想,还有一些编辑问题与技巧,我们会在07-Exercise10.avi视频文件中示范说明。

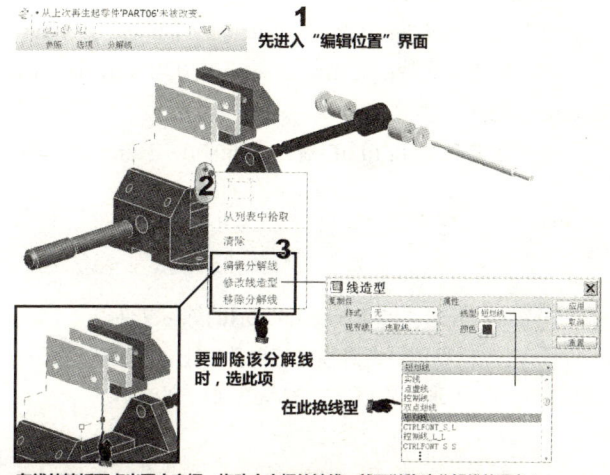

图7-53 对偏移线(或分解轴线)的编辑

7.4 特征出现错误的修复与处理

在建模的过程中,经常会遇到下述错误。
1. 改变特征后,尺寸发生变化导致无法与其他尺寸匹配,或是因为失去参照而发生错误。
2. 因为对所用工具命令不熟悉,导致在运行时发生错误无法完成命令。
而在组件文件中,经常会遇到下述错误。
1. 因为零件文件损坏,导致无法正常显示。
2. 因为零件文件遗失,导致无法打开。
以下,就分两小节来说明发生错误时的处理方式。

175

7.4.1 零件的特征错误处理

在零件建模阶段，易发生错误的地方有以下三处。

1. 草绘时。草绘时容易发生的问题，在前面几章我们已经教导过。草绘若有问题无法解决，就无法建模。这方面的经验和信息到了本章，大家应该都有能力解决！

2. 使用建模工具时。当我们使用建模工具时，如果条件不满足，那在运行建模工具中，就会出现错误信息！例如，高难度的修圆角。这时，即便系统提供给我们错误信息和建议处理方式，但是一样无法处理；针对这类问题的常见类型，本书尽量提供范例与解决方案。

3. 因为父特征修改后所生成的错误。本节要实际操作的就是这类错误。通过这样的实际操作，用户会比较容易处理或评估这类的错误。

任务说明

本范例要修改如图7-54所示的模型方向与造型。

重点、难点

本范例重点如下。

1. 修改模型的父特征后，导致错误出现。
2. 解决错误的操作。

相关文件

本范例视频文件：(02)avi(GB)\ch07 \07-Exercise11.avi

本范例练习文件：(02)Exercise\ch07\07-Exercise11\07-Exercise11.prt

本范例完成文件：(02)Exercise\ch07\07-Exercise11\07-Exercise11_Modify.prt

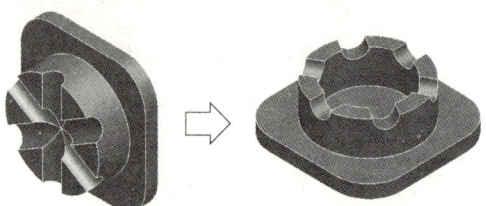

图7-54 错误处理范例完成图

任务实践

01 请打开名为07-Exercise11.prt的练习文件。

02 首先，我们要调整模型座向为向上。这显然是第一个"拉伸"父特征的草绘面的设置问题。因此，请按图7-55所示来变更该特征的草绘面。

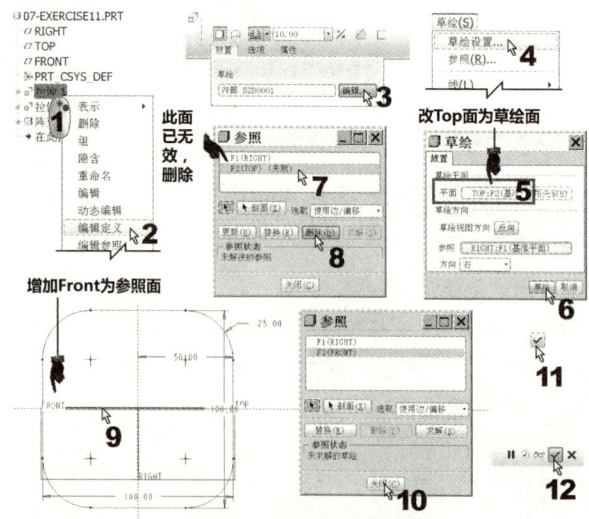

图7-55 变更模型特征的草绘面

03 完成变更后，随后会出现错误。因为参照该父特征的子特征，找不到原参照而出错，如图7-56所示。系统虽然不会报告错误原因和解决方案，但是只要有丰富的建模经验，为什么出错，要怎么解决？其实内心有谱！

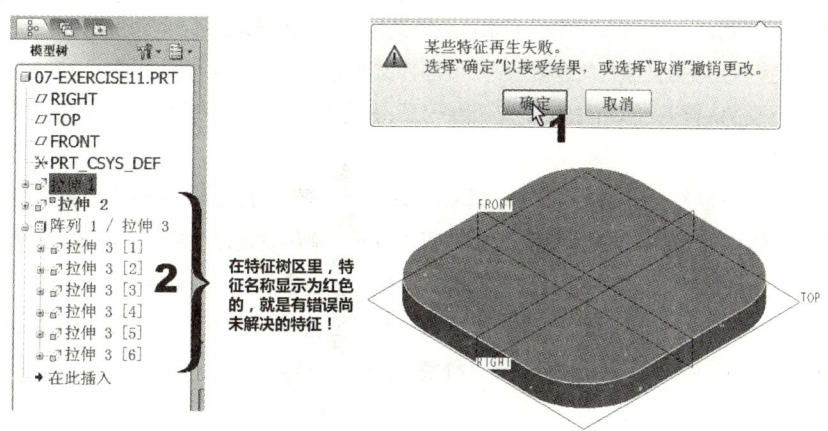

图7-56 出现错误状态

04 现在，要开始按错误特征的顺序，一个一个去处理。我们先调整圆柱的草绘基准面，它的基准因为父特征的改变而失去参照，按图7-57所示的操作将其更正并变更造型。

05 然后，再按图7-58所示的操作，更正第二个错误特征的草绘面，并修正草绘位置。完成后，特征树区已无红字的特征名称了（即无错误特征）！

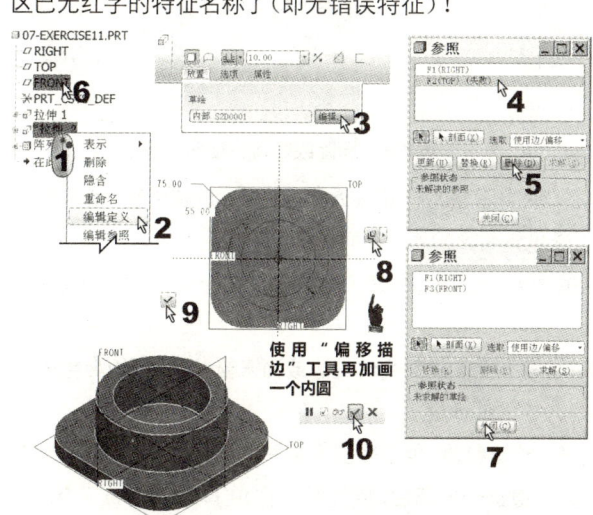

图7-57 修正第一个错误特征的操作

图7-58 修正第二个错误特征的操作

06 以07-Exercise11_Modify为名"保存副本"。

> **本范例讨论**
>
> 1. 如果对基本的建模操作并不熟练，那么即使有错误报告或处理建议，也无法处理。
>
> 2. 当然，并不是所有错误都是可以修复的。例如，特征损坏；因为父特征更改过大，导致子特征无法修复；因为父特征修改后，可以顺利完成下一步建模的运行条件已不符，造成原本正常的子特征出错。此时，用户可以删除问题特征，另思重建模型之道。

7.4.2 组件的特征错误处理

在组件文件中，经常发生的错误是，初学者总以为只要复制.asm组件文件就可以了，而没有复制相关的prt零件文件到同一目录中！因此，当打开该asm组件文件后，就会因为找不到零件文件而出错，这时只要如图7-59所示，选择"检索丢失组件"选项，告知该零件文件的位置就可以了。

只要图是自己画的，再通过本书扎实的基础练习后，多数错误都能找到原因。但是如何减少出现参照错误，则是值得探讨的。

事实上，要在一般零件图里完全避免这类错误，是不可能的。因为Creo采用的是关系型特征参照的架构，这种方式有优点也有缺点。关系型特征参照可以发挥"牵一发而动全身"的效果，当修改一个零件时，包含此零件的组件文件、工程图都会因关联而自动修改，这是好处。但也就是因为这样，当要从这个层层叠架的参照中删除（抽除）一个时，建筑于其上的子特征就受到牵连了，且删除的对象越近底层，受牵连的就越多。如图7-60所示就可以用来解释这种情况。

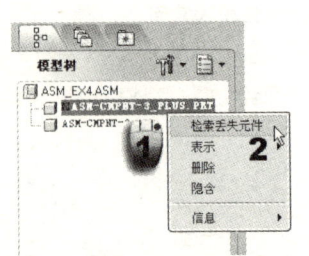

图7-59 组件文件中的零件文件遗失的处理方法

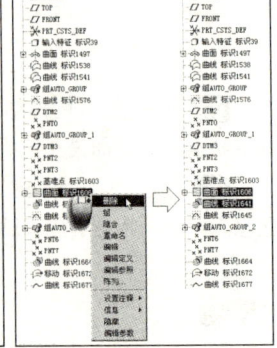

图7-60 删除或隐含特征时的影响

如图7-60（左）所示，删除时，加亮的特征越多，就表示该特征越接近参照底层，也越关键，通常第一个实体特征会是这样的情况。那要怎么画，才可以降低这种风险呢？我们提供以下技巧和方法。

1. 慎选草绘参照面。只要是以后有可能变动的地方，不到万不得已不要选已建实体的面来当做草绘面。而使用自定义基准面的方式来取代。

2. 慎选参照。进入草绘后还要定参照，同理，尽量不要拿关键实体的边或面来当参照，而以自绘的中心线，或是加以约束来画草绘。

当然，关联的功能经常是一刀两刃，优缺点并陈，省略参照，但当需要有关联的效果时，也会有一样的困扰。因此，一般还是先随意做吧！当经验多了，又知道这个技巧后，就能慢慢应用了，最终养成了个人的操作习惯和本能，就可以了！

7.5 知识点拓展

知识点1 如何为组件文件里的零件文件更名？

当用户有一些特殊的需求时。例如装配完成后，才发现零件的名称有重复的，而希望变更已装配零件的名称。此时，可以按图7-61所示的方式操作。

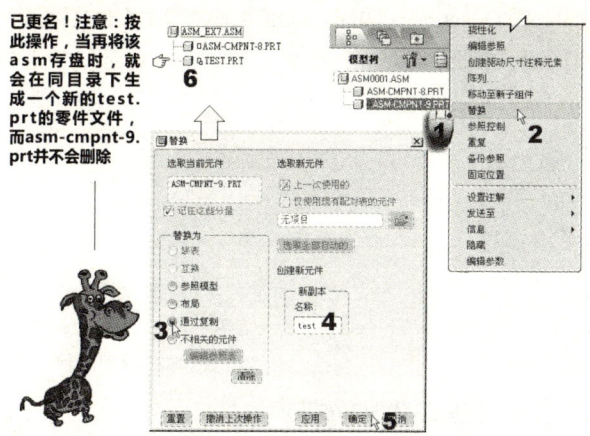

图7-61 对组件文件里的零件文件更名操作

> **知识点2**　什么是"自顶向下设计"（Top–Down Design）

对Pro/ENGINEER的组装功能来说，"自顶向下设计"（Top-Down Design），就是最高阶的境界了。所谓的"自顶向下设计"，代表的是一群命令功能的组合，更重要的，它也是一个时下流行的关键概念。几乎所有和Pro/ENGINEER同级的CAD软件都提供了这类功能。

那么，何谓"自顶向下设计"呢？理论上讲它有以下特点。

- 一种设计的方式。它通过最顶层的产品结构，将设计规范传递到所有相关的局部组装（Sub-Assemblies）中。
- 一种管理的工具。它可以在整个设计过程中，掌控相关性与衍生的改变，同时还能有效地管理外部参照。
- 比较简单地讲，就是从全局出发，从设计的结果出发。它针对的是产品本身，而不是产品的某个零件。换句话说，它在产品设计初期，就考虑到所有零件的外观、大小、位置和零件间的配合关系，而不是先依次考虑单个零件的设计，最后再去组装。其制作示意如图7-62所示。

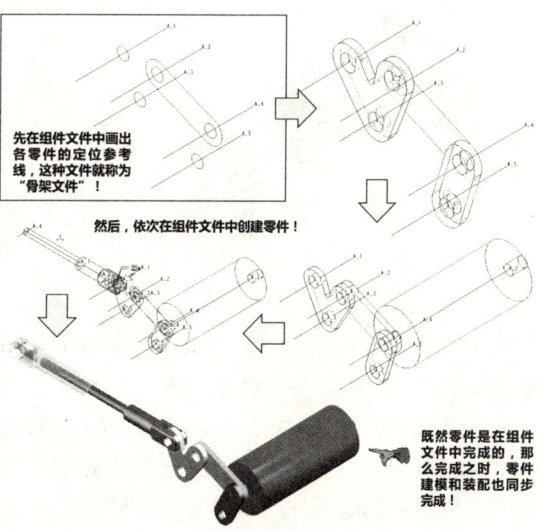

图7-62 "自顶向下设计"的制作示意图

在这样的情况下，设计师就因为容易控制关键的设计数据，而掌控概念设计的结果，同时还能轻松地传递进行同步设计工程所需要的数据与相关设计工作。此外，当设计变更时，还能让设计数据同步更新。这样，当遇到复杂的产品时，全局的设计效率就可以大为提高。

7.6 习题

1. 使用本书附书光盘中（2）Questions\ch07\07-Q01目录里的两个零件文件，将它们组合成如图7-63所示的模型。

2. 使用本书附书光盘中（2）Questions\ch07\7-Q02目录里的两个零件文件，混合"直线上的点"和"曲面上的边"来装配，将它们组合成如图7-64所示的模型。

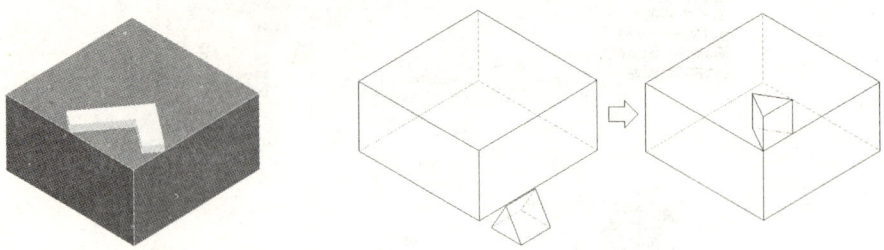

图7-63 模型图例（一）　　　　　　图7-64 模型图例（二）

3. 请制作本章7.2.1节范例的分解图，如图7-65所示。

4. 使用本书附书光盘中（2）Questions\ch07\7-Q04目录里的两个零件文件，将它们组合成如图7-66所示的模型。同时，还要制作分解图。注意：本题考的是装配角度37.5°。

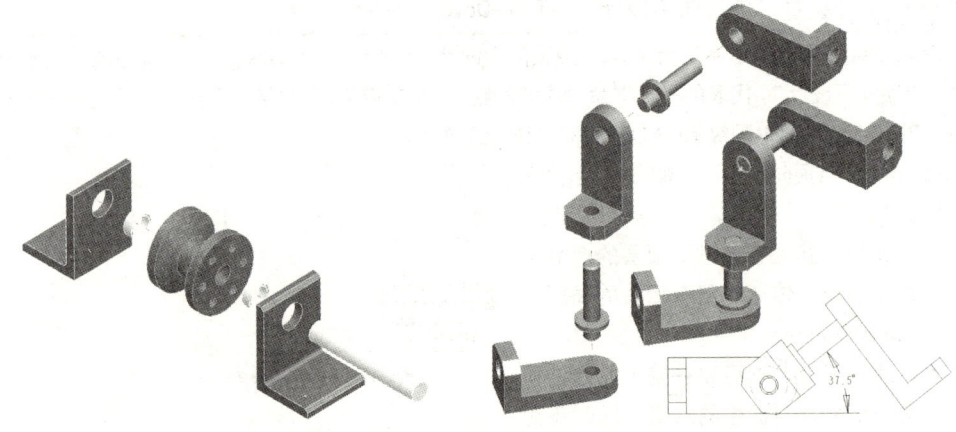

图7-65 模型图例（三）　　　　　　图7-66 模型图例（四）

5. 使用本书附书光盘中（2）Questions\ch07\7-Q05目录里的所有零件文件，依次将它们组合成如图7-67所示的订书机模型，并完成其分解图。

6. 使用本书附书光盘中（2）Questions\ch07\7-Q06目录里的所有零件文件，将它们组合成如图7-68所示的模型。同时，还要制作分解图。本题比较特别的是，需要先做局部组装，然后在全局组件文件中，将那些子组件文件装配进来。另外，针对重复性的零件，如垫圈（washer）等，一样可以在组件文件中做阵列。

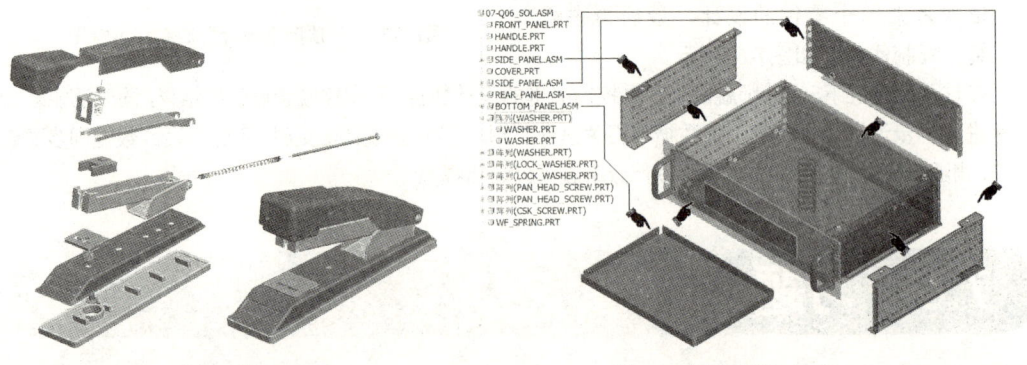

图7-67 模型图例（五）　　　　　　图7-68 模型图例（六）

第 8 章

渲染基础

　　一个工业产品的造型被设计出来后,需要包括外观材料贴附(着色)、灯光(场景)和渲染等一系列的展示功能,以方便设计师作效果图。因此,对从事工业设计工作的读者来说,学习基本的Creo着色与渲染功能是必要的。

8.1 前言

在任何CAD软件中，谈到渲染，主要就是以下两部分。

1. 着色（Shading）。或称材料贴附（Meterial Append）。就是通过在模型上贴附颜色，或是真实材料的图像图片等方式，来上色。前面我们已经实际操作过的，就是贴附颜色。

2. 渲染（Rendering）。就是实物仿真。通常需要一个渲染引擎（即渲染器）专门处理。但是在渲染前，模型必须先通过以下处理。

- 场景（Scene）。包含着色（材料贴附）、灯光布置（Lighting）、阴影处理和特殊效果处理。通常我们可以设置好几组场景，系统也提供很多标准的场景。我们只要双击需要的场景，就可以将模型的渲染环境一次布置完成，非常方便！

在Creo中，部分工具界面又有一点变化，所有和渲染功能有关的命令选项，都被组织在如图8-1所示的"工具栏"和"菜单"界面中。

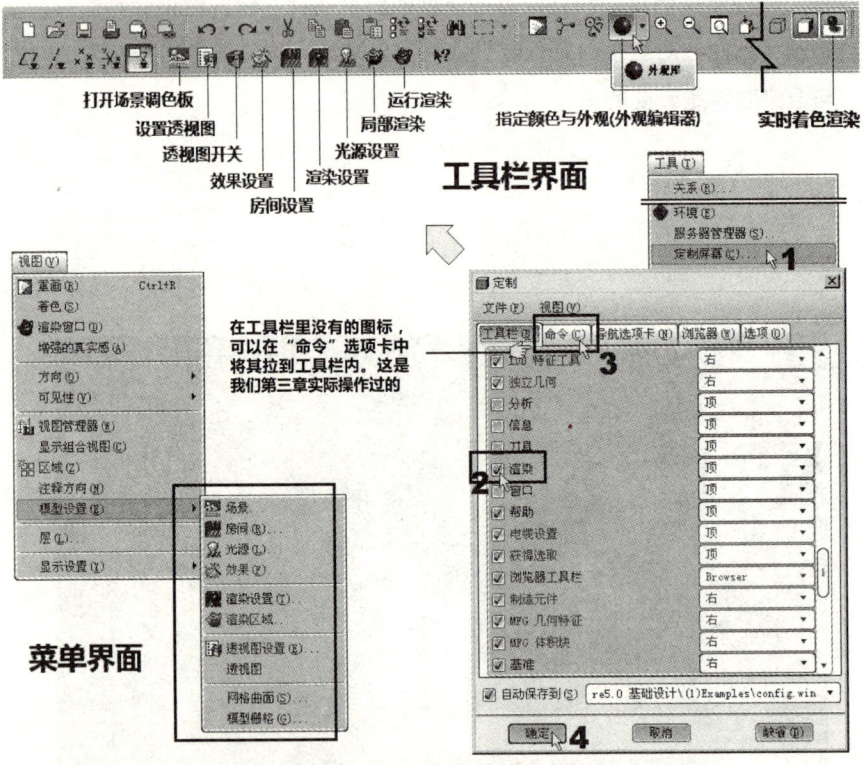

图8-1 "渲染控制"工具栏

对于这些命令，我们采用边说边做的方式来教学。在以下的章节中，我们将针对零件和组件文件，按照制作渲染的过程顺序来和读者一起制作。

> **注意**
>
> 虽然本章没有组件文件的渲染范例，但是操作原理和零件文件都一样，本章习题里会提供组件文件的渲染练习。

第8章 渲染基础

8.2 材料贴附（着色）

任务说明

首先，我们从简单的着色开始练习。着色的操作在前面章节里已实际操作过多次了，所以，本范例要拿前面那个螺丝刀模型来示范实时着色渲染与材料贴附的操作，如图8-2所示。"着色"和"材料贴附"的操作是一样的，只是前者是选单纯的颜色来贴，后者是选图片来贴。

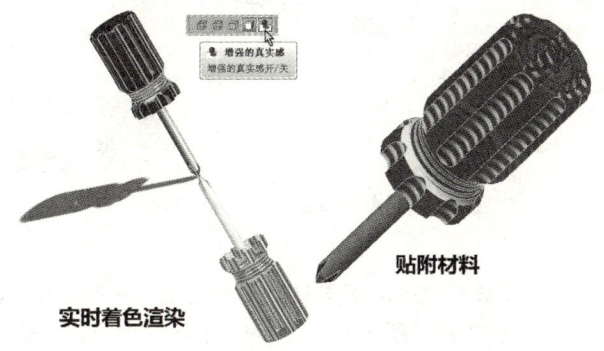

图8-2 实时着色渲染与贴附材料完成图

重点、难点

本范例重点如下。
1. 实时着色渲染的操作。
2. 材料贴附的操作。

新学的渲染工具

1. "实时着色渲染"工具（ ）。属简单实时渲染工具，使用固定的光源量和角度对模型做实时简单的渲染。

2. "外观库"工具（ ）。属基本着色（材料贴附）工具，提供颜色和材料图片加工，然后再将它们贴到模型上。

相关文件

本范例视频文件：(02)avi(GB)\ch08 \08-Exercise01.avi

本范例练习文件：(02)Exercise\ch08\08-Exercise01.prt

本范例配合文件：(02)Exercise\ch08\Dragon_Logo_Blue.png, pattern06.tif

本范例完成文件1：(02)Exercise\ch08\08-Exercise01_shading.prt

本范例完成文件2：(02)Exercise\ch08\08-Exercise01_rendering.scn

任务实践

01 请将工作目录设置到本范例的目录，然后打开名为08-Exercise01的练习文件。

02 首先，请按图8-3所示练习实时着色渲染的操作与控制设置。

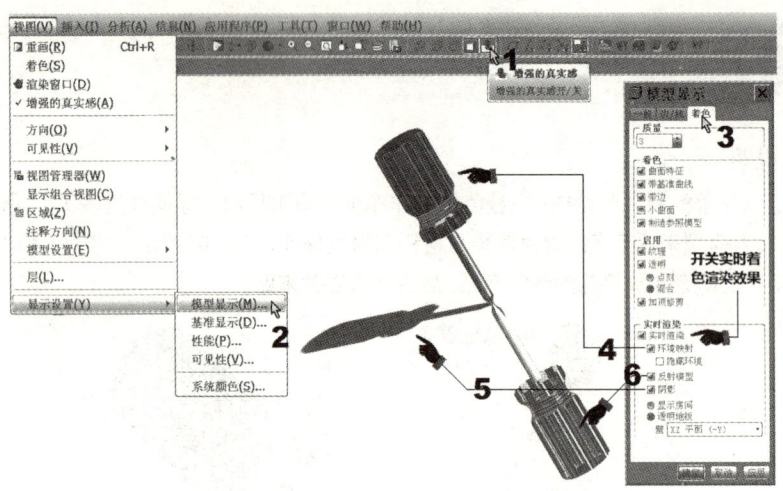

图8-3 实时着色渲染的操作与控制设置

03 请关闭实时着色渲染。

04 然后,开始做材料贴附。首先,我们不是要贴颜色,而是贴附一些图案(或说是材料图片),这也等于是自定义贴图图案。因此,先按图8-4所示来新建材料。第一个要创建的是以"颜色纹理"的方式贴进来的横条纹图案。TIF是我们常用的图像格式,或者采用BMP或JPG格式也可以!有关图像格式的常识,请参照本章最后一节的 知识点4 。

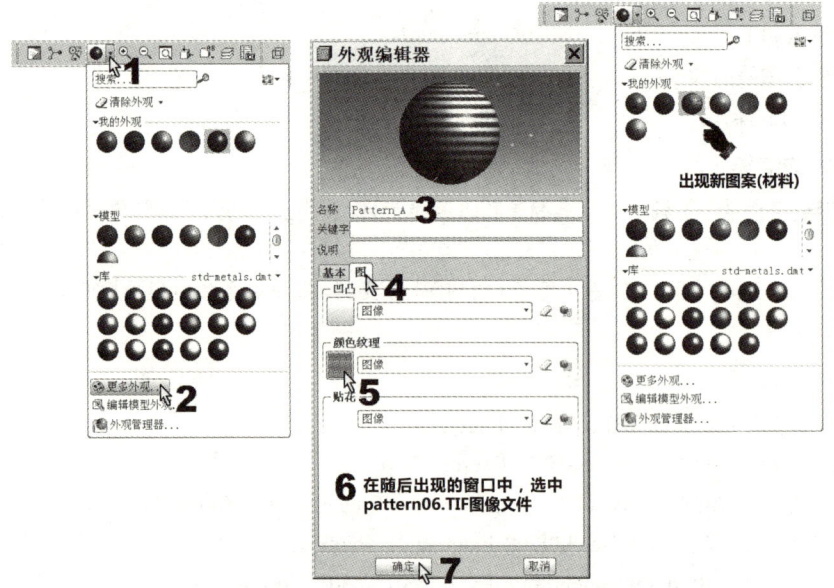

图8-4 新建(颜色纹理)横条纹图案的操作

有关单击图8-4步骤号1处后所出现的外观库内容,其颜色缩略图的来源与选择,请参照本章最后一节的 知识点1 。而有关纹理贴图文件的常识,请参照 知识点2 。

05 按图8-2所示的完成图,我们还需要一个用于顶部的商标(Logo)图案,因为需要背景透明的图案,所以我们特别到Photoshop中,将本工作室的商标处理为透明背景,然后必须以png的格式保存(因为只有png格式才可以保存透明背景)。现在,我们就要用和图8-4所示一样的操作,但使用"贴花"的方式将商标贴进来!

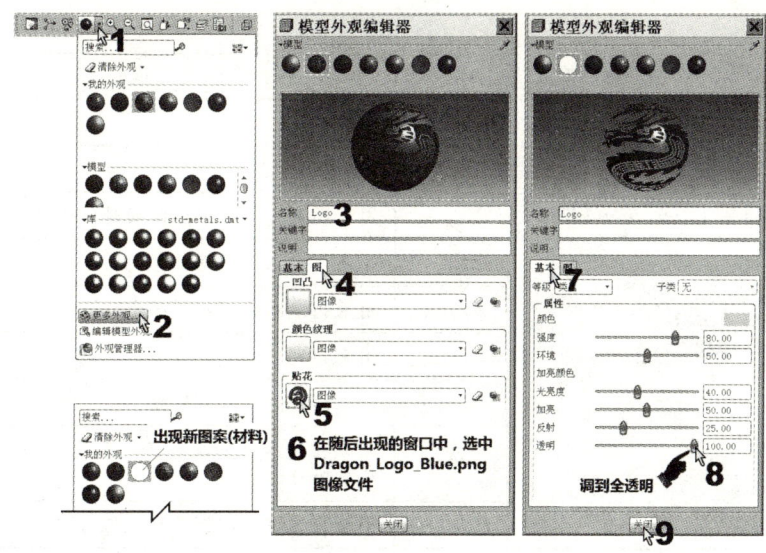

图8-5 新建（贴花）透明图案的操作

图8-5中，针对步骤号7处的"基本"选项卡，内容详述如下。

1. "等级"输入框：提供表8-1中所列出的等级。选择外观等级，即指定了材料定义中最重要的因子。该因子用来确定该应用材料所呈现的真实程度。

2. "属性"框：此框有以下属性。

- 颜色（Color）。单击样本，定义模型的颜色。使用"颜色编辑器"（Color Editor）来定义颜色。
- 强度（Intensity）。即控制光的反射程度（光的强度）。
- 环境（Ambient）。即控制曲面反射的环境光的量。

在"加亮颜色"下，则可设置下列属性。

- 光亮度（Shine）。即控制曲面的光亮度。曲面越光亮，则加亮区越小。
- 加亮（Highlight）。指定加亮程度值。
- 反射（Reflection）。指定反射度值。
- 透明（Transparency）。指定透明度值。

"加亮颜色"下的项目内容会视选择的等级不同而不同。和加亮颜色有关的属性如表8-1所示。

表8-1 各等级和加亮颜色有关的属性

等级	属性内容	说明
类属	光亮度（Shine）	即反光量。曲面越光亮则加亮区越小。
	加亮度（Intensity）	用来指定加亮区的亮度，与光亮度直接有关。高度抛光的曲面具有较小的明加亮区，而蚀刻过的塑料则具有较大的暗加亮区。
	反射（Reflection）	用来指定局部对房间或场景的反射程度。阴暗的外观比光亮的外观对房间的反射要少。例如，织品比金属的反射少。
	透明（Transparency）	用来控制穿透曲面的可见程度。
金属	扩散（Diffuse）	用来指定从模型曲面反射回来的光量。
	反射率（Reflectivity）	用来指定模型的反射程度。
	光泽度（Glossiness）	用来指定模型曲面的光泽度。

续表

等级	属性内容		说明
塑性	同"金属"。		
玻璃	扩散、反射率和光泽度同"金属",透明同"类属"。		
	折射指数(Refraction Index)		用来指定光通过模型曲面时折弯的程度。
木头		基础	用来指定木头的基础颜色。
		第二	用来指定木头的第二颜色。
		年轮	用来指定木头的环或边的颜色。
		轴	用来指定外观的旋转轴。
		旋转	用来指定木纹的旋转值。有效值:0°～359°,默认值为0°。
		比例	用来指定调整比例,默认值为3。
橡胶	扩散(Diffuse)		用来指定从模型曲面反射回来的光量。
	高光强度(Specularity)		用来指定曲面的镜面反射率。
陶瓷	扩散、反射率和光泽度同"金属"。		
涂漆	扩散、反射率和光泽度同"金属"。		
杂项	扩散同"金属",高光强度同"橡胶"。		

有关材料折射率(IOR)的详细信息,请参照本章最后一节的 知识点3 。

06 如图8-6所示,开始做材料贴附。

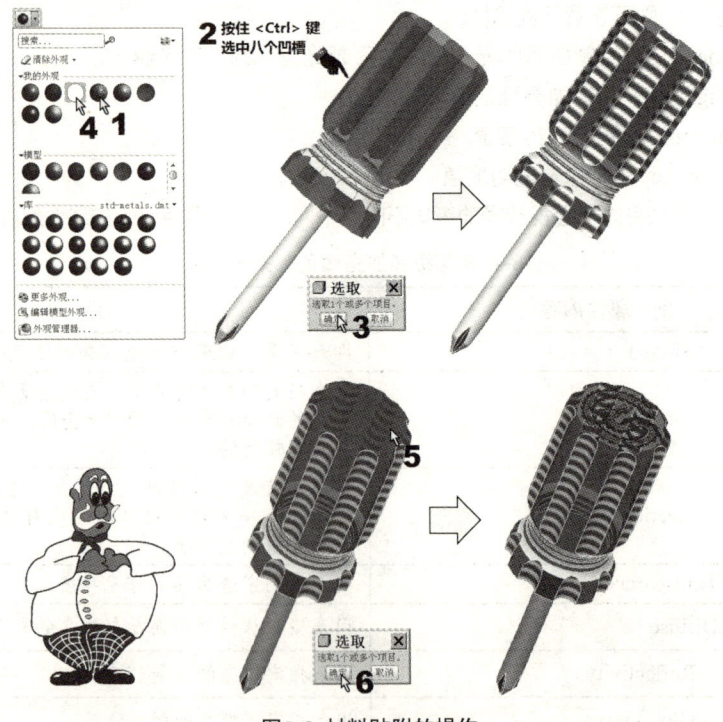

图8-6 材料贴附的操作

07 针对已完成的自定义贴图操作,是否还可以针对"贴花"和"颜色纹理"来做编辑呢?答案是肯定的,请按图8-7所示的操作来进行"贴花"的编辑。

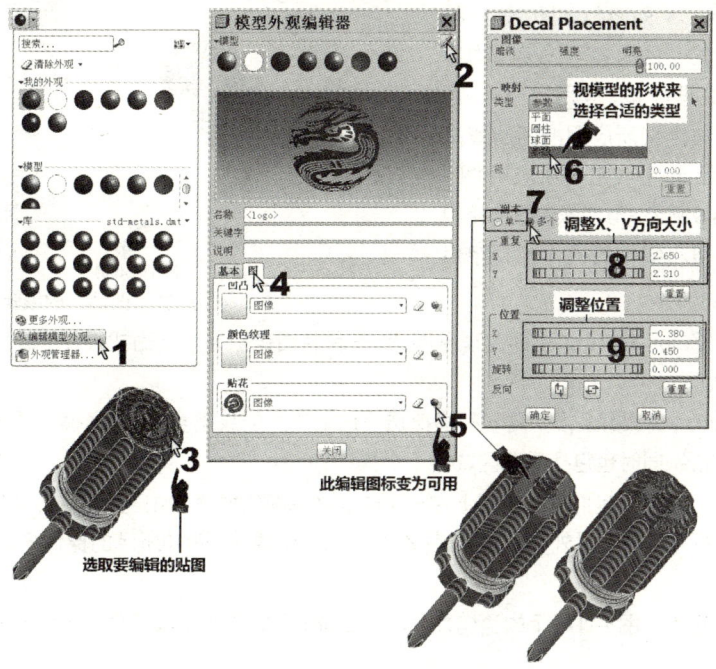

图8-7 "贴花"的编辑

同理,"颜色纹理"的编辑如图8-8所示。

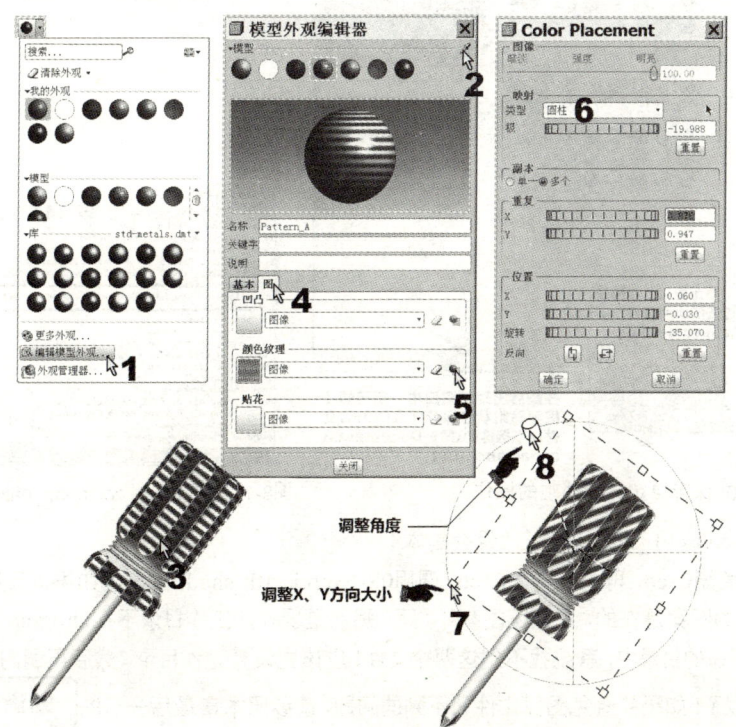

图8-8 "颜色纹理"的编辑

特别在此补充说明"图像"选项卡内的三种贴图类型,以方便理解图8-7中的编辑项。

1. 凹凸(Bump):即凹凸贴图,是一种贴附于图片后,让图片的内容可以模拟物体凹凸粗糙表面的纹理类型。应用凹凸时,可以指定凹凸高度(定义所应用的凹凸值高度或深度)和凹凸比例(定义所应用的凹凸值大小),如图8-9所示。虽然本例没有用到"凹凸",但是应用和编辑的操作都是相似的,可以自行练习。

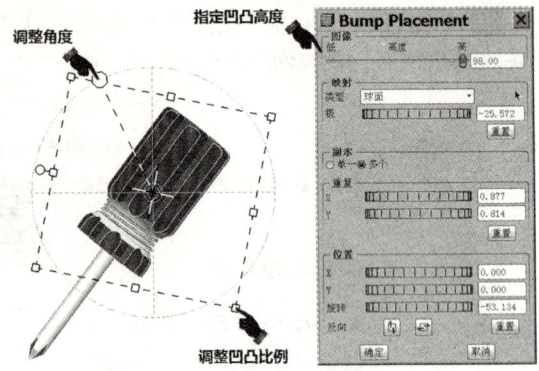

图8-9 "凹凸"的编辑

2. 颜色纹理(Color Texture):即纹理贴图,是一种将图像放置到曲面或零件上时,会替换图像覆盖区域颜色的纹理类型。

3. 贴花(Decal):即贴纸贴图,是一种模拟透明贴纸效果的纹理类型。为了模拟透明贴纸,贴花位于所有颜色纹理的顶层,同时也包括透明区域。

08 通过以上的操作,我们已在模型上完成了自定义贴图的操作。如果此时保存文件,当下次再打开此文件时,会发现所有的自定义外观(贴图)都不见了!所以,请按图8-10所示的操作来保存自定义的外观(贴图)。

09 还没完,还要将图8-11所示的语句加到config.pro里去!这样,以后再进入Creo时,就会自动加载自定义的外观。

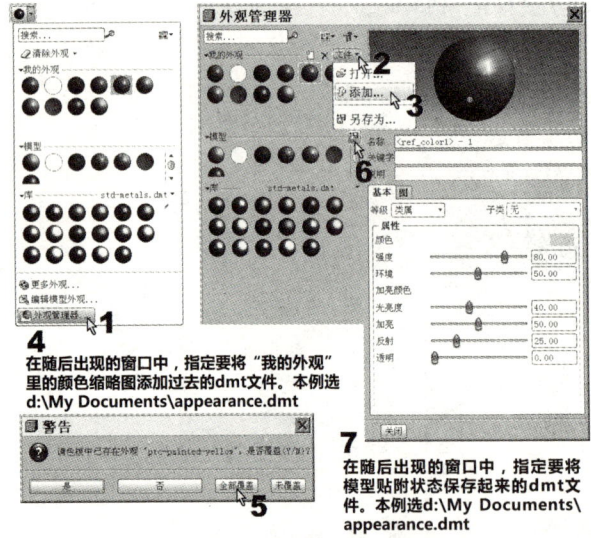

图8-10 保存自定义的外观的操作

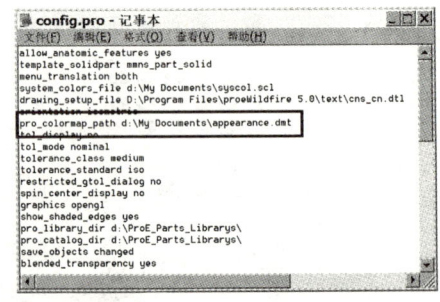

图8-11 将语句pro_colormap_path加到config.pro里

10 以08-Exercise01_shading为名"保存副本"。

11 请完全关闭Creo,再重新进入Creo,调用08-Exercise01_shading.prt,如果发现图案都不见了,但是那些自定义的图案是在的,只是贴图都不见了,那就是现在的工作目录不在Dragon_Logo_Blue.png和pattern06.tif所在的目录中,系统找不到这两个文件!应该先设置工作目录,然后再调用08-Exercise01_shading.prt就可以了!如果要避免图像文件找不到的问题,请参照本章最后一节的 **知识点2** 。

8.3 渲染

任务说明

续上一节范例,我们要利用这个已着好颜色和贴附好材料图片的模型做正式渲染的操作。完成图要做两张,如图8-12所示。

 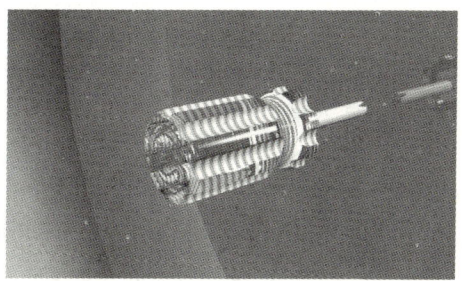

图8-12 渲染完成图

重点、难点

本范例重点如下。

1. 透视设置的操作。
2. 场景(灯光、房间和特殊效果)的应用操作。
3. 正式渲染的操作。

新学的渲染工具

1. "透视"开关工具（ ）。属标准视图工具,用来开关透视效果。
2. "透视设置"工具（ ）。属标准视图工具,用来设置透视的条件。
3. "场景"工具（ ）。属标准渲染工具,包含灯光、房间和特殊效果整套的现成设置,供用户直接双击应用。
4. "渲染设置"工具（ ）。属标准渲染工具,提供渲染前的设置操作。
5. "渲染"工具（ ）。属标准渲染工具,提供正式的渲染操作。

相关文件

本范例视频文件: (02)avi(GB)\ch08 \08-Exercise02.avi
本范例练习文件1: (02)Exercise\ch08\08-Exercise01.prt
本范例练习文件2: (02)Exercise\ch08\08-Exercise01_shading.prt
本范例配合文件: (02)Exercise\ch08\pattern01.tif
本范例完成文件1: (02)Exercise\ch08\08-Exercise01_rendering1.prt
本范例完成文件2: (02)Exercise\ch08\08-Exercise01_rendering2.prt

任务实践

01 请将工作目录设置到本范例的目录,然后打开名为08-Exercise01.prt的练习文件。这个文件是纯着色文件,我们要来看看它的渲染效果。

02 将透明着色部分改为蓝色着色。

03 首先,请按图8-13所示练习透视的设置和打开操作。

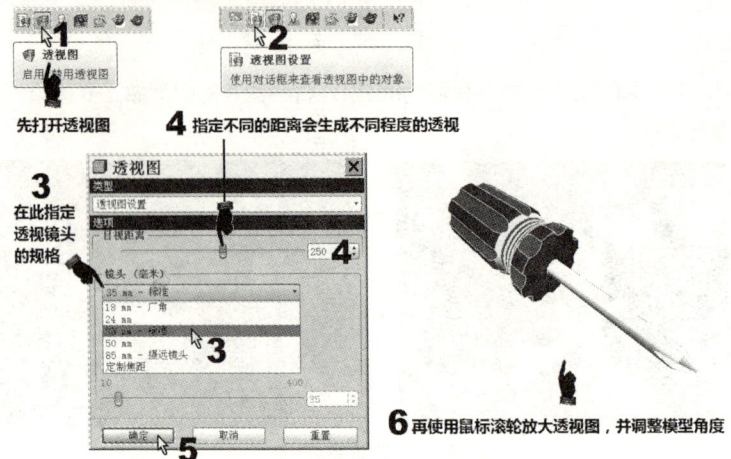

图8-13 透视的设置和打开操作

04 然后,按图8-14所示的操作来指定场景。

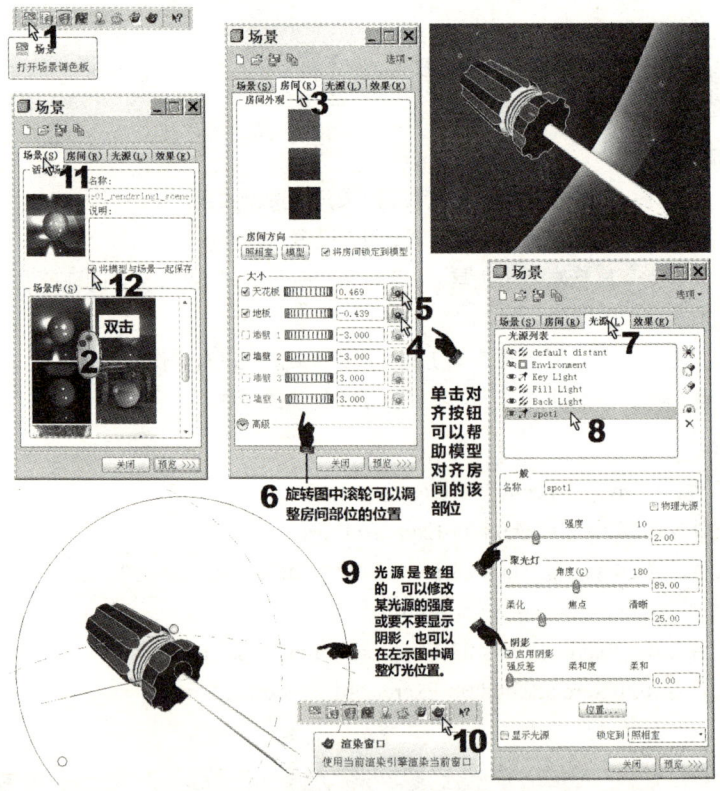

图8-14 指定场景的操作

在图8-14中,我们已经实际操作了"房间"和"灯光布置"等项目。现在,针对这两项,详细说明如下。

1. 房间。从字面上看来,或许看不出来"房间"到底是什么。但是如果说,那就是"背景",相信大家就明白了。"房间"其实是误译,应译为"空间",也就是"背景幕"的意思。就像将物体放在一个六面的房间(空间)中,整个空间上下前后左右都是"背景幕"。用户可以试着将效果图上的背景加到房间设置中,在Creo里设置背景图片后,一样可以选择要不要渲染背景,对多数的设计师来说,一样可用。在场景中,可以设置房间的正式取用界面,如图8-15所示。

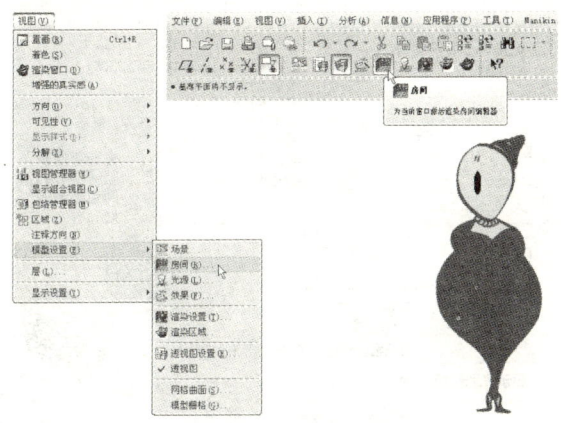

图8-15 房间设置的取用界面

房间设置界面的内容说明如图8-16所示。图8-14因为用的是场景内已设计好的现成设置,而且是圆柱形场景,所以只有直向的三面可用(只有一面墙)。事实上,正式的房间应该是可以针对六向(即天花板、地板和四面墙)的背景设置的。

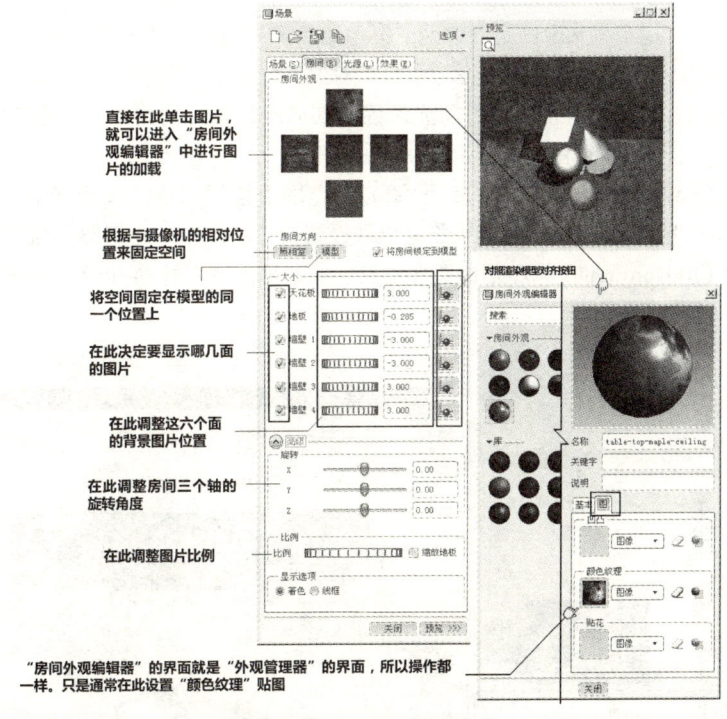

图8-16 房间设置的选项内容

2. 灯光布置。在灯光布置方面的设置重点如下。

(1) 远光源(平行光, Distant Light)。即模拟太阳光,属定向光源投射平行光线。无论模型位于何处,均以相同角度照射物体的所有面。一般多放在上方、前方或侧前方。如图8-17所示,名为"default distant"的灯光就是系统默认的远光源布置,它不能被删除。

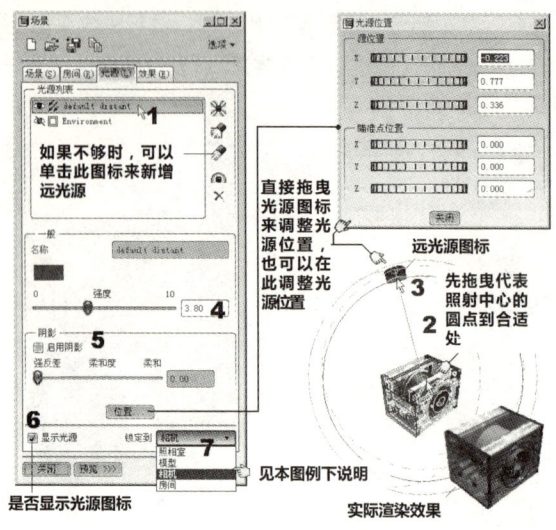

图8-17 远光源的设置

说明：在如图8-17所示步骤号7处"锁定到"后的列表中，其内的四个选项可以用来将光源固定到对象或视图中，如下所述。

- 照相室（Studio）：指定要将光源固定到某照相室。光源始终照亮视图的同一点，而与房间和模型的旋转无关。
- 模型（Model）：指定将光源固定到模型。光源始终照亮模型的同一点，与视点无关。
- 相机（Camera）：指定将光源固定在与相机相对的某位置。
- 房间（Room）：指定相对于房间，将光源固定在同一位置。例如，如果在房间的左上角放置一个光源，那么该光源将始终位于房间的同一拐角。

（2）环境光（Environment Light）。使用"高动态范围图像"（HDRI）来照亮模型的光。此类型光源只能与 Photolux 渲染器一起使用。如果将渲染器设置为 Photorender，环境光源将不会显示在光源调色板中。名为"Environment"的灯光就是系统默认的环境光源布置，它也不能被删除。设置内容如图8-18所示。

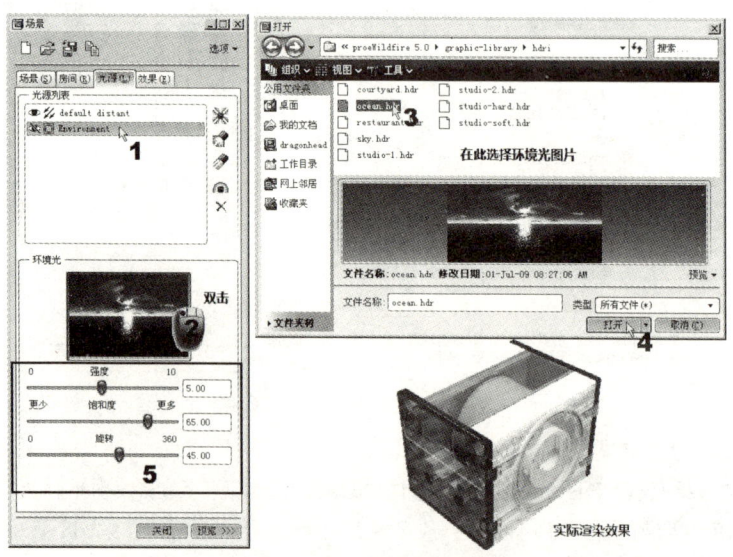

图8-18 环境光源的设置

(3)点光源(Point Light)。即模拟灯泡的光源,光从灯泡的中心向外辐射。由于曲面与光源的相对位置不同,曲面的反射光会有所不同。既是仿真灯泡,所以一般会放在物体上方。设置内容如图8-19所示。

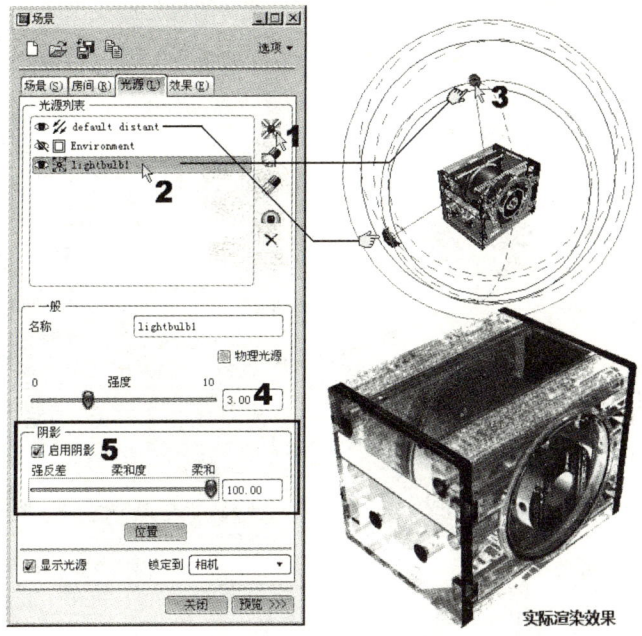

图8-19 点光源的设置

(4)聚光灯(Spot Light)。即聚光灯源。光线会约束在一个聚光角所形成的圆锥体之内。设置内容如图8-20所示,可放在物体四周任意处来照射物体。

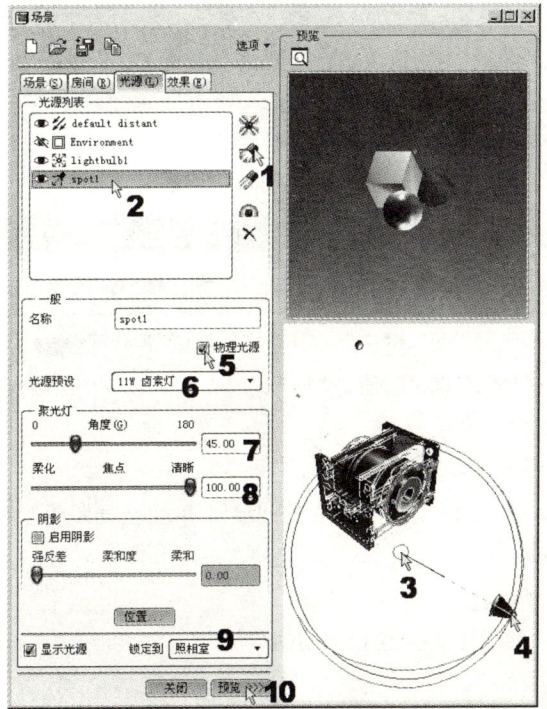

图8-20 聚光源的设置

(5) 天空光源（Skylight）。提供了一种使用包含许多光源点的半球来模拟天空的方法。要精确地渲染天空光源，则必须使用 Photolux 渲染器。如果将 Photorender 用做渲染程序，那么光源将被处理为远距离类型的单个光源。设置内容如图8-21所示（单独使用天空光源的情况）。

05 在如图8-14所示的步骤号10处，我们已经做了渲染了！但是渲染是按图8-22的设置内容来做渲染的。

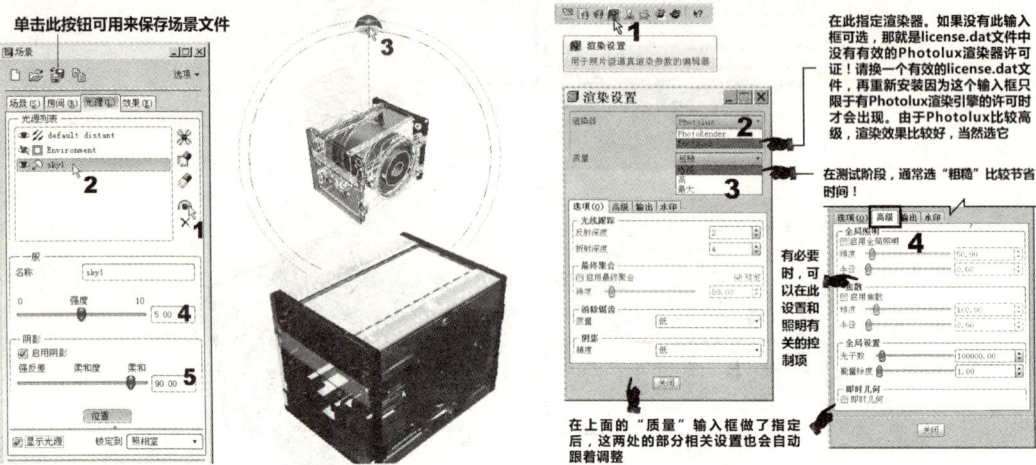

图8-21 天空光源的设置　　　　图8-22 渲染设置的操作

如图8-22所示的各选项说明如下。

1．"选项"选项卡。用来选取元素并控制渲染的总体质量。包含以下选项。

（1）"光线跟踪"框：可以在此指定"反射深度"和"折射深度"的值。如果要在渲染过程中使用光线跟踪，请选择"光线跟踪"。在需要时，Photolux 光线可以仅跟踪图像的某些部分。例如，仅跟踪透明或反射材料。对于使用玻璃或其他透明材料的模型来说，光线跟踪特别有效。

（2）"最终聚合"框：勾选"启用最终聚合"开关项，用来计算场景中的间接照明。"最终聚合"将使用周围曲面和背景的颜色值来计算场景中的光照。然后，调整"精度"下的滑块，或在相邻的框中指定值，就可以确定最终聚合的精度。

> **注意**
>
> 在默认情况下，如果渲染的"质量"设置为"高"或"最大"，便会启用"最终聚合"。

（3）"消除锯齿"框：可选择"低"、"中"、"高"或"最大"四种等级。

（4）"阴影"框：可选择将阴影精度设置为"低"、"中"、"高"或"最大"四种等级。

2．"高级"选项卡。包含以下选项。

（1）"全局照明"框。设置项如下。

● "启用全局照明"开关项：用来计算场景中的间接照明。"全局照明"将使用光源发出的光子来计算场景中的间接照明。

● "精度"：在此设置光子数。

● "半径"：按房间大小的百分比指定全局照明的半径。

（2）"焦散"框。设置项如下。

● "启用焦散"开关项：指定是否使用焦散进行渲染。

> **注意**
>
> 焦散和全局照明设置仅用于物理光源。如果使用非物理灯泡和聚光灯作为光源，则会忽略这些设置。

- "精度"：在此设置光子数。
- "半径"：按房间大小的百分比指定焦散半径。

（3）"全局设置"框。设置项如下。

- "光子数"：控制要发送到场景的光子的数目。
- "能量标度"：调节来自符合物理定律的光源的能量输出。这会改进"焦散"和"全局照明"的结果。

（4）"即时几何"框。勾选"即时几何"开关项，系统将根据需要，仅将必需的几何下载到渲染引擎。如果取消勾选此开关项，那么系统将下载组件中的所有对象，以用于渲染。勾选此开关项可能会增加渲染时间，但可减少内存的使用量。

06 因为我们不可能一次就满意所有的设置，所以会反复地去修改场景里的所有设置（即灯光、房间和特殊效果等）。当一切满意后，就会有两种后续的需求。一个是场景的保存，它可以方便日后反复利用；另一个就是效果图的输出。我们先使用图8-23所示来示范如何保存场景文件。

07 最后，当一切渲染测试都满意后，再按图8-24所示的示范来设置输出渲染。

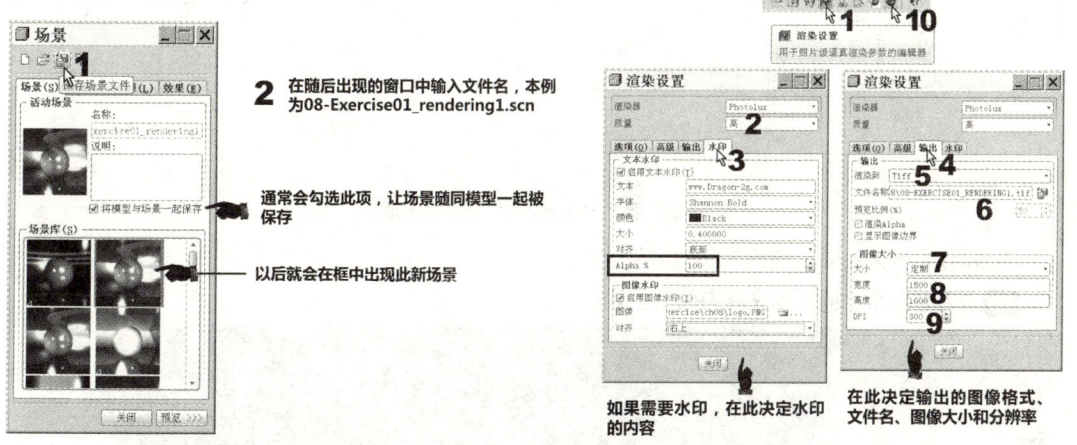

图8-23 场景文件的保存操作　　　　图8-24 正式的渲染输出设置

请注意如图8-24所示的黑框处的"Alpha%"值为水印文本的透明度百分比，数值越大，水印的颜色越深。其实，水印的部分可以单独到Photoshop里做，效果会更好。输出后的效果如图8-25所示。

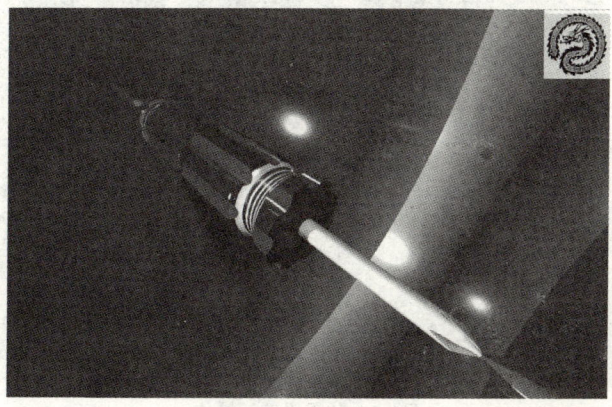

图8-25 渲染效果图

08 保存文件。

09 打开名为08-Exercise01_shading.prt的练习文件。这个文件是着色和贴图混用的文件，其场景中的"房间"和"光源"的设置和前面的操作类似，我们不再复述，但是要改一下背景图片（换pattern01.tif）与灯光的强度。完成如图8-26所示。

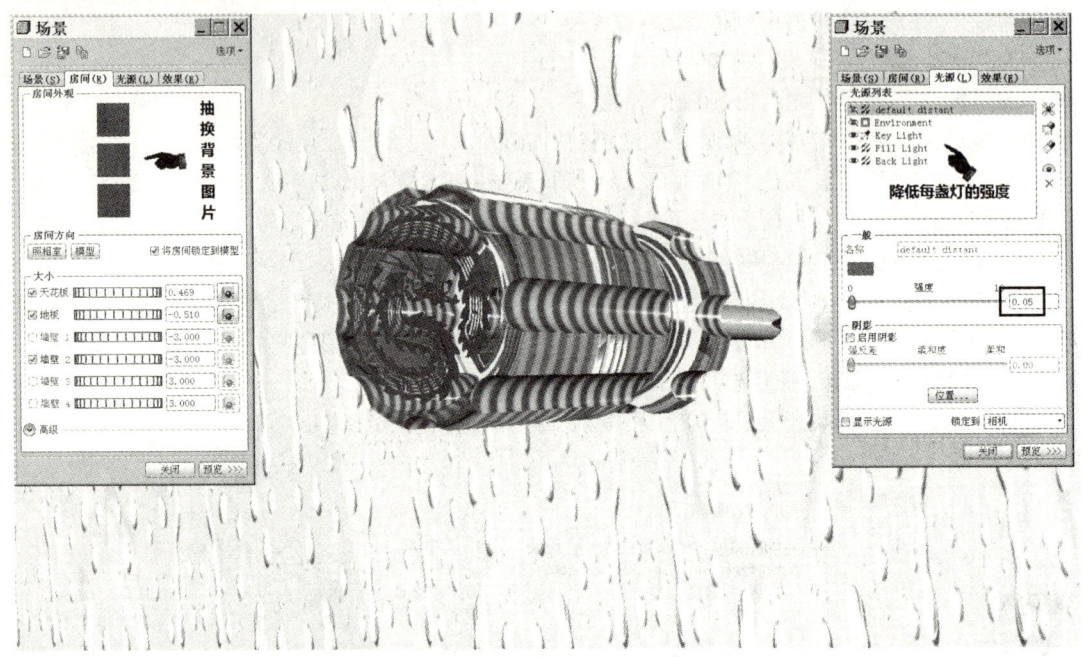

图8-26 着色和贴图混用的渲染完成图

下面，我们要来看看含特殊效果的渲染效果。

10 按图8-27所示的设置来练习效果设置。

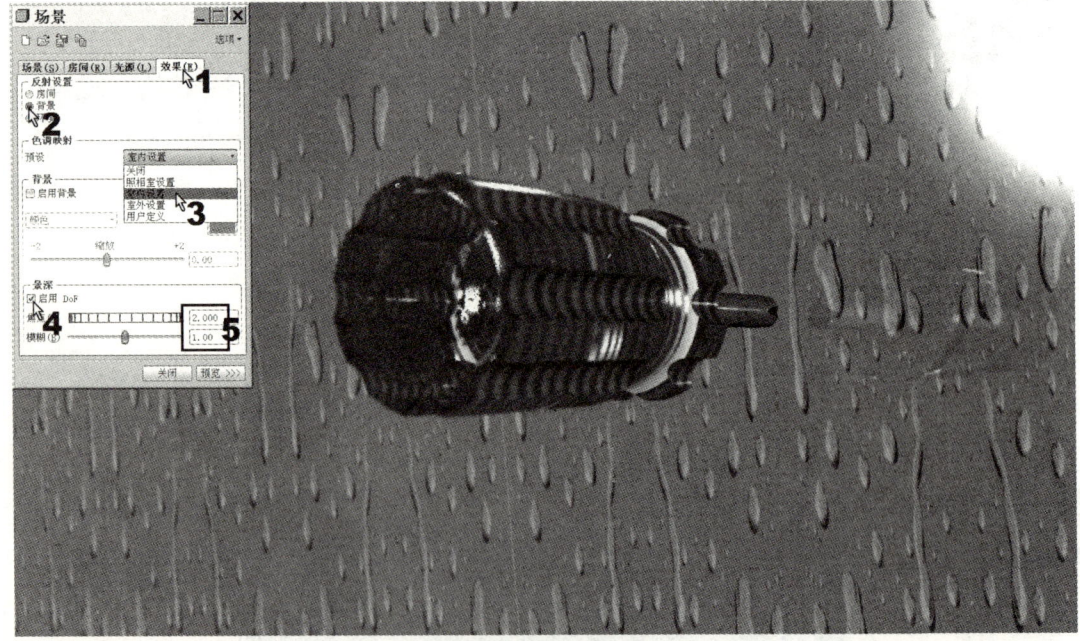

图8-27 效果设置的操作

"效果"这功能是用来辅助Photolux渲染器的。除在"场景"中选取以外,也可按图8-28所示选取。

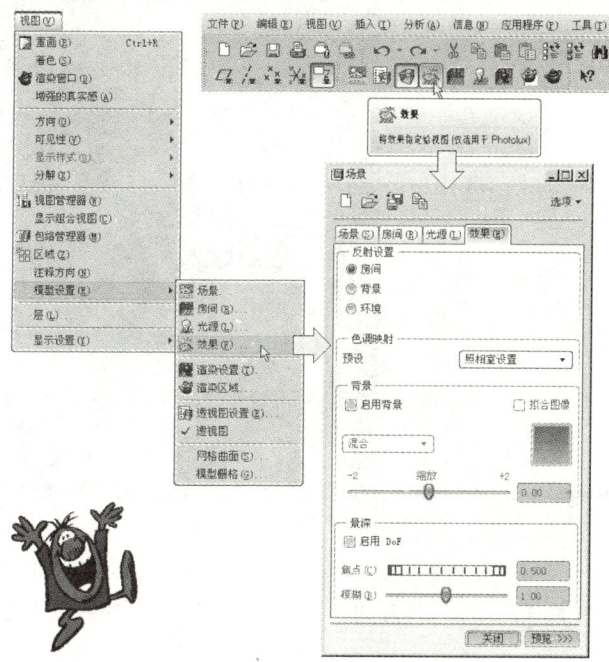

图8-28 "效果"选项卡界面

以下,我们就逐一来说明"效果"选项卡内的选项和效果。

1. "反射设置"框:在此指定要反射的场景是房间、背景,还是环境。默认的反射设置为"房间"。

2. "色调映射"框:在高动态范围(HDR)中生成的图像,通常被解释为曝光过度或过亮。色调映射是一种将HDR图像转换为低动态范围(LDR)图像的技术,以使图像适合在普通计算机屏幕上显示。在此有以下四项选择。

(1) 照相室设置。为照相室环境中的对象设置色调映射。照相室就是一个室内,由于使用接近于白色光源布置的空间,所以效果会比较亮一些,此项定为默认设置。如图8-29所示就是照相室设置的渲染效果。

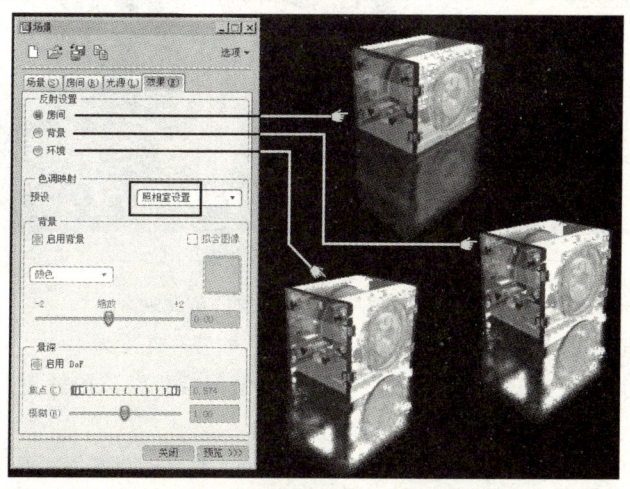

图8-29 照相室设置的效果

(2) 室内设置。为室内环境中的对象设置色调映射,本身使用HSV值为 57、21、100 的点光源来模拟室内灯光。比起"照相室"设置来说,效果会暗淡一点。如图8-30所示就是照相室设置的渲染效果。

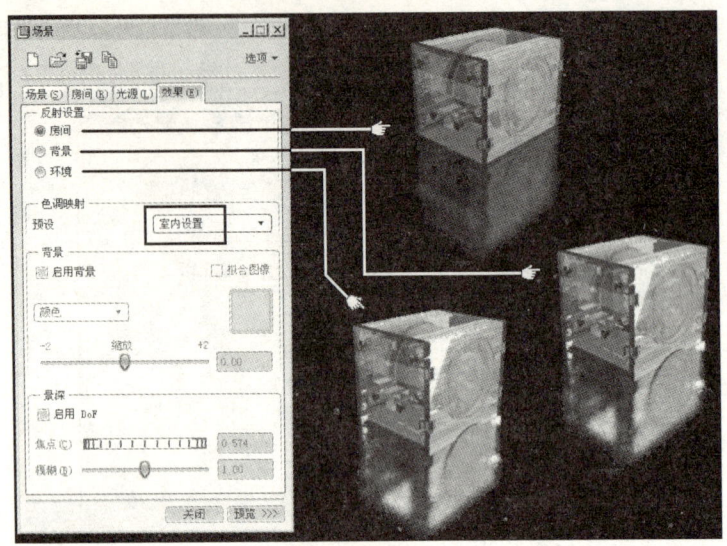

图8-30 室内设置的效果

(3) 室外设置。为室外环境中的对象设置色调映射。要模拟室外环境,它将使用HSV值为 10、15、100 的定向光源模拟阳光,而使用 HSV 值为 200、39、57 的定向光源模拟月光。如图8-31所示就是室外设置的渲染效果。

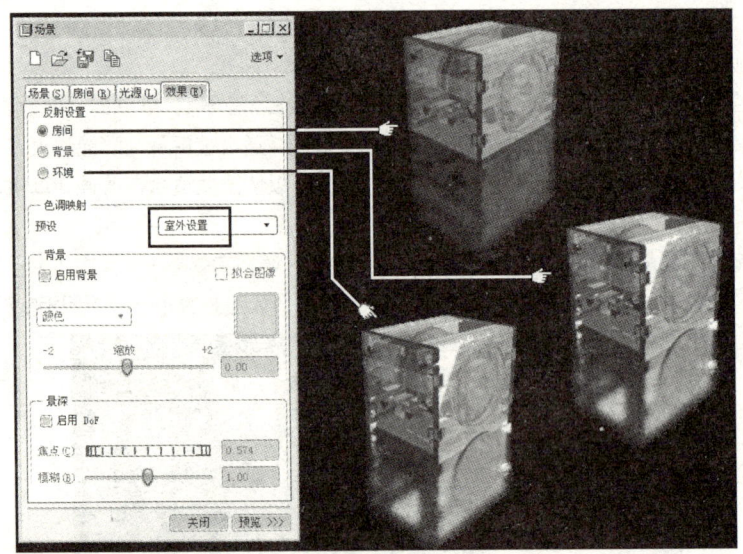

图8-31 室外设置的效果

(4) 用户定义。允许用户通过调整以下参数来定义对象的色调映射。

- 胶片 ISO:从列表中选择值,以设置胶片速度。默认的胶片速度为100。
- 快门速度:从列表中选择值,以分数秒为单位设置照相机快门的速度。默认的快门速度为 1/15。
- 光圈值:从列表中选择值,设置照相机的分数光圈值。默认的光圈值为 f/4。
- cm2 因子:调整滑块或在相邻的框中输入值作为乘数,以将渲染像素值缩放为屏幕像素。默认值为 1500.00。

如图 8-32 所示就是用户定义的渲染效果。

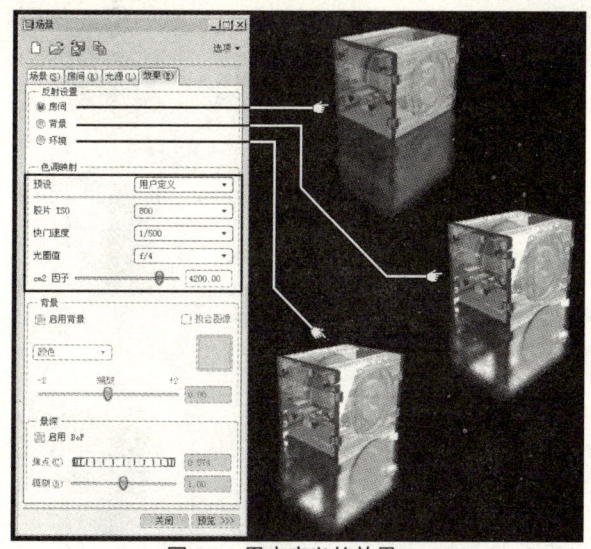

图8-32 用户定义的效果

3. "背景"框：在指定的场景中放置指定的背景。背景模拟特定设置中的模型，并在模型和房间后进行渲染，如图8-33所示。

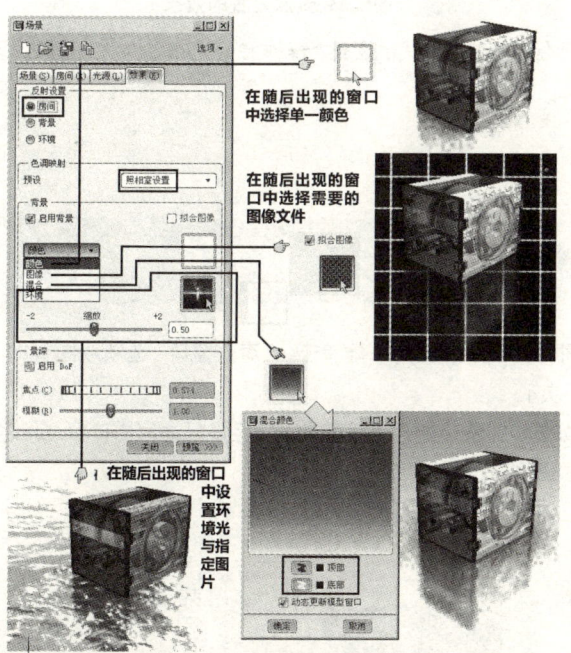

图8-33 背景设置的效果

4. "景深"框：用来生成整个场景的变焦效果。在此有以下选择。

（1）启用 DOF。仅能在透视图状态下打开这个"域深度"（Depth of Field，DOF）开关项。

（2）焦点。调整"焦点"的指轮，或在相邻的框中指定一个值，以模型单位指定从视点到场景聚焦点的距离。

（3）模糊。调整滑块，或在相邻的框中输入值，指定在聚焦平面之外的场景变模糊的速度。

如图 8-34 所示就是景深设置效果的图例。

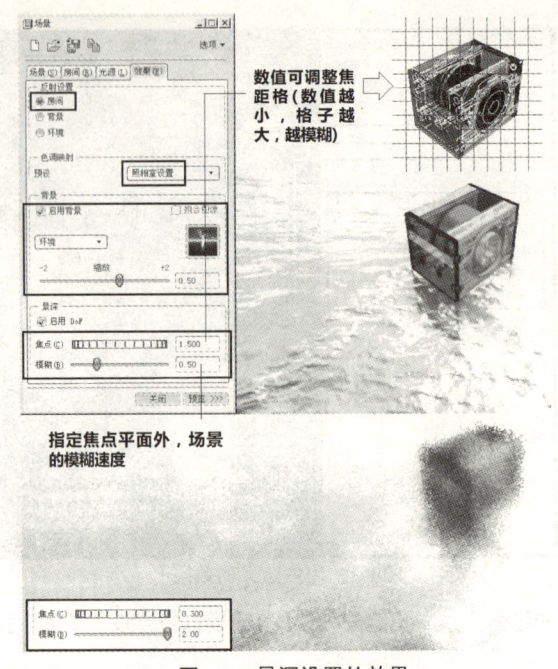

图8-34 景深设置的效果

效果设置也可以单独保存为den格式的文件（操作和灯光布置文件一样），但我们仍然建议以场景为主来保存。

11 保存文件。

8.4 再谈渲染

渲染本身的操作是很简单的，只要简单地单击"渲染窗口"选项或图标即可。这在前面的视频文件中，我们已经示范过很多次了。

Creo还提供另一个如图8-35所示的局部渲染方式，但是只适用于Photolux渲染器。这个Creo译为"渲染区域"的工具，应译为"局部渲染"。

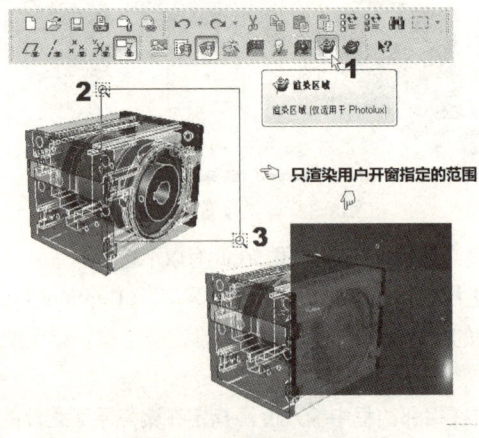

图8-35 局部渲染的操作

因此，对渲染来说，复杂的是上一节所讲的渲染设置选项，不同的设置可以组合成千变万化的不同情况和效果。不过，就如同前述，实际上只要在"质量"框中选择"粗糙"、"高"或"最大"等不同的质量，下面相关的渲染设置也会自动做相应的调整。对非专业的操作者来说，也不用太费心。

由于Photolux的效果比较好，所以一直到此，本章都未介绍PhotoRender渲染器的效果。如图8-36、图8-37所示就是介绍在同一渲染设置下，分别使用PhotoRender和Photolux渲染器的不同效果。

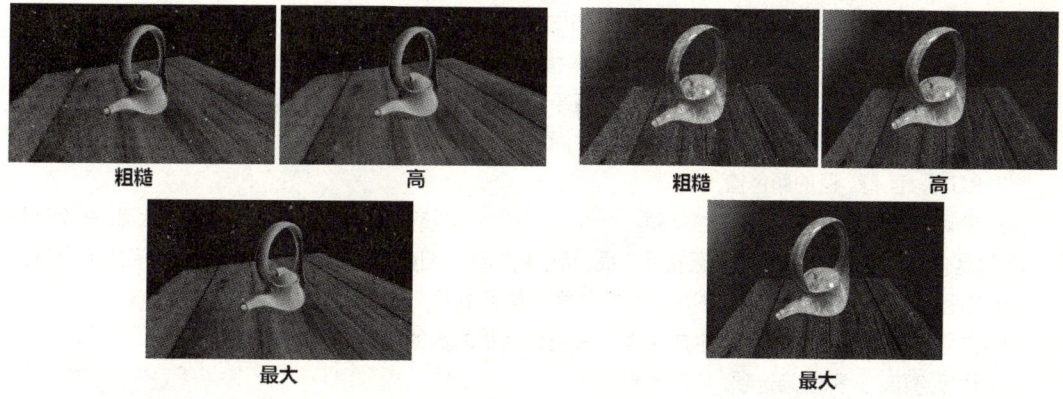

图8-36 本范例渲染图（PhotoRender渲染器）　　　图8-37 本范例渲染图(Photolux渲染器)

8.5 和渲染有关的名词说明

1. Alpha：RGB图像文件中可选的第四通道，通常用于复合图像。
2. 环境光源：平均作用于渲染场景中所有对象各部分的一种光。
3. 环境光反射：一种曲面属性，用于决定该曲面对环境光源光的反射量，而不考虑光源的位置或角度。
4. 凸缘贴图：应译为"凹凸贴图"，一种单通道材料贴图，创建曲面凹凸不平的效果。
5. 凸缘高度：应译为"凹凸高度"，即凹凸贴图特征的高度或深度。
6. 颜色方块：颜色编辑器的一部分，用来根据红、绿和蓝的颜色值沿两个轴线定义颜色。
7. 调色板：颜色编辑器的一部分，提供一系列颜色。
8. 颜色材料：三通道纹理贴图，由红、绿和蓝色值组成。
9. 颜色轮盘：颜色编辑器的一部分，可基于色调、饱和度和亮度选择颜色。
10. 贴花：四通道纹理贴图，由标准颜色纹理贴图和透明度（如Alpha）通道组成。
11. 远光源（即平行光）：远光源会投射平行光线，以同一个角度照亮所有曲面（无论曲面的方位为何）。此类光照模拟太阳光或其他远距离光源。
12. Gamma：显示设备（显视器）所固有的对强度的非线性复制。
13. Gamma 修正：修正图像数据，使图像数据中的线性变化在所显视图像中生成线性变化。
14. 加亮颜色（光点）：从模型中反映出来的加亮部分的颜色。
15. 加亮光泽：加亮区的锐化和扩散程度；加亮区越小，则曲面越有光泽。
16. 加亮强度：加亮区的亮度。
17. 色调：用于定义颜色的基本色或色度。
18. 色调、饱和度、亮度：用来完全指定一种颜色的主波长、纯度和强度的组合。

19. 光源：用于所有渲染，是指具有位置、颜色和亮度的光。有些光具有方向性、扩散性或汇聚性。四种类型的光为环境光、距离光源、灯泡和聚光。

20. 光源空间：一种渲染选项，决定空间是由用户定义的光照亮，还是由标准的环境光照亮。

21. 对应方法：指定材料如何对应到曲面。可用的对应方法包括平面型、圆柱型、球型和参数型。

22. PhotoRender：一种渲染工具程序（渲染引擎），专门用来创建场景的光感图像。

23. Photolux：是Creo提供的另一种效能不错的渲染引擎。我们也建议用户采用这种。

24. 像素：图像的单个点，通过三原色（红、绿和蓝）的组合来显示。

25. 在地板反射模型：一种渲染选项，用于渲染过程中在地板上反射模型。

26. 反射空间：一种渲染选项，控制模型的空间反射。

27. RGB：红、绿、蓝的颜色值。

28. 房间（背景）：模型的渲染背景环境。一个矩形的空间具有四个墙壁、天花板和地板六面。一个圆柱形的空间具有一个墙壁、一个地板和天花板三面。可以用网格和图案来显示空间，或对一个空间应用材料。

29. 饱和度：颜色色调的纯度。不饱和的颜色将以灰度显示。

30. 自身渲染：一种渲染选项，生成由模型投射到线框本身的颜色。

31. 地板渲染：一种渲染选项，切换地板着色。

32. 锐化几何纹理：一种渲染选项，使渲染的几何纹理更加清晰。但需要更多的渲染时间和硬盘容量。

33. 成角度锐化纹理：一种渲染选项，对于与视图成某一渲染角度渲染的纹理图像进行锐化，使其效果较为细致，但需要更多的渲染时间和硬盘容量。

8.6 知识点拓展

知识点1　颜色缩略图的来源与选择

针对"外观库"图标内容，可以在此选择来自以下三种来源的颜色缩略图，如图8-38所示。

1. 我的外观。"我的外观"（My Appearances）调色板里显示的是用户自己创建并存储在启动目录或指定路径中的外观。调色板中将显示缩略图颜色样本，以及外观名称。

2. 模型。"模型"（Model）调色板里会显示在活动模型中存储和使用的外观。如果活动模型没有任何外观，那么"模型"调色板就只会如图8-4所示那样，显示默认的外观。当新外观贴附到模型后，它就会自动显示在"模型"调色板中。

3. 库。"库"（Library）调色板里显示的是Photolux库和系统库中所提供的现成外观颜色样本。如图8-38所示，库浏览器在文件夹树视图中以文件形式显示可用的外观。文件根据Photolux和系统库文件夹中的外观等级组织到子文件夹中。从文件夹树库选取的外观文件，在调色板中显示为颜色缩略图样板，替换了调色板中的当前外观。

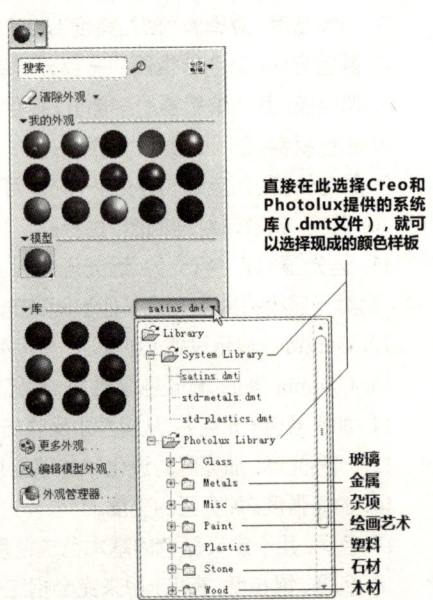

图8-38　"外观库"图标的内容

第8章 渲染基础

> **注意**
> - 每个调色板中的外观名称都是唯一的。选取外观便可将此外观设置为活动外观。
> - 可将外观从"模型"调色板和"库"调色板复制到"我的外观"调色板,以将其属性作为新外观并进行编辑。要复制外观,可单击鼠标右键并选择"Copy to My Appearances",或将该外观的缩略图拖动到"我的外观"调色板中。如果使用该名称的外观已存在,那么请为外观名称加上括号,而后续外观名称将带有数字后缀。
> - 可选取外观以显示其属性。不能选取多个外观。
> - 在"外观管理器"对话框中,可以编辑"我的外观"调色板中的外观属性。无法从"模型"调色板和"库"调色板中删除外观。无法编辑"模型"调色板和"库"调色板中的外观。
> - 无法修改默认外观的名称、说明、关键字或属性。

知识点2 关于纹理贴图文件的常识

所谓"纹理",就是指实物的材料图片,这种贴图是单纯的颜色所无法表示的,诸如木纹或布纹。在CAD软件里,纹理贴图是一种特殊的图像文件。将这种图片贴附在模型上,就可以渲染出几可乱真的实物效果图。Creo提供了一个包含许多纹理的图形库。该库安装后,位于C:\Program Files\PTC\Creo Elements\Pro5.0\graphic-library\textures文件夹下。

通过前面的实际操作,在着色的操作中,我们可以调用系统提供的现成图形库,也可以使用自己创建的纹理图像文件。同时,使用 save_texture_with_model 配置选项将纹理与模型一起保存。也可以将此目录指定到config.pro文件中,在texture_search_path 中配置变量的值。这样,在下次打开零件或组件时,Creo就能自动找到这些纹理文件了。

知识点3 材料的折射率(IOR)

如果在"Photolux属性"框中出现有"折射指数"设置,那么再加上"透明"设置,就可以用来模拟玻璃或琉璃等这类的材料。但是必须先了解表8-2所示的物质折射率(IOR)。

表 8-2 一般常见材料的折射率(IOR)表

材料	IOR 值	材料	IOR 值	材料	IOR 值
真空	1.000	溶度30%糖	1.380	翡翠	1.570
二氧化碳	1.200	粉末	1.434	轻铅玻璃	1.575
液体	1.200	石英	1.460	黄玉	1.610
空气	1.0003	溶度80%糖	1.490	碳硫酸盐	1.630
冰	1.309	玻璃	1.500	重铅玻璃	1.650
酒精	1.329	氯化钠	1.530	次甲基碘	1.740
丙酮	1.360	含盐氯化钠	1.544	红、蓝宝石	1.770
四乙铅	1.360	多苯乙烯	1.550	超重铅玻璃	1.890
水晶	2.000	钻石	2.417	氧化铬	2.705
氧化铜	2.705	非结晶硒	2.920	碘晶体	3.340

知识点4　图像格式的常识

讲到图像文件就不得不提到图像格式。当用户在Creo中制作出漂亮的渲染画面后，要将它以何种的图像格式保存下来呢？那就需要一些常识了。表8-3将列出我们常见的几种图像格式。

表8-3　常见的图像格式说明

格式	是否失真	说　明
GIF	不失真	GIF是1987年由Compu-serve所提出的图像压缩格式，所使用的压缩方法是"蓝波-立夫-卫曲编码法"，又可称为"字符串表（String Table）压缩法"。其基本的原理是将原始图像数据中重复的字符串编成一个表，然后再利用表上的索引值来取代原始图像数据中的字符串，由于索引值的体积远比原始图像中的字符串体积小，因此GIF的图像具有压缩的效果。然而，GIF中所使用的"蓝波-立夫-卫曲编码法"是经改良后的版本，它和标准版本最大的不同点在于GIF的"蓝波-立夫-卫曲编码法"其字符串表没有最大体积的约束，是以"可变长度码"来编码其索引值，所以有效的节省压缩后的空间，提高压缩的比例。GIF的缺点是编码法本身的程序设计困难，要花费较多的时间。但是由于它的高压缩效率，还是让GIF在图像压缩处理上占有一席之地。当前我们在WWW、DOS、MS Windows、Macintosh上，到处都可以看见支持GIF的各种应用软件。然而GIF的色彩支持只到256色，在当前图像质量要求越来越高的情况下，GIF并不能完全满足用户的需求。
JPEG (JPG)	失真	JPEG是由国际标准组织（ISO）和国际电话电报咨询委员会（CCITT）所创建的一个数字图像压缩标准，主要是用于静态图像压缩方面。JPEG采用可失真（Lossy）编码法的概念，利用数字余弦转换法（Discrete Cosine Transform，DCT）将图像数据中较不重要的部分去除，仅保留重要的信息，以达到高压缩率的目的。虽然被JPEG处理后的图像会有失真的现象，但由于JPEG的失真比例可以利用参数来加以控制。一般而言，当压缩率（即压缩过后的体积除以原有数据量的结果）在5%～15%之间时，JPEG依然能保证其合适的图像质量，这是一般无失真压缩法根本作不到的。由于JPEG的压缩率极高，且图像质量可以接受，所以是当前最受欢迎的压缩法之一。JPEG能应用于压缩全彩或是8位的灰度图像。一般而言，凡是照片或是色彩连续的图像都非常适合利用JPEG来压缩。
BMP	不失真	是微软公司专门为Windows所开发的不失真图像文件格式，无法做一般图形文件的压缩，所以文件体积较大。
PCX	不失真	这种图像压缩格式是由Zsoft公司所设计开发的，它是以变动长度编码法（Run Length Encoding，RLE）为其核心压缩技术，并以位为基本单位，水平式（Row by Row）地进行编码。由于变动长度编码法的算法简单、易懂，且程序设计十分简单，所以被广泛地应用在图像保存方面。几乎所有支持图像的软件，都会使用PCX的文件格式。然而，由于变动长度编码法对于数据的内容相当敏感，由于图像复杂度的不同，其压缩率也会大幅地变动，经常不能保持稳定的压缩水平，有时遇到重复性极低的图像数据，PCX处理过的图像体积常常会不减反增。因此，PCX并不是一个理想的图像压缩格式。
TIFF (TIF)	不失真	Tagged Image File Format，TIFF也是一个非常重要的图像压缩格式。它的第一个版本是由Aldus Corporation公司与Aldus Developers于1986年所公布的。它利用标签（Tag）为其组成的基本架构，具有极大的可扩充性。TIFF有三个重要的特色。 1．已被大量使用于多种工作环境中，例如Windows、DOS、UNIX和OS/2等。 2．提供多种压缩策略，包括蓝波-立夫-卫曲编码法（Lempel-Ziv-Welch Encoding，LZW）、霍夫曼编码法（Huffman's Encoding），以及变动长度编码法等；用户可以依照自己的需求，选择合适的压缩策略。 3．具有丰富的色彩支持，单色、灰度、及全彩的图像格式，TIFF皆能处理。

续表

格式	是否失真	说　明
TGA	不失真	是AT&T公司研发出来的图像压缩格式，其主要的目的是用来做图像撷取时使用的。由于图像撷取时是以像素（Pixel）为基本的处理单位，而且每次可以撷取到图像中的一列像素，所以TGA也是以像素为其压缩的基本单位，并且以图像中的一列像素为一个段落来进行编码。TGA使用类似PCX的图像压缩方式（即变动长度编码法）来压缩它所撷取到的图像数据，因为TGA具备保存全彩图形的能力，因此支持它的软件大多具有高级的图形撷取及数字图像处理的功能，是早期图像应用领域中非常重要的文件格式之一。TGA的文件架构比PCX复杂，但其可保存的图形模式则较广泛，而且文件架构的延展性较强，用户可依自己的需求来指定TGA格式，以保存图像。

> **注意**
> 1. 图片如果要达到可制作广告质量的水平要求时，要采用TIFF格式。
> 2. 如果是简报、草图或网页用图，采用JPG格式即可。

8.7　习题

1. 请在本书所有正式范例或习题中，选取三个最满意的零件立体模型来作渲染，以应用在产品的Powerpoint简报文件中即可。在(02)Questions\ch08目录里提供了一些图片文件，用得上就用。（解答略）

2. 请打开本书范例光盘中, (02)Questions\ch08\08-Q02目录下的08-Q02.asm组件文件，使用Photolux渲染引擎，制作一份类似图8-39所示，适合简报、广告等场合所需的图像图片。可以调整任意角度，隐藏任意组装零件，来练习这个操作。（提供解答文件与场景文件）

图8-39　模型图例（一）

3. 请打开本书范例光盘中，(02)Questions\ch08\08-Q03目录下的08-Q03.asm组件文件，使用Photolux渲染引擎，制作一份类似图8-40所示，适合简报、广告等场合所需的图像图片。可以调整任意角度，隐藏任意组装零件，来练习这个操作。(提供解答文件与场景文件)

图8-40 模型图例（二）

4. 请打开本书范例光盘中，(02)Questions\ch08\08-Q04目录下的08-Q04.prt零件文件，使用Photolux渲染引擎，制作一份类似图8-41所示的鼠标商标渲染。(提供解答文件)

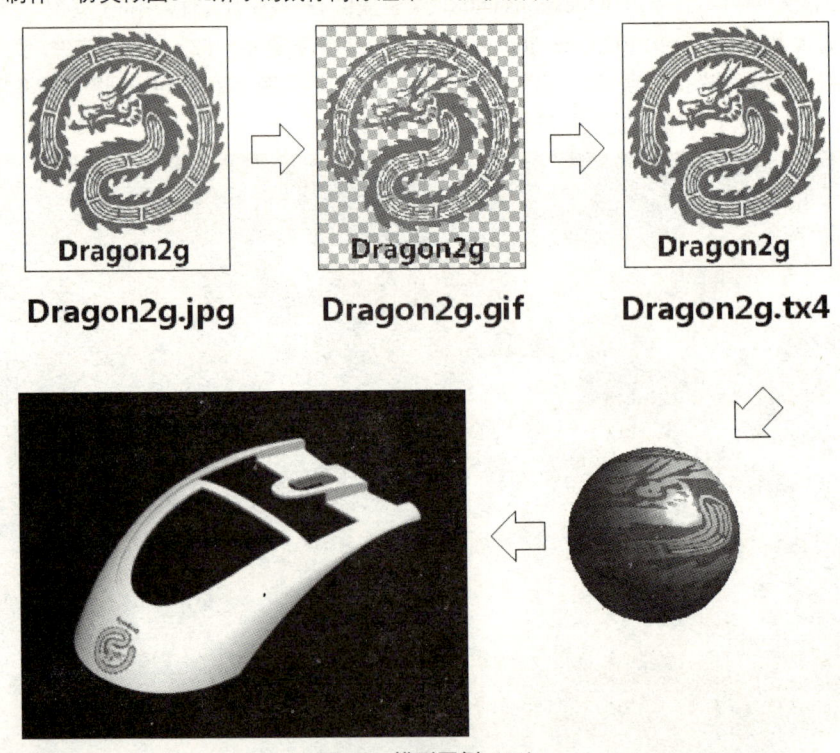

图8-41 模型图例（三）

第 9 章

工程图基础

本章要教授如何将零件模型或是装配图模型,直接转到二维工程图中。在那里,用户可以快速加上尺寸标注,然后将它们输出打印,或是转到更熟悉的AutoCAD环境中,再做加工编辑的操作。

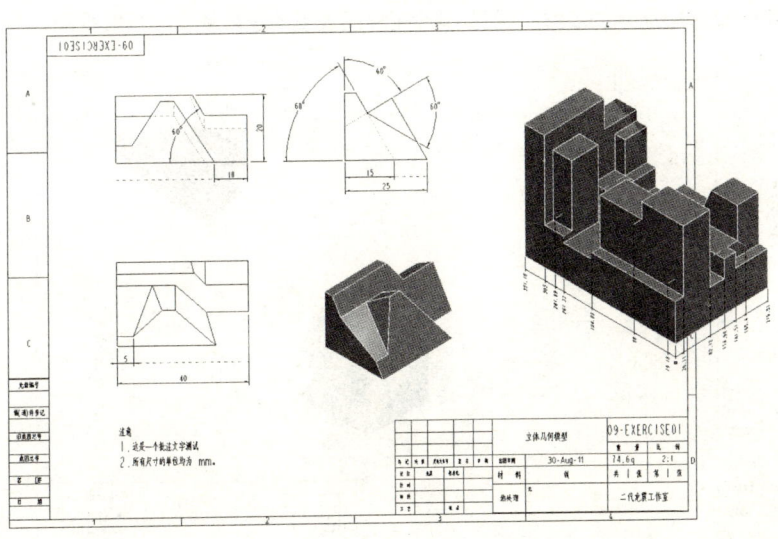

9.1 前言

本章将直接以实际操作的方式来示范转二维工程图的操作。学完后,用户就会知道为什么传统"制图员"需要提高到"建模师"的另一个重要的理由了。

在开始本章前,请按以下步骤来安装相关符合GB标准的工程图模板。

工程图图纸格式文件所在目录:(02) Exercise\ch09\Form。

1. 将Form模板文件夹里,所有.frm图纸格式文件复制到C:\Program Files\PTC\Creo Elements\Pro5.0\formats目录下。

2. 将Form文件夹里的工程图选项文件prodetail.dtl,复制到C:\Program Files\PTC\Creo Elements\Pro5.0\text目录下,并覆盖该目录下的同名文件。

9.2 转二维工程图的实际操作

本节将和用户一起实际操作零件和组件模型的工程图的转换,同时针对常见的图,如剖面图、详图、辅助视图等作介绍。

9.2.1 零件转二维工程图

任务说明

本范例要完成如图9-1所示的二维工程图。这个工程图表现的是最基本的投影视图。

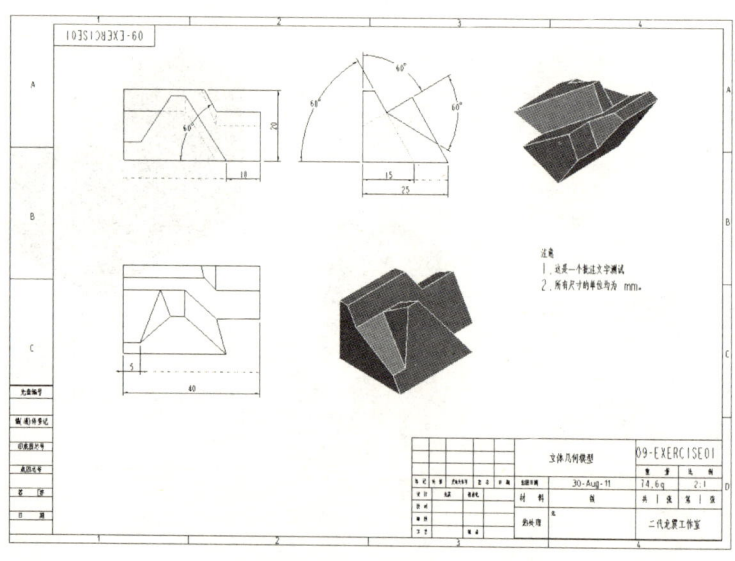

图9-1 零件文件转二维工程图的完成图

重点、难点

本范例重点如下。

1. 转二维工程图的基本操作。

2. 对工程图模板的了解。

3. 投影视图的操作。

4. 快速和简易尺寸标注的操作。

新学的工程图工具

1. "一般"工具（ ）。属基本工程图视图工具，用来创建主投影视图。
2. "投影"工具（ 投影... ）。属基本工程图视图工具，用来创建投影视图。
3. "显示模型注释"工具（ ）。属基本工程图标注工具，用来显示尺寸标注。
4. "尺寸"工具（ ）。属基本工程图标注工具，用来做手动尺寸标注。
5. "整理尺寸"工具（ 清除尺寸 ）。属基本工程图标注工具，用来整理杂乱的尺寸标注。
6. "注解"工具（ ）。属基本工程图标注工具，用来手动写字。
7. "绘图选项"。用来设置工程图环境选项变量。

相关文件

本范例视频文件：（02）avi（GB）\ch09 \09-Exercise01.avi

本范例练习文件：（02）Exercise\ch09\09-Exercise01.prt

本范例完成文件1：（02）Exercise\ch09\09-Exercise01.drw

本范例完成文件2：（02）Exercise\ch09\09-Exercise01_third_angle.drw

任务实践

01 首先，请先打开09-Exercise01.prt练习文件。这是我们在第3章所完成的一个模型文件。不过，在这个模型文件中，我们已按图9-2所示的操作，先使用"重定向"工具创建了两个该模型任意角度的视图。这些视图具有辅助视图的作用，是稍后要转到工程图中的。

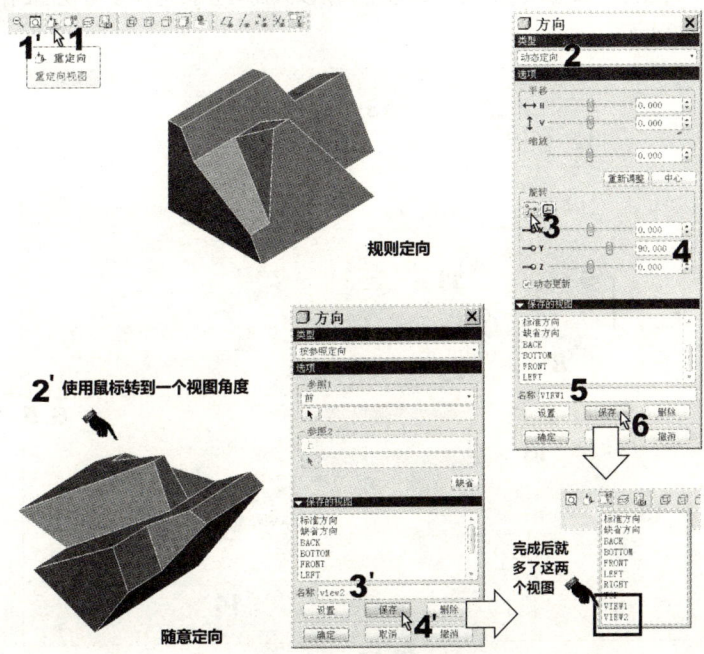

图9-2 "重定向"工具的操作

02 然后，按图9-3所示的操作，新建一个名为09-Exercise01的新工程图文件。在这个操作中，要注意，我们要使用之前已复制到系统中的自定义工程图模板。

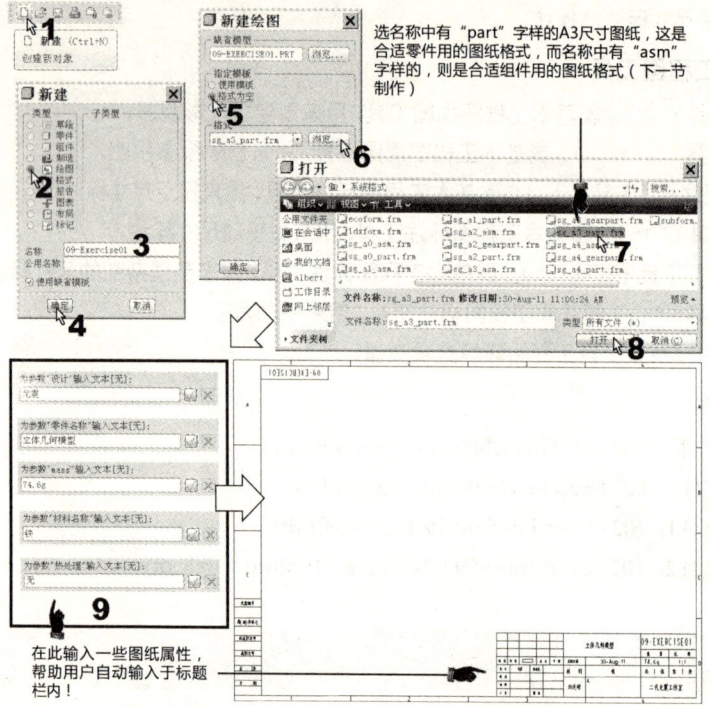

图9-3 新建工程图文件的操作（使用默认模板）

03 接下来，我们要通过如图9-4所示的操作，来放置所需的三视投影图。由于我们已在工程图选项文件prodetail.dtl中，设置好了国标惯用的第一角投影，所以只需要直接选择投影视图的位置即可。其他视图的转换操作请参照9.4节。

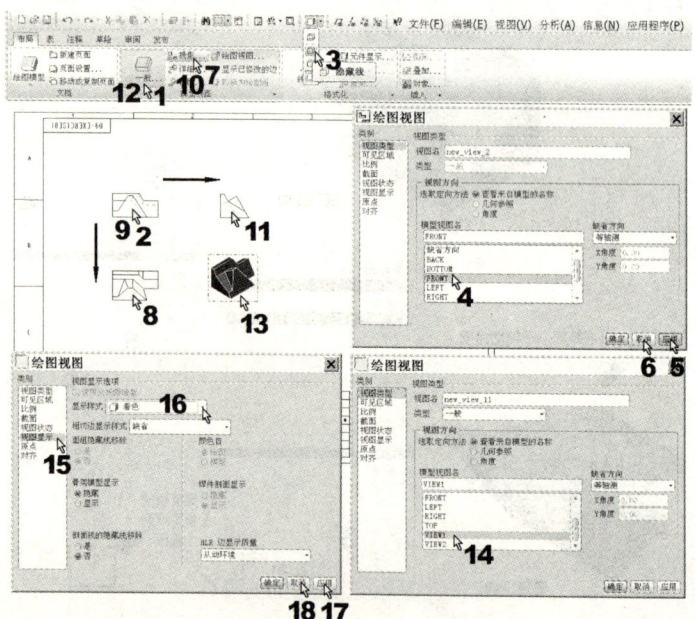

图9-4 手动放置投影三视图的操作

04 现在,在图纸中的三视投影视图显得比较小,这是因为比例的问题。请按图9-5所示的操作来将比例调整到2:1。

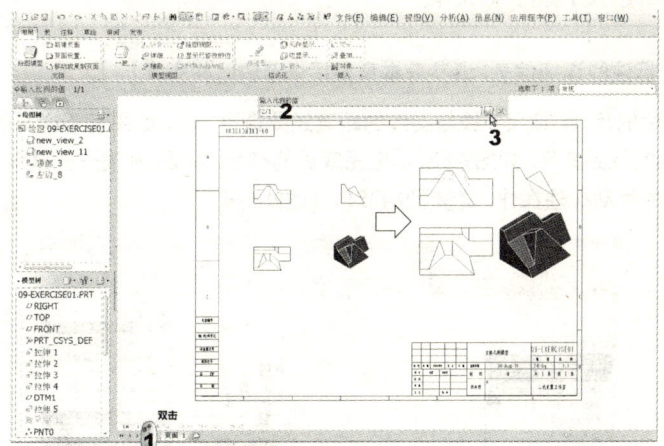

图9-5 设置工程图比例的操作

05 比例放大后,图都挤在一起了!请按照如图9-6所示的操作来移动视图,以将视图位置调整到合适的位置。

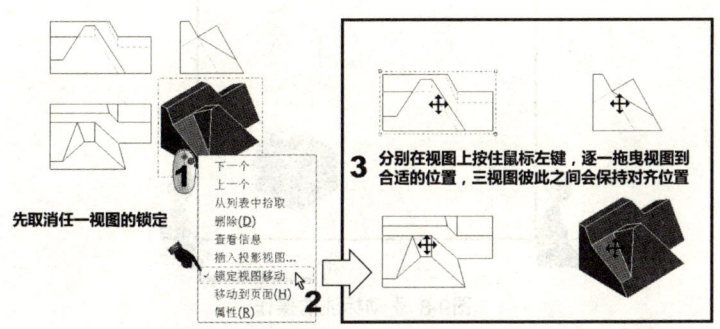

图9-6 移动视图的操作

06 再来,我们要参考图9-4(该图是第三角投影)所示来操作快速尺寸标注与整理尺寸,如图9-7所示。

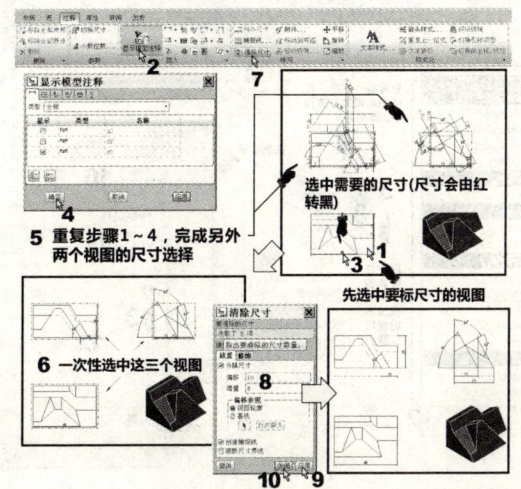

图9-7 快速尺寸标注与整理尺寸的操作

注意

图中"尺寸清除"是"尺寸整理"的误译。

有关其他的手动标注的详细信息,请参考本章最后一节的 知识点1 。

07 接着,整理后的尺寸,其尺寸线与图线的距离还要调整一下,如果有不必要的尺寸需要删除,操作方法请参照本范例的视频文件。如图9-8所示是完成后的样子。然后,还有一些遗漏的尺寸,可以以手动的方式来标注(其他的手动标注操作,请参照9.4节),如图9-8所示。

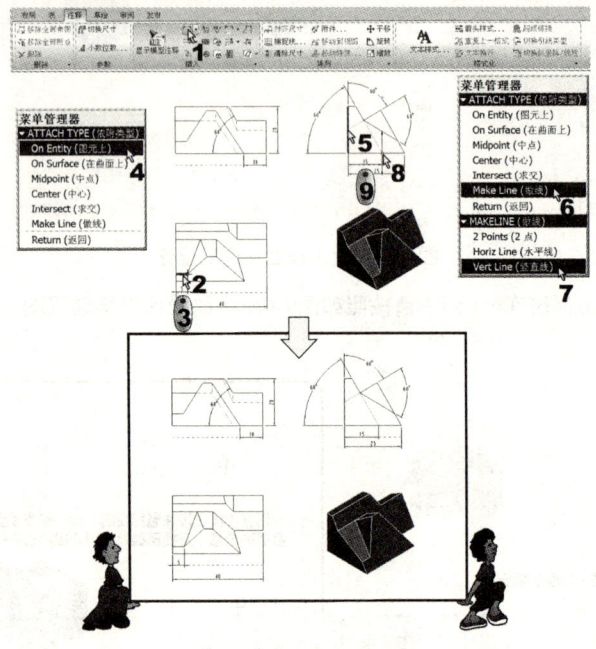

图9-8 手动标注的操作

08 可以用前面学过的操作,继续增加视图或是增加不足的尺寸标注。如图9-9用来示范如何在工程图中写字。

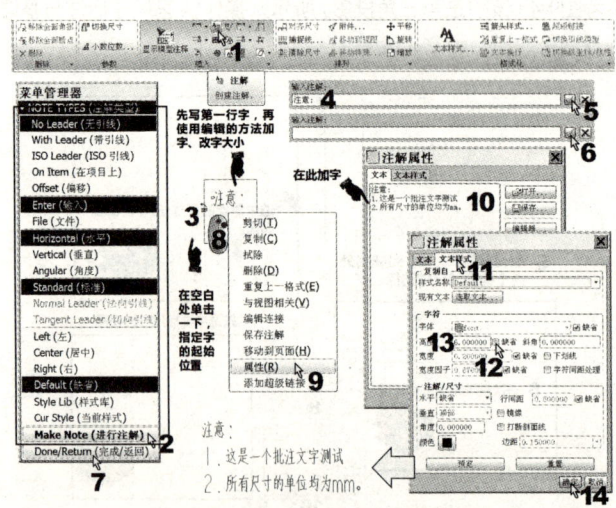

图9-9 在工程图中写字的操作

如果是要画有引线的注释,则可参照如图9-10所示的操作来进行。

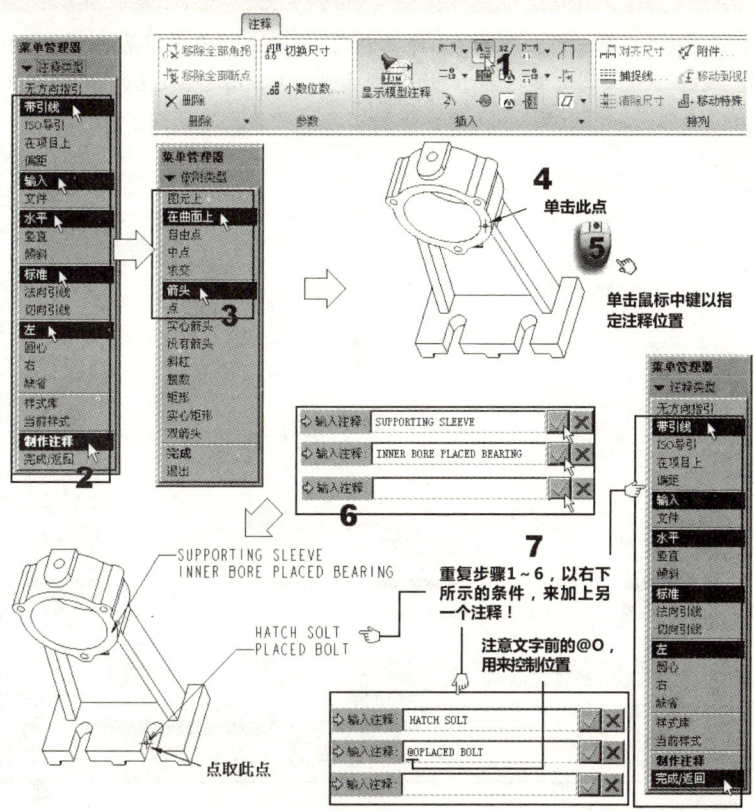

图9-10 创建引线注释的操作

09 如果箭头尺寸或文字尺寸高度不太合适,那么请按图9-11所示的操作来修改相关的工程图选项变量。

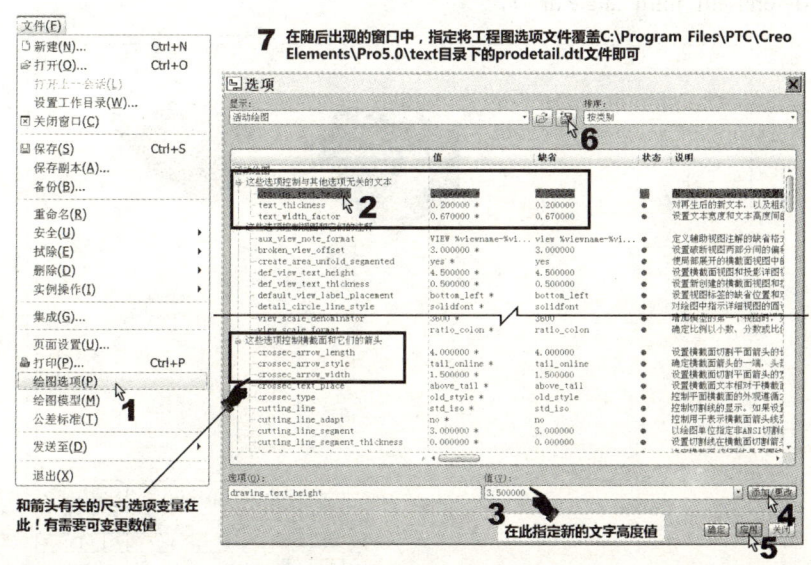

图9-11 修改相关的工程图选项变量

10 保存文件。

注意

如果要将本范例改为以第三角投影法转二维工程图（国际ISO图都采用第三角法，所以最好也要学会），那么请选择"文件"→"绘图选项"，再如图9-12所示更改工程图选项变量projection_type，将其改为第三角（Third Angel）。

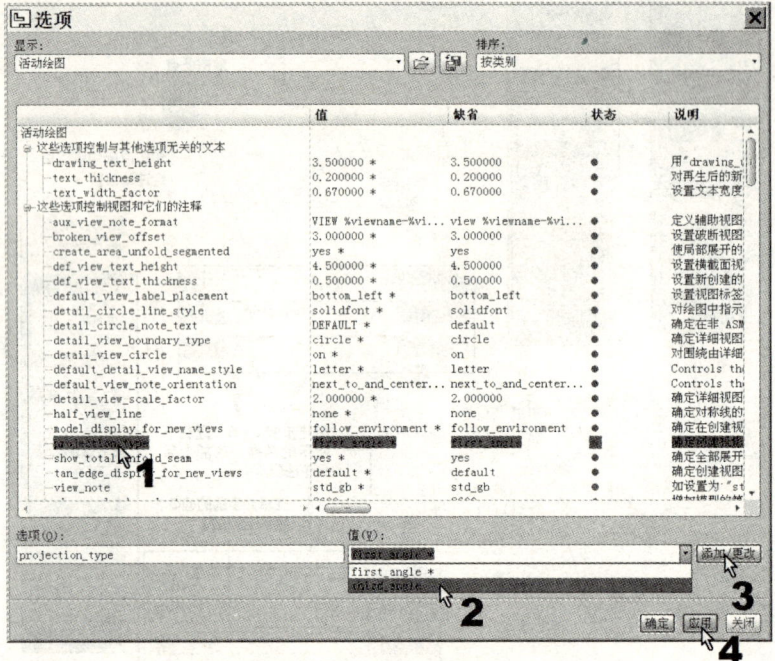

图9-12 更改projection_type工程图选项变量

然后，在创建投影三视图时，以图9-13所示的方式排列。而其余操作，同第一角范例。（本范例完成文件，请参照09-Exercise01_third_angle.drw）。

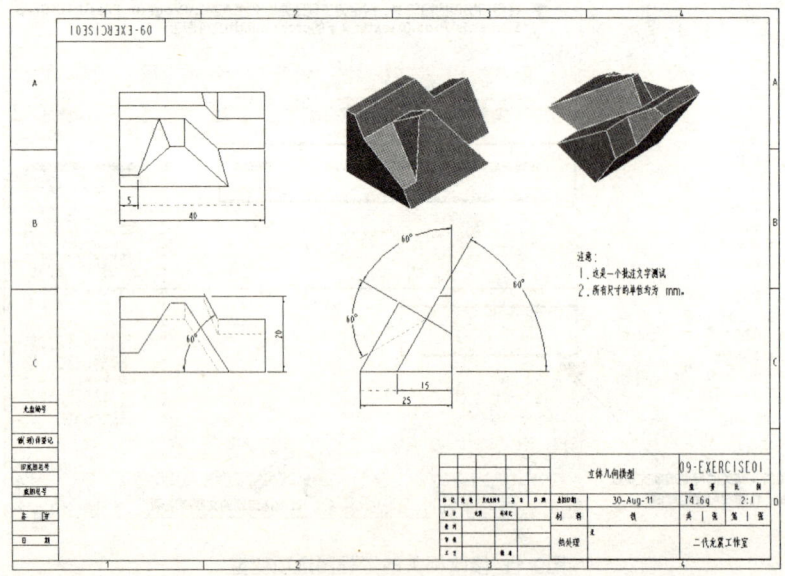

图9-13 第三角投影法的三视图排列

9.2.2 组件文件转二维工程图

任务说明

本范例要完成如图9-14所示的二维装配工程图。

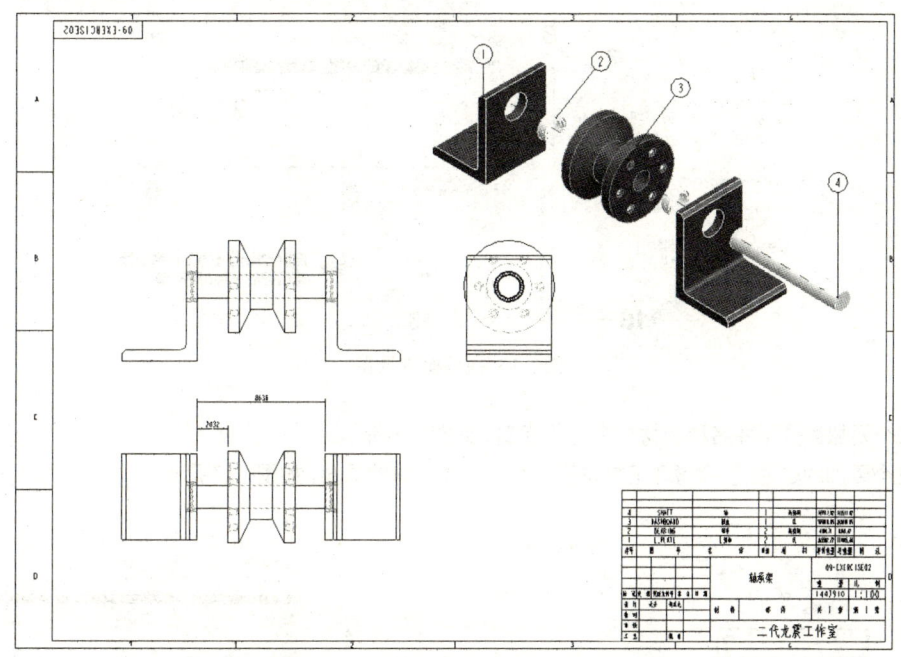

图9-14 组件文件转二维装配工程图完成图

重点、难点

本范例重点如下。

1. 装配工程图的球标标注。
2. 装配工程图的尺寸标注。
3. 装配工程图的BOM（零件表）。

新学的工程图工具

1. "文本编辑"工具（单击鼠标右键出现）。属基本工程图工具，用来编辑文本。
2. "球标注解"工具（ ）。属基本工程图标注工具，用来标注装配图球标。

相关文件

本范例视频文件：(02) avi (GB) \ch09 \09-Exercise02.avi
本范例配合文件：(02) Exercise\ch09\09-Exercise02\09-Exercise02.asm
本范例完成文件：(02) Exercise\ch09\09-Exercise02\09-Exercise02.drw

任务实践

01 请打开名为09-Exercise02的新组件文件。

02 首先，针对组件文件里的零件，请按图9-15所示来输入模型信息。这些信息都是为了自动编写工程图中的BOM零件表而做的。第一个要加的是L形板的材料、单位与密度等属性。

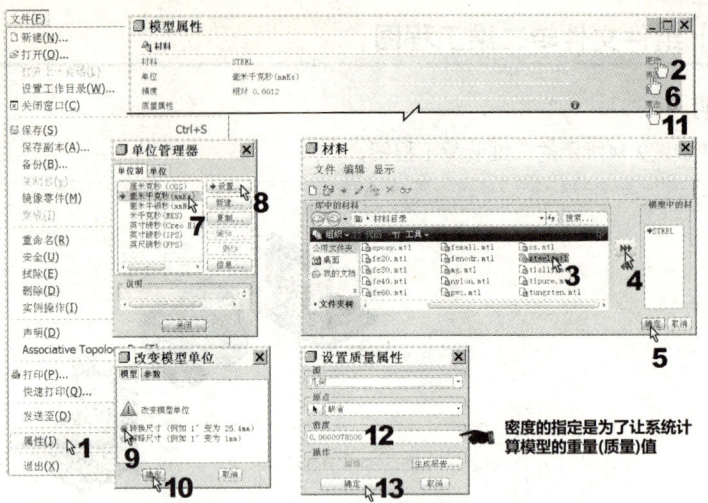

图9-15 模型属性设置

第二个要加的是零件名称和材料名称等参数,如图9-16所示。

第三个要加的是通过"关系"工具来获得系统自动计算的质量,如图9-17所示。

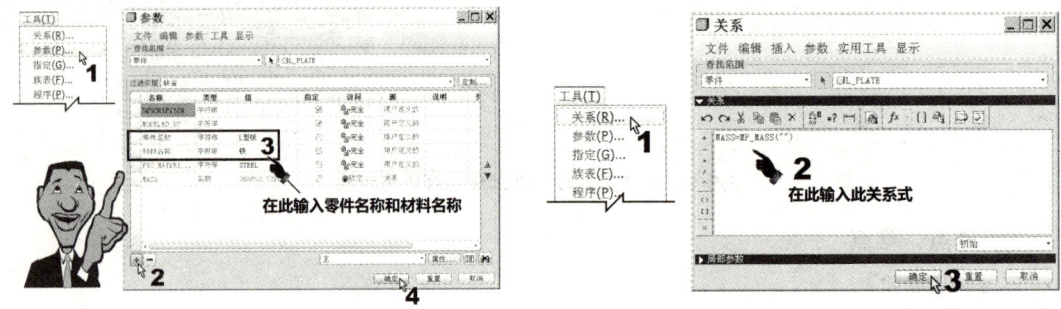

图9-16 模型参数设置　　　　　　　　图9-17 通过"关系"工具来获得质量值

03 重复上面的第2步操作,完成另三个零件(轴承、圆盘和轴)的模型信息输入。其中,圆盘用的材料和L形板相同;而轴承和轴的材料则使用SS。

04 按图9-3所示的操作,新建一张名为09-Exercise02的新工程图文件,但是图纸模板要选如图9-18所示的sg_a2_asm.frm。

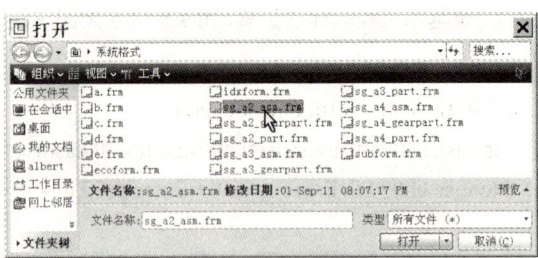

图9-18 选sg_a2_asm.frm图纸模板

05 然后,再按图9-19所示的操作来输入初始的标题栏信息。完成后,可以发现BOM零件表也同时完成了。

在如图9-19所示的标题栏处有些字会超出表格,这时可以使用如图9-20所示的操作来修改。

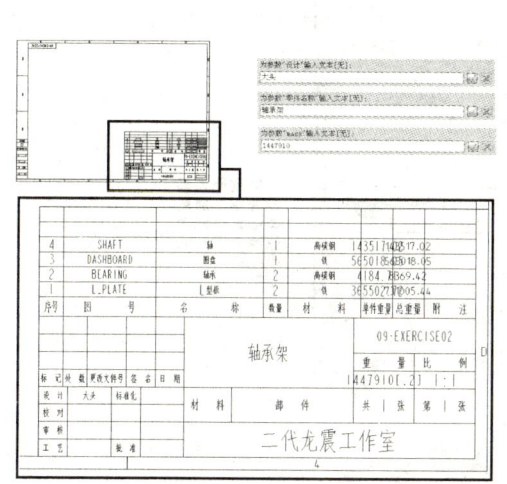

图9-19 输入初始的标题栏信息

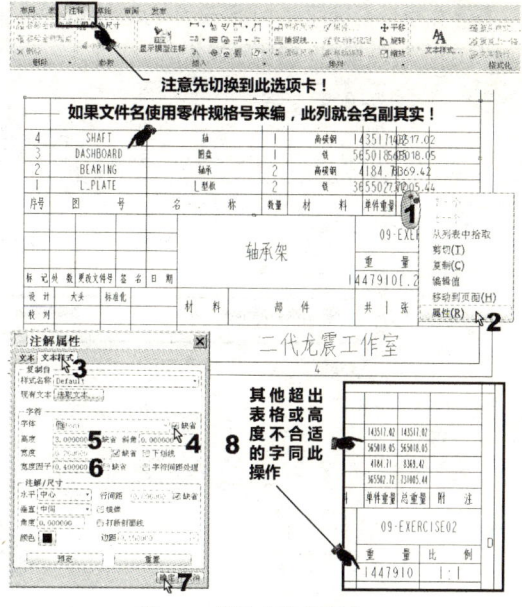

图9-20 修改字宽的操作

06 按前一节范例学过的方法将比例改为1:100，然后布置三视图和标注尺寸（只需要标注装配距离即可），如图9-21所示。

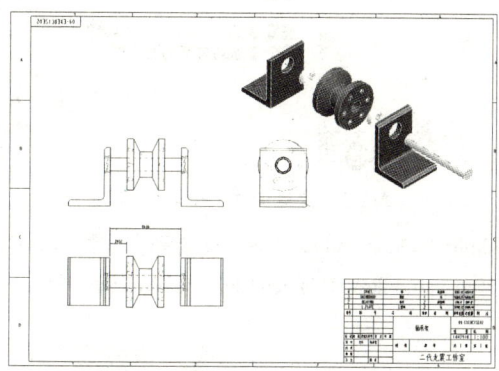

图9-21 布置视图和标注尺寸完成图

07 现在，再按标题栏的零件号来标注球标，如图9-22所示。

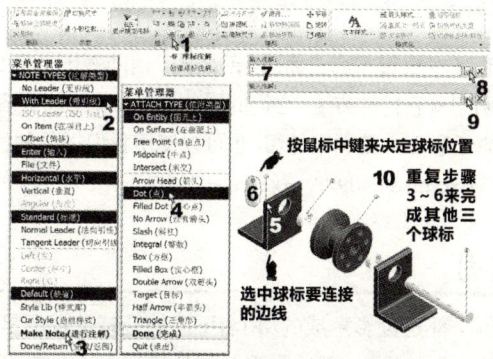

图9-22 标注球标的操作

08 如果觉得球标太小，要改大一点，那么还是要通过"绘图选项"来处理。请选择"文件"菜单下的"绘图选项"，再按图9-23所示操作。

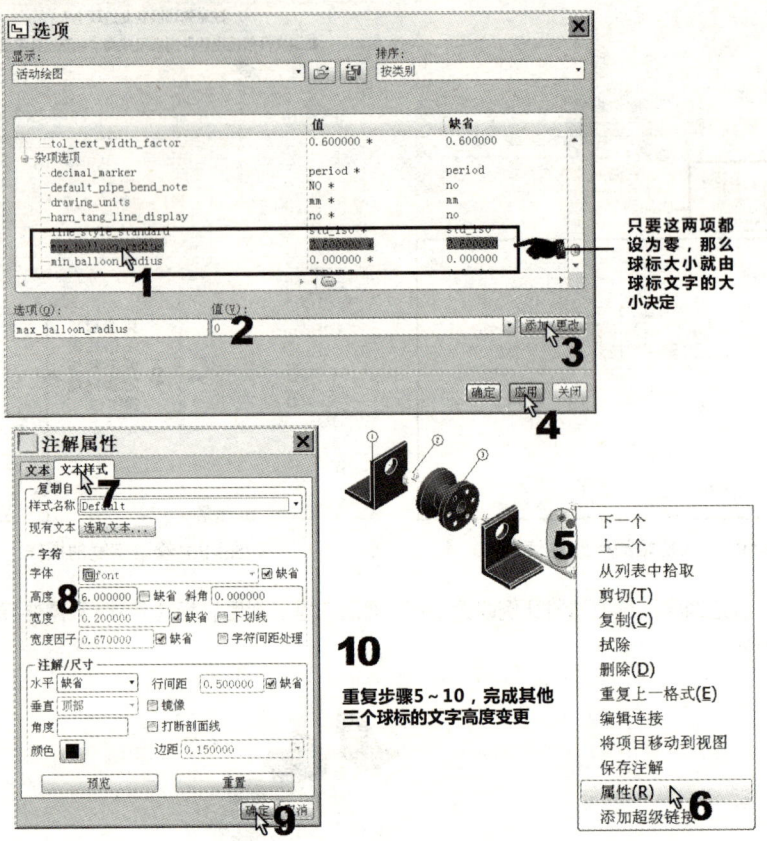

图9-23 变更球标大小的操作

如果max_balloon_radius和min_balloon_radius 这两个变量都设为零，是常态的需求，那就如图9-11所示，修改后将整个选项变量存到C:\Program Files\PTC\Creo Elements\Pro5.0\text目录下，覆盖prodetail.dtl文件即可。

09 保存文件。

9.3 其他视图的转换操作

机械专业的图样并非只有基本投影三视图而已！剖面图、辅助视图、详图等，都是很常见的。本节将直接以图例的方式来快速说明创建它们的方法。它们的操作都很简单，都很容易理解。

用户可以随意使用本书的任意正文范例来练习，也可以使用我们提供的模型范例，如下。

本节范例练习文件：(02) Exercise\ch09\09-Exercise03目录下。

9.3.1 辅助视图

辅助视图与投影视图相似，都是投影生成的，两者不同的是辅助视图是父视图沿着选取的斜面、基准面的法线方向或某一轴线方向上的投影，而投影视图是从父视图的上方、下方、左侧或右侧进行的正投影，如图9-24所示。

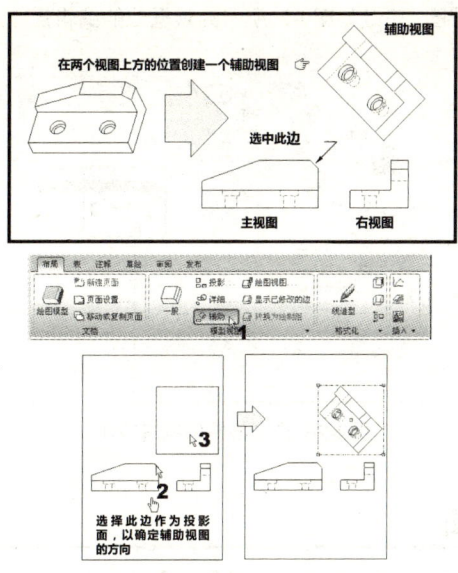

图9-24 创建辅助视图的操作

9.3.2 详图视图

要创建一个详图视图,可以在要详细显示详图区域的周围绘制一条样条曲线,系统会将该区域用圆、椭圆或样条曲线圈起来,并连接一个用来标识详图视图的注释,然后在指定的位置放置详图视图,并在此视图的下方显示该视图的名称和比例值。如图9-25所示,我们要在右下方,对图中旋转视图的孔部位创建一个详图视图。

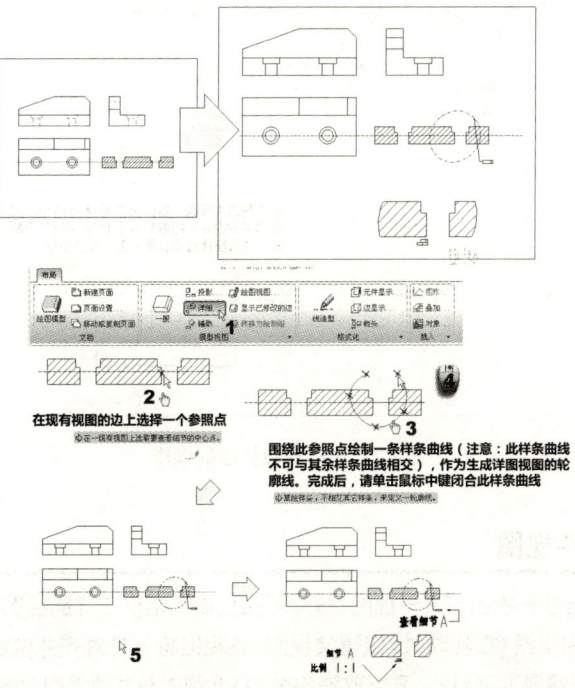

图9-25 创建详图视图的操作

然后，针对已存在的详图视图，来做如图9-26所示的黑框处的编辑操作。

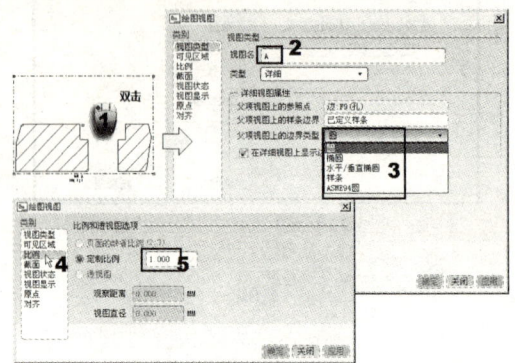

图9-26 详图视图的编辑操作

9.3.3 旋转视图

要创建旋转视图，需要在现有视图上预先生成或临时创建一个切割平面，此切割平面必须与屏幕方向垂直。在Creo工程图中，旋转视图的剖面（截面）类型均为局部剖面。因此，在创建旋转视图的过程中不会出现"剖面类型"菜单，如图9-27所示。

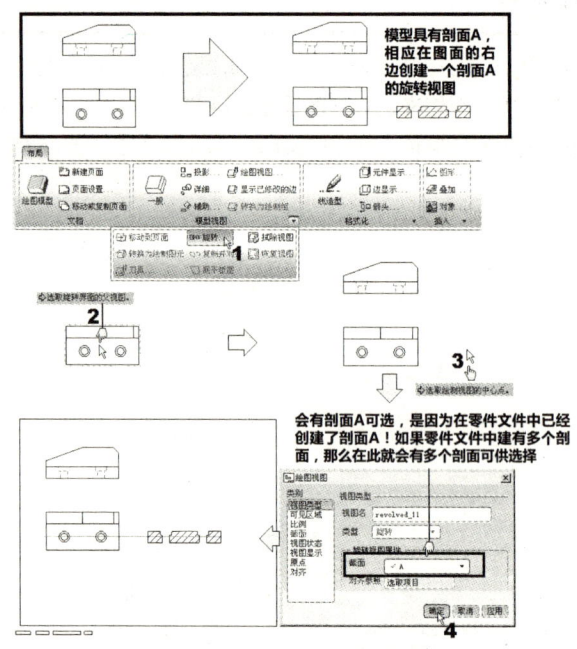

图9-27 创建旋转视图的操作

9.3.4 对齐视图

根据视图的类型，通过将视图与另一视图对齐，可在页面上定位工程图视图。例如，可将详图视图与其父视图对齐以确保详图视图（在移动时）跟随父视图。该视图将保持对齐并像投影视图一样移动，直到它被取消对齐为止。如果需要取消对齐，只需取消勾选"将此视图与其他视图对齐"（Align this view with other view）即可，如图9-28所示。

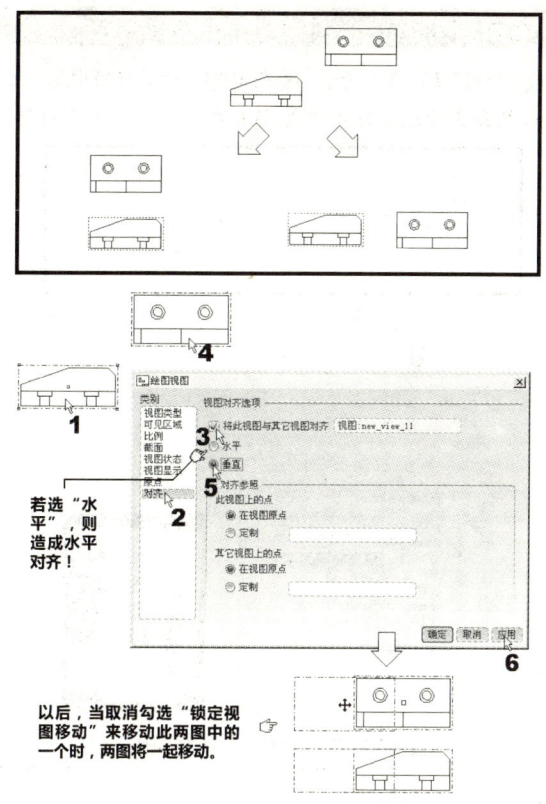

图9-28 对齐视图的操作

9.3.5 全视图

在生成视图的过程中，选择"全视图"选项，可以显示整个模型，它可以与其他的视图类型组合，以生成我们所需的投影全视图、旋转全视图等。与此选项组合生成的视图不需要增加特别的步骤（但是生成半视图需增加选取基准面的步骤，生成局部视图需增加画出边界范围的步骤），如图9-29所示。

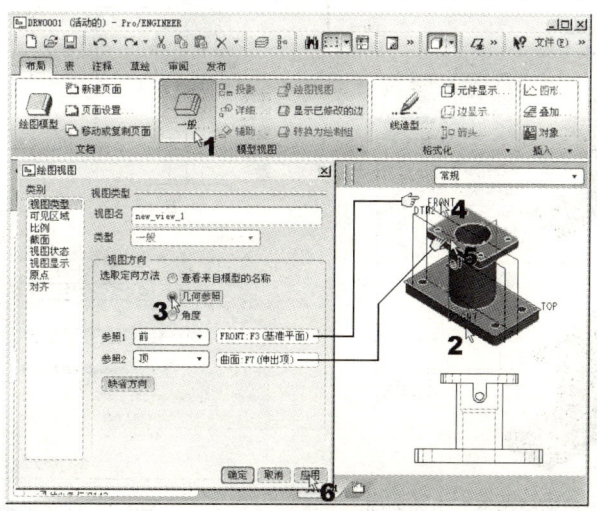

图9-29 创建全视图的操作

注意

在圆角过渡处有一条线，如图9-30（上）所示。这在国内GB制图标准中是不允许存在的，而在许多外资企业的模具图纸中则常见。如果要去掉过渡处的切线，可按图9-30（下）所示进行操作。

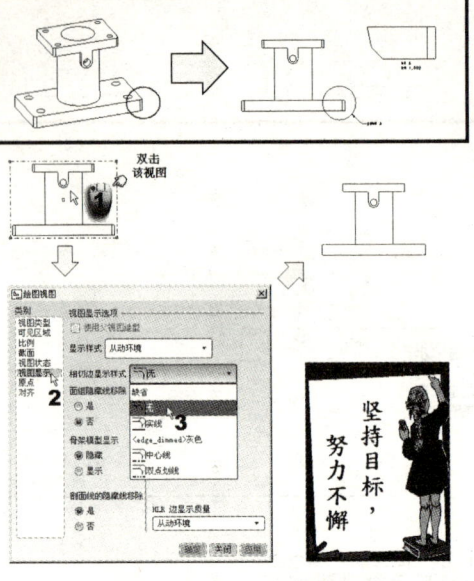

图9-30 去掉过渡处的切线操作

9.3.6 半视图

创建半视图，关键是选择一个合适的平面或基准面来作为切割平面（此平面在新视图中必须垂直于屏幕），视图中仅显示此基准面指定一侧的视图。通常用于对称造型的物体，如图9-31所示。

然后，使用空白模板创建一个新的工程图文件。再按图9-32所示进行创建半视图的操作。

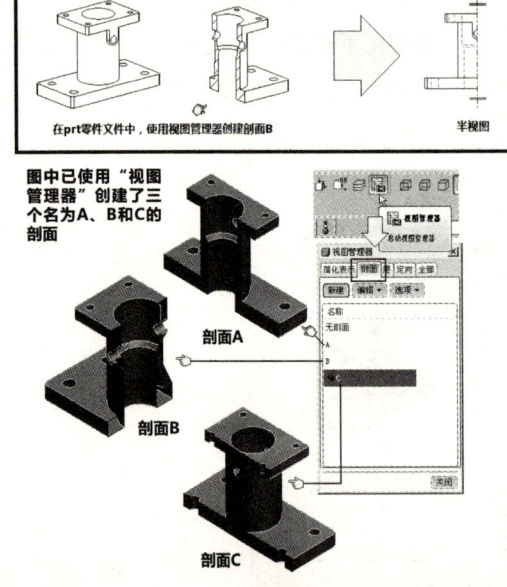

图9-31 在"视图管理器"中的剖面

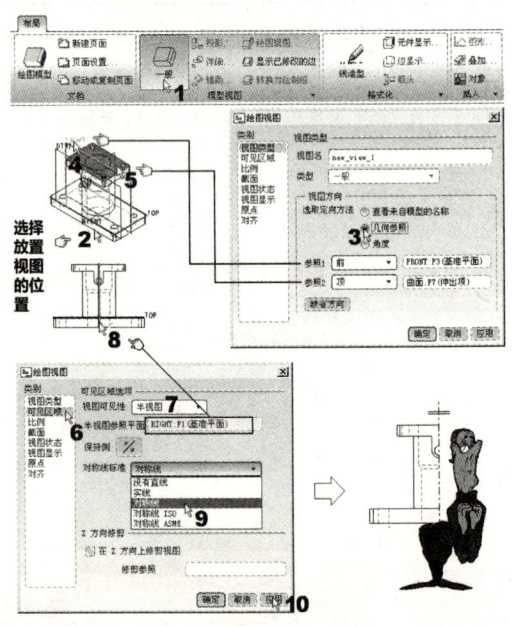

图9-32 创建半视图的操作

9.3.7 破断视图

要创建破断视图,需要在当前视图上先生成破断线。有两种方法生成破断线,一是通过生成几个断点,并指定通过这些断点的直线为垂直线或水平线来作为破断线;二是通过草绘样条曲线、指定曲线为S曲线或心跳形来作为破断线。然后,系统将删除破断线间的视图部分,留下其余的部分作为破断视图,如图9-33所示。

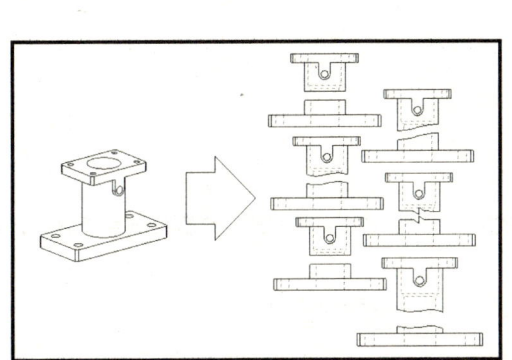
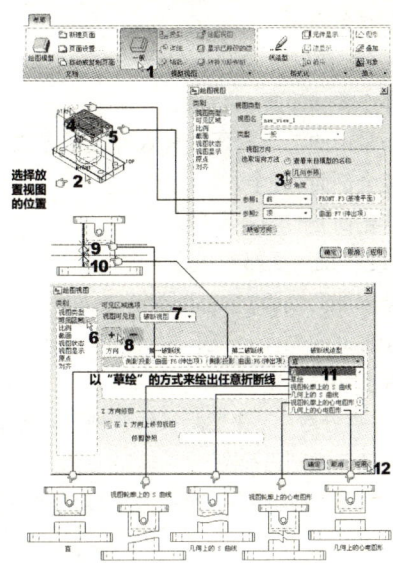

图9-33 创建破断视图的操作

> **注意**
> 在绘图选项文件(dtl文件)中可以用broken_view_offset选项变量,来设置断裂线之间的距离。

9.3.8 局部视图

创建局部视图,关键是在视图上草绘一条闭合的样条曲线以选定一定的区域,生成的局部视图将显示此样条曲线包围的区域,如图9-34所示。

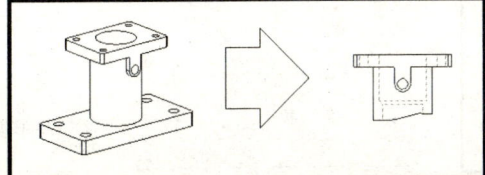
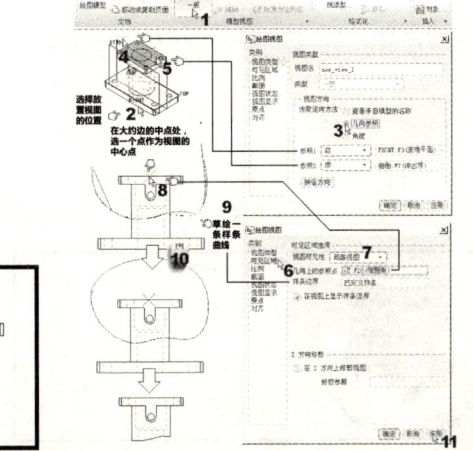

图9-34 创建局部视图的操作

9.3.9 创建剖面视图

创建带有剖面的视图组合是较为复杂的。在此,我们将剖面视图分为三种类型和六种显示方式选项(对于常用的二维剖面)。

- 三种类型
  1. 二维剖面
  2. 三维剖面
  3. 单个零件曲面
- 对于常用的二维剖面,有六种显示方式
  1. 完全剖面(完全)
  2. 半剖面(一半)
  3. 局部剖面(局部)
  4. 全部展开剖面(全部〈展开〉)
  5. 全部对齐剖面(全部〈对齐〉)
  6. 完整和局部剖面

以下,再分数小节来实际操作各种不同类型的剖面视图,其中对常用的二维剖面做重点介绍。

1. 创建二维剖面视图

(1) 创建"模型边可见性"为"全部"的完整剖面视图,如图9-35所示。

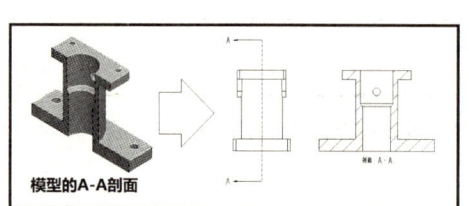
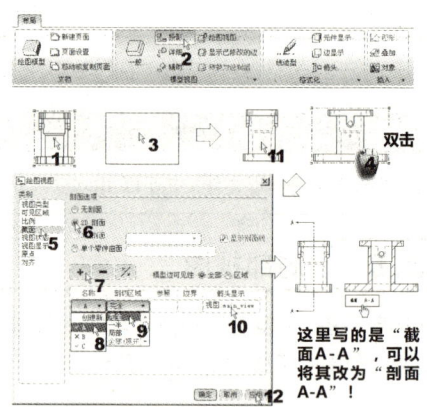

图9-35 "全部"完整剖面视图的操作

(2) "模型边可见性"为"区域"的完整剖面视图,如图9-36所示。

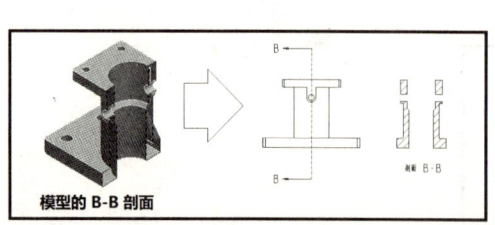
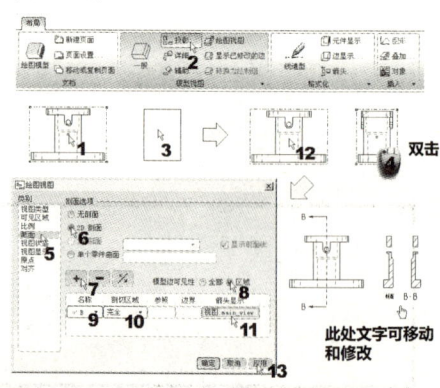

图9-36 "区域"完整剖面视图的操作

2. 半剖面（一半）

半剖面视图的操作，如图9-37所示。

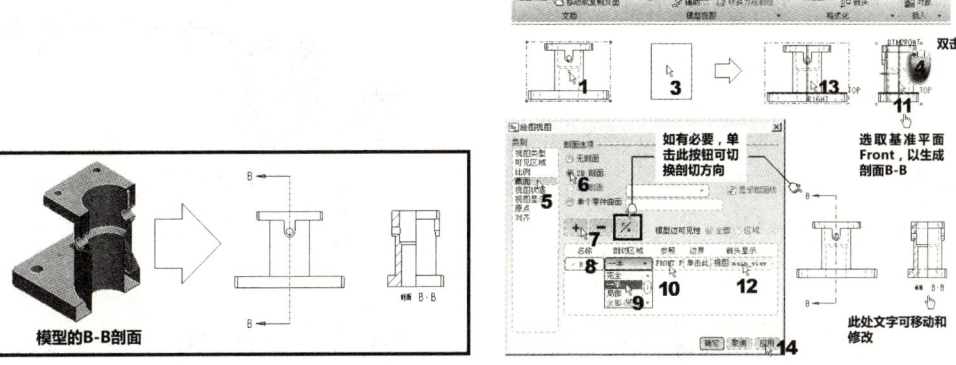

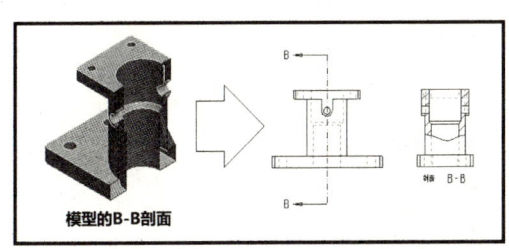

图9-37 半剖面视图的操作

3. 局部剖面

局部剖面视图的操作，如图9-38所示。

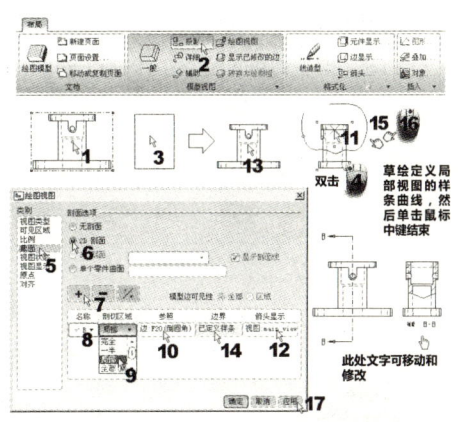

图9-38 局部剖面视图的操作

4. 全部展开剖面

（1）创建"模型边可见性"为"区域"的全部展开剖面视图，即阶梯剖面，如图9-39所示。

由于创建选项为"展开剖面"的完整剖面视图是"一般视图"，而不是"投影视图"，因此，请按图9-40所示先创建一个一般视图。

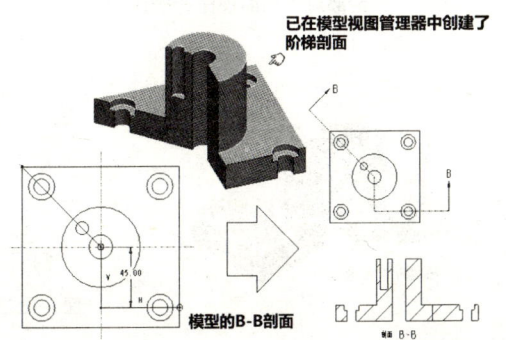

图9-39 "模型边可见性"为"区域"的阶梯剖面视图完成图

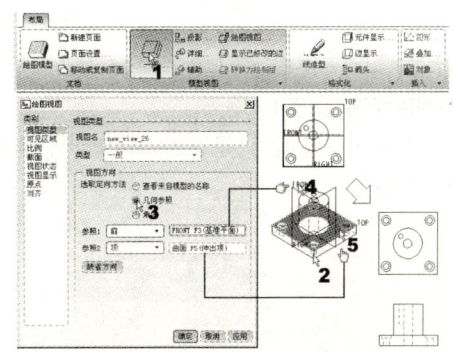

图9-40 先创建一个一般视图

续如图9-40所示，再在此一般视图上直接进行阶梯剖面视图的操作，如图9-41所示。

(2) 创建"模型边可见性"为"全部"的全部展开剖面视图，如图9-42所示。

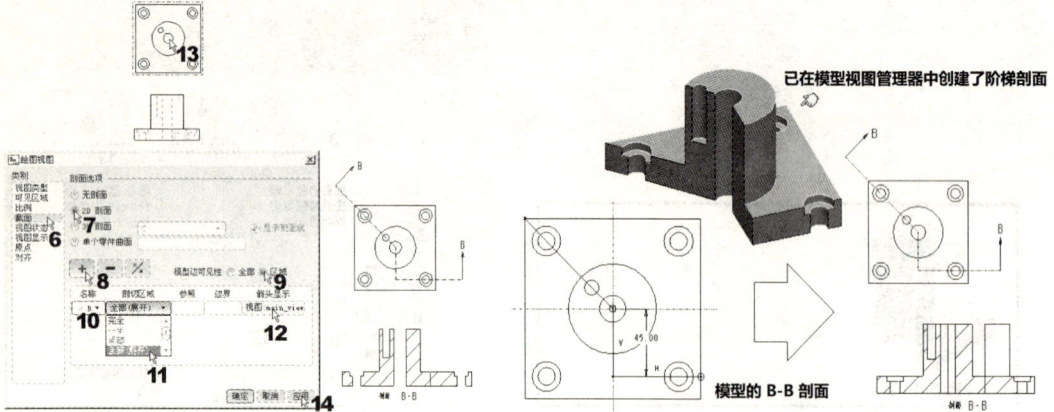

图9-41 创建"模型边可见性"为"区域"的阶梯剖面视图的操作

图9-42 "模型边可见性"为"全部"的阶梯剖面视图完成图

操作同上一范例，只是在图9-41所示步骤号9处要选"全部"。

5. 全部对齐剖面

(1) 创建"模型边可见性"为"区域"的全部对齐剖面视图，如图9-43、图9-44所示。

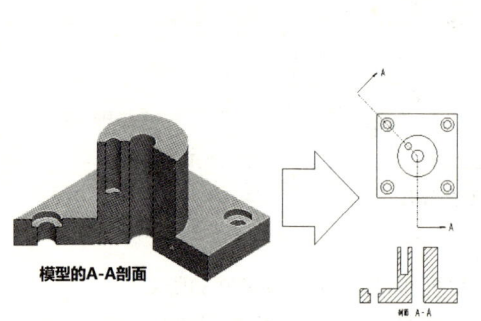

图9-43 对齐剖面视图完成图

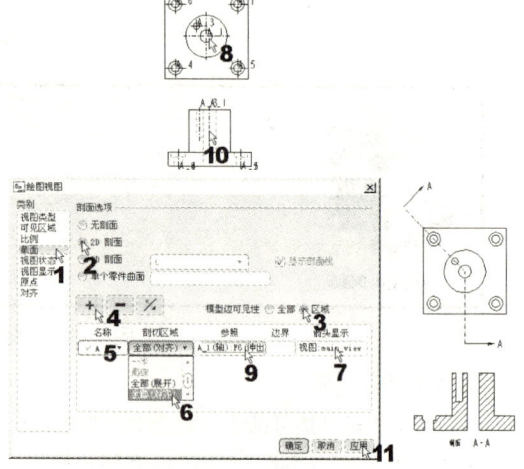

图9-44 创建"模型边可见性"为"区域"的全部对齐剖面视图的操作

(2) 创建"模型边可见性"为"全部"的全部对齐剖面视图，如图9-45所示。

操作同上一范例，只是在图9-44所示步骤号3处选"全部"。

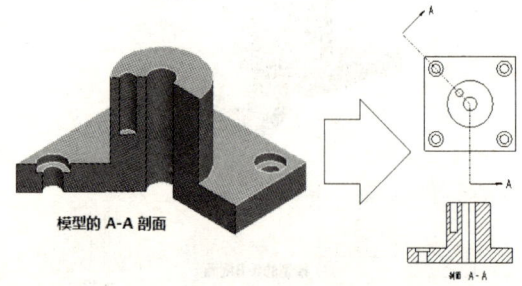

图9-45 全部对齐剖面视图完成图

6. 创建带有局部剖面的完全剖面视图, 如图9-46所示。

先创建一个图9-47所示的 "一般视图"。

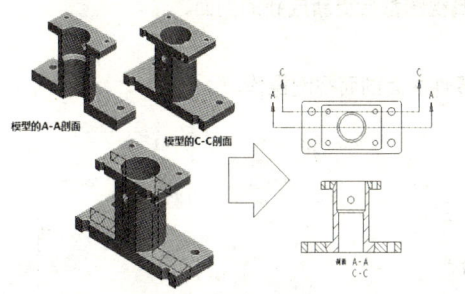

图9-46 带有局部剖面的完全剖面视图完成图

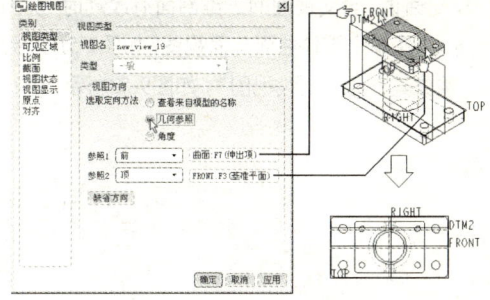

图9-47 先创建一个 "一般视图" 的操作

然后, 再如图9-48所示, 投影一个新的视图, 并在此视图上直接进行带有局部剖面的完全剖面视图的操作。

在局部和完全剖面视图创建完后, 由于两组剖面的剖面线相同, 为了区分, 需如图9-49所示, 对局部剖面中的剖面线属性进行修改。

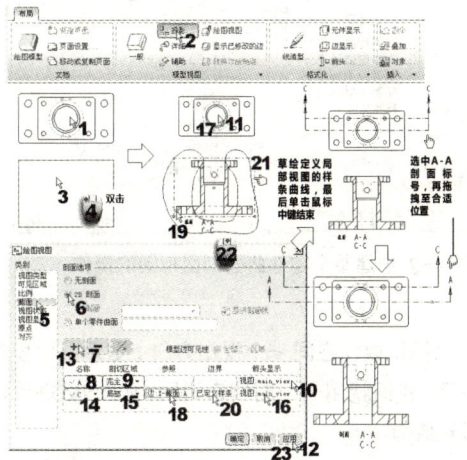

图9-48 带有局部剖面的完全剖面视图的操作

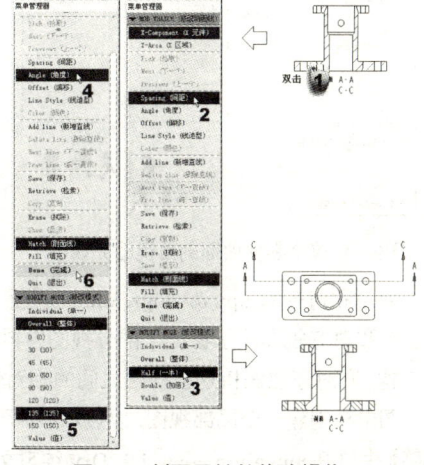

图9-49 剖面属性的修改操作

7. 创建三维剖面视图, 如图9-50所示。

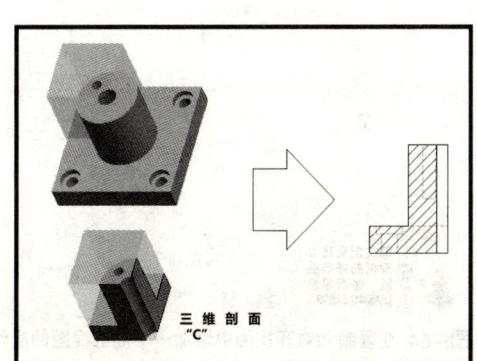

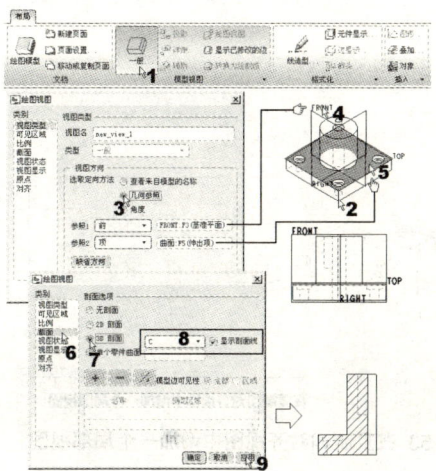

图9-50 三维剖面视图的操作

在Cero中，三维剖面的工程图视图，与其父视图的剖面设置是相关连的。意思就是说，如果从某个使用三维剖面的视图中创建了另外一个从属视图，那么这个从属视图的剖面设置将由其父视图自动来决定。换句话说，当父视图的三维剖面有改动时，其所有从属视图都会更新成新的剖面。

8. 创建单个零件曲面剖面视图，如图9-51所示。

请先建一个"一般视图"。如图9-52所示，进行单个零件曲面剖面视图操作。

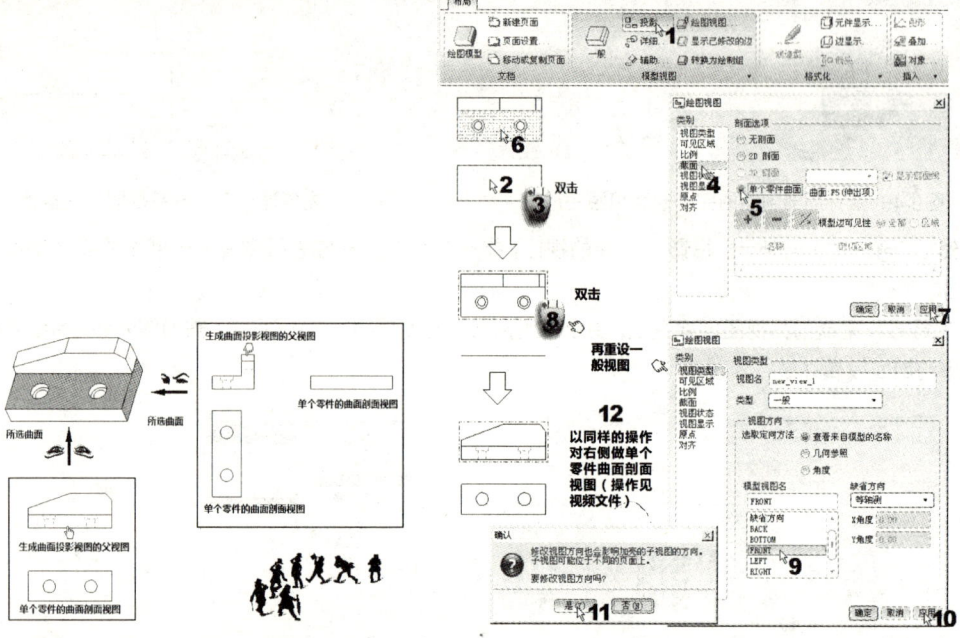

图9-51 单个零件曲面剖面视图完成图　　图9-52 创建单个零件曲面剖面视图的操作

9. 复制和对齐（Copy & Align View）视图

复制和对齐视图用于在一个部分视图中再创建部分视图，以便在同一个视图方向上显示几何模型的局部结构，同时还能保持这些视图之间的相对位置。以下，我们就用一个图例来说明。如图9-53所示，在局部视图中再创建一个局部视图，以显示零件下部的部分结构。

01 先打开copyalign_view-1-1.Drw练习文件，此文件已先画出其破断视图。

02 然后，如图9-54所示，在复制和对齐视图中进行增加一个局部视图的操作。

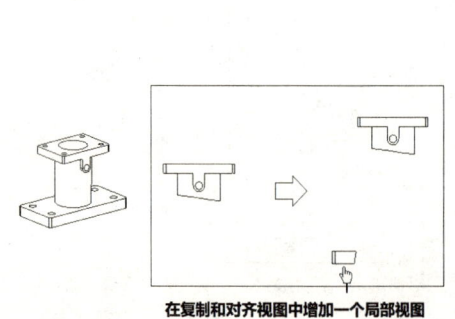
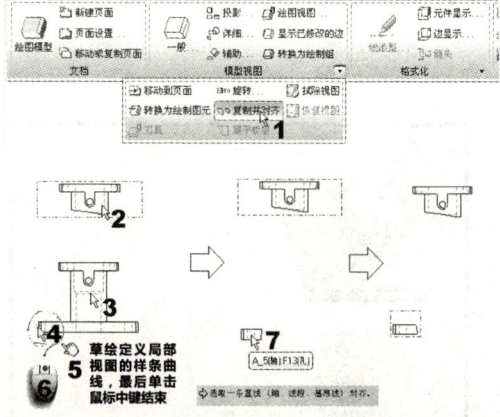

图9-53 在复制和对齐视图中增加一个局部视图　　图9-54 在复制和对齐视图中增加一个局部视图的操作

9.4 其他手动标注的操作

除了前面练习过的线性尺寸标注以外，在手动标注方面，Creo的工程图模块还提供如图9-55所示的其他标注工具。

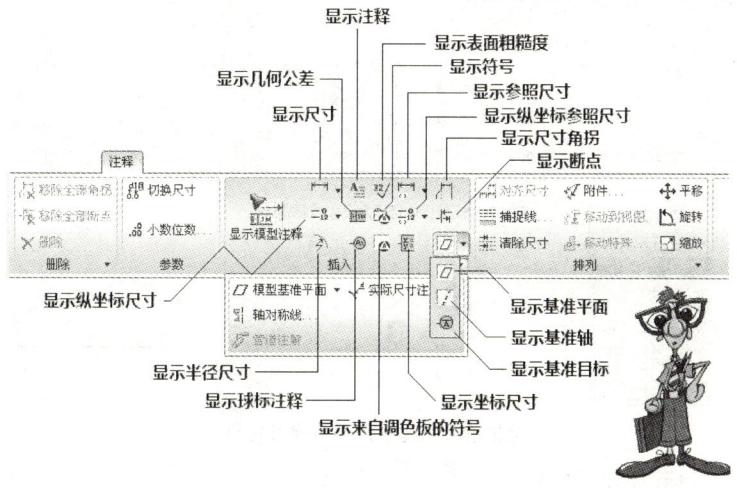

图9-55 工具图标按钮的内容

以下，我们用图例方式来快速说明它们的操作方法。

1. 创建倒角角度标注，如图9-56所示。

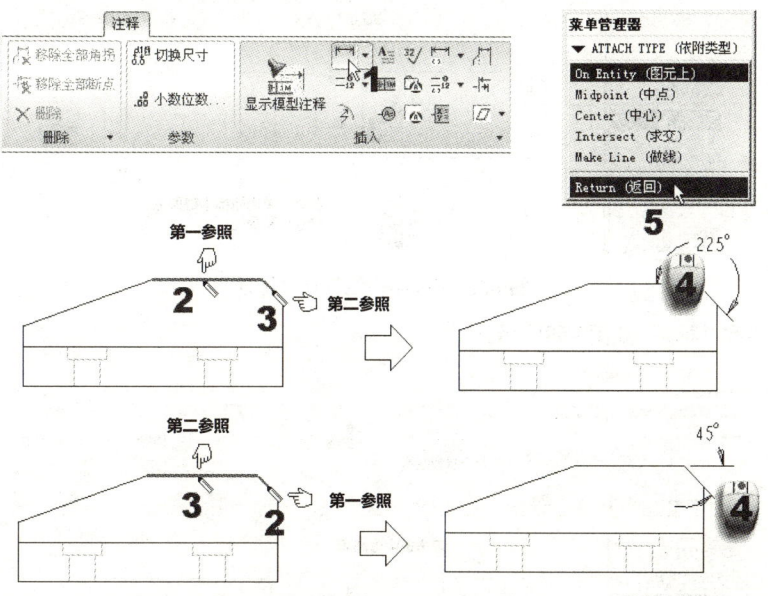

图9-56 创建倒角角度的尺寸标注

> **注意**
>
> 如图9-56的所示，
> (1) 倒角角度尺寸将以第二参照为准。

(2) 如果 angdim_text_orientation工程图选项变量设为 parallel,那么尺寸延伸线会延伸至尺寸文字的最后。

(3) 尺寸文字将沿着第二参照来居中放置。

(4) clip_dim_arrow_style工程图选项变量控制倒角后,角度尺寸的箭头显示出来。

2. 创建线性对齐尺寸标注,如图9-57所示。

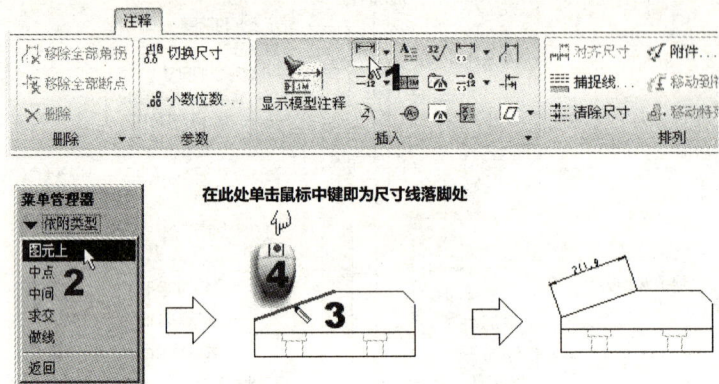

图9-57 创建线性对齐尺寸标注

3. 创建半径尺寸标注,如图9-58所示。

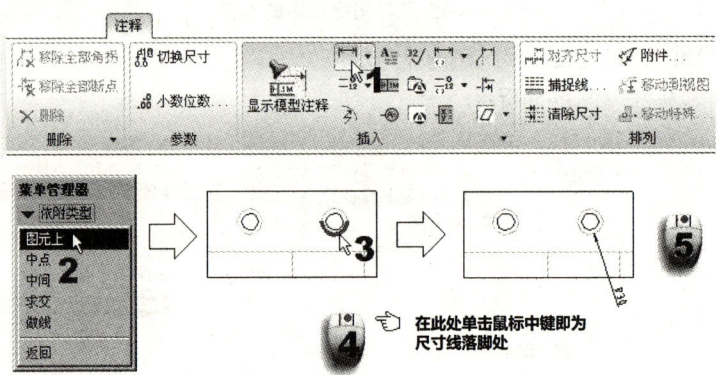

图9-58 创建半径线性尺寸标注

4. 创建直径尺寸标注,如图9-59所示。

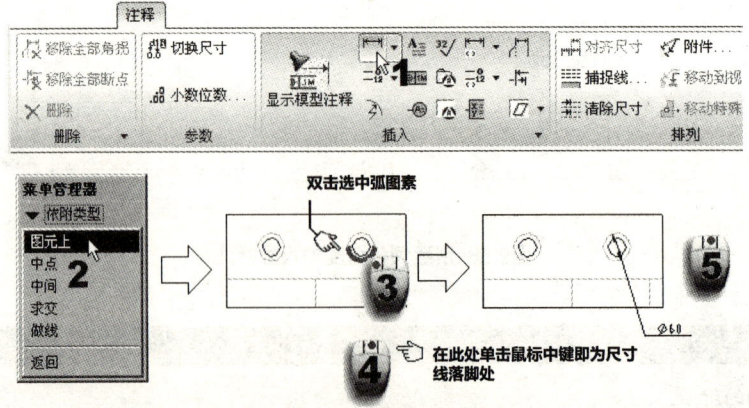

图9-59 创建直径线性尺寸标注

5. 创建角度标注，如图9-60所示。

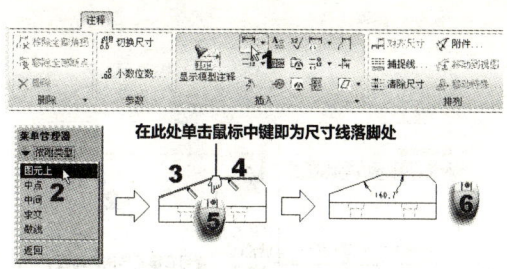

图9-60 创建角度线性尺寸标注

6. 创建公共参照标注，如图9-61所示。

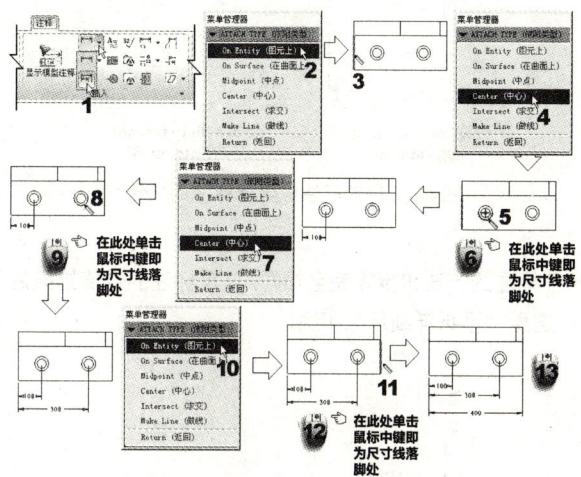

图9-61 公共参照标注的操作

7. 创建纵坐标标注，如图9-62所示。

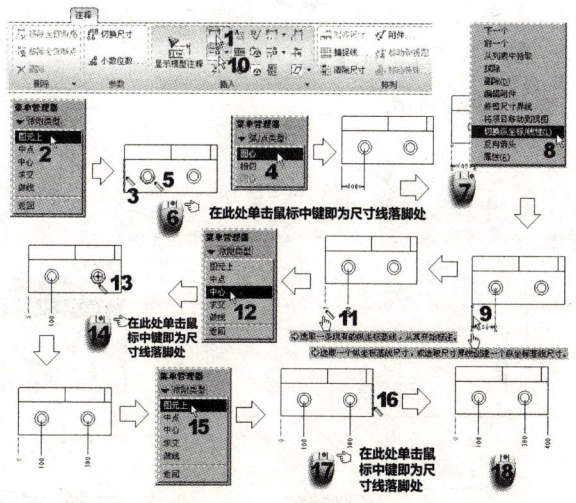

图9-62 纵坐标标注的操作

此外，也可以在插入新的尺寸后，参照任何已存在于纵坐标尺寸群组中的尺寸。如果现有的纵坐标尺寸在修改的工程图中已不再有效，可以直接编辑它的附件，而不需要重新再创建该尺寸。如果要删除纵坐标尺寸群组，也可以只选中基线再将它删除。

8. 创建自动标注纵坐标标注，如图9-63所示。

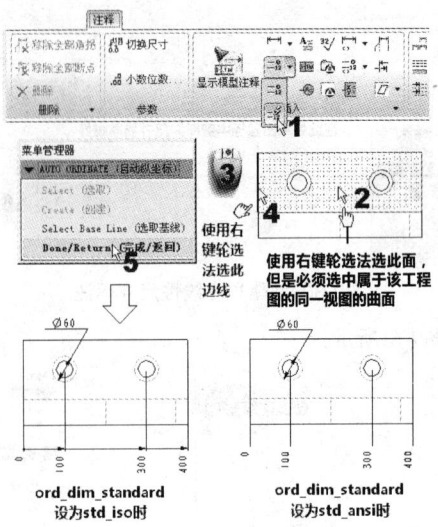

图9-63 自动标注纵坐标标注的操作

9. 创建参照尺寸标注。

参照尺寸的标注与尺寸标注的方法和步骤完全相同，只是标注的数值结果后带有"REF"或"参照"等字样，如图9-64所示，在这里就不再详细示范实例。

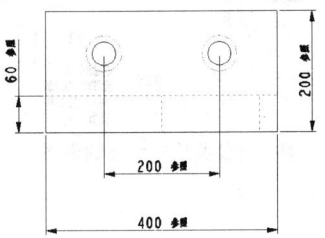

图9-64 参照尺寸的标注结果

10. 创建坐标尺寸标注，如图9-65所示。

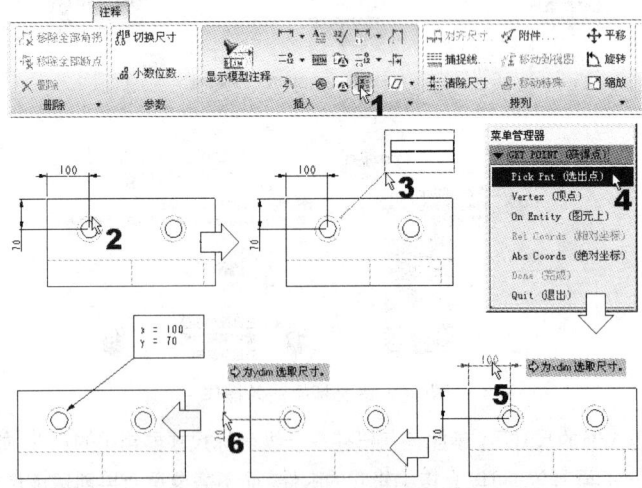

图9-65 坐标尺寸标注的操作

11. 不同的依附类型。

选择不同的依附类型将得到不同的结果,要创建准确的标注,对于不同的依附类型,就要有清楚的认识。如图9-66所示则表示了不同依附类型的操作效果。请使用前面的图形文件来继续练习。

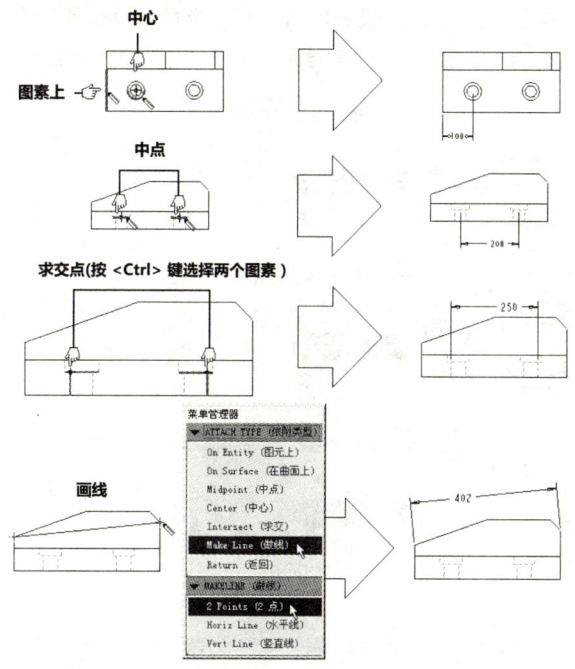

图9-66 不同依附类型的操作

12. 不同的弧/点类型

当以"图素上"(即"图元上")为依附方式选择圆或弧时,就会提示选择"弧/点类型"。如图9-67所示则表示了不同的"弧/点类型"(圆心、相切和同心)的操作效果。其中,"相切"表示取圆或弧的切点。在多数情况下,圆或弧有两个切点,要使用哪个切点,则是根据选择圆弧时更靠近的哪个点来决定。

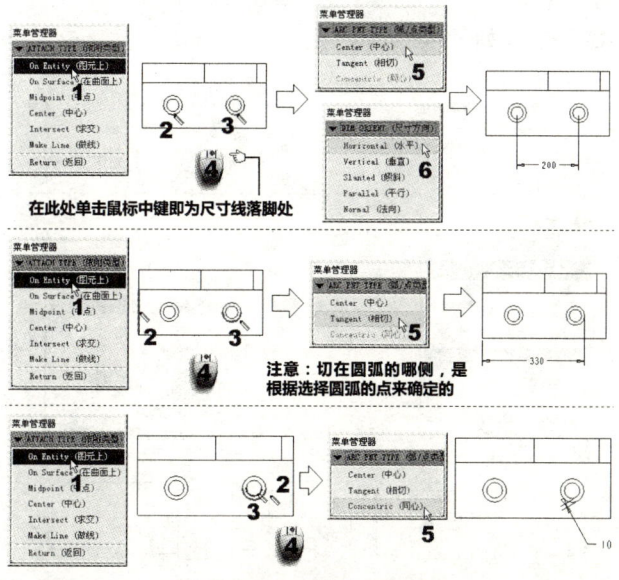

图9-67 不同弧/点类型的操作

13. 不同的尺寸方向。

在工程图中也提供了不同的尺寸方向功能。如果选择的第一尺寸线图素和第二尺寸线图素（如果需要）中有一个以上的点、圆或弧，且还不足以确定尺寸方向，那么在确定标注的位置后，就会弹出"尺寸方向"菜单管理器，以进行尺寸方向的选择。如图9-68所示将以竖直、倾斜、平行和法向等不同的实例状况（水平方向部分同图9-67所示的"圆心"实例），来表示不同"尺寸方向"的操作效果。

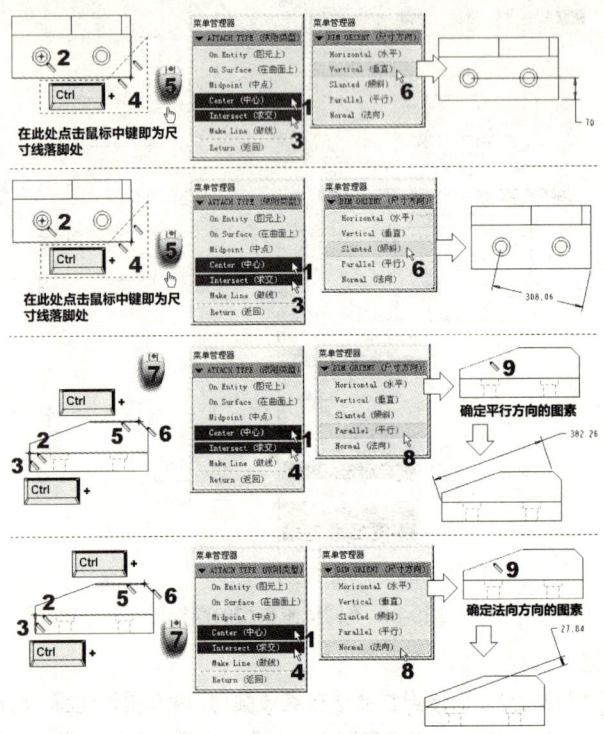

图9-68 不同尺寸方向的操作

14. 表面粗糙度符号。

（1）常用的表面粗糙度符号，如图9-69所示。

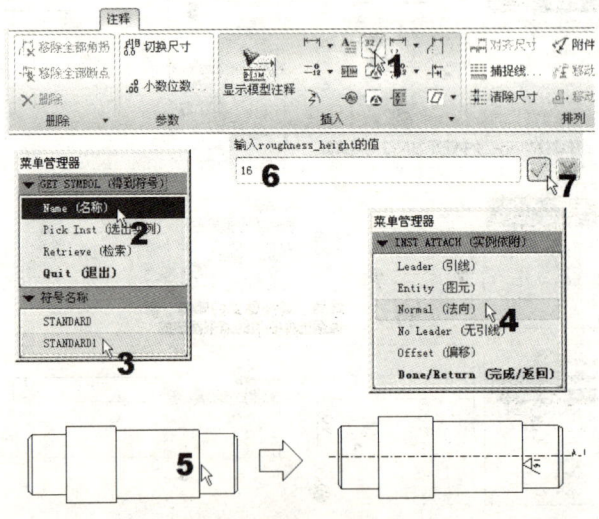

图9-69 插入表面粗糙度符号的操作（一）

(2) 其他的表面粗糙度符号。

使用"定制符号"工具插入像 ∀ 或 ∀ 这类特殊的表面粗糙度符号。注意：本例只是随意用一个前面完成的范例做例子，主要在做操作示范，不考虑专业的标注合理性，如图9-70所示。

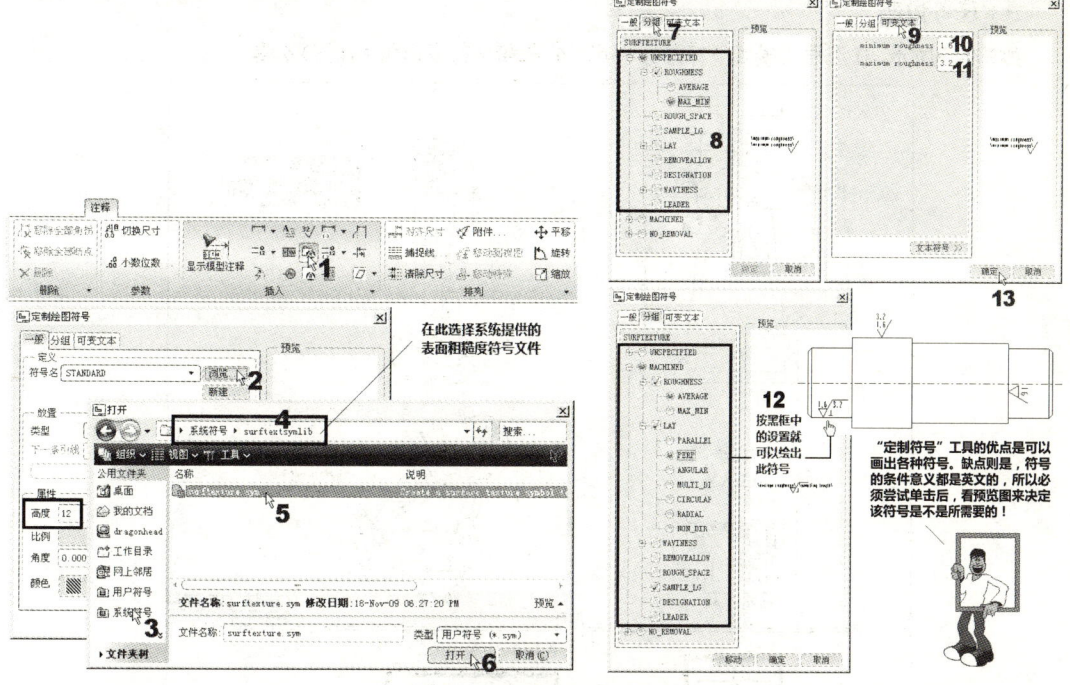

图9-70 插入表面粗糙度符号的操作（二）

15. 焊接符号

图9-71所示的是创建角焊符号的操作，现在，我们双击刚才放好的角焊符号，就可以再次进入刚才的"定制绘图符号"对话框中做事后编辑，如图9-72所示。

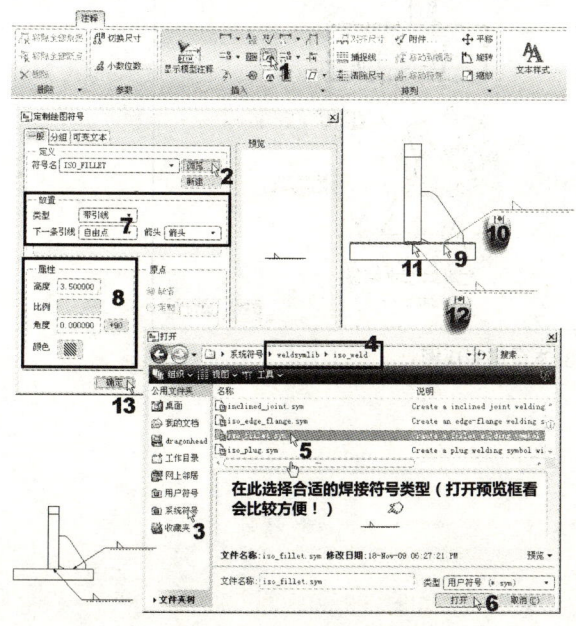

图9-71 在工程图模块下创建角焊符号的操作

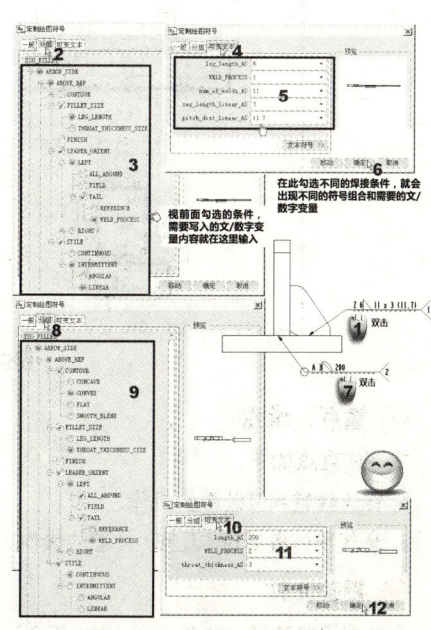

图9-72 定制绘图符号的操作

9.5 公差标注实际操作

任务说明

如图9-73所示，在工程图模式下标注线性尺寸公差和平行度形位（几何）公差。

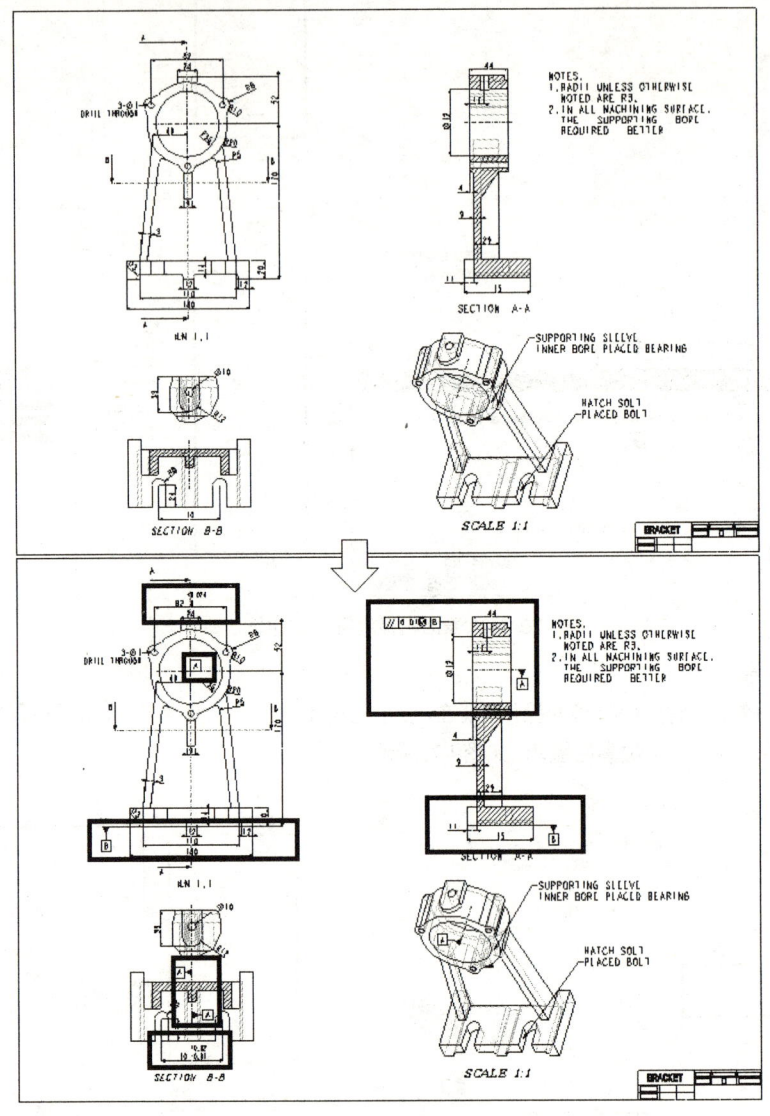

图9-73 本范例完成图

重点、难点

本范例重点如下。
1. 标注线性尺寸公差的操作。
2. 标注平行度形位（几何）公差的操作。

相关文件

本范例视频文件：09-Exercise04（无声）.avi

本范例练习文件：（02）Exercise\ch09\09-Exercise04.drw
本范例完成文件：（02）Exercise\ch09\09-Exercise04_f.drw

任务实践

01 打开09-Exercise04.drw文件。先按图9-74所示打开显示公差的选项变量tol_display。

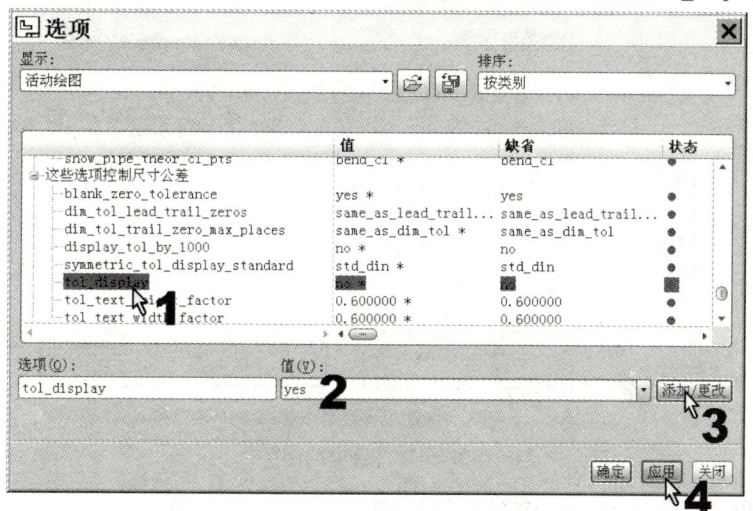

图9-74 显示公差的选项变量tol_display

02 先选择"注释"选项卡进入注释模式，再如图9-75所示，将有孔距的部位标注线性公差。所有需要标注线性公差的尺寸，都是这样标。

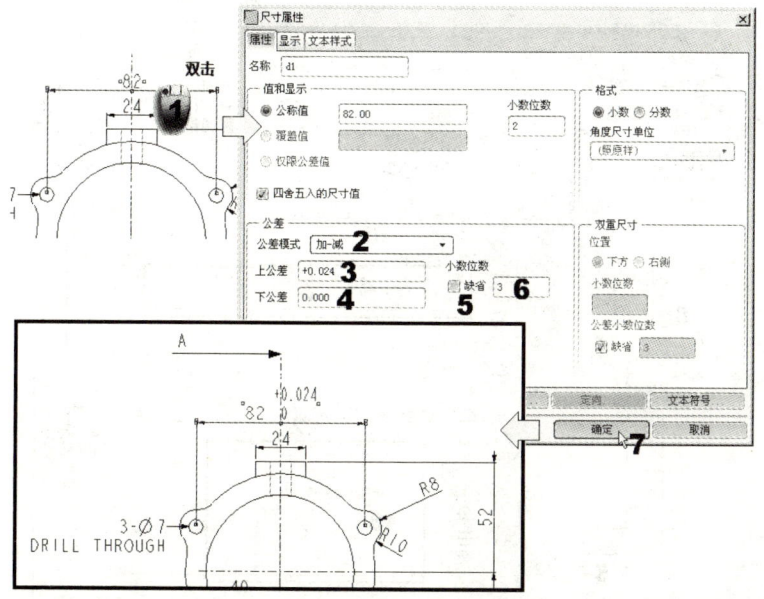

图9-75 将一般尺寸变更为线性公差的操作

03 接下来，我们要开始标注基准。本例要来标注基准轴A和一个基准面B，如图9-76所示。有关孔基准轴的问题，请参照本章最后一节的 **知识点1** 。

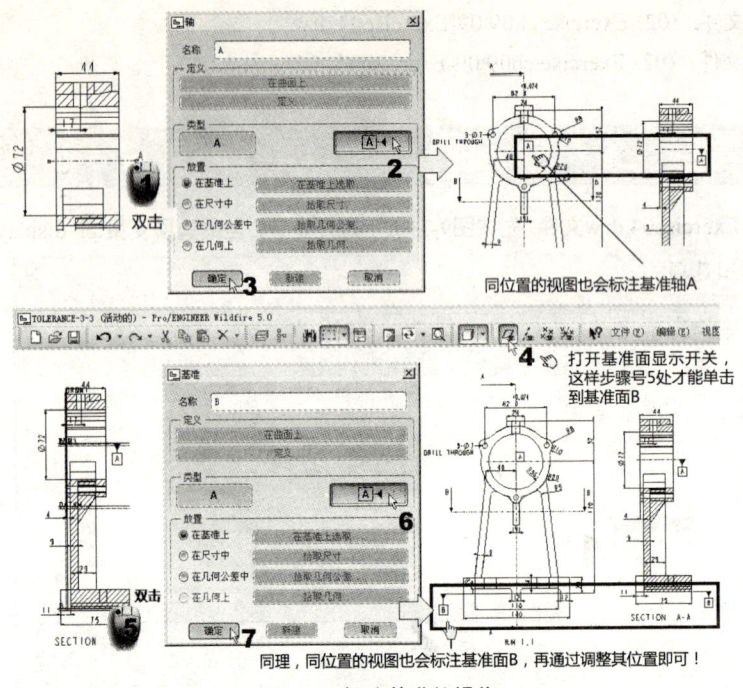

图9-76 标注基准的操作

04 然后，再如图9-77所示，创建平行度几何公差。

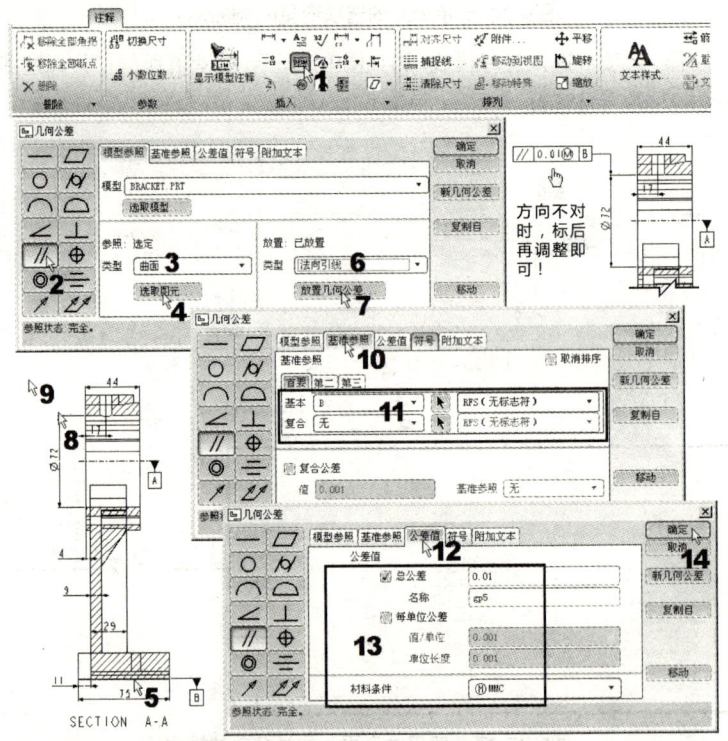

图9-77 标注一个平行度形位公差的操作

有关为什么公差标好后又会"跑掉"？请参照本章最后一节的 知识点2 。

9.6 Creo的立体标注

Creo的尺寸标注并不是只能在二维工程图中进行,在三维立体模型中也可以!只要在立体模型中标注有尺寸(主要是几何公差、表面粗糙度符号、基准平面等标注),都可以在转工程图时,一起转进来!然后,在如图9-78所示的"显示模型注释"界面中搜索到。这个界面我们在前面图9-7中用过,那时因为我们的模型并没有标注立体尺寸,所以只用到了一般尺寸(不用特别标,只要是草绘中有的尺寸,就可以在"显示模型注释"界面中找到)。

以下,我们就来说明立体标注的工具选项界面选取处,如图9-79所示。

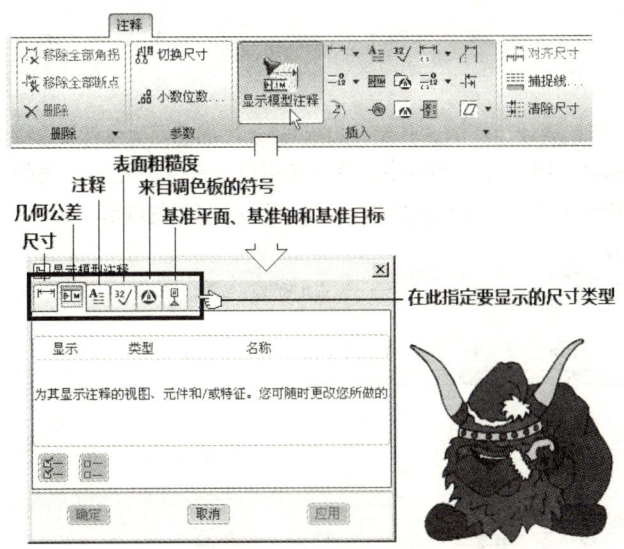

图9-78 "显示模型注释"工具图标按钮的内容

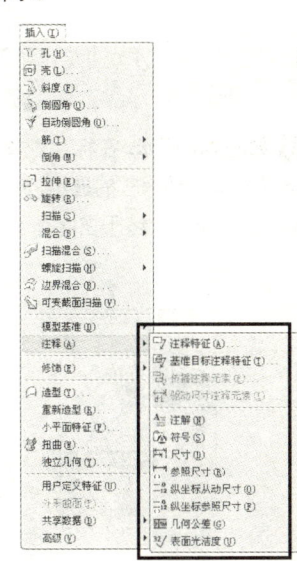

图9-79 Creo "三维尺寸标注"工具的位置

从图9-79所示可以看出,三维标注的选项和本章9.4节讲的工程图里二维标注工具是一样的(只是菜单和快捷选项卡的界面不同而已)。所以,两者的操作都一样,只是三维标注在标注前要指定标注基准面。本节就举其中的两个范例来练习,其余则由大家来举一反三就可以了!

9.6.1 基本立体尺寸标注

任务说明

本范例要完成如图9-80所示的三维标注。

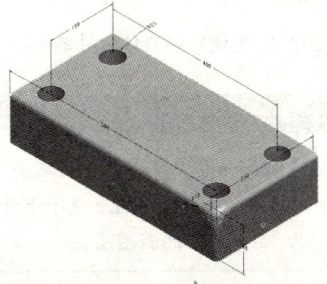

图9-80 基本的三维标注完成图

重点、难点

本范例重点如下。

1. 三维标注的基本操作。
2. 三维标注转工程图的结果。

相关文件

本范例视频文件：（02）avi（GB）\ch09 \3D_dim01（无声).avi

本范例练习文件：（02）Exercise\ch09\dim1.prt

本范例完成文件：（02）Exercise\ch09\3D_dim01_f.prt，3D_dim01.drw

任务实践

01 如图9-81所示，在标注立体尺寸以前，我们要创建容纳这些尺寸的图层，要不然会因为没有尺寸特征，而无法开关立体尺寸的显示。对一般建模来说，由于Creo图层的设置和图素分派都是自动化的，合适的应用场合较少。现在，终于在此有了合适的应用场合。所以，这个操作非常重要！请注意操作的细节。

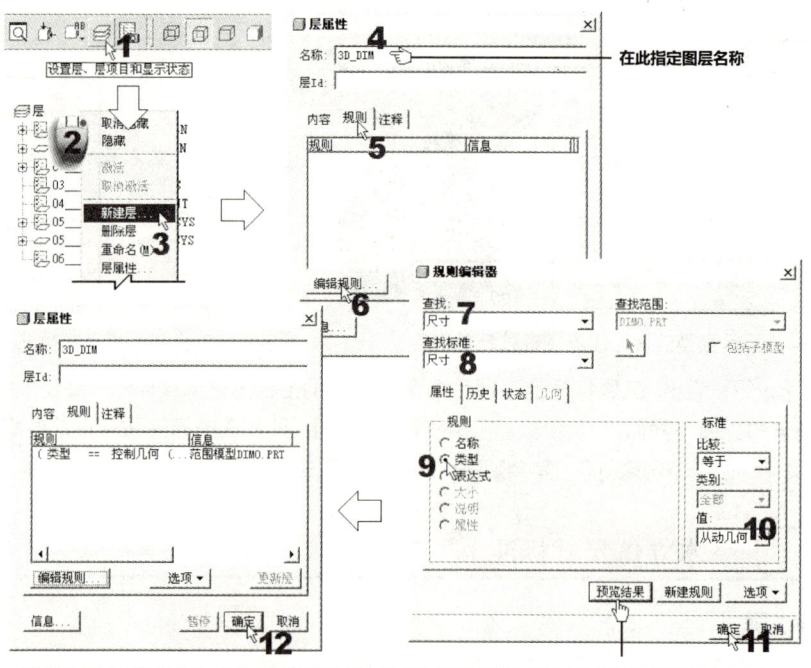

图9-81 创建容纳立体尺寸的图层

注意

如图9-81所示，步骤7到步骤10就是我们希望系统帮我们自动去找到的符合这些条件的尺寸。一旦找到，就将它们放到此图层来。这样，我们只要开关这个图层，就等于开关这些立体尺寸的显示。因此，完成此操作后，就会在层树区中创建一个名为"3D_DIM"的新图层。

02 在操作三维尺寸标注之前，必须按图9-82所示，先设置标注参照基准，以活动的定义注释方向。

第9章 工程图基础

03 现在，就要正式来操作三维尺寸标注了！请按图9-83所示操作。

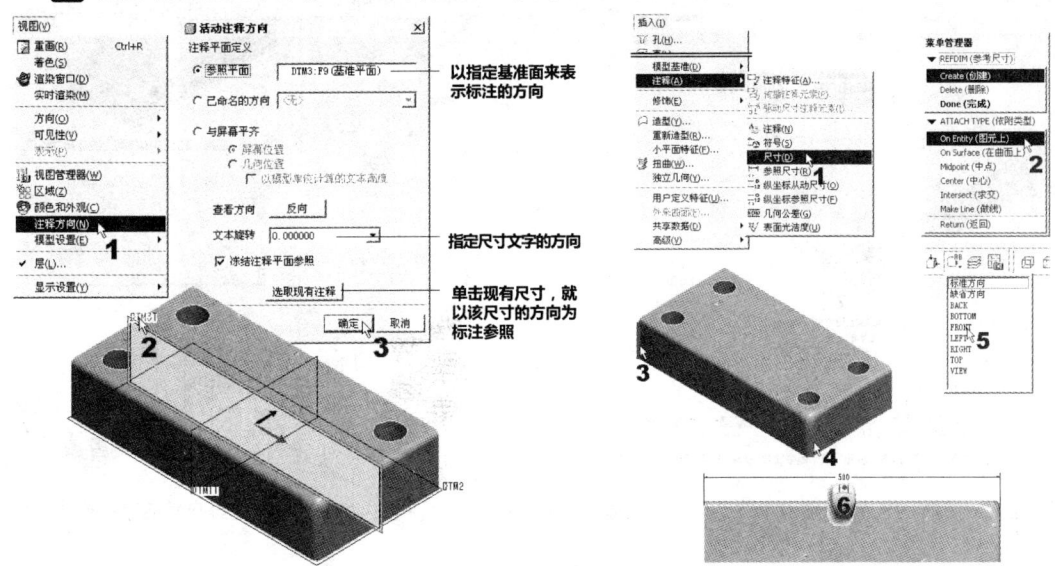

图9-82 先设置标注参照基准　　　　图9-83 一般的三维尺寸标注操作（边线对边线）

04 接下来，如图9-84所示，我们再单击孔的基准轴来标示圆孔中心对中心的尺寸标注。

05 还有纵向的边还没标呢！现在，再让我们变换不同的基准参照，主要是要换代表方向的基准面和文字的旋转方向，如图9-85所示。

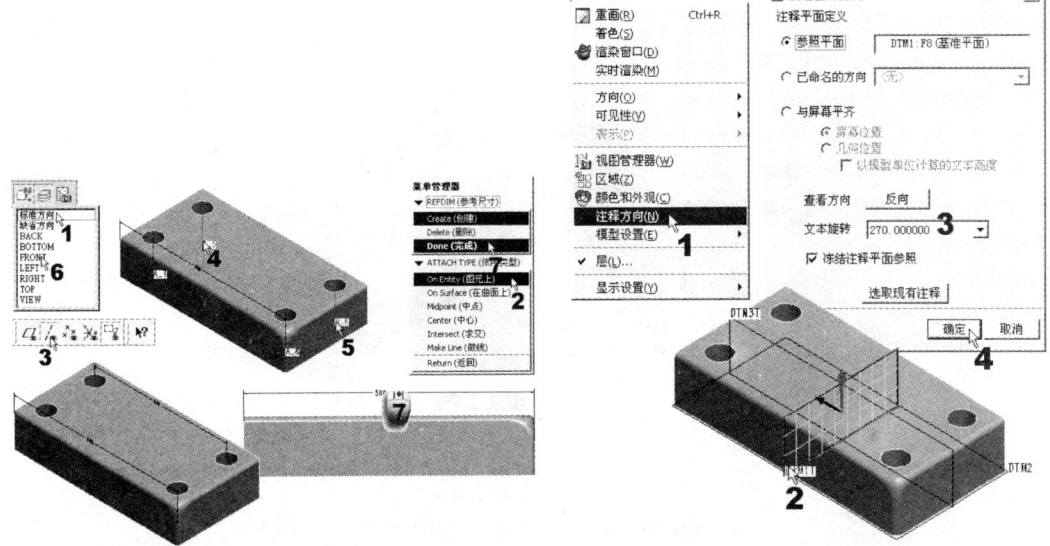

图9-84 一般的三维尺寸标注操作（基准轴对基准轴）　　　图9-85 变换标注参照基准的设置

06 然后，再按图9-83、图9-84所示的操作，点击不同方向的边线或轴线来标注即可。完成图如图9-86所示。

07 接下来，让我们再来标注不同方向的半径尺寸，操作原理其实都一样，只是在变换参照基准的指定。操作示意图如图9-87所示。

241

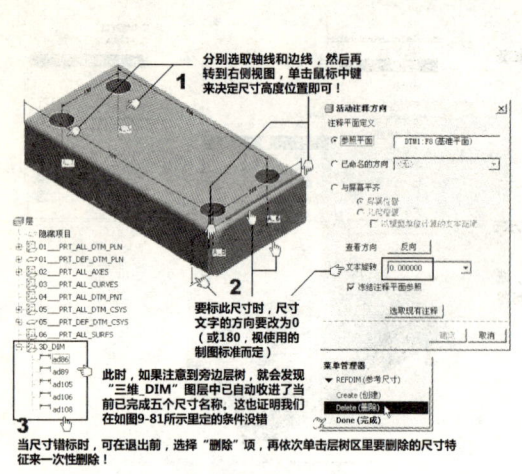
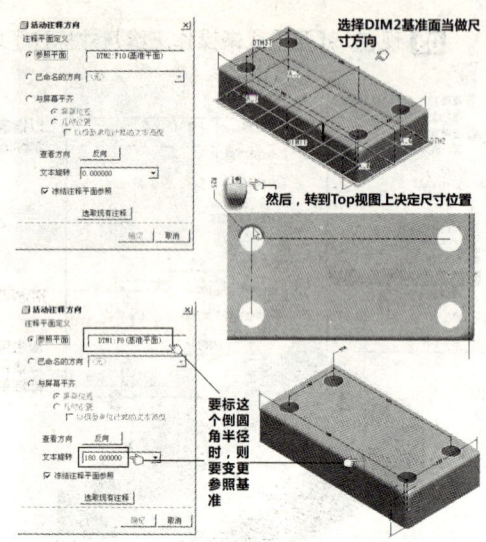

图9-86 一般的三维尺寸标注操作（不同方向的边线对边线）　　　图9-87 一般的三维尺寸标注操作

> **注意**
>
> 如果要标的尺寸和现有的尺寸方向一样，那么，只需要在图9-85中单击"选取现有尺寸注释"按钮，再直接选取某现有尺寸，就可以立刻转到和该尺寸一样的方向下，开始指定要标的边。

08 最后，请按图9-88所示来操作尺寸的隐藏。

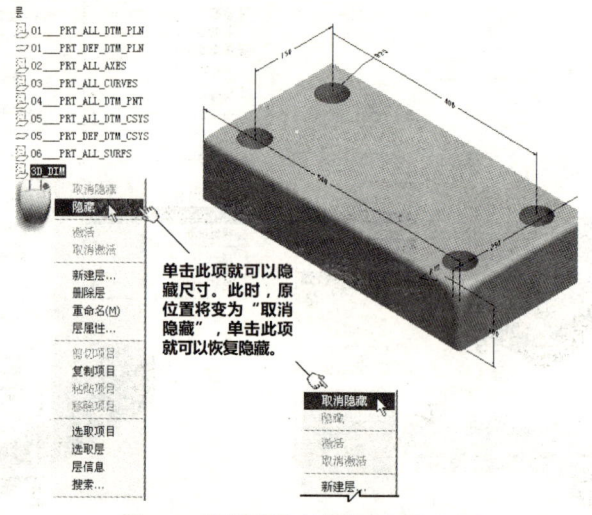

图9-88 控制图层来隐藏或显示尺寸

> **注意**
>
> 标示后要让尺寸对齐，在Creo中并没有直接的工具，而是使用"移动"的技巧。请如本书第7章图7-35所示的操作打开尺寸特征的显示，然后再参照图9-89所示的操作技巧，选择"移动"选项，再单击尺寸的新位置点即可。

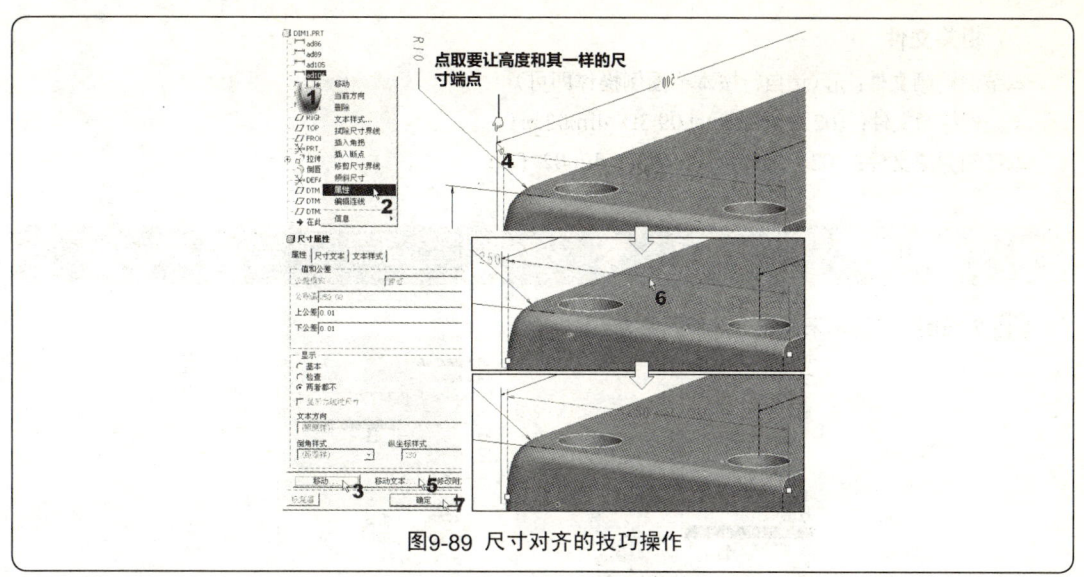

图9-89 尺寸对齐的技巧操作

9.6.2 纵坐标从动尺寸

任务说明

我们可以像在工程图里那样创建纵坐标从动尺寸。要在三维实体中创建纵坐标尺寸,必须先决定标注参照基准,然后指定一条基线,再单击要标注的图素(边、面、中心线等)即可。本范例要完成如图9-90所示的三维标注。

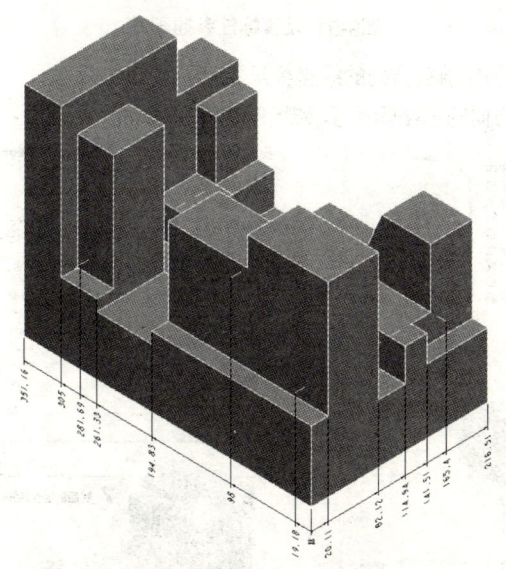

图9-90 三维纵坐标标注完成图

重点、难点

本范例重点如下。

1. 三维纵坐标标注的基本操作。
2. 三维纵坐标标注转工程图的结果。

相关文件

本范例视频文件：无（请自行按本节图例操作即可）
本范例练习文件：（02）Exercise\ch09\3D_dim02.prt
本范例完成文件：（02）Exercise\ch09\3D_dim02_f.prt

任务实践

01 先按图9-91所示来设置标注参照基准。

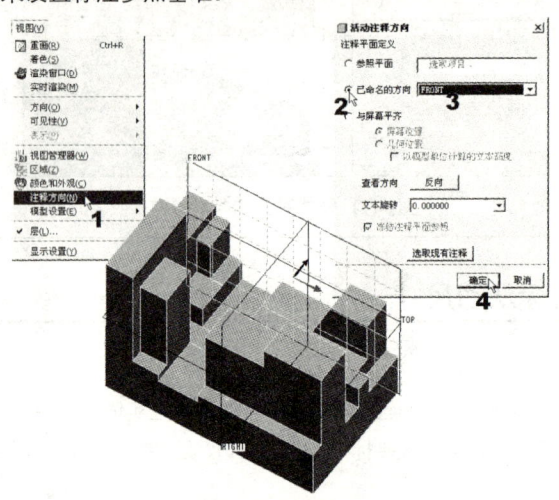

图9-91 设置标注参照基准

02 再按图9-92所示来创建前视方向的纵坐标尺寸。

03 最后，再创建右侧方向的纵坐标尺寸，如图9-93所示。

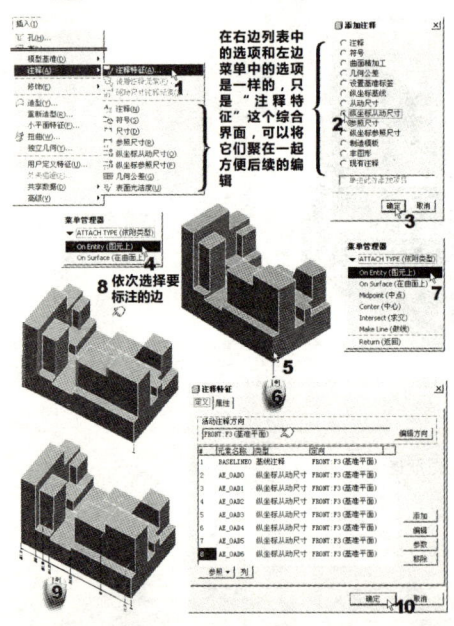

图9-92 创建前视方向的纵坐标从动尺寸

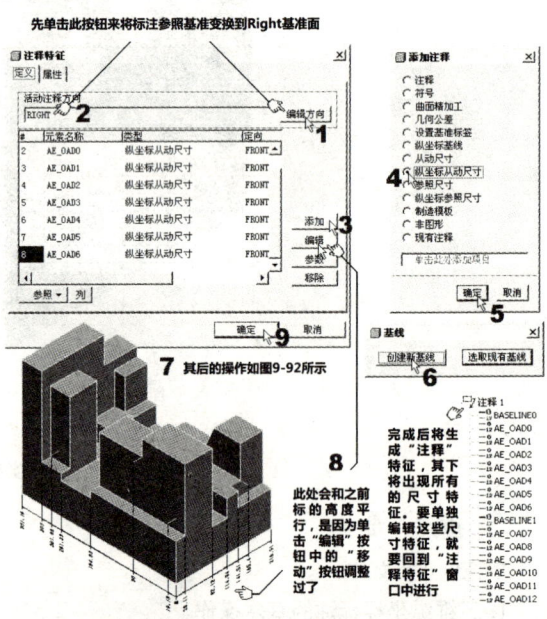

图9-93 创建右视方向的纵坐标从动尺寸

注意

在图9-93所示的步骤号6处,之所以不选"选取现有基线"按钮,是因为Pro/ENGINEER的这个"注释特征"无法让一条基线拥有两个方向不同的标注参照基准。导致我们要设置两条有不同标注参照基准面的基线。根据立体几何方面的常识,我们可以谅解这是因为在三维图里会有一定的困扰,在二维上就无此问题。而如图9-94所示,在转到工程图上就无此问题了!

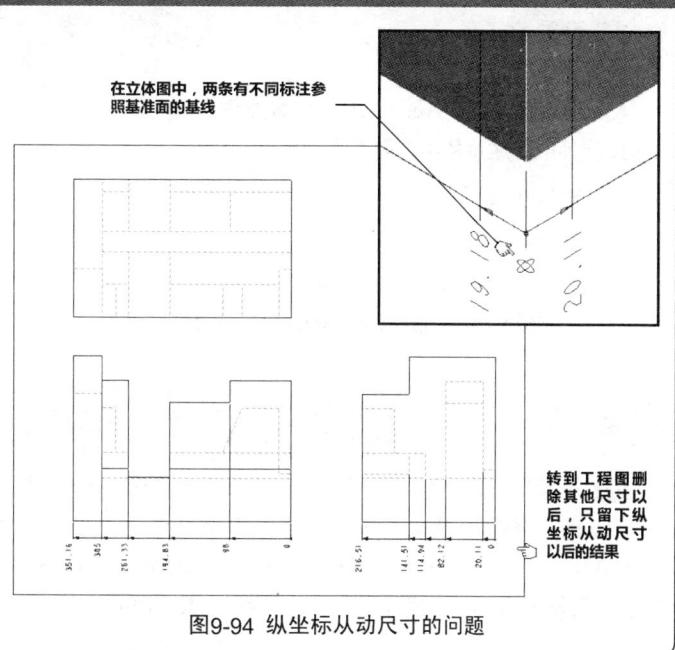

图9-94 纵坐标从动尺寸的问题

9.7 二维工程图转AutoCAD的实际操作

毕竟还是有多人先熟悉的CAD软件是AutoCAD。因此,将Creo工程图转换到AutoCAD里,是一个非常实用的操作。所以,我们特别在本节中做详细的示范说明。

任务说明

本范例要将本章第一个范例所完成的二维工程图转为AutoCAD的DWG格式文件,完成图如9-95所示。

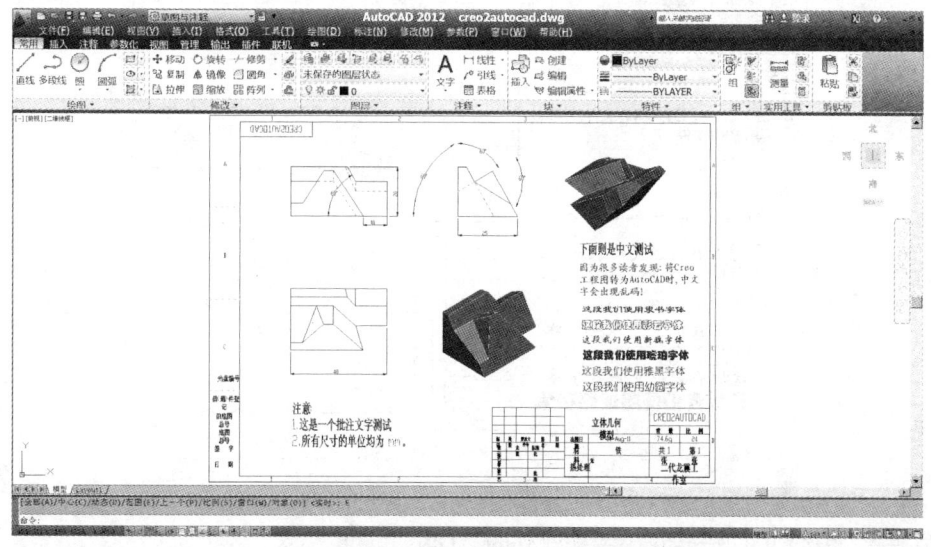

图9-95 Creo工程图转AutoCAD完成图

重点、难点

本范例重点如下。

1. 复制中文字体文件。
2. 将二维工程图转AutoCAD的基本操作。
3. 转换中要注意的中文问题。

相关文件

本范例视频文件：(02) avi (GB) \ch09 \creo2autocad.avi
本范例练习文件：(02) Exercise\ch09\creo2autocad.drw
本范例完成文件：(02) Exercise\ch09\creo2autocad.dwg

任务实践

01 按图9-96所示的操作，先将多个Windows内置的ttf格式的字体文件（C:\WINDOWS\Fonts），复制到Creo的字型库（C:\Program Files\PTC\Creo Elements\Pro5.0\text\fonts）中。这样，Creo用的字型就和AutoCAD一样了（因为AutoCAD也使用ttf格式的字体），才不会在稍后的转换中产生乱码的问题。在图中，我们还发现Cero中也提供了各国标准字体，其中，font_chinese_cn显然是针对我国的。

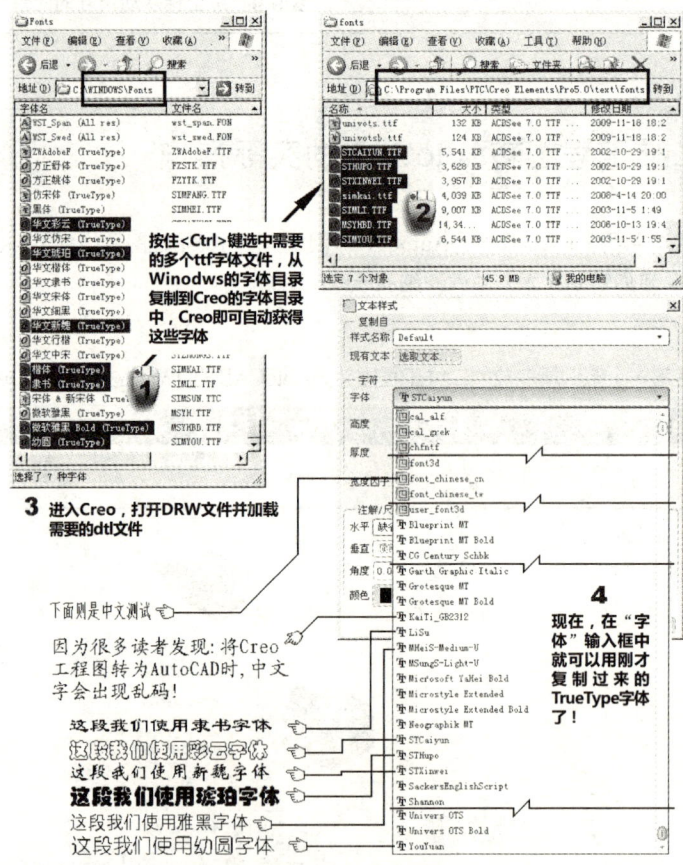

图9-96 加载并设置中文字体的操作

02 接着，再按图9-97所示的操作来转到AutoCAD中。

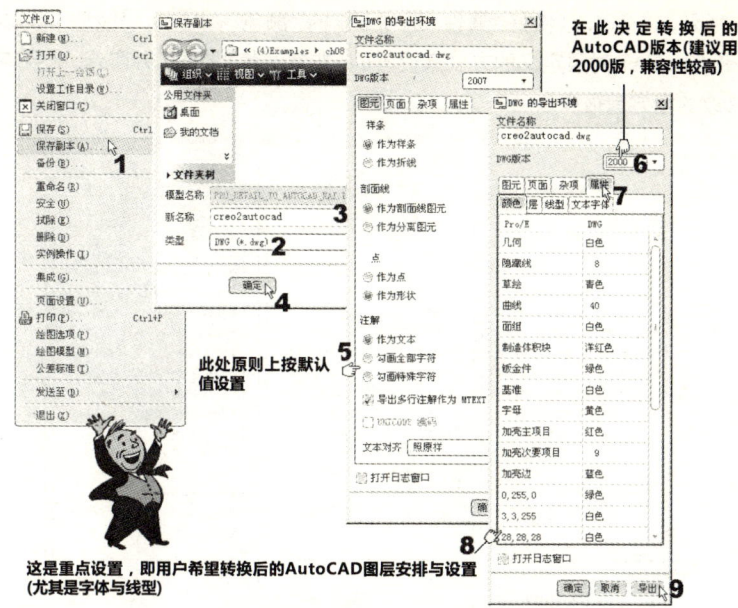

图9-97 转换到AutoCAD的操作

03 接下来，即顺利生成creo2autocad.dwg这个文件，我们继续到AutoCAD里来打开这个文件，以验证这个文件的内容是否符合预期要求，如图9-98所示。

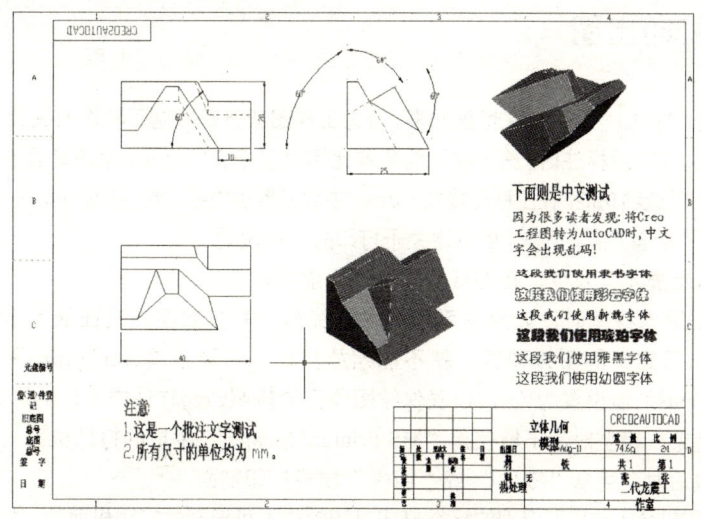

图9-98 在AutoCAD里的验证操作

从图9-98所示可以看出，转换后没问题！这个版本比起以前的版本，要周全得多，有以下几点要注意。

（1）转换后的文本宽度或位置可能不一定令人满意，还要调整一下。在AutoCAD中，文本都会转为MTEXT，所以有些字会因为长度问题而"跑掉"，单击文字，拉长一下MTEXT的文字框就可以了！有些在表格中的文字会跑出表格外，也一样用MTEXT的编辑方式来处理即可。

（2）转换中也可能会遗失线条或尺寸界线等，可直接使用AutoCAD命令来补上。如果遗失太多，就要重新转换！

（3）转换后可能会在工作目录里生成一些jpg格式的图片文件。本例因为有两张着色的模型图，转换后会以图片方式转到AutoCAD中显示，所以这个图片文件要保留下来。

(4)续图9-97所示,转换时,请做好"属性"选项卡里的"颜色"、"层"、"线型"和"文本字体"的定义。它们是以Creo和AutoCAD对照定义的方式来设置的,非常清楚,如图9-99所示。只要在这里定义好,转换后再花工夫修改的地方就很少!

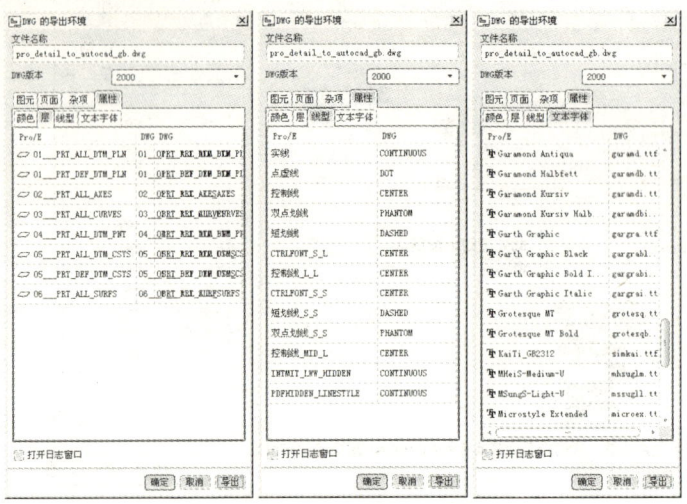

图9-99 转换时的对照设置

9.8 打印出图

对工程图来说,"打印"可是一件慎重的事。因为工程图毕竟是和施工精度有关的,尤其是图中比例的正确性,当需要的尺寸没标注时,施工者可能会拿比例尺直接在图上量,是最马虎不得的。所以,很有趣的是一样的"打印"选项功能,在工程图模式(.drw)中可设置的内容,要比在零件模式(.prt)中更详细。

在学习绘图打印配置之前,请先了解下述关于打印的一些说明。
- 隐藏线在屏幕上显示为灰色,在图纸上输出时为虚线。
- Creo软件系统输出线型时,如果是系统提供的线型,将按照图纸页面的大小缩放打印,但是如果是用户自己定义的图线种类,就不能缩放打印。您可以将config.pro用的选项变数use_software_linefonts的值设置为Yes,以确保绘图仪完全按照Creo软件中出现的形式来打印线型。
- 打印着色(渲染)模型时,不能使用"MS Printer Manager"生成的打印机。
- 当剖面菜单激活时,可从"零件"或"组件"模式打印剖面。

在Creo中,打印机分为软件可识别的标准打印机和软件不可识别的打印机两种。本节,我们主要讲述的打印方法有以下两种。

1. 软件可识别的标准打印机。

2. 软件不可识别的打印机的部分,我们则建议初学者将图转为pdf格式再打印。这种方法称为"转换格式法"。

9.8.1 软件可识别的标准打印机

对软件可识别的标准打印机来说,用户只要在Windows系统下,将打印机或绘图仪安装完成,并测试可正常使用,就可以在打印窗口中选"MS Printer Manager"直接打印,这是方法一。方法二是,Creo系统对很多常用知名的打印机都内置有驱动程序,可以自动识别,如图9-100所示,通过"发布"选项卡直接选取设置即可。

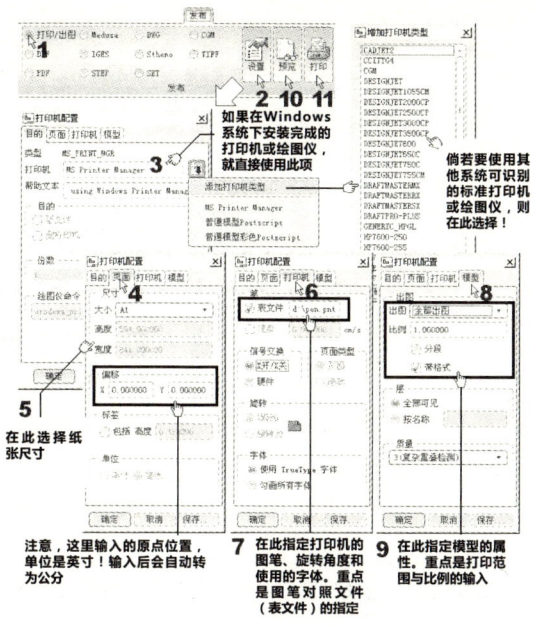

图9-100 软件可识别的标准打印机

9.8.2 转换格式法

在Creo中做打印输出时,可以提供的转换格式有多个,区分为以下三类。

1. CAD向量格式类。如,IGES、SET、STEP、DWG和 Medusa。就是同级或不同级CAD软件间的格式转换。比较常用的是转为AutoCAD 二维的 DWG格式,以及转为多数三维 CAD软件都接受的SETP格式。

2. 图像格式类。如TIFF、CGM、Stheno、DXF。是为了简报或草图的需要,而转为常用的图片格式。常用的有TIFF等。

3. 电子书格式类。如PDF。即分辨率和质量都较高的可阅读格式。

转PDF格式的步骤如下所述。

01 转换前,请确认计算机中已安装有Adobe Acrobat Pro软件。

02 为了控制线条粗细,我们要用"记事本"先创建一个名为pen.pnt的图笔对照文件。这个文件的内容如图9-101所示,一般会有八支图笔的定义。此文件的创建原理和语句意义,请参见本章最后一节的

知识点3

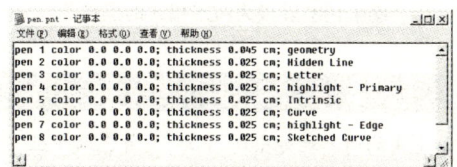

图9-101 pen.pnt的内容

03 然后,我们要让系统知道我们有一个图笔对照文件可用,所以要在config.pro文件中使用pen_table_file 选项变数(如pen_table_file d:\pen.pnt),来指定图笔对照文件的所在。当进入Creo以后,在"选

项"窗口中将会看到如图9-102所示的设置,表示系统已知道图笔对照文件所在。本例假定将pen.pnt文件复制到D盘的根目录上去,因此,指定路径在d:\上。

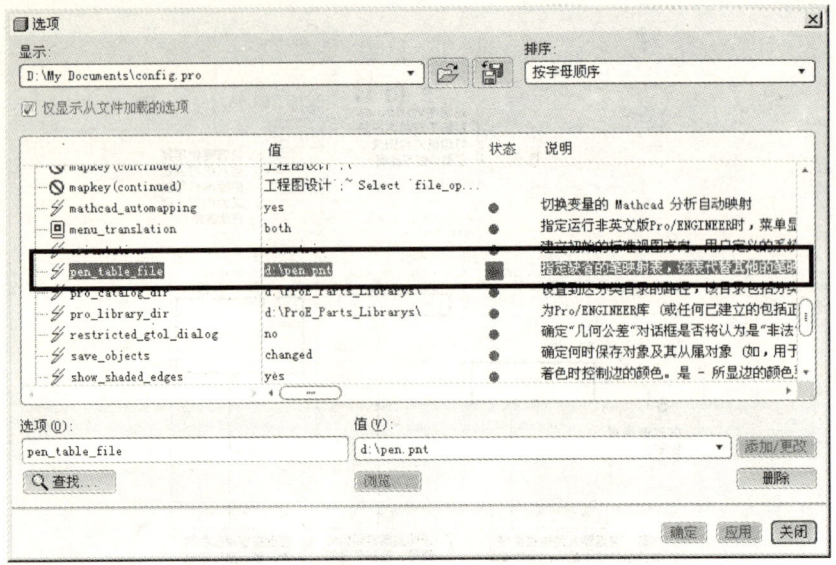

图9-102 "选项"窗口中的图笔对照文件路径设置

04 打开任意的drw工程图文件,按图9-103所示的操作来设置PDF转换。

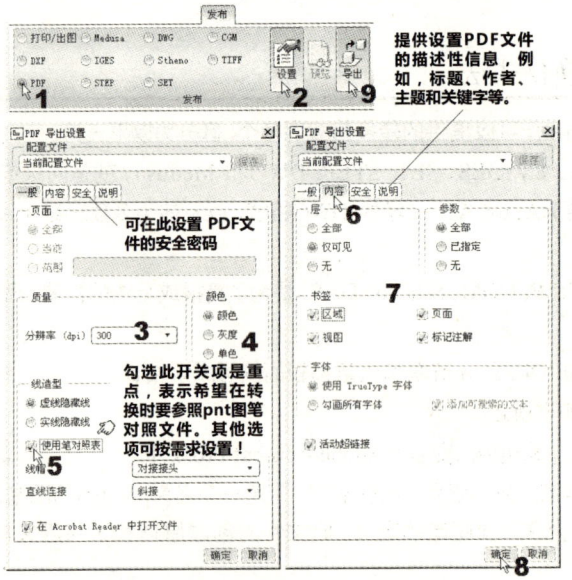

图9-103 转换为PDF格式的操作

注意

如果在转换操作中,屏幕左上角的消息栏处出现"PDF 文件已被中止。"的信息,那是因为当前的工作目录名不是英文的,将目录名改为英文后,就能顺利转换了!

05 运行后,会直接进入Adobe Acrobat 9 Pro软件中,以显示转换后的结果,如图9-104所示。我们会觉得线宽粗细差异不大,图看起来不太有"精神"!

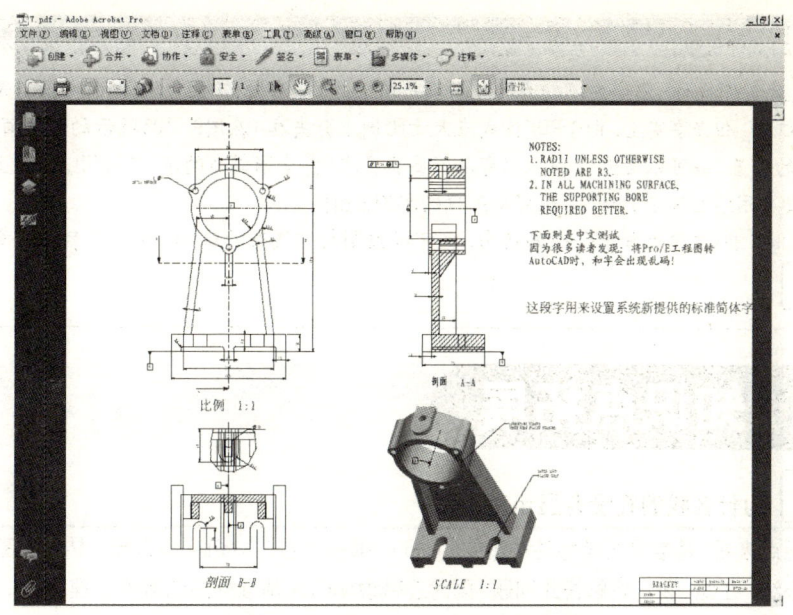

图9-104 第一次转换PDF格式后的结果

06 我们再次调出pen.pnt文件,如图9-105黑框处所示,修正第一行的轮廓线宽值,再转一次后,看看图面有没有什么变化。

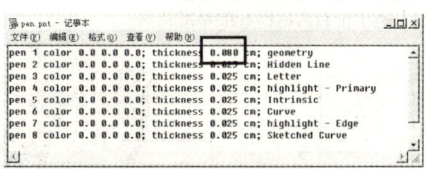

图9-105 修正线宽值

07 再按图9-103所示的操作转换一次,结果如图9-106所示,这时发现轮廓已明显加粗。

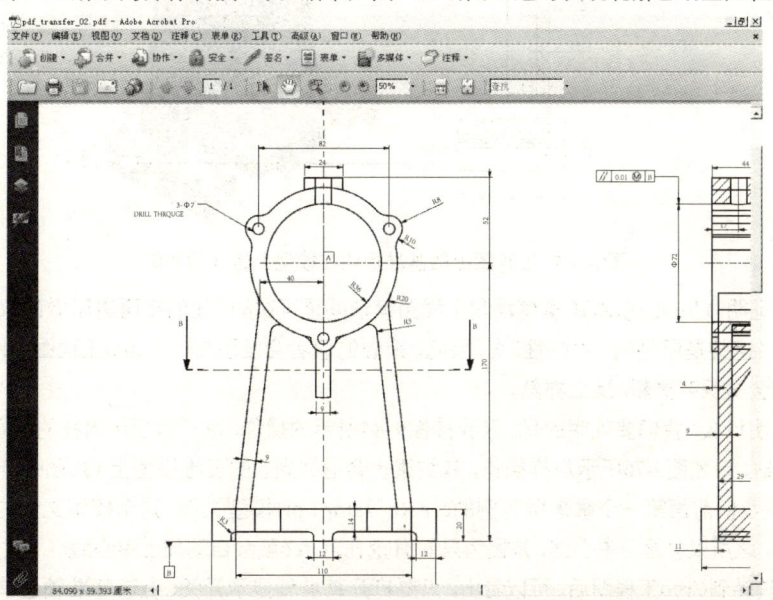

图9-106 第二次转换PDF格式后的结果

> **注意**
>
> 1. 通过此实例操作，您会发现转为PDF后，真是简报、打印两相宜！因为PDF的打印操作是很容易的，又可以控制粗细。但是事实上，由于PDF格式在尺寸比例上会失真（在图9-103所示的设置项中，只有分辨率并无比例的设置，就可以看出），所以只有在不要真实比例、全张满布的情况下好用，正式且尺寸精准的工程图，还是要用绘图仪来打印，才能得到正确的比例出图！
> 2. 在Config.pro文件里加上合适的语句，也可以控制打印线条的粗细，详情请参照本章最后一节的**知识点4**。

9.9 知识点拓展

知识点1 为什么我的孔没有显示基准轴？

从专业观点来看，基准是公差标注中重要的一环。很多读者E-Mail来问为什么转工程图后，孔的部位并未出现中心线？在此，我们将解答此问题，同时连带说明Creo基准标注的运作原理。

首先，我们先看图9-107。这是本例工程图完成后，它的原始参照模型。从图中我们可以看出，在立体模型上标注出基准轴A和基准面B后，原本没有标注在模型上的基准也被标出。

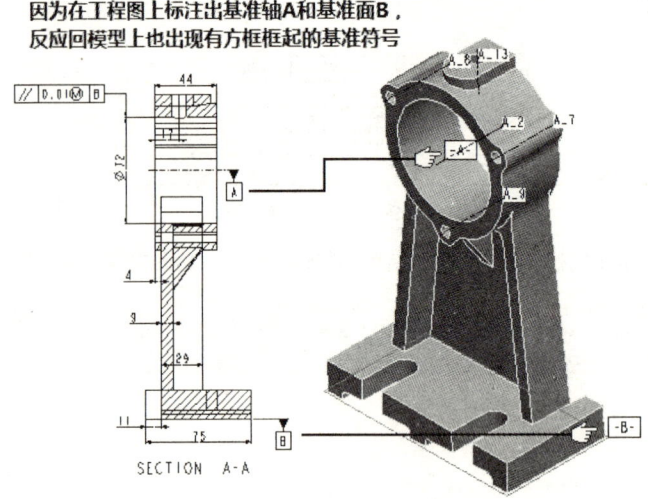

图9-107　工程图上的基准标注在模型上造成的影响

这种现象证明，Creo的基本建模模块和工程图模块间是可逆的，我们在两边所做的改变都会影响到另一边的改变（这就是所谓的"关联性"）。因此，细心的读者会发现将一个drw工程图文件保存时，连带它的prt文件也会被保存更新，反之亦然。

这到底说明什么？我们要说明的是，只要按图9-84所示的操作，就可以显示出孔的中心轴线。当需要将其转为基准时，就如图9-76所示那样操作，其结果也会返回到它的三维模型上（如图9-107）。

图9-108是我们前面第一个拿来做范例的create_sampl.prt模型文件。这个模型文件的两孔并未标注特别的中心线，之所以会显示中心线，是因为只要有挖孔，Creo就会自动加上中心线。

现在，将其转到Creo工程图后，可以看出，只要打开基准轴显示开关，在该基准轴上单击鼠标右键选择"显示"选项，就可以显示中心线了！

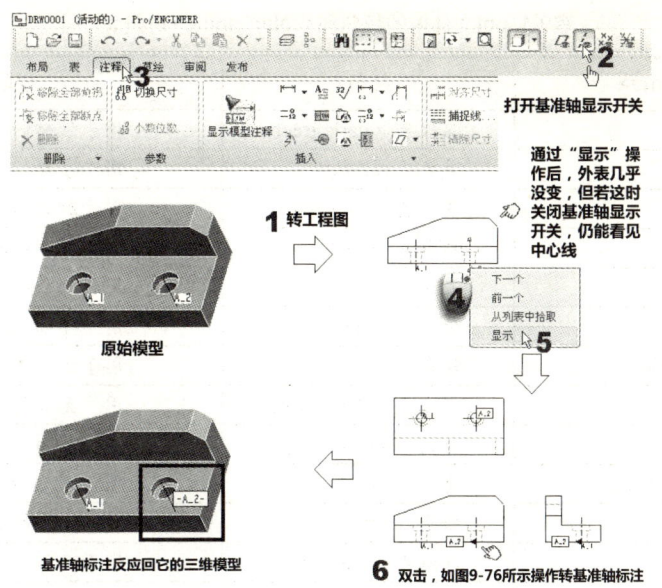

图9-108 在工程图上显示孔中心线的操作

知识点2 为什么公差标好后又会"跑掉"？

很多读者E-Mail提问，尺寸标注原本已经标好，该是一般尺寸就用公称，该用一般公差就标公差，但是为什么保存后再打开，原先公称标注的，都变为公差标注了？如果去关闭tol_display，那么应该标公差的尺寸，则又全部被标回公称标注了！

Creo的基本模块和工程图模块间是可互逆的，所以同目录里的drw和prt会同步保存！很多时候，初学者在做磁盘的文件管理时，忽略了drw和其相应的prt文件必须一致；也就是说，可能误删了最新的prt文件，而让最新的drw文件去配了旧版的prt文件，就会发生这样的情况！因此，请注意旧版文件的删除与管理。

如果已经找不到最新的prt文件，那也没关系！可以重新将相关的设置再做一次，再保存后，最新的prt文件就会生成，以后这个文件就不会再有此现象发生了。

知识点3 图笔对照文件（table.pnt）的语句

我们可以使用"记事本"来撰写图笔对照文件（table.pnt）。其语句规则如下。

    pen # pattern values units; thickness value units; color values; <color_name>

其中，

- pen #：对于每个笔定义，必须首先输入笔号。
- pattern values units：指定打印图线种类定义（按给定单位的定义值绘制）。这些值将依照下列顺序进行创建，第一个线段长度，第一个间距长度，第二个线段长度，第二个间距长度，以此类推。例如：

  pen 3 pattern .1 .05 .025 .05。
- thickness value units：指定出图线宽，需指定单位。
- color values：指定用于出图的颜色；以 0 到 1 的比例范围使用红、绿、蓝比例来定义颜色。仅适用于彩色绘图仪。
- <color_name>：即系统指定给特殊图素类型的缺省颜色对应。可以在此用到的所有<color_name>语句和其颜色对照，如表9-1所示。

表9-1 pnt文件内的颜色和<color_name>对照表

<color_name>	颜色	说明
attention_color	深绿色（dark green）	用于注意的颜色
letter_color	黄色（yellow）	用于字母的颜色
highlite_color	深红色（dark red）	用于加亮的颜色
drawing_color	白色（white）	用于工程图的颜色
half_tone_color	灰色（gray）	用于半色调的颜色
magenta_color	紫色（purple）	用于洋红的颜色
edge_highlite_color	绿色（green）	用于边加亮的颜色
dimmed_color	黑灰色（dark gray）	用于无效的颜色
section_color	蓝色（blue）	用于剖面的颜色
presel_highlight_color	青色（cyan）	用于预选加亮的颜色
datum_color	褐色（brown）	用于基准的颜色
quilt_color	洋红色（magenta）	用于面组的颜色
selected_color	红色（red）	用于主要选取的颜色
secondary_selected_color	橘色（orange）	用于次要选取的颜色
preview_geom_color	黄色（yellow）	用于主要预览几何的颜色
secondary_preview_color	淡黄色（pale yellow）	用于次要预览的颜色

还要注意的是，Creo一般使用默认的图笔对照文件，除非设置了其他的图笔对照文件。若要指定默认的图笔对照文件，只要从 config.pro 和打印机配置文件（.pcf）中移除图笔对照文件的全部参照，并且从所有工作目录下移除名为 table.pnt 的文件即可。

另外，如果绘图仪支持八支图笔，并要用它们出图，请将use_8_plotter_pens 配置选项，设置为 yes。表9-2说明了默认的图笔对照。支持四支图笔的绘图仪可使用表中列出的前四支图笔。

表9-2 图笔对照表

笔号	系统颜色	映射
1	几何（白色） 曲线（深蓝色） 制造体积（紫色） 面组（洋红） 基准（棕色） 预选加亮（青色） 预览几何（黄色） 次要预览几何（淡黄色）	可见几何（画为实线，除了注明处） 横截面切线（出图时为节线） 横截面切面箭头和文字 工程图格式和边界 选项卡文字 带白色的中心线型 基准平面的棕色部分
2	字母（黄色）	以下所有的项目，均画为实线（除了注明处） 尺寸线 引线 轴和中心线（画为中心线） 几何公差线 所有文字（除了横截面文字） 球标注释 剖面线 带黄色的中心线型
3	隐藏线（灰色）	隐藏线，画为着色线，虚字体

续表

笔号	系统颜色	映射
4	加亮—主要的（深红色） 选取（红色） 二级所选（橘色）	所有项目均画为实线（除了注明处） 样条曲面网格（不在工程图中画出）
5	钣金（深绿色）	钣金件颜色图素
6	草绘曲线（蓝色）	草绘器截面图素
7	加亮—次要的（深灰色）	切换截面 基准平面的深灰色部分
8	加亮—边（绿色）	样条曲面网格

> **注意**
>
> 在更改绘图仪笔的属性时，要考虑以下内容。
> 1. 图笔对照文件不一定要命名为table.pnt，文件名部分可自定义，扩展名是pnt即可！
> 2. 可以直接在config.pro文件中，使用pen_table_file配置选项来设置图笔对照文件（pnt文件）所在的路径，系统打印时将自动加载该文件。
> 3. 绘图笔文件中的颜色名称应与系统颜色一致。可以根据实际情况调整线的粗细。
> 4. 所有单位必须设置为英寸（in）或厘米（cm）。使用毫米（mm）会导致语法错误。
> 5. 可以在 table.pnt 文件中为同一支笔分配多种颜色。
> 6. 使用空格或逗号将多种颜色的名称分隔开。
> 7. 使用分号将属性分隔开。
> 8. 每个笔可包括任意或所有属性。
> 9. 没有包括在table.pnt文件中的属性不会被改变，会按一般情况正常出图。

范例一（简单实例）

```
pen 1 color 0.0 0.0 0.7; highlite_color
pen 2 thickness .5 cm; letter_color
pen 5 pattern 1.0 0.1 0.5 .01 in; color 1.0 0.0 1.0; drawing_color
```

当创建 table.pnt 文件时，可以。

- 使用单位为英寸（in）或厘米（cm）并在字体定义时混合使用。例如，可用英寸（in）定义字体阵列，但是用厘米（cm）来定义厚度。
- 如果要写成一行，可在一行结束时加上一个反斜杠"\"符号，然后开始下一行的输入。
- 在行首使用一个惊叹号（!），就会让该行成为不运行的注释行。

范例二（加上批注行）

```
!惊叹号表示注释行
!
!分派黄色图素给图笔1
pen 1 thickness 0.1 cm; letter_color
!分派图笔2给隐藏线（灰色）
pen 2 pattern 0.1, 0.1 in; thickness 0.1 cm; half_tone_color
!分派几何实线给图笔3
pen 3 drawing_color
!分派图笔5为深绿色的钣金线
pen 5 thickness 0.1 in; attention_color
! 分派深红色到图笔 6
pen 6 color 0.0 0.0 0.7; highlite_color
```

范例三（激光打印机图笔对照文件实例）

这是某一款HP激光打印机的图笔对照文件内容。

```
pen 1 color 0.0 0.0 0.0; thickness 0.016 cm; geometry
pen 2 color 0.0 0.0 0.0; thickness 0.008 cm; Hidden Line
pen 3 color 0.0 0.0 0.0; thickness 0.008 cm; Letter
pen 4 color 0.0 0.0 0.0; thickness 0.008 cm; highlight - Primary
pen 5 color 0.0 0.0 0.0; thickness 0.008 cm; Intrinsic
pen 6 color 0.0 0.0 0.0; thickness 0.008 cm; Curve
pen 7 color 0.0 0.0 0.0; thickness 0.008 cm; highlight - Edge
pen 8 color 0.0 0.0 0.0; thickness 0.008 cm; Sketched Curve
```

其颜色与线型的对应关系如下。

- Geometry：粗实线
- Hidden Line：虚线
- Letter：尺寸线、中心线、剖面线、文字等

知识点4　Config.pro里的打印线条粗细控制

如果不想使用pnt文件，也可以尝试在config.pro中加入以下的语句，来控制打印的线条粗细（本范例示范使用HP1055CM喷墨绘图仪，将1号笔加粗）。

!设置打印分辨率

raster_plot_dpi 300

!在渲染的Postscript文件中不指定背景颜色

shaded_postscript_background NO

!出图时使用准确线型

use_software_linefonts yes

!指定打印时，不以逆时针旋转90°

rotate_postscript_print NO

!创建系统默认绘图仪

plotter HP1055CM

!设置系统用来开始出图的命令

plotter_command WINDOWS_PRINT_MANAGER

!设置打印机是否支持八种图笔，默认为四种。pen1-pen8的默认值为 4,1,2,3,2,3,1,4；数值越大，笔宽越粗，最粗为16

use_8_plotter_pens YES

!开始设置笔宽（1号笔加粗，其他笔一样粗）

pen1_line_weight 5

pen2_line_weight 2

pen3_line_weight 2

pen4_line_weight 2

pen5_line_weight 2

pen6_line_weight 2

pen7_line_weight 2

pen8_line_weight 2

9.10　习题

1. 本章的习题很简单，就是任选本书三个正文或习题的零件模型与两个组件模型，转换出它们的二维零件工程图与装配工程图。同时，请将它们转成AutoCAD的DWG文件。（解答略）

2. 任选本书三个正文或习题的零件模型来做三维标注。（解答略）

3. 将前两题所做的工程图打印出来。

附录 A
Creo 选项变量的查询法

用于 Creo config.pro 文件中的组态设置选项（Configuration Option），现在，在我们书中一律通称"选项变量"。由于 Creo 各领域的选项变量众多，如果我们将其一一列出，那既占篇幅，查起来又不一定有效率，因此，本附录将教导快速查询这些选项变量的方法。

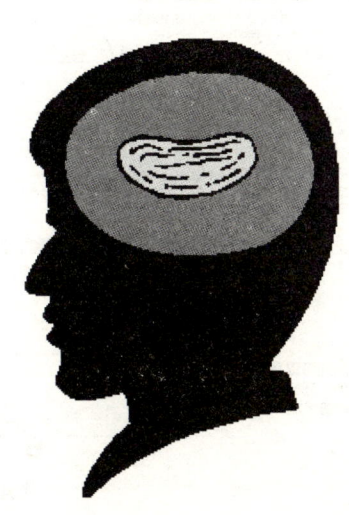

A.1 前言

通常，初学者都不会很重视选项变量所带来的影响，他们一般都是在默认的情况下练习基本的操作。然后，遇到问题或困扰就"傻眼"了。然而，和一般的软件不同，如果抱着这样的心态和方法来学Creo，一开始就会有很多困扰。所以，我们在本书的开始，就将选项变量和config.pro文件的基本关系讲清楚了，甚至连config.win的作用相信读者也基本知道。

现在的问题就是，随着Creo练习的日益熟练，在很多操作场合中，用户会有个人的习惯和需求，而这些习惯和需求，可能可以用到这些选项变量来解决。于是，如何快速找出合适可用的选项变量，已成为当务之急！

我们原先在各书中一一将相关选项变量列出的方法并不聪明，因为它既占篇幅，查起来又不一定有效率，因此，本附录将教导快速查询这些选项变量的方法。

A.2 关键词查询法

第一个应该用的方法就是关键词查询法。请选择"工具"下拉式菜单里的"选项"，再按图A-1所示操作。

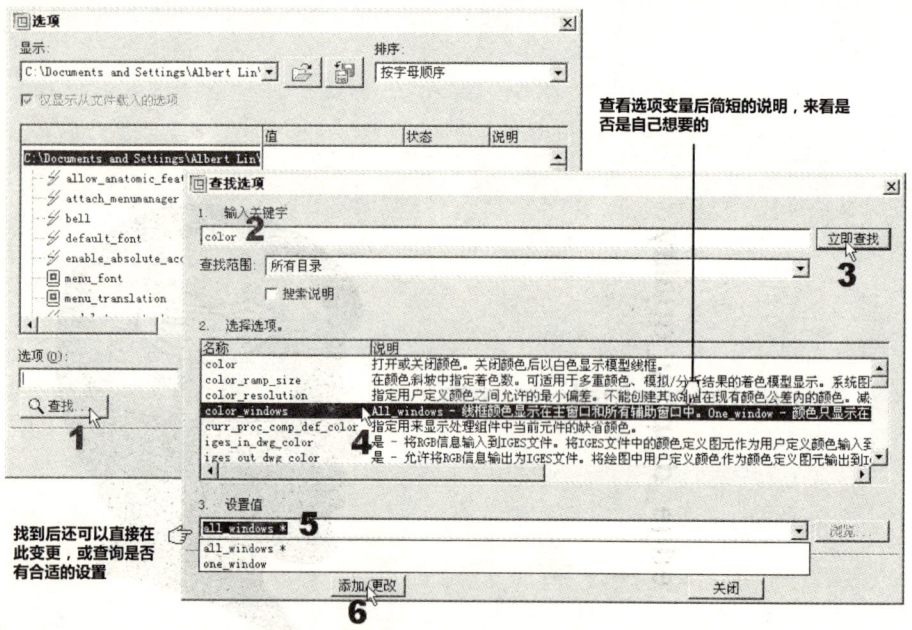

图A-1 关键词查询法

这是最快的方法，它能很快地从所有的选项变量中找出所要的。但缺点是关键词要输入正确且需要英文。我们提供以下两种方法来很快地找出相关英文。

1. 例如，我们想查和公差有关的选项变量，但"公差"的英文不会拼，就请在Word里输入"公差"两中文字，再选择"工具"→"语言"→"翻译"，就可以得到"tolerance"这个词，然后再将其输入。完成画面如图A-2所示。

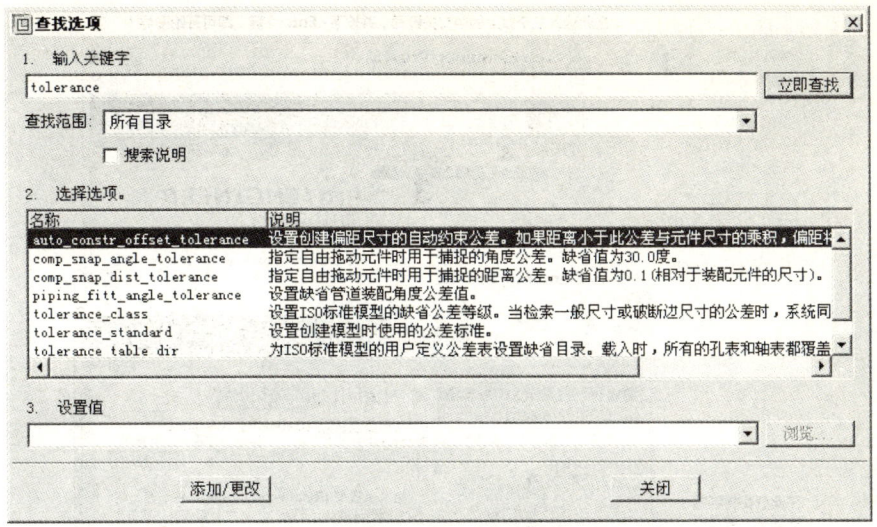

图A-2 查找和公差有关的选项变量

2. 如果仅记得前几个英文字母也可以, 在关键词中一样可以使用*这个万用字符。一样要找相关公差的选项变量, 但只记得其英文前三个字母是"tol", 则请如图A-3所示输入。当然, 输入的字母越多, 筛选的效果就越好。

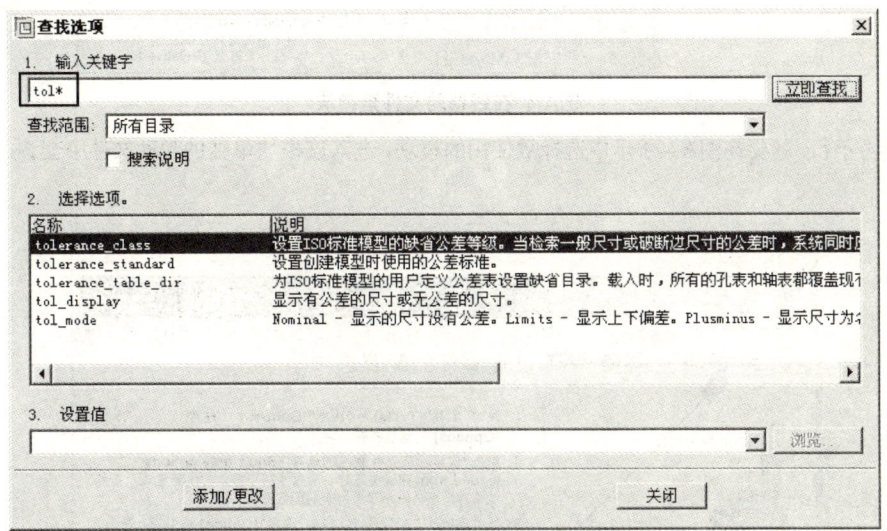

图A-3 以万用字符的方式来查找选项变量

如果连要找的主题都不知道其正确的英文是哪一个, 或是没有明显的关键词, 那就要使用下一节的方法了! 但这毕竟是少数。因为通常重要的选项变量, 我们都会在书中提到。

A.3 在线帮助文件查询法

对查询来说, 利用在线帮助文件是不得已的方法, 但是其内对选项变量的作用说明却比前述方法详细。请按图A-4所示来打开该界面。

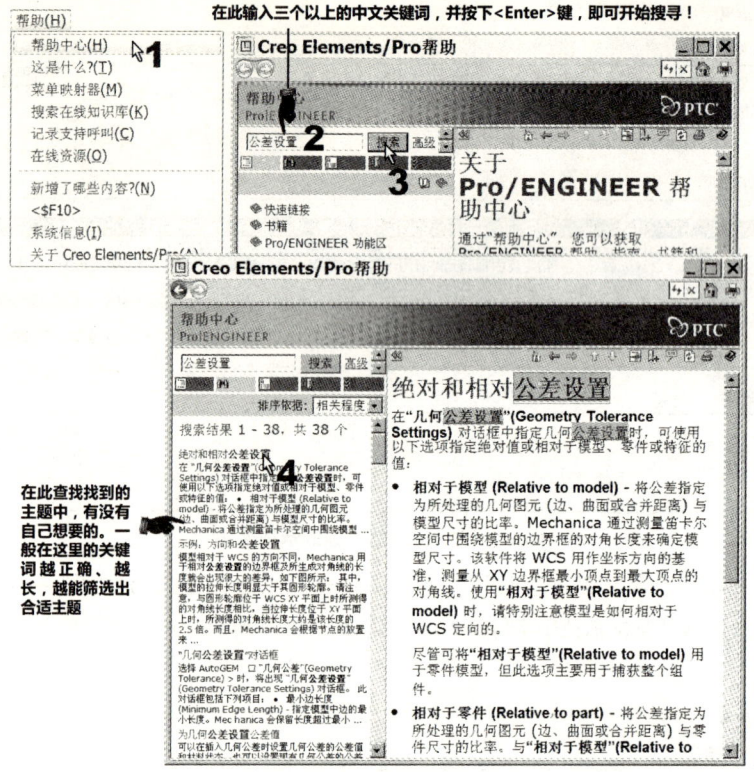

图A-4 在线帮助文件查询法

这样再不行,就要在图A-4所示中选择欲使用的模块,进入该模块单独的帮助文件中查询,如图A-5所示。

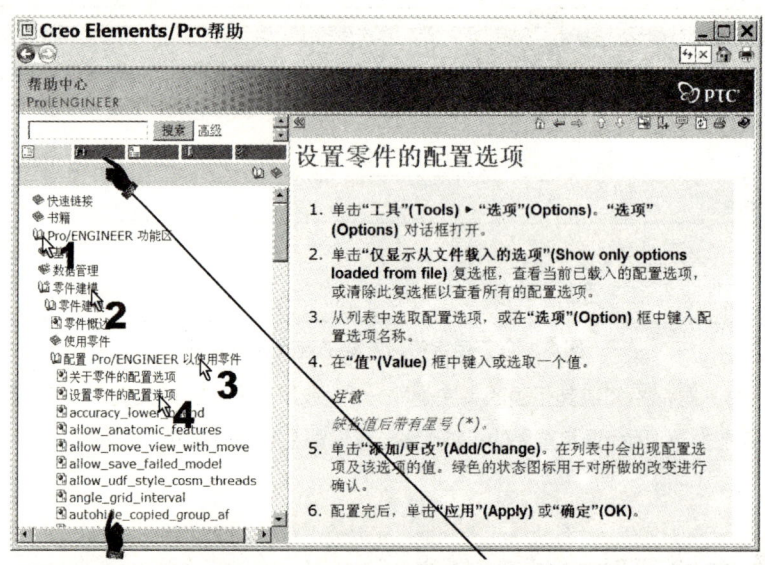

图A-5 单独模块的在线帮助文件查询法

附录 B
如何使用本书范例光盘和服务

本附录将为您说明本书范例光盘的内容和使用方式,以及我们所能提供的服务方式。

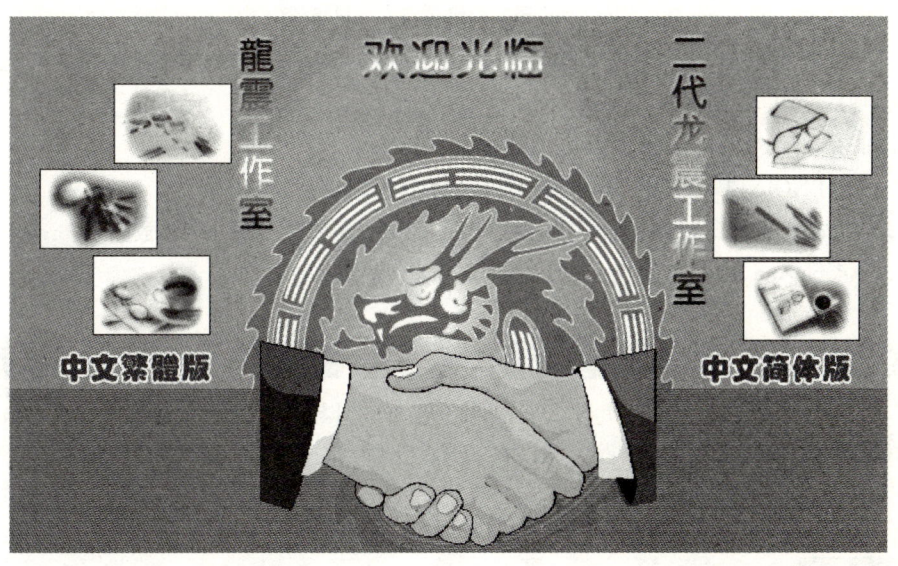

B.1 本书范例光盘的使用方式

本光盘将提供本书中的范例文件，这在书中的内文中，都会指示要参照的文件名称。此时，请于Creo内来直接调用即可。可以将本光盘内的所有目录原样复制到硬盘上。其目录架构如图B-1所示。

```
└─ (02)avi(GB) (按章节分的视频文件目录群)
      ├─ ch01
      ├─ ch03
      ├─ ch04
      ├─ ch05
      ├─ ch06
      ├─ ch07
      ├─ ch08
      └─ ch09
└─ (02)Exercise (按章节分的范例目录群)
      ├─ ch03
      ├─ ch04
      ├─ ch05
      ├─ ch06
      ├─ ch07
      ├─ ch08
      └─ ch09
└─ (02)Questions (按章节分的习题练习文件目录群)
      ├─ ch06
      ├─ ch07
      └─ ch08
```

图B-1 本书范例光盘目录结构

请使用以上的版本来调用这些范例文件，如果使用低版本的Pro/ENGINEER软件，将无法打开这些范例文件。

请使用以下的软件来打开这些范例文件。

1. Pro/ENGINEER Wildfire5.0 M010以上版本的基本模块。
2. Windows Media Player 或同级软件 （用来播放视频教学文件的AVI播放器）。
3. Adobe Acrobat 7.0以上版本（用来打开PDF文件的免费软件）。

> **注意**
>
> 我们的范例文件很多。如有范例文件遗漏时，请E-mail到本工作室邮箱dragon.dragon2@msa.hinet.net告诉我们。我们将随时在本工作室网站（www.dragon-2g.com）里，本书的习题解答下载处补充。

B.2 本书习题解答下载方式

欲下载本书习题解答，请连上网络，并进入下示网址。

http://www.dragon-2g.com